관망시스템 내의 정상류 해석·설계·운영

K water 박한영 | KICT 이현동 지음

머리말

지금까지 관망의 정상류 해석·설계와 관련되어 발간된 기술도서는 극히 제한되었으며, 2000년에 출판된 Hydraulics of Pipeline Systems 원서에서도 정상류 해석 및 설계기법에 대해 포괄적으로 기술되었으며 특히, 포트란 또는 C 언어를 사용하고 있어 일반 기술자가 접근하기에 한계가 있다. 국내 관망 정상류 해석설계 전문 기관 또는 용역회사 기술자도 이 분야에 대한 본질의 접근보다는 미국환경청이 개발하여 무료 개방한 관망 정상류해석 전용 프로그램인 EPANET을 사용하여 정상류를 해석하는 수준에 머무르고 있다.

관망을 구성하는 배관, 밸브, 펌프, 수차 등 모든 요소를 비선형공식시스템으로 표현하고, 포트란 또는 C 등의 전산 언어와 뉴튼-랩슨반복법의 수치해석기법을 사용하여 이 비선형 공식시스템을 해결하여 배관 유량과 절점 수두를 구하며 이러한 일련의 과정을 "관망해석", 원하는 배관 유량 또는 절점 수두를 얻기 위해 필요한 배관 직경을 결정하는 과정을 "관망설계"라한다.

본서에서는 관망해석·설계에 필요한 이론을 사례별로 구체적으로 기술하고 있으며, 전산 언어 대신 독자에게 친숙한 엑셀의 행렬식도구를 사용하여 상기 비선형 공식시스템을 해결하는 "관망해석"은 물론 "관망설계" 그리고 펌프, 밸브 등의 규격과 댓수 및 운전점 등의 결정 방법 및 이들에서 발생하는 이상현상 및 이상현상 방지법 등 "관망운영"에 필요한 총체적인 지식을 쉽게 취득할 수 있도록 본서를 구성하였다. 또한, 본서에서는 많은 예제 수록은 물론 모든 예제를 엑셀로 해결하므로 독자는 엑셀파일을 참조하면 본서 내용을 더욱 쉽게 이해할 수 있도록 심혈을 기울인 국내는 물론 해외에서도 유일한 도서임을 자부한다.

마지막으로 예제문제를 해결하는 엑셀파일의 남용을 방지하기 위해 독자가 다음 E-mail로 요청하는 경우에만 송부한다는 점을 양해바랍니다.

2020년 10월 박 한 영 씀

(hanyung@kwater.or.kr)

차 례

Chapter 01 **소개**

Chapter 02 **수리기초**

Chapter 03 매니폴드 유동

Chapter 04 관망해석

Chapter 05 관망설계

Chapter 06 경제적 관망설계와 ETS

Chapter 07

관망운영

Appendix 0A 수치해석

Appendix 0B 엑셀사용법

Appendix 0C 손실계수

Appendix 0D 펌프특성곡선

CHAPTER 01 소개

관망의 범위는 단순한 관망부터 매우 크고 복잡한 관망에 이른다. 관망은 하나의 배수지로부터 다른 배수지로 물을 송수하는 단일 배관과 같이 단순하거나 또는 주요 대도시 지역에서 서로 연결된 급수관망과 같이 복잡할 수 있다. 관로의 말단부 또는 중간 지점에 여러 종류의 펌프가 설치될 수 있으며 이 펌프는 저장 탱크로 또는 탱크로부터 물을 송수한다. 송수관망은 고도가 다른 지역에 공급하는 에너지구배선 또는 압력수준에 기초하여 많은 하부-관망으로 분리될 수 있다. 또한 일부 관망에서는 펌프를 지속적으로 운영할 필요가 없도록 가압탱크가 설치될 수 있으며 이러한 송수관망에서는 의도된 기능을 충분히 수행하기 위해 감압밸브 또는 압력유지밸브가 설치될 수 있다. 관망의 물리적 무결성을 보장하기 위해 관망 내 여러 지점에 서지 릴리프 밸브, 서지 탱크 또는 진공 밸브와 같은 서지제어장치를 설치할 필요가 있다.

이와 같은 관망이 어떻게 동작할까? 무슨 법칙이 포함되며, 어떻게 하면 이와 같은 관망을 성공적으로 해석하고 이해할 수 있을까? 사전 설계 결과를 어떻게 평가하고, 결함 발생시 이를 해결하기 위해 어떻게 설계를 수정할 수 있을까? 인류의 기본적인 욕구를 충족시키기 위한 기본적인 사회기반시설의 개발과 관련된 기술자가 직면하는 도전과제 중 일부는 지불 가능한 가격으로 원하는 장소와 시간에 물을 송수하는 것이다. 이 분야의 주된 목적은 관련 지식을 축적하고 적용하여 관망이 제대로 동작하도록 하는 것이다. 이 과업을 성공시키기 위해서는 처음에는 유체기계의 기본적인 원리에 관한 충분한 지식이 필요하다. 수리 유동 문제를 해결하는 약간의 경험이 있으면 매우 바람직하고, 시간 투자와 노력의 결과로서 이러한 경험을 얻을 수 있다. 최신 특정한 수치해석기법의 이해 및 이 방법을 전산기로 실행하는 능력은 절대적으로 필요한 기술이다. 지난 50년 동안 공학 분야와 관련된 연산은 계산자

(slide rule)를 사용하여 핵심 요소 수치를 추정한 것부터 시작하여 전산기를 사용하여 다양한 대안 설계에 대한 상세한 관망 성능의 모의 결과를 얻을 수 있는 단계까지 극단적으로 변화하여 이제는 다양한 구상의 결과를 정량적으로 확인할 수 있게 되었다. 전산 출력의 분량은 인간이 가장 타당한 정보를 찾을 수 있는 능력을 압도한다. 본서는 이러한 목적을 수행할 수 있는 지식, 경험, 도구를 제공한다.

본서에서는 종합적이지만 상대적으로 실용적인 관로 수리학을 제공하고, 손으로 수행하기에 비현실적인 상세한 연산을 수행하기 위해 필요한 연산 응용기법을 제공한다. 저자의 의도는 (1)유체기계, 수리학, 급수와 배수, 수자원 분야 전문가 양성을 위해 선발된 학사 학위 학생을 위한 높은 수준의 학위과정을 위한 교과서; (2)동일한 분야의 대학원 공학 과정을 위한 교과서; (3)배수, 송수, 그리고 관로 내 유체의 제어와 관련된 전문지식의 업데이트를 원하는 전문기술자를 위한 교재; (4)관망계획을 설계하고 승인하는 정부기관 기술자에게 자원 재료 제공; 그리고 (5)문제를 해결하고 계획을 검토 또는 프로젝트 대안을 제시하여야 하는 자문가에게 전문지식을 제공하는 것이다.

관망의 수리학은 유체기계의 기초 과정에서 발견할 수 있는 기본 법칙에 기초한다. 통상적으로 이와 같은 과정은 토목공학과 환경공학, 기계공학, 농업공학과 관개공학 그리고 일부 관련된 공학 분야의 대학 3년차 학생이 수강한다. 이상적으로 이 과정은 기본 이론의 전개와 적용의 신중한 조합이지만, 실무 적용분야를 강조하는 과정은 드물다. 저자는 독자가 기본적인 유체기계 원리의 지식을 이미 취득한 것으로 가정하고, (1)기본 개념의 이해를 상기시키고, (2)본서에서의 공식의 전개와 이해를 높이기 위해 필요할 때 간혹 보조식을 찾을 수 있는 유체기계공학과 관련된 기본적인 참고도서를 소유하고 있기를 기대한다. 이와 같은 참고도서에 수록된 유체 특성과 관련된 자료를 사용할 수 있다.

제2장에서는 후속 절에서 전개될 기초를 확립하기 위해 관망 수리학과 관련된 기본적인 유체기계의 요소를 기술한다. 펌프는 관망에서 공통적인 요소이기 때문에 제2장에서는 펌프 거동에 대한 간략한 기초 그리고 펌프 특성곡선이 이와 같은 펌프의 거동에 미치는 영향에 대한 요약만을 기술한다. 또한 제2장에서는 통상적인 여러 기본적인 유동 예제를 기술하고 나머지 부분에서는 일반적인 관망해석의 3개 범주에 대해 기술한다.

제3장에서 기술된 첫 번째 범주는 상대적으로 덜 복잡한 관망유형인 배관 매니폴드를 고

려한다. 비록 배관 매니폴드는 기본적으로 많은 유출지점 또는 포트로 유체를 수송하는 상대적으로 큰 배관이지만 유체기계와 관련된 대학 교과서에는 빈번하게 연구되지 않는 공간적으로 변화하는 유동의 한 예이다. 여러 완성도 수준에서 단일 매니폴드 배관을 검토하고, 제3장 종료부에서는 전산 프로그램의 도움으로 매니폴드 설계를 전개하는 공통적인 설계 예제를 기술한다. 두 번째 범주는 관망의 정상유동해석이다. 본서의 가장 많은 분량에서 이 주제를 다룬다. 다른 도서에서 이 주제를 기술하는 적용범위와는 다르게 본서에서는 상대적으로 광범위하고 철저하게 기술한다. 관망에 대한 고찰은 단순한 관망부터 복잡한 관망으로 진행한다. 원리를 강조하기 위해 단순한 관망을 사용하고, 대형 관망에서는 실제 현실적 감각을 경험하고 추가적인 복잡성에 대해 대처할 수 있는 능력을 배양할 수 있도록 진행한다. 독자가 전체 해석의 진행 절차를 파악할 수 있도록 충분한 수치기법과 프로그래밍 기법의 상세한 내용을 제시한다.

제4장에서는 관망해석기법에 대해 집중하고 관망을 위한 수학적 모델 공식화로 접근하는 3개의 주된 대안을 완벽하게 기술하고, 이들을 해결하기 위한 방법을 제시한다. 제4장과 후속 장에서 각 해결 방법을 엑셀로 실행하였다. 또한, 상대적으로 복잡한 감압밸브와 배압밸브를 관망 내부로 통합시킬 필요가 있는 논리를 조심스럽게 기술하였다.

제5장에서는 관망설계에 대한 효과적인 접근법을 기술한다. 즉, 대부분 관망설계의 첫 번째 목적은 명시된 유량과 압력을 만족시킬 수 있는 구매 가능한 가장 작은 배관 직경을 결정하는 것이다. 본장에서는 일부 배관 직경이 미지수인 문제를 어떻게 공식화하는지를 다룬다. 이와 같은 기법은 통상적으로 초기에 모든 배관 규격을 동일한 것으로 추정하여 관망을 해석하며, 만족스러운 설계를 발견할 때까지 반복적으로 규격을 조정하는 통상적인 방법과는 확연한 대조를 이룬다. 독자가 대형 관망에 존재하는 성능 결함을 가장 효과적으로 제거하기 위한 변경요소를 결정할 수 있도록 이 방법을 기술한다. 즉, 종속변수로부터 독립변수의 민감도를 정량화하여 이 결정 과정을 수행한다. 예를 들어 압력이 과도하게 낮은 문제를 해결하기 위해서는 반드시 압력이 가장 낮은 절점에서의 압력(종속변수)에 대한 민감도가 가장 큰 펌프장을 확장하여야 한다.

제6장에서는 미국 환경청에서 개발한 관망 정상류해석을 위한 공개 프로그램인 EPANET을 사용하여 관망설계시 시간확장모의를 실행하고, 경제공학적 측면에서 그 결과

를 평가하는 내용에 대해 기술한다.

마지막으로 제7장에서는 저자가 K-water에 33년간 근무하면서 관망운영과 관련하여 축적된 지식인 (1)댐에 저장된 수자원 이용의 최적화, (2) 펌프 또는 수차 설계시 최적 펌프 또는 수차 댓수 결정방법, (3)경제적인 펌프운영을 검토하기 위한 펌프 운전점과 전력원단위 계산방법, (4)밸브교축으로 펌프유량 조정시 필요한 밸브유량계수, (5)펌프 임펠러 커팅, 임펠러 회전수 변경, 직경이 다른 임펠러 교체시 펌프 운전점을 찾기 위한 상사법칙, (6)펌핑시스템에서 발생하는 이상현상, (7)펌프 기동·정지시 고려사항, (8)펌프장 정전시 펌프로의 역류시간에 대해 기술한다.

독자가 본서를 학습하는 동안 처음에는 확실하지 않지만 관망이 특히, 대형이 될수록 관로의 수리학 문제의 해결은 상당한 연산 노력을 요구할 수 있다는 사실을 확실히 알게 된다. 전산기를 사용하여 대형 관망의 정상유동 해석 또는 부정류해석을 수행하기 위해서는 통상적으로 2000년도 이전에는 데스크 탑 전산기 또는 워크스테이션을 사용하였으나 최근에는 단순한 데스크 탑 전산기를 사용할 수 있다. 통상적으로 일련의 중간부터 대형의 초기 비선형 대수학식 또는 많은 다른 공식을 해결하기 위한 이러한 형식의 연산은 신뢰성 있고 효율적인 수치해석방법의 사용에 크게 종속된다.

관망의 정상유동을 해석하고 설계하기 위해서는 반드시 대형 비선형 대수학공식시스템을 해결하여야 한다. 이를 위해 본서에서는 일련의 공식을 해결하기 위해 상대적으로 신뢰할 수 있는 뉴튼법을 주로 사용한다. 관망의 비정상유동에서 관성이 포함되면 DAE's라고도 불리는 매우 큰 미분식과 대수학공식시스템을 해결하여야 한다. 비록 DAE's의 해결과 관련된 연구논문은 1980년부터 시작되었지만 이와 같이 조합된 공식시스템이 공학 실무에 적용된 사례는 많지만 관로 수리학 문제에 적용된 사례는 거의 없다고 말할 수 있다. 본서는 이러한 공식시스템의 해결을 위한 기법을 제공하는 유일한 도서이다. 미래에는 더욱 세련된 공학 문제의 해결을 요구하므로 본서에 기술된 유사한 해결 기법이 보편적으로 사용되게 될 것이다.

여러 방법 중 하나로 관망의 수리학을 설명할 수 있다. 본서에서는 수리이론을 일련의 서술적인 수학식으로 설명하는 단순한 방법부터 관망을 해석하고 설계하기 위한 엑셀도구의 사용법을 설명하는 방법에 이른다. 각 주된 주제의 첫 번째 단계에서는 지배원리와 이를 수학식으로 표현하는 방법을 제시한다. 원리의 적용 사례는 통상적으로 작고 단순한 것부터 시작하여 더욱 현실적이고 어려운 큰 사례로 진행하며, 대부분 장의 종료부에서 예제 문제를 다룬다. 문제 해결의 수치적 그리고 절차적 상세한 대부분 내용은 작은 문제를 토론할 때 검토된다. 일부 독자는 본서에 기술된 수치해석기법 및 수치해석을 수행하는 엑셀도구와 관련된 상세한 내용을 더욱 알고 싶어 할 수 있다. 관심 있는 독자는 수치해석기법 및 엑셀도구와 관련된 더욱 상세하고 많은 내용을 학습할 수 있도록 부록 A와 B에 관련된 내용을 수록하였다.

본서는 주로 관망의 수리학을 기술하도록 작성되었지만 중요한 부차적인 목적은 적용 예제, 기술자가 직면할 수 있는 더욱 복잡한 대형 문제를 해결하기 위한 일부 신뢰성 있는 수치기법을 조심스럽게 기술하는 것이다. 본서에서 다루는 예제는 비록 모두 관망문제이지만 수치 기법 자체는 유사한 일련의 공식으로 모델링 할 수 있는 임의 주제에 더욱 광범위하게 적용할 수 있는 잠재력을 갖는다. 전 세계 모든 공과대학에서는 오랜 기간 동안 포트란, C, 또는 파스칼과 같은 프로그램 언어를 학생에게 교육시키거나 또는 MathCAD, TK-Solver 또는 Mathematica로 실행시킬 수 있는 해석언어(interpretative language)와 엑셀 사용법의 교육에 대한 우열을 토론하여 왔다. 학생의 재학시절 그리고 졸업 후에도 많은 학생을 관찰하면서 형성된 저자의 의견은 전산기가 우리의 전문적인 그리고 개인 생활에서 필수품의 일부가 되어가면서 전산 프로그래밍은 필수는 아니지만 매우 중요한 스킬이라는 것이다. 절차적 프로그래밍(procedural programming) 언어를 효과적으로 사용할 수 있는 사람은 재학시절 응용 패키지가 유일한 경험인 사람보다 더 쉽게 응용 소프트 패키지의 사용을 이해할 수 있다. 결과적으로 프로그래밍은 과업을 완성하기 위해서 뿐만 아니라 간결하고 올바른 기본 원리를 요구하기 때문에 그리고 경험은 수계산으로 작은 문제의 해결뿐만 아니라 이러한 원리에 대한 이해를 향상시키기 때문에 효과적으로 프로그래밍하는 방법을 배우는 것이 큰 가치가 있다. 그러나 만일 본서에서 프로그래밍 언어를 사용하여야만 한다면 어느 언어를 사용하여야 할까? 계절과 유사하게 시간이 지나면서 더욱 많은 언어가 출현하고 있다. 예를 들어 독자의 출생 년도에 따라 독자와 저자는 베이직과 포트란, 파스칼, 최근에는 C와 C++, 자바 그리고 더욱 최근에는 비주얼 베이직, 비주얼 C 및 여러 다른 언어의 세대가 출현하는 것을 목격하여왔다. 독자에게 특정 프로그래밍 언어의 해독능력을 강제하지 않으면서 논제를 다룰 수 있는 도서를 어떻게 저술할 수 있을까?

저자는 일부 독자는 전산 프로그램에 대한 경험은 전혀 없을 수 있지만 엑셀에 대해서는 친숙한 것으로 가정하고 시작하였다. 독자가 이 엑셀 파일을 사용할 때 주의할 점은 저자의 생각으로 프로그램은 정확하다고 생각하지만 100% 보장하지는 않는다는 것이다. 따라서 독자는 각자 책임 아래 이 파일을 사용하여야 한다.

독자가 수리학의 기본 원리를 광범위한 실제 문제에 적용하는 것은 도전적인 과제일 수 있지만 이는 독자는 물론 고급 교육 또는 전문직에게도 유용한 것을 알 수 있다고 저자는 확신한다. 더 나아가 저자는 상당히 많은 전산기 프로그램과 적용 범위는 사용자가 광범위하게 관망을 해석할 수 있는 도구를 제공할 것이라고 기대한다.

관망에서 또 다른 주된 주제는 관망에서 운영되는 펌프의 기동 및 정지, 그리고 밸브의 개방과 폐쇄시 유동은 일시적으로(통상적으로 수분에서 수십분 정도) 정상유동으로부터 부정류[transient, 경우에 따라 수격(waterhammer)이라고도 부른다]로 변화한다. 부정류의 원인은 유속이 급속하게 변화하는 곳에서(예를 들어 펌프, 밸브 등) 압력파 a가 발생하고 이 압력파는 관로를 반복하여 이동하면서 유동을 정지시켜 유체의 운동에너지를 압력에너지로 전환시킨다. 이때 유체는 더 이상 비압축성이 아닌 압축성이 되고, 통상적으로 강성체로 고려되는 배관도 더 이상 강성체가 아닌 탄성체로 취급된다. 이와 같은 현상이 조합되어 관로 내 압력은 상승과 하강 또는 그 반대로 하강과 상승을 일정 시간 동안 반복한다.

이와 같은 수격현상을 해석하기 위해서는 시간 증분 dt와 관로길이 ds의 상관관계 $\pm a = ds/dt$를 만족시키는 특성식을 사용하여야 한다. 완벽하지는 않지만 가장 단순한 경우에는 특성식이 아니라 자이코프스식 $\triangle H = a \triangle V/g$을 사용할 수 있다. 이와 같은 단순한 경우에서도 복잡한 대규모의 관망에서 발생하는 수격현상을 해석하기 위해서는 관의 재질, 직경, 관로 지지방법에 따라 다른 a를 결정하고 $\pm a = ds/dt$을 만족시키기 위한 최소 해석시간 증분 dt는 1/100초~1/1000초가 된다. 따라서 단순하고 작은 규모의 관망에서 발생하는 수격현상을 해석하기 위해서는 정상유동해석보다는 상당히 긴 시간이 소요되고, 또한 해석결과를 출력하면 통상적으로 수백 쪽의 보고서가 된다. 또한 이 짧은 dt 마다 관로 내에서 변화하는 유속 $\triangle V$를 구하기 위해서는 유속을 변화시키는 펌프 또는 밸브(통상적으로 경계조건)에서의 유동상태를 분석하여야 한다. 이를 위해서는 펌프의 경우 상사법칙을 사용하여 dt 마다 펌프 임펠러의 회전속도와 유속을, 그리고 밸브의 경우 밸브특성곡선과 보간법을 이용하여 dt 마다 개도별 유속을 구하여야 한다. 부정류를 해석하기 위해서는 수치해석을 위한 연산능력, 유체기계의 법칙 및 특성과 관련된 깊은 전문지식을 갖추어야 하며, 전문지식을 학습하기 위해서는 최소한 대학원에서 수 년의 학습기간과 현장경험이 필요하다. 따라서 부정류해석과 관련된 내용은 본서에서는 다루지 않지만 관심 있는 독자는 저자가 발간한 '그림으로 푸는 수충격해석', '전산기로 푸는 수충격해석 입문' 및 '전산기로 푸는 수충격해석 완성', '엑셀로 푸는 부정류 해석 설계', '펌프장 설계'와 '밸브핸드북'을 참조한다.

CHAPTER 02

수리기초

본 장에서는 관망의 수력학과 관련된 기본 원리와 개념에 대해 기술한다. 유체역학과 유체기계의 기초 과정을 완전히 이해하고 있는 독자는 이 내용을 쉽게 이해할 수 있을 것으로 생각된다. 먼저 본서에서 앞으로 자주 인용할 기본식을 소개한다. 에너지구배선 EGL (Energy Grade Line)과 수력구배선 HGL(Hydraulic Grade Line)의 개념은 매우 유용하므로 이 개념에 대해서 별도로 고찰한다. 다음은 다양한 손실수두식 그리고 임펠러가 회전하는 펌프와 같은 터보기계의 기능은 매우 중요하므로 이 책의 많은 부분에서 이 터보기계의 운영이론과 기본특성에 대해서 고찰한다.

2.1 기본 원리

2.1.1 기본 공식

가장 중요한 원리는 질량보존법칙이다. 통상적으로 유체의 밀도 ρ는 유체의 온도와 압력의 변화에 따라 변화한다. 표면 S에 의해 둘러싸인 고정된 검사 체적 $\overline{V}$에 대한 질량보존식은 다음과 같다.

$$\frac{\partial}{\partial t}\int_{\overline{V}} \rho d\overline{V} + \int_{S} \rho\overline{v} \cdot \overline{n} dS = 0 \tag{2.1}$$

여기서 $\overline{v}$는 한 지점에서의 속도, $\overline{n}$은 표면 S에 대한 외부 직각 단위 벡터, t는 시간이다. 첫 번째 항은 검사체적 내 시간에 따른 질량의 축적을 나타내는 것으로서 정상유동에서는 0이 된다. 두 번째 항은 표면 지점에서 내적 $\overline{v} \cdot \overline{n}$는 표면을 통과하는 속도성분을 나타내며 전체 검사 표면을 통과하는 유체의 순수 유출을 나타낸다. 배관 내 비압축성 유체의 정상유동에 대한 질량보존은 다음과 같이 표현되며 통상적으로 연속식이라고도 부른다.

$$Q = \int_A v dA = V_1 A_1 = V_2 A_2 \tag{2.2}$$

여기서 Q는 배관 단면적을 통과하는 체적 유량으로서 이는 평균 유속 V와 배관 단면적 A의 곱으로 표현된다.

두 번째로 중요한 원리는 때로는 단순히 에너지법칙이라고도 불리는 일과 에너지법칙이다. 혹자는 베르누이식이라고도 부르기도 하지만 분명하게 에너지법칙은 베르누이식보다 많은 뜻을 내포하고 있다. 배관 내 유체의 1차원 정상유동에 대한 에너지법칙은 다음과 같이 두 지점에 적용된다.

$$\frac{V_1^2}{2g} + \frac{p_1}{\gamma} + z_1 = \frac{V_2^2}{2g} + \frac{p_2}{\gamma} + z_2 + \sum h_{L_{1-2}} - h_m \tag{2.3}$$

상기 식에서 $V^2/2g$은 속도수두 또는 동 에너지, P/γ는 압력수두 또는 유동 일, 그리고 z는 위치수두 또는 포텐셜 에너지라 하며 이들 모두는 단위 중량당으로 표현된다. 만일 상기 식 오른쪽의 마지막 2개 항이 생략되면 베르누이식이 된다. 손실수두 항, 또는 단위 중량당 축적된 에너지손실 $\sum h_{L1 \sim 2}$은 지점 1과 2 사이 마찰에 의한 손실수두의 합이다. 마지막 항 h_m은 수력 기계가 유체에 전달하는 단위 중량당 기계 에너지이다. 펌프는 유동에 에너지를 가하게 되므로 h_m은 (+)가 되며 h_p로 표기하고, 터빈은 유동으로부터 에너지를 빼내가므로 h_m은 (-)가 되며 h_t로 표기한다.

P로 표기된 수동력은 단위 중량당 에너지의 이득 또는 손실인 h_m과 유체의 중량 γQ와의 곱인 $P = \gamma Q h_m$으로 표시하며 이 결과에 단위 변환 계수를 적용하여 동력을 마력 hp 또는 킬로와트 kW로 표현한다. 계산 목적에 따라 효율 η를 곱하거나 나눈다.

마지막으로 중요한 원리는 충동 모멘트식에 의한 선형모멘트식이다.

$$\frac{\partial}{\partial t} \int_{\overline{V}} \rho \overline{v} d\overline{V} + \int_S \overline{v}(\rho \overline{v} \cdot \overline{n}) dS = \overline{F_{net}} = \overline{F_s} + \overline{F_b} \tag{2.4}$$

유체 또는 고체에 작용하는 힘은 표면력(surface force)과 중력(body force)으로 구분되며,

이 힘은 검사체적 내 축적되는 모멘텀 비율과 검사체적의 표면을 통과하는 순수 유동의 합이다. 정상유동에서는 첫 번째 항은 0이 된다. 배관을 통과하는 1차원 비압축성 정상유동에서 유동방향에 따른 모멘텀식은 다음과 같다.

$$\overline{F_{net}} = \rho Q(\overline{V_2} - \overline{V_1}) \tag{2.5}$$

여기서 유체는 배관의 왼쪽에서 유입되고 오른쪽으로 유출되는 것으로 가정한다. 만일 배관의 단면이 일정하고 직관인 경우 속도는 동일하고 상기 식은 더욱 간단하게 되어 $\overline{F_{net}} = 0$ 이 된다. 2차원 $x-y$평면에서는 다음과 같이 벡터식을 나타낼 수 있다.

$$\sum F_x = (\rho Q V_x)_2 - (\rho Q V_x)_1 = (\rho A V_x^2)_2 - (\rho A V_x^2)_1 \tag{2.5a}$$

$$\sum F_y = (\rho Q V_y)_2 - (\rho Q V_y)_1 = (\rho A V_y^2)_2 - (\rho A V_y^2)_1 \tag{2.5b}$$

2.1.2 에너지구배선과 수력구배선

에너지선 또는 단순히 EL로 표현되는 에너지구배선은 일과 에너지식에 있는 3개 항의 합을 선으로 표현한 것으로 베르누이 합이라고도 불린다.

$$EL = \frac{V^2}{2g} + \frac{p}{\gamma} + z \tag{2.6}$$

상기 식의 각 항은 단위 길이로 표현되므로 편리하게 각 에너지 항의 합을 선도위에 포개어 나타낼 수 있다. 한 예로 유동 중간에 삽입된 피토트 관의 끝 부분에서 유속이 0이 되고, 이 속도수두는 추가적인 압력수두로 변환되며 이로 인해 그 지점에서의 유속은 액체의 EL 고도를 상승시킨다.

수력구배선 또는 HGL은 오직 압력수두와 위치수두의 합이다. 이 두 항의 합을 피에조미터 수두라고도 부르며 피에조미터 관을 배관의 벽에 삽입하여 쉽게 측정할 수 있다. 이미 EL이 작도되었다면 단순히 EL로부터 속도수두만큼 밑에 HGL을 위치시켜 쉽게 선도에 표시할 수 있다.

그림 2.1은 EL, HGL, 각 수두 항, 그리고 지점 1에서 2를 통과하면서 발생하는 손실 수두의 관계를 묘사하고 있다.

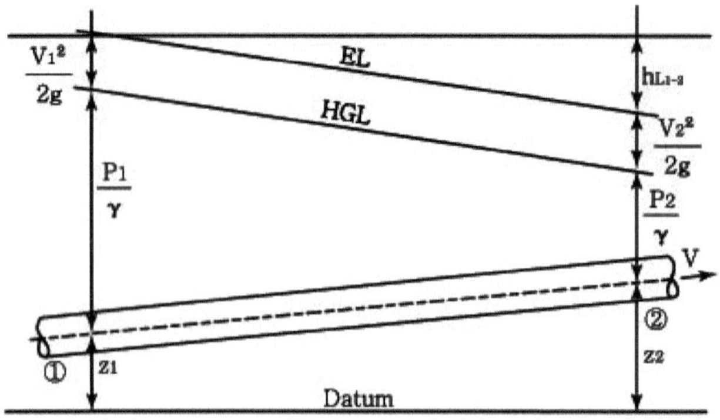

그림 2.1 각 수두와 EL, HGL의 관계

2.2 손실수두식

식 2.3에서 손실수두 $\sum h_{L_{1-2}}$은 실제로 유체의 두 현상으로 인해 발생한다. 하나는 배관 벽에서 발생하는 유체의 전단력에 기인한 손실수두로서 배관의 마찰손실이고, 다른 하나는 유체 유동의 부분적 교란에 의해 발생하는 손실수두로서 부분손실이다. 배관 마찰에 의한 손실수두는 항상 배관 길이에 걸쳐 나타나는 반면 부분손실은 밸브, 곡관 그리고 다른 부속품에서의 부분적 교란에 의해 발생된다. 관로가 긴 경우 부분손실은 유동 결정에 있어 이들의 영향이 그다지 크지 않으므로 부차적 손실이라고도 불리며 이 부차적 손실은 적기 때문에 무시된다. 따라서 사전 조사 설계시 이 부차적 손실을 무시하고 최종 설계 단계에서만 고려하기도 한다. 그러나 관로가 짧은 경우에는 부분손실이 크므로 이를 무시하면 안된다.

2.2.1 배관 마찰

원통형 배관에서 부분적으로 원통형 검사체적을 선정하여 유동방향을 s, 반경 방향을 r의 좌표로 설정하고, 정상유동에서 모멘텀식 2.4를 이 검사체적에 적용하면 유체의 평균 유체 전단응력 τ는 배관 중심으로부터의 반경 r의 함수가 된다.

$$\tau = -\frac{r}{2}\gamma\frac{\partial}{\partial s}\left(\frac{p}{\gamma}+z\right) \tag{2.7}$$

상기 식으로부터 다음 두 가지 중요한 사실을 알 수 있다.

1. 유체의 전단응력 τ는 배관 단면의 중심선에서 0으로부터 배관 벽 $r = D/2$에서 최대로 선형적으로 변화한다.
2. 피에조미터 수두$(p/\gamma + z)$의 유동 구배가 없으면 유체의 전단응력은 0이 되고 결과적으로 그 부분에서는 유동이 형성되지 않는다.

만일 검사체적을 배관 전 단면적에 걸쳐 확장하고 식 2.7을 직경이 동일한 배관 길이 L에 걸쳐 적분하면 그 길이에서 발생하는 마찰손실수두 h_L은 다음 식과 같이 관 벽에서의 전단응력 τ_w와 직접적으로 관련이 된다.

$$\tau_w = \gamma h_L \frac{D}{4L} \tag{2.8}$$

상기 식은 평균 유속 V 또는 토출 유량 Q와는 아무런 관계가 없다.

2.2.2 달시-바하식

관 벽 전단응력 τ_w, 평균 유속 V, 배관 직경 D, 유체 밀도 ρ, 절대 모래입자조도 e, 점도 μ 사이의 완전한 일반 함수 관계는 차원 해석에 의해 다음과 같이 단순화된다.

$$\frac{\tau_w}{\rho V^2} = F\left(\frac{VD\rho}{\mu}, \frac{e}{D}\right) = \frac{f}{8} \tag{2.9}$$

관 벽에서의 전단응력을 제거하기 위해 식 2.8과 2.9을 조합하면 배관 내 마찰손실수두를 나타내는 가장 기본적이고 널리 사용되는 달시-바하식이 된다.

$$h_L = f\frac{L}{D}\frac{V^2}{2g} = f\frac{L}{D}\frac{Q^2}{2gA^2} \tag{2.10}$$

식 2.9에서 함수 F을 간략하게 표시하기 위해 마찰계수 f를 사용하며 F는 레이놀즈수 $R_e = VD\rho/\mu = VD/\nu$ 및 절대 모래입자조도와 배관 직경의 비인 상대조도 e/D의 함수이다. 각 배관 재질에 따른 절대모래입자 조도 e를 관 내경 D와의 비인 무차원으로 표현하여 사용한다. 표 2.1은 여러 관로 재질에서 널리 사용되는 절대모래입자(sand-grain) 조도 e 수치를 보여준다.

표 2.1 배관 조도

재 질	e(mm)	$e(in)$
리벳 강	0.9～9.0	0.035～0.35
콘크리트	0.30 ˜ 3.0	0.012～0.12
주철	0.26	0.010
아연도금 철	0.15	0.006
아스팔트 주철	0.12	0.0048
상업용 또는 용접 강관	0.0045	0.0018
PVC, 인발 튜브, 유리	0.0015	0.00006

상업적으로 사용되는 배관의 조도는 약간의 이질성 또는 불균등을 타나내므로 특정 마찰계수 또는 경험 수치를 여러 자리 수의 정밀도로 나타낼 수 없다. 마찰계수 f의 함수적인 거동은 그림 2.2 무디선도와 같다.

로그함수로 작성된 무디선도에서 배관 유동을 특징짓는 여러 영역을 볼 수 있다. 첫 번째, 레이놀즈수가 $R_e = 2100$(다른 저자는 2300) 이하에서는 오직 한 선만이 존재하며 이는 실험적인 자료 입력이 필요 없고 단순히 층류 점성 유동 공식으로부터 유도된다. 즉, 층류에서의 마찰계수는 $f = 64/Re$가 된다. 이 영역에서는 선이 하나이기 때문에 층류에서는 모든 배관은 수력적으로 매끈하다고 말할 수 있다. 두 번째, 레이놀즈수 2100～4000까지는 천이영역이라 하고 이 영역에서의 유동은 층류로부터 약한 난류로 변환된다. 마지막으로 레이놀즈수 4000 이상에서는 다음과 같은 3개의 유동 영역을 발견할 수 있다.

1. 그림의 오른쪽 점선 경계 상부. 이 영역은 완전 거친 유동 또는 거친 배관에서의 완전 난류영역이라 부르며, 마찰계수 f는 레이놀즈수 Re가 아닌 상대조도 e/D만의 함수이다. 이 영역은 상대적으로 거친 배관 그리고/또는 유량이 큰 유동 형태에서 나타난다. 따라서 배관 재질을 알 수 있으면 e/D을 알 수 있으므로 Re와 관계없이 f 수치를 바로 구할 수 있다.
2. 가장 밑에 있는 선은 매끄러운 배관(smooth-pipe)선이라 불리며 다음과 같은 경험식으로 표현된다.

$$1/\sqrt{f} = 2\log_{10}(Re\sqrt{f}) - 0.8 \tag{2.11}$$

이 선은 연속적인 구배를 갖고 있으며 완전 거친 유동 영역과 같은 수평선을 갖을 수 없다.

따라서 f는 항상 레이놀즈수에 좌우된다. PVC 배관 내 유동은 이 선에 의해 기술되므로 최근 특정 분야에서는 그 중요성이 더욱 증가되고 있다.

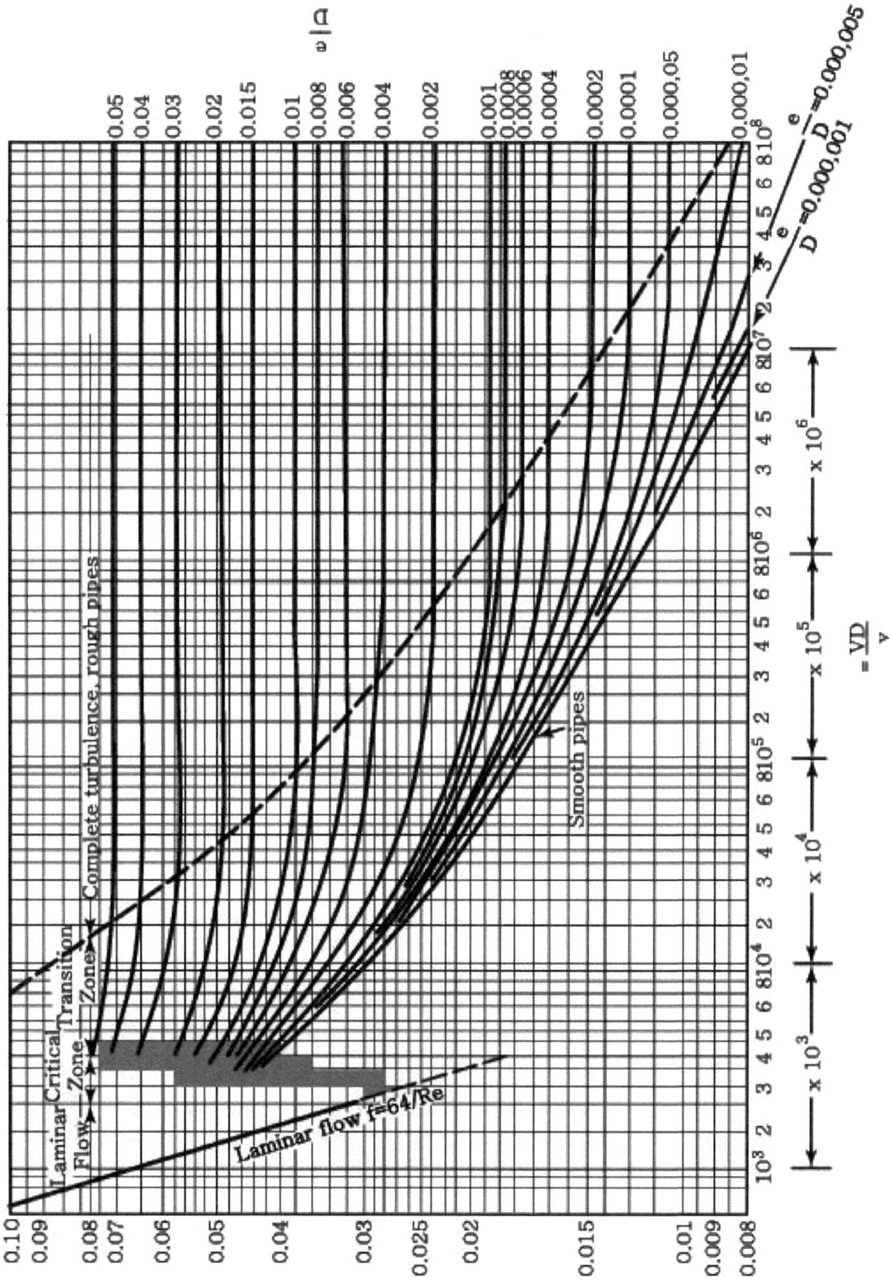

그림 2.2 달시-바하 마찰계수 f를 위한 무디선도

3. 영역 1과 2 사이는 중요한 과도적인 영역으로 난류 천이 영역이라 불린다. 이 영역에서 f는 레이놀즈수 Re와 e/D에 의해 결정되며 다음의 Colebrook-White식이 사용된다.

$$\frac{1}{\sqrt{f}} = 1.14 - 2\log_{10}\left(\frac{e}{D} + \frac{9.35}{Re\sqrt{f}}\right) = 1.14 - 2\log_{10}\left(\frac{e}{D} + \frac{7.3434728\nu D}{Q\sqrt{f}}\right) \quad (2.12)$$

특히 무디선도의 난류-천이영역에서 f 수치를 반복적으로 구하기 위해 엑셀을 사용한다. 전술한 바와 같이 마찰계수의 정밀도가 제한되어도 때때로 컴퓨터 알고리즘이 수렴하기 위해 더욱 큰 수치를 채택할 필요가 있다. 그리고 연산된 수치의 여러 자리 숫자는 연산 문제의 성공 여부를 확인하기 위해 도움이 되기도 한다. 따라서 본서에서는 이러한 이유로 실용적인 측면에서 보장할 수 없는 것처럼 보일지라도 더욱 많은 자리 수를 갖는 결과 수치를 사용한다.

유동형태에 따른 마찰계수 f을 구하기 위해 사용되는 식을 표 2.2에 기술하였으며 독자의 편의를 위해서 임의 유량에서 마찰계수f를 구하는 포트란 프로그램을 엑셀로 구현한 파일, 그리고 최근 엑셀 버전에 있는 해 찾기 기능을 이용한 엑셀 파일 PIPK_N.을 참조한다.

표 2.2 달시-바하식

유동 형태	f 식	범위
층류	$f=64/Re$	$Re<2100$
매끄러운 배관	$1/\sqrt{f}=2\log_{10}(Re\sqrt{f})-0.8$	$Re>4000$ & $e/D\to 0$
Colebrook-White식	$\frac{1}{\sqrt{f}}=1.14-2\log_{10}\left(\frac{e}{D}+\frac{9.35}{Re\sqrt{f}}\right)$	$Re>4000$
완전 거친 유동	$\frac{1}{\sqrt{f}}=1.14-2\log_{10}(\frac{e}{D})$	$Re>4000$

예제 2.1

배관 직경 $D=0.5m, e=0.26㎜, \nu=1.13\times10^{-6}m^2/s$, 유량 $Q=0.3m^3/s$일 때 마찰계수 f를 구하라.

해답

문제에서 유량 Q가 주어졌으므로 이 자료를 사용하기 위해 표 2.2의 Colebrook-White식에서

$Re = QD/(A\nu)$로 대체하여 다음과 같이 수정하면 오직 f만이 미지수가 되며 엑셀 또는 포트란 프로그램에 상기 자료를 입력하면 $f = 0.017547$을 얻을 수 있다.

$$\frac{1}{\sqrt{f}} = 1.14 - 2\log_{10}\left(\frac{e}{D} + \frac{7.3434728\nu D}{Q\sqrt{f}}\right)$$

방법 1

f를 구하기 위한 포트란 프로그램의 실행과정을 살펴보면 다음과 같다. 상기 식을 단순하게 표현하기 위해 $Re_9 = 7.3434728\nu D/Q$, $\sqrt{f}$의 역수를 $1/\sqrt{f} = SF$로 설정하고 상기 식을 다시 정리하면 다음과 같다.

$$SF = 1.14 - 2\log_{10}\left(\frac{e}{D} + SF \times Re_9\right)$$

점화 수치로서 $f = 0.015$로 가정하고, 주어진 자료를 상기 식에 대입하고, 편의를 위해 좌변을 SF_1으로, 우변을 SF_2로 표현하고, 이들의 차이 $DIF = ABS(SF_2 - SF_1)$로 표현하여 계산한 결과는 다음과 같다.

$$SF_1 = 1/\sqrt{0.015} = 8.164966$$

$$SF_2 = 1.14 - 2log_{10}\left(\frac{0.00026}{0.5} + 8.164966 \times 0.0001383\right) = 7.537298$$

$$DIF = ABS(7.537298 - 8.164966) = 0.627668$$

이제 SF_2를 SF_1으로 변경하여 상기 과정을 수 회 반복하면 SF_1과 SF_2의 차이인 $DIF = 0$이 되는 정확한 $f = 1/SF_2^2$ 값을 얻을 수 있으며 이와 같은 방법을 Gauss-Seidel 반복법이라 부르며 반복 계산한 결과는 다음 표와 같다(Exam2_1.xls 파일 참조).

SF1	8.164966	7.537298	7.549293	7.549063	7.549067
SF2	7.537298	7.549293	7.549063	7.549067	7.549067
DIF	0.627668	0.011995	0.000231	0.000004	0.000000
f	0.017602	0.017546	0.017547	0.017547	0.017547

방법 2

Colebrook-White식에서 모든 변수는 기저이고 유일한 미지수 f는 음해식으로 표현된다. 최신 엑셀 버전에서는 이와 같이 표현된 음해식의 해를 찾기 위한 “해 찾기” 기능이 추가되었으며 이 기능의 사용법은 부록 B와 엑셀파일 Exam2_1을 참조한다.

2.2.3 경험식

관망문제를 해결하기 위해 오래 전부터 경험적 손실수두식을 사용하여 왔다. 무디선도가 개발되기 상당히 오래 전에 사용된 이 식은 아직도 전문적인 분야에서 널리 사용되고 있다. 혹자는 습관에 의해 이 경험식의 사용을 선호하는 반면 다른 사람은 달시-바하식의 마찰계수를 결정하여야 하는 어려움을 피하기 위해 경험식의 사용을 선호한다. 공통적으로 경험식은 선택 단위에 따라 결정되는 상수를 포함한다. 유량을 계산하기 위한 경험식 중 가장 광범위하게 사용되는 하젠-윌리엄식은 다음과 같다.

$$Q = 1.318\, C_{HW} A R^{0.63} S^{0.54} \qquad ES\text{단위}\,(A = ft^2,\ R = ft,\ Q = ft^3/s) \tag{2.13}$$

$$Q = 0.849\, C_{HW} A R^{0.63} S^{0.54} \qquad SI\text{단위}\,(A = m^2,\ R = m,\ Q = m^3/s) \tag{2.14}$$

여기서 C_{HW}는 하젠-윌리엄 조도 계수, $S = h_f/L$은 에너지선 구배, $R = A/P$ 수력 반경, A는 단면적, 그리고 P는 접수 길이로서 만수된 배관의 경우 항상 $R = D/4$이다. 표 2.3은 일반적으로 사용되는 배관 재질의 C_{HW} 수치를 보여주고 있다. 개방 수로 유동을 위해 최초로 개발된 다른 경험식은 다음의 매닝식이다.

$$Q = \frac{1.49}{n} A R^{2/3} S^{1/2} \quad ES\text{단위} \tag{2.15}$$

또는

$$Q = \frac{1}{n} A R^{2/3} S^{1/2} \quad SI\text{단위} \tag{2.16}$$

배관의 경계 조도는 매닝계수 n으로 기술되고 이 수치는 표 2.3과 같다.

표 2.3 하젠-윌리엄식과 매닝식의 조도

배관 재질	C_{HW}	n
PVC	150	0.009
매우 매끄러운 관	140	0.010
시멘트 라이닝 주철관	140	0.012
신 주철관, 용접 강관	130	0.014
나무, 콘크리트	120	0.016
진흙, 신규 리베트 강	110	0.017
구 주철관, 벽돌	100	0.020
매우 부식된 주철관	80	0.035

경험식인 하젠-윌리엄식과 매닝식을 달시-바하식과 비교하면 경험식의 적용 범위가 상당히 제한된다는 것을 알 수 있다. 즉, 경험식은 오직 물의 난류 유동에만 적용 가능하고 매닝식은 오직 배관 내 완전 거친 유동에만 적용 가능하다. 만일 하젠-윌리엄식을 로그 무디선도에 그리게 되면 무디선도의 천이 난류 유동에 걸쳐 구배가 -0.15인 직선의 집단으로 나타난다. 따라서 하젠-윌리엄식은 계수의 선택에 따라 무디선도상의 각 e/D의 일부분만을 나타낼 수 있다.

2.2.4 지수식

달시-바하, 하젠-윌리엄식 또는 매닝식을 사용하여 유량의 함수로 손실수두를 나타낼 때 관망의 각 관로에서 발생하는 손실수두를 다음과 같은 지수식으로 나타내면 하나의 이론식으로 상기 모든 식을 나타낼 수 있는 이점이 있다. 달시-바하식, 하젠-윌리엄 또는 매닝식에 따라 이 식의 K와 n 수치는 변화한다.

$$h_f = KQ^n \tag{2.17}$$

하젠-윌리엄식과 매닝식을 이용하여 h_f를 구하기 위해 이를 지수식 형태로 변형시키면 하젠-윌리엄식의 경우 지수는 $n = 1.852$가 되고 계수 K는 다음과 같다.

$$K = \frac{C_K L}{C_{HW}^{1.852} D^{4.87}} \tag{2.18}$$

매닝식의 경우 지수 $n = 2$가 되고 K는 다음과 같다.

$$K = \frac{C_K n^2 L}{D^{5.33}} \tag{2.19}$$

여기서 C_K는 단위에 따른 환산계수로서 표 2.4와 같다.

표 2.4 C_K 계수

단위 D	단위 L	하젠-윌리엄	매닝
ft	ft	4.73	4.66
in	ft	8.53×10^5	2.65×10^6
m	m	10.67	10.29

달시-바하식에서 K와 n을 구하기 위해서 대략적인 무디선도형상을 나타내는 다음 식을 사용하여 제한된 무디선도의 범위에서 f를 추정한다.

$$f = a/Q^b \tag{2.20}$$

이 식은 a와 b가 상수일 경우 무디선도상(로그-로그 좌표)에서 직선으로 나타난다. 식 2.20을 달시-바하식에 대입하여 정리하면 다음과 같다.

$$n = 2 - b \tag{2.21}$$

그리고

$$K = \frac{aL}{2gDA^2} \tag{2.22}$$

식 2.17을 사용하기 위해 K와 n를 결정하는 것은 예측되는 토출 유량 범위에서 f를 대략적으로 추정하는 식 2.20의 a와 b 수치를 결정하는 것과 동등하다. 이때 식 2.17에서 너무 큰 유량범위에서 구한 K와 n을 사용하면 달시-바하식과 Colebrook-White식으로부터 직접 구할 수 있는 마찰손실수두와는 차이가 발생할 수 있다. 반대로 유량 선정범위가 너무 작으면 실제 토출량은 이 범위를 벗어나게 되므로 K와 n을 다시 결정하여야 한다. a와 b 수치를 구하기 위해 예상되는 토출량 Q를 포함하는 적정 레이놀즈수(토출량 또는 유속) 범위를 선정하여야 한다. 이 2개의 레이놀즈수 Re_1과 Re_2 을 갖고 Colebrook-White식을 풀면 2개의 f_1과 f_2 그리고 이에 상응하는 유량 Q_1과 Q_2 를 구할 수 있다. 식 2.20 양변에 로그(자연로그 또는 밑변이 10인 로그)를 취하면 다음 두 식을 얻을 수 있다.

$$\begin{aligned} lnf_1 &= lna - blnQ_1 \\ lnf_2 &= lna - blnQ_2 \end{aligned} \tag{2.23}$$

첫 번째 식으로부터 두 번째 식을 감하면

$$b = \frac{ln(f_1/f_2)}{ln(Q_2/Q_1)} \tag{2.24}$$

따라서 a는 다음과 같다.

$$a = f_1 Q_1^b \tag{2.25}$$

계산기를 사용하여 K와 n 수치를 쉽게 구할 수 있다. 그러나 빈번하게 계산하려면 컴퓨터 포트란 프로그램 PIPK_N.FOR 또는 엑셀 PIPK_N을 참조한다.

예제 2.2

아래 표와 같이 3개 배관에서 지수식에 사용되는 K와 n 수치를 결정하라. 단 $\nu = 1.217 \times 10^{-5} ft^2/s$ 또는 $\nu = 1.13 \times 10^{-6} m^2/s$ 이다.

배관	종류	길이	직경	e	C_{HW}	n	대략적인 Q
1	PVC	1000ft	8in	0.00006in	150	0.009	$2.5ft^3/s$
2	리벳 강관	1000ft	8in	0.035 in	110	0.015	$0.8ft^3/s$
3	주철관	3000m	300mm	0.26mm	140	0.011	$0.4m^3/s$

여기에서는 배관 1에 대한 자세한 풀이만을 다루고 독자는 나머지 해답을 직접 구한다. 식 2.18과 2.19로 하젠-윌리엄과 매닝식의 K와 n을 각각 계산할 수 있으며 하젠-윌리엄식은 다음과 같고,

$$n_1 = 1.852$$

$$K_1 = \frac{4.73 \times 1000}{150^{1.852} \times 0.667^{4.87}} = 3.17$$

매닝식은 다음과 같다.

$$n_1 = 2.0$$

$$K_1 = \frac{4.66 \times 0.009^2 \times 1000}{0.667^{5.33}} = 3.27$$

달시-바하식에서는 대략적인 유량 $Q_1 = 2.5ft^3/s$의 ±20% 범위인 $Q_1 = 2ft^3/s$와 $Q_2 = 3ft^3/s$을 선정한 다음 Colebrook-White식으로부터 이 유량에 상응하는 마찰계수 $f_1 = 0.01442812$, $f_2 = 0.01341325$을 구한다. 정밀도가 높은 마찰계수를 구하기 위해 무디선도가 아닌 계산기 또는 엑셀 프로그램을 이용하는 것이 좋다.

$$b = \frac{ln\frac{f_1}{f_2}}{ln\frac{Q_2}{Q_1}} = \frac{ln\frac{0.01442812}{0.01341325}}{ln\frac{3.0}{2.0}} = 0.1799$$

$$n = 2 - b = 1.8201$$

$$a = f_1 Q_1^b = 0.01442812 \times 2.0^{0.1799} = 0.016344$$

$$K = \frac{aL}{2gDA^2} = \frac{0.016344 \times 1000}{2 \times 32.2 \times 0.667 \times 0.349^2} = 3.1275$$

나머지 배관의 K와 n의 계산결과는 다음 표와 같으며 엑셀 PIPK_N.xls를 사용하여도 동일한 결과를 얻을 수 있다(Exam2_2.xls 파일 참조).

배관	Q_1	Q_2	Re_1	Re_2	f_1	f_2	b	a
1	2.0	3.0	314000	471000	0.01443	0.01341	0.1799	0.0163
2	0.4	1.2	62800	188000	0.03073	0.02969	0.0847	0.0326
3	0.2	0.6	751000	2250000	0.01940	0.01910	0.0140	0.0189

배관	달시-바하		하젠-윌리엄		매닝	
	K	n	K	n	K	n
1	3.1239	1.8201	3.1714	1.852	3.2680	2.000
2	6.2208	1.9153	5.6326	1.852	9.0777	2.000
3	1938.9	1.9859	1194.2	1.852	2286.9	2.000

요약하면 유체의 종류와 관계없이 배관의 직경과 유량이 주어질 경우 마찰손실수두를 계산하기에 가장 좋은 식 또는 손실수두를 알고 있으면 유량을 구하기 위한 가장 좋은 식은 달시-바하식이다. 경험식의 적용 범위는 상당히 제한되므로 결론적으로 경험식을 사용하는 것보다는 때로는 어렵지만 달시-바하식을 사용하는 것이 좋다.

2.2.5 부분손실과 부차적 손실

부분손실은 배관 마찰 이외 밸브, 곡관 그리고 다른 부속품과 같은 설비에 의해 발생되는 추가적인 에너지손실이다. 실제로 이 에너지손실은 반드시 짧을 필요는 없지만 제한된 배관 길이에서 발생한다. 일반적으로 부분손실은 유동 교란과 손실을 야기하는 장치에서의 손실의 합을 나타낸다. 만일 이 부분손실이 다른 에너지손실과 배관 마찰손실에 비해 충분히 작으면 부차적 손실로 간주된다. 이 부차적 손실은 사전 조사시 또는 상당히 작다는 것을 알면 종종 무시하고, 관로가 상당히 긴 경우에는 실제로 무시한다. 그러나 밸브가 부분적으로 개방된 경우 부분손실은 상당히 커서 절대 부차적 손실로 간주할 수 없을 경우에는 반드시 포함시켜야 한다.

통상적으로 이러한 장치가 발생시키는 에너지손실의 크기를 이론만으로 결정하는 것은 불가능하여 주로 경험 자료에 의존하여 손실을 결정하며 다음 식으로 이 부분손실을 나타낸다.

$$h_L = K_L \frac{V^2}{2g} \tag{2.26}$$

여기서 $V = Q/A$는 통상적으로 하류측 평균 유속이며 확대관에서는 다음의 식을 적용한다.

$$h_L = K_L \frac{(V_1 - V_2)^2}{2g} \tag{2.27}$$

여기서 V_1과 V_2 는 각각 상류와 하류측의 유속이다. 식 2.27에서 손실계수 K_L은 급 확대관에 적용하며 점차적으로 확대되는 원뿔인 경우 0.2~1.2의 수치를 취한다. 배관으로부터 저수지로 유동할 경우 손실수두식 2.27은 특별하고 중요하며 이를 유출손실이라 한다. 즉, 이 경우 $K_L = 1$과 $V_2 = 0$ 되며, 유출 배관의 형상과는 관계가 없다.

일반적으로 사용되는 밸브와 배관 부속품의 부분손실계수 K_L는 표 2.5와 같고, 상세한 내용은 부록 C를 참조한다. 이러한 부속품에 의한 에너지손실은 대부분 하류 지점에서의 2차 유동에 의한 것보다 장치에 의해 발생하는 유체 난류의 결과이다. 통상적으로 부분적으로 가속되는 유동은 감속되는 유동에 비해 에너지손실이 작다. 만일 너무 급속히 감속되면 유동이 분리되고 이로 인해 추가적인 난류 그리고 비분리(non-separated) 영역에서 높은 유속이 발생한다. 다른 특정 밸브 제작사가 제공하는 밸브 개도 함수로서의 손실계수는 부록 C에서 구할 수 있다.

급 축소는 처음에는 가속 유동 영역을 갖고 다음에는 유동 분리에 의해 유동이 감속되는 영역을 갖게 된다. 비록 가속 유동 영역이 크다 할지라도 손실수두는 원칙적으로 축소부분 직 하류에서 발생하는 감속과 분리에 의해 크게 영향을 받는다. 이 축소 배관의 부분손실계수는 그림 2.3과 같다.

표 2.5 부속품 손실계수

재 질	K_L	비 고
글로브밸브, 완전개방	10.0	
앵글밸브, 완전개방	5.0	
버터플라이밸브, 완전개방	0.4	
게이트밸브, 완전개방	0.2	
3/4 개방	1.0	
1/2 개방	5.6	
1/4 개방	17.0	
역지밸브, 스윙 형식, 완전개방	2.3	
리프트 식, 완전개방	12.0	
볼 형식, 완전개방	70.0	
풋밸브, 완전개방	15.0	
곡관, 45°	0.4	
장 곡관, 90°	0.6	
중 곡관, 90°	0.8	
단 곡관(표준), 90°	0.9	
Closed return bend, 180°	2.2	
배관 유입부, 원형, $r/D < 0.16$	0.1	
직각 모서리	0.5	
re-entrant	0.8	

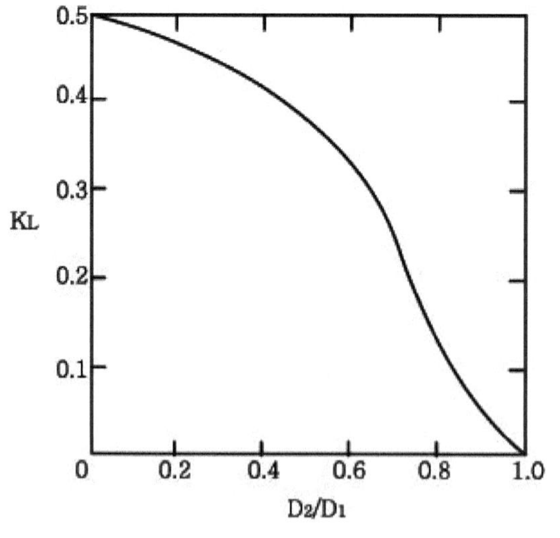

그림 2.3 급 축소관의 부분손실계수

2.3 펌프 이론과 특성 곡선

식 2.3에서 언급한 바와 같이 펌프는 단위 중량당 유체에 기계 에너지 $h_m = h_p$를 추가한다. 때로는 용적형 펌프가 그 역할을 하지만, 대부분의 경우 회전하는 임펠러를 갖는 펌프는 유체의 압력수두를 증가시켜 배관 내 유체를 이동시킨다. 이 임펠러의 형상은 펌프 운영 영역에 따라 다르다. 펌프의 에너지가 전달되어 추가되는 수두를 펌프순수수두 h_p라 부른다. 유체에 가해지는 수동력 P_w는 펌프순수수두, 유량, 유체의 비중량의 곱인 $P_w = \gamma Q h_p$가 된다. 펌프를 운영하기 위한 기계 동력은 이 수동력보다 크며 기계동력을 제동력 또는 $bhp = T\omega$라 부른다. 여기서 T는 토크이고 ω는 펌프 회전축의 각속도이다. 이 수동력과 제동력의 비가 바로 펌프효율 $\eta = P_w/bhp$가 된다. 대용량 펌프가 최대 효율점 부근에서 운전되면 효율은 90% 전후가 되며 이 최대 효율점을 설계점이라 부른다. 그러나 용량이 작거나 마모된 펌프의 효율은 이보다 상당히 낮게 된다.

펌프는 상당히 복잡하여 이론만을 근거로 설계할 수는 없다. 새로운 또는 수정된 설계를 개선하기 위해서 먼저 모델시험을 성공적으로 시행한 후 원래 크기의 원형 펌프를 제작한다. 모델펌프와 원형펌프를 관련짓기 위해 차원 해석을 사용한다. 먼저 모델펌프와 원형펌프의 형상은 상사하다고 가정하고 이를 기하학적 상사라 부른다. 다음은 속도장에서도 상사한 형상을 갖는다고 가정하며 이를 동적 상사라 한다. 이러한 요구 조건을 만족시키는 펌프를 상사하다고 말 할 수 있다. 이러한 상사법칙을 완성하기 위해 무차원의 매개변수인 수두계수 C_H, 유량계수 C_Q, 동력 계수 C_P를 사용한다.

$$C_H = \frac{gh_p}{N^2D^2},\ C_Q = \frac{Q}{ND^3},\ C_P = \frac{P}{\rho N^3 D^5} \tag{2.28}$$

여기서 D는 회전 임펠러의 직경이다. 만일 임펠러의 크기 D 또는 회전수 N이 다른 경우 상사 법칙은 다음과 같이 된다.

$$\left(\frac{h_p}{N^2D^2}\right)_1 = \left(\frac{h_p}{N^2D^2}\right)_2 \quad \left(\frac{Q}{ND^3}\right)_1 = \left(\frac{Q}{ND^3}\right)_2 \quad \left(\frac{P}{\rho N^3D^5}\right)_1 = \left(\frac{P}{\rho N^3D^5}\right)_2 \tag{2.29}$$

상기 식에서 같은 단위(예를 들어 회전속도의 단위를 $rad/s, rev/s,\ rev/min$)로 각 변수를 측정하면 무차원이 되기 때문에 식 2.28보다 식 2.29가 더욱 다양하게 사용된다. 만일 펌프 1과 2의 임펠러 직경이 동일하면 식 2.29에서 유량, 수두, 동력은 오직 N의 변수가 되며 반대로 회전수가 고정되면 직경 D가 변수가 된다.

비속도 N_S는 상사한 펌프를 나타내기 위한 펌프의 중요한 매개변수인 유량 Q, 수두 h_p와 D를 포함한다. 이 비속도가 다르다는 것은 근본적으로 임펠러 형상이 다르다는 것이지 임펠러 크기의 차이를 의미하는 것이 아니다. 비속도가 다르면 펌프의 성능이 다르게 나타난다. N의 단위가 rad/s인 경우 무차원의 펌프 비속도 형태는 다음과 같다.

$$N_S = \frac{NQ^{1/2}}{(gh_p)^{3/4}} \tag{2.30}$$

미국에서는 오랜 기간 동안 관례적으로 다음 식을 사용해왔다.

$$N_S' = \frac{N(rev/min)Q(gal/min)^{1/2}}{[h_p(ft))]^{3/4}} \tag{2.31}$$

상기 식은 무차원이 아닌 단위를 갖는다. 펌프는 비속도(즉, 펌프 임펠러 형상)에 근거하여 아래 표와 같이 3가지로 분류된다.

표 2.6 펌프 형식-비속도

구 분	원심	사류	축류	비고
N_S	$N_S < 1.46$	$1.46 < N_S < 3.7$	$N_S > 3.7$	식 2.30
N_S'	$500 < N_S' < 4000$	$4000 < N_S' < 10000$	$N_S' > 10000$	식 2.31

상대적으로 비속도가 작은 곳에서는 원심펌프가 가장 효율적으로 사용된다. 이 원심펌프는 축 방향으로 물이 유입되고 축의 직각으로 유로가 변경된 후 임펠러 형상에 따라 방사선 방향으로 물이 유출된다. 이 형식의 펌프에 대한 명칭은 여러 가지가 있으나 여기서는 원심펌프라 한다. 비속도가 가장 높은 펌프는 물이 축 방향으로 유입되어 축 방향으로 유출되는 축류펌프로서 때로는 프로펠러펌프라고도 한다. 축 방향으로 유입되어 원심펌프와 축류펌프의 중간 방향으로 유출되는 펌프를 사류펌프라 한다. 상기 펌프 형식 사이에는 중복되는 범위가 존재하고 기술자에 따라 비속도의 범위가 다를 수 있다.

각 펌프의 개별 성능 또는 동일한 펌프 케이싱과 크기가 다른 여러 임펠러를 갖는 펌프의 집단 성능은 통상적으로 제작사가 작성한 일련의 펌프의 특성 곡선 또는 단순히 펌프 곡선으로 기술된다(부록 D에 나타낸 8개의 펌프 특성 곡선 참조). 각 그림의 상부에 있는 그림은 펌프 한 단에서의 유량-수두 곡선이고 이 곡선은 통상적으로 직선 또는 포물선으로 작성되나 실제로는 이 보다 더욱 복잡하다. 곡선 형태의 변화는 정상적으로 펌프 내 유동의 형태가 변경된 것을 의미한다. 일련의 수두 곡선을 가로지르는 선은 동일한 효율 곡선이다. 각 효율 등고선은 효율 퍼센트 수치이며 통상적으로 이 수치는 70%~85% 정도이다. 각 그림의 밑부분에 나타낸 일련의 곡선은 토출량에 따른 제동력을 나타낸다. 이 선은 직선으로 표현되면 완벽하지는 않지만 거의 정확하다. 마지막으로 각 도표의 상부 오른쪽에는 토출량에 따른 $NPSH$를 나타낸다.

펌프의 흡입수두 $NPSH$(Net Positive Suction Head)는 펌프 임펠러 흡입구에서 캐비테이션이 발생하지 않는 조건에서 흡입할 수 있는 수두 z_i를 결정하기 위해 사용된다. 캐비테이션은 부분 압력이 액체의 포화증기압 이하가 되면 액체가 기체로 변하는 것을 말한다. 시험을 통해 캐비테이션이 발생하면 펌프 운전 효율이 저하되는 사실을 추론할 수 있으며 이에 따른 $NPSH$식은 나음과 같나.

$$NPSH = \frac{p_{atm}}{\gamma} - \frac{p_v}{\gamma} - h_L - z_i \tag{2.32}$$

여기서 p_{atm}과 p_v는 액체에 작용하는 대기압과 포화증기압, h_L은 흡입 배관 내에서 발생하는 손실 수두, z_i는 펌프 흡입구가 캐비테이션으로부터 안전하게 설치될 수 있는 최대 허용 높이이다. 펌프 곡선으로부터 운전 유량에서 $NPSH$를 읽어 z_i를 계산할 수 있다.

2.4 정상유동해석

본 절에서는 여러 정상유동문제에 대해 기술하며 이를 위해 지수식 또는 경험 손실수두식을 사용하지만 때때로 마찰계수 수치를 추정하기 위해 광범위하게 사용되는 달시-바하식을 사용한다. 우선 부분손실을 고려하는 경우와 무시하는 경우, 관로 내 펌프가 설치된 경우 직렬배관과 병렬배관, 그리고 마지막으로 여러 개의 저수지가 있는 경우에서 정상유동분석 방법에 대해 기술한다.

2.4.1 직렬단일관로 유동

본 절에서 기본적으로 사용하는 식은 연속식, 일과 에너지식, 달시-바하식이다. 모든 직렬배관 유동 문제는 어떤 요소가 주어지거나 알고 있는지(기저) 그리고 무엇을 구하고자 하는지(미지수)에 따라 다음 3가지 계산 범주 중의 하나에 해당된다.

표 2.7 문제 형태

범주	기저	미지수
1	Q	h_L
2	h_L	Q
3	Q, h_L	가장 작은 D

범주 1과 2의 형태는 해석문제이다. 즉, 범주 1 형태의 해는 반복의 필요 없이 직접 구 할 수 있으나 범주 2 형태의 해를 구하기 위해서는 먼저 f를 추정하여 Re를 구한 후 유동영역의 일치여부를 확인하여야 하며 일치할 때까지 반복이 필요하다. 범주 3은 설계 문제이고 이 문제를 해결하기 위해서는 통상적으로 더욱 많은 가정과 반복 계산이 필요하며 구하고자 하는 것은 관로 특성인 길이, 직경, 재질이 된다.

예제 2.3

주철관으로 두 저수지를 연결하였다. 관로의 길이는 1200ft이고 직경은 12인치이다. 이 관로를 통해 유량 $8ft^3/s$을 수송할 때 이 관로에서 발생하는 마찰 손실수두를 구하라. 단, 유체의 수온은 60°F이고 동 점성계수는 $\nu=1.2\times10^{-5}ft^2/s$이다.

해답

이 문제는 범주 1에 해당된다. 관로 내 평균 유속은 다음과 같다.

$$V=\frac{Q}{A}=\frac{4\times8}{\pi\times1^2}=10.19ft/s$$

레이놀즈수는 다음과 같다.

$$R_e=\frac{VD}{\nu}=\frac{(10.19)(1)}{1.2\times10^{-5}}=8\times10^5$$

표 2.1에서 주철관의 경우 $e/D = 0.010/12 = 0.00083$이고 무디선도 또는 PIPK_N 엑셀 파일로부터 $f(R_e, e/D) = 0.0185$가 된다. 달시-바하식 2.10으로부터 다음과 같이 마찰손실수두를 계산할 수 있다(Exam2_3.xls 파일 참조).

$$h_f = f\frac{L}{D}\frac{V^2}{2g} = 0.0185\frac{1200}{12/12}\frac{10.19^2}{2(32.2)} = 35.8ft$$

예제 2.4

예제 2.3의 관로에서 두 저수지의 수위 차이가 20ft이고 두 저수지가 직경 18인치 용접강관으로 연결될 때 다음 사례에서

(a) 오직 관 마찰만을 고려할 경우 송수량은 얼마인가?
(b) 유입부는 직각-모서리, 토출 지점 근방에 게이트 밸브는 완전개방되고, 토출 관로는 저수지에 연결되었다고 가정하면 토출 유량은 얼마가 되나?
(c) (b)에서 게이트 밸브가 1/4 개방일 경우 예상되는 토출 유량은?

해답

상기 문제는 손실 수두 h_L을 구하는 것이 아니라 유량 Q를 구하는 것이므로 범주 2에 속한다.

사례 (a)

이 경우 다음과 같이 가정한다.

$$h_f = z_1 - z_2 = 20ft = f\frac{L}{D}\frac{V^2}{2g}$$

표 2.1로부터 용접 강관의 경우 $e/D = 0.0018/18 = 0.0001$이다. 만일 유동을 무디선도에서 완전거친 유동 영역이라고 가정하면 그림 2.2에서 $f = 0.012$가 된다. 따라서

$$h_f = 20 = (0.012)\frac{1200}{18/12}\frac{V^2}{2(32.2)}$$

상기 식으로부터 $V = 11.6ft/s$가 된다.

$$V = \sqrt{\frac{2ghD}{fL}} = \sqrt{\frac{2\times 32.2\times 20\times \frac{18}{12}}{0.012\times 1200}} = 11.6ft/s$$

이제 다음과 같이 레이놀즈수를 계산하여 유동영역을 확인하여야 하며 계산결과 이는 완전 거친 영역이 아니다.

$$Re = VD/\nu = 11.6(18/12)/1.2\times 10^{-5} = 1.4\times 10^6$$

이제 이 레이놀즈수와 e/D의 수치로부터 $f=0.013$가 된다. 따라서 0.012대신 0.013를 사용하면 $V=11.1ft/s$가 된다. 약간의 레이놀즈수의 변화로는 f 값이 변화하지 않지만 다음과 같이 토출 유량을 계산한다.

$$Q = VA = 11.1\frac{\pi}{4}\left(\frac{18}{12}\right)^2 = (11.1)(1.77) = 19.6ft^3/s$$

$$Re = \frac{11.1\times(18/12)}{1.2\times 10^{-5}} = 1{,}387{,}500$$

Re와 f가 모두 만족될 때까지 상기 과정을 반복하면 최종적으로 $Q=19.7ft^3/s$가 된다.

사례 (b)

에너지식을 작성하면 다음과 같다.

$$20 = \sum h_L = \left(K_{ent} + f\frac{L}{D} + K_{valve} + K_{exit}\right)\frac{V^2}{2g}$$

속도수두항만이 괄호 밖으로 빠져나오는데 이는 모든 손실 항이 동일한 규격의 배관, 단면적, 속도로 구성되기 때문이다. 표 2.5로부터 유입부와 밸브의 손실계수는 각각 0.5와 0.2가 되고, 항상 $K_{exit}=1.0$이 된다. (a)로부터 마찰계수를 0.013으로 가정하면 다음과 같이 된다.

$$20 = \left(0.5 + 0.013\frac{1200}{18/12} + 0.2 + 1.0\right)\frac{V^2}{2g}$$

따라서 $V=10.3ft/s$이 되며 이에 따른 레이놀즈수는 다음과 같다.

$$Re = VD/\nu = 10.3(18/12)/1.2\times 10^{-5} = 1.3\times 10^6$$

따라서 부분손실을 고려하면 토출 유량은 $Q=(10.3)(1.77)=18.2ft^3/s$가 되어 약 8% 정도인 $1.4ft^3/s$ 감소된다.

사례 (c)

게이트 밸브가 1/4 개방될 경우 표 2.5로부터 밸브 손실계수는 0.2에서 17.0으로 증가된 것을 알 수 있다. 이 밸브 손실은 배관 마찰 손실보다 상당히 크므로 부차적 손실은 아니지만 아직은 부분손실로서 존재한다. (b)에서 0.2대신에 17.0을 대입하여 다시 계산하면 $V=6.68ft/s$가 된다. 새로운 레이놀즈수를 계산하면 $Re=8.46\times 10^5$가 되고 새로운 마찰계수 $f=0.015$가 된다. 유속을 다시 계산하면 $V=6.677ft/s$가 되고 따라서 유량은 $Q=11.96ft^3/s$가 된다. (b)에서의 유량의 1/3 정도가 감소된다(Exam2_4.xls 파일 참조).

2.4.2 펌프가 설치된 직렬 단일관로 유동

펌프가 설치된 관로의 유동문제를 해결하기 위해서는 통상적으로 펌프특성곡선으로부터 자료를 구하여야 하지만 이는 그리 어려운 문제가 아니다. 이러한 형태의 문제에 대한 해답으로 펌프에 대한 충분한 자료를 컴퓨터 프로그램에 제공하여 펌프의 유량-수두 곡선을 일치시키는 수두 h_p를 유량을 변수로 하는 다항식으로 표현할 수 있다.

펌핑 수두 h_p 특성곡선을 2차 함수로 표현하면 $h_p = AQ^2 + BQ + C$가 되고 여기서 계수 A, B, C는 펌프의 운영 범위 내에서 3개의 수두와 유량(h_p, Q) 자료를 사용하여 결정한다. 이 계수를 구하기 위해 각 자료를 대입하여 다음 3개의 다항식을 작성한다.

$$\begin{aligned} AQ_1^2 + BQ_1 + C &= h_{p1} \\ AQ_2^2 + BQ_2 + C &= h_{p2} \\ AQ_3^2 + BQ_3 + C &= h_{p3} \end{aligned} \tag{2.33}$$

상기 식을 행렬로 작싱하면

$$\begin{vmatrix} Q_1^2 & Q_1 & 1 \\ Q_2^2 & Q_2 & 1 \\ Q_3^2 & Q_3 & 1 \end{vmatrix} \begin{pmatrix} A \\ B \\ C \end{pmatrix} = \begin{pmatrix} h_{p1} \\ h_{p2} \\ h_{p3} \end{pmatrix} \tag{2.34}$$

상기 행렬의 계수를 결정하기 위해 여러 가지 방법을 사용할 수 있으며 여기에서는 라그란지 보간법을 사용한다. 라그란지식은 다음과 같다.

$$h_p = \frac{(Q-Q_2)(Q-Q_3)}{(Q_1-Q_2)(Q_1-Q_3)}h_{p1} + \frac{(Q-Q_1)(Q-Q_3)}{(Q_2-Q_1)(Q_2-Q_3)}h_{p2} + \frac{(Q-Q_1)(Q-Q_2)}{(Q_3-Q_1)(Q_3-Q_2)}h_{p3} \tag{2.35}$$

수두 h_p는 유량 Q의 다항식으로 표현될 수 있으며 이때 앞 식의 항을 다시 정리하여야 한다. 다음과 같이 분자를 전개하여 계수 A, B, C를 구할 수 있다.

$$\begin{aligned} c_1 &= h_{p1}/(Q_1-Q_2)(Q_1-Q_3) \\ c_2 &= h_{p2}/(Q_2-Q_1)(Q_2-Q_3) \\ c_3 &= h_{p3}/(Q_3-Q_1)(Q_3-Q_2) \end{aligned} \tag{2.36}$$

따라서

$$A = c_1 + c_2 + c_3$$

$$B = -2\left[(Q_2 + Q_3)c_1 + (Q_3 + Q_1)c_2 + (Q_1 + Q_2)c_3\right] \tag{2.37}$$

$$C = Q_2 Q_3 c_1 + Q_3 Q_1 c_2 + Q_1 Q_2 c_3$$

엑셀은 상기 계수를 구하는 도구를 제공하고 있으며 이에 대해서는 부록 B를 참조한다.

예제 2.5

임펠러가 가장 큰 단단 Ingersoll-Dresser 15H277펌프(부록 D에서 펌프 특성 곡선 참조)가 설치된 직경 18인치, 길이 6000ft의 관로를 이용하여 저수지 수위 1350ft에 있는 물을 다른 저수지 수위 1425ft로 이송하려고 한다. 부분손실을 무시하고 관로의 토출 유량을 계산하라. 단, 조도 $e = 0.015$인치, $\nu = 1.14 \times 10^{-5} ft^2/s$이다.

해답

일과 에너지법칙 식 2.3을 2개의 저수지 수위인 지점 1과 지점 2에 적용한다.

$$1350 = 1425 + h_f - h_p$$

또는

$$h_{p1} = 75 + f\frac{L}{D}\frac{Q^2/A^2}{2g} = 75 + f\frac{6000}{1.5}\frac{Q^2}{2g(1.767)^2} = 75 + 19.9fQ^2$$

h_p, Q, f를 구하기 위해 컴퓨터를 사용한다면 펌프 곡선을 수학식으로 정의하여야 한다. (103.0, 6.68), (95.0, 7.35), 그리고 (88.0, 7.80) 세 점에서의 자료와 식 3.33과 3.34를 적용하여 Ingersoll-Dresser 15H277 펌프 곡선을 2차식으로 표현할 수 있다. 식 3.34를 다음과 같은 형태의 배열로 정리할 수 있다.

$$\begin{vmatrix} Q_1^2 & Q_1 & 1 \\ Q_2^2 & Q_2 & 1 \\ Q_3^2 & Q_3 & 1 \end{vmatrix}\begin{pmatrix} A \\ B \\ C \end{pmatrix} = \begin{vmatrix} 44.62 & 6.68 & 1 \\ 54.02 & 7.35 & 1 \\ 60.84 & 7.80 & 1 \end{vmatrix}\begin{pmatrix} A \\ B \\ C \end{pmatrix} = \begin{pmatrix} 103 \\ 95 \\ 88 \end{pmatrix}$$

상기 식을 가우스소거법으로 풀면 $A = -3.228$, $B = 33.347$, $C = 24.277$가 되므로 다음 식으로 펌프의 곡선을 표현할 수 있다.

$$h_{p2} = -3.228Q^2 + 33.347Q + 24.277$$

상기 두 식에서 미지수는 h_{p1}, Q, f가 되며, 펌프곡선과 Colebrook-White식을 사용하여 이 미지수를 결정하여야 한다. 미지수를 구하기 위해 두 방법을 사용할 수 있으며 처음에는 수계산으로 그 다음에는 컴퓨터의 도움으로 미지수를 구한다.

수계산으로 미지수를 구하려면 (a)초기유량을 가정하고, (b)Colebrook-White식 2.12에서 f를 구하고, (c)상기 일과 에너지식으로부터 관로의 h_{p1}를 계산하고, (d)이 h_{p1}를 펌프 특성 곡선으로부터 구한 h_{p2}와 비교하고, (e)h_{p1}과 h_{p2}가 일치할 때까지 이러한 절차를 반복하여야 하며 그 결과는 다음 표와 같다.

(a) $Q(gpm)$	(b) $Q(ft^3/s)$	(c) f	(d) 관로 수두 $h_p(ft)$	(e) 펌프 수두 $h_p(ft)$
3000	6.68	0.01946	92.3	103.0
3500	7.80	0.01946	98.6	88.0
3300	7.35	0.01946	95.9	95.0
3280	7.31	0.01946	95.7	95.7

MathCAD, TK_Solver 또는 엑셀 등을 사용하여 상기 식을 해결하면 $h_p = 95.7ft$, $Q = 7.30ft^3/s - 3280gal/min$, $f = 0.019546$가 된다. 엑셀에서는 상기와 같이 복잡한 과정을 거치지 않고 펌프특성곡선을 2차식으로 표현할 수 있으며 이에 대한 상세한 내용은 부록 B와 엑셀파일 Exam2_5를 참조한다.

예제 2.6

예제 2.5의 관로조건에서 3단 Ingersoll-Dresser 15H277 펌프 2대를 병렬로 운전하며 펌프의 각 단은 가장 작은 임펠러를 사용하는 것으로 가정할 때 관로의 토출유량을 계산하라.

해답

일과 에너지법칙 식 2.3을 2개의 저수지 수위인 지점 1과 지점 2에 적용한다.
관로 분석은 변함이 없다. 따라서

$$h_p = 75 + 19.9fQ^2$$

이 경우 3단 펌프 2대가 병렬 운전하고 있으며 h_p는 각각의 펌프 1대가 가압하는 수두의 3배가 된다. 또한 각 펌프는 오직 관로 유량의 절반만을 펌핑한다. 예제 2.4에서와 같이 시행 오차 방법으로 수행한 결과는 다음 표와 같다.

펌핑유량 $Q(gpm)$	관로유량 $Q(gpm)$	f	관로 수두 $h_p(ft)$	펌프 1단 수두 $h_p(ft)$	펌프 3단 수두 $h_p(ft)$
3000	6000	0.01921	143.3	67	201
3500	7000	0.01915	167.7	45	135
3300	6600	0.01917	157.5	54	162
3320	6640	0.01917	158.5	53	159

전체 토출 유량은 $6640gpm$이 된다. 이 문제를 컴퓨터로 해결하기 위해서는 먼저 다음과 같은 행렬을 설정하여 펌프 곡선을 다항식으로 표현할 수 있다.

$$\begin{vmatrix} Q_1^2 & Q_1 & 1 \\ Q_2^2 & Q_2 & 1 \\ Q_3^2 & Q_3 & 1 \end{vmatrix}\begin{pmatrix} A \\ B \\ C \end{pmatrix} = \begin{vmatrix} 44.69 & 6.685 & 1 \\ 54.02 & 7.350 & 1 \\ 60.84 & 7.800 & 1 \end{vmatrix}\begin{pmatrix} A \\ B \\ C \end{pmatrix} = \begin{pmatrix} 67 \\ 55 \\ 45 \end{pmatrix}$$

따라서 한 단에서의 수두는 $h_p = -3.74643Q^2 + 34.536Q + 3.552$가 된다. 단수를 고려하기 위해서 계수를 3으로 곱하면 $h_p = 3h_{p1}$이 된다. 각 펌프로는 관로 유량의 절반만을 펌핑하므로 $Q_1 = Q/2$가 된다. 최종 펌프 곡선은 다음과 같이 된다.

$$\begin{aligned} h_p &= 3(-3.74643)(Q/2)^2 + 3(34.536)Q/2 + 3(3.552) \\ &= -2.8098Q^2 + 51.804Q + 10.656 \end{aligned}$$

상기 관로식과 펌프식을 하나의 식으로 정리한 결과식과 Colebrook-White식을 동시에 해결하기 위해서는 뉴튼법을 사용하여야 한다. 뉴튼법의 상세한 내용은 제4장과 제5장에서 상세히 다루므로 여기에서는 계산과정만 소개한다. 먼저 펌프수두식과 관로수두식을 하나의 식으로 정리하면 다음과 같다.

$$F_1 = 19.9fQ^2 + 2.8098Q^2 - 51.804Q + 64.344 = 0$$

식 2.12의 Colebrook-White식으로부터

$$F_2 = \frac{1}{\sqrt{f}} - 1.14 + 2\log_{10}\left(\frac{e}{D} + \frac{9.35}{Re\sqrt{f}}\right) = 0$$

상기 F_1식과 F_2식을 Q와 f에 관해 미분하면

$$\frac{\partial F_1}{\partial Q} = 2 \times 19.9fQ + 2 \times 2.8098Q - 51.804 = 0 \tag{1}$$

$$\frac{\partial F_1}{\partial f} = 19.9Q^2 \tag{2}$$

식 5.4f와 5.4g로부터

$$\frac{\partial F_1}{\partial Q} = C_1\left[\frac{e\sqrt{f}}{eQ\sqrt{f}+C_2\nu D^2} - \frac{1}{Q}\right] \tag{3}$$

$$\frac{\partial F_1}{\partial f} = -\frac{1}{2}f^{-\frac{3}{2}} + C_1\left(\frac{0.5eQf^{-0.5}}{eQ\sqrt{f}+C_2\nu D^2} - \frac{0.5}{f}\right) \tag{4}$$

식 (1)~(4)에서 Q와 f만을 제외하고 모든 변수는 기저인 비선형식이다. 따라서 뉴튼법을 사용하여 2개의 식으로부터 2개의 미지수를 구한 결과는 다음과 같고, 계산과정은 엑 셀파일 Exam2_6.xls 파일을 참조한다.

$$f = 0.01909,\ h_p = 159.2ft,\ Q = 14.886ft^3/s \times 448.8 = 6677gal/min$$

2.4.3 직렬 등가관로 유동

직경 D_1, D_2, D_3, · · D_i와 길이 L_1, L_2, L_3, · · L_i가 다른 여러 배관이 직렬로 구성된 다단직렬관로를 임의 직경 D_e의 등가길이관로로 변경하기 위해서는 모든 배관에서 유량 Q는 동일하고, 다단 직렬 관로에서 발생하는 손실수두 h_f은 임의 직경 D_e의 등가관로길이에서 발생하는 손실수두 h_f과 동일하여야 하며 이와 같은 관계를 식으로 표현하면 다음과 같다.

$$Q_1 = Q_2 = Q, \quad h_{f1} = h_{f2} = h_f \tag{2.38}$$

관로 내 임의 유량 Q_i을 추정하여 Colebrook-White식에 Q_i를 대입하여 직결 관로 내 배관의 마찰계수 f_i를 구한다. 이제 이 f_i를 달시-바하식에 대입하여 주어진 손실수두 h_f와 일치할 때까지 Q_i을 조정한다.

각 배관 직경 D_i와 배관 길이 L_i로 구성된 다단직렬관로의 전체 길이를 임의 배관 직경 D_e에 상당한 등가길이 L_e로 변환하기 위해서는 다음과 같이 직경과 길이가 다른 직렬관로에 Darcy-Weisbach 식을 적용한다.

$$h_f = \left(K_1 + f_1\frac{L_1}{D_1}\right)\frac{Q_1^2}{2g\left(\pi D_1^2/4\right)^2} + \cdot\cdot\cdot + \left(K_i + f_i\frac{L_i}{D_i}\right)\frac{Q_i^2}{2g\left(\pi D_i^2/4\right)^2} \tag{2.39}$$

상기 식에서 h_f는 직경이 다른 직렬관로길이에서 발생하는 손실수두이고, 각 배관에 부차적 손실이 포함되어 있으면 이 손실에 상응하는 배관길이인 $L_m = KD/f$를 각 배관의 길이에 포함시켜야 한다. 예를 들어 직경이 큰 배관과 작은 배관이 연결된 경우 축소부의 손실계수 $K=0.5$이고, 축소된 배관이 $f=0.015$, $L=100m$인 경우 $Le=1.0\times0.5/0.015=33.33m$를 당초 길이 $L=100m$에 포함시키면 $L^{'}=133.33m$가 된다.

$$L^{'} = L + KD/f \tag{2.40}$$

식 2.40을 식 2.39에 대입하여 정리하면 다음과 같다.

$$h_f = \left[f_1 L_1^{'} \left(\frac{1}{D_1} \right)^5 + \cdot\cdot\cdot\cdot + f_i L_i^{'} \left(\frac{1}{D_i} \right)^5 \right] \frac{8Q_i}{g\pi^2} \tag{2.41}$$

상기 손실수두 h_f는 직경이 D_e인 등가관로길이 L_e에서 발생하는 손실수두 h_f와 동일하여야 한다.

$$h_f = f_e \frac{L_e}{D_e^5} \frac{8Q^2}{g\pi^2} \tag{2.42}$$

상기 두 식을 등치시켜 등가길이관로 L_e를 구하면 다음과 같다.

$$L_e = \frac{1}{f_e} \left[f_1 L_1^{'} \left(\frac{D_e}{D_1} \right)^5 + \cdot\cdot\cdot\cdot + f_i L_i^{'} \left(\frac{D_e}{D_i} \right)^5 \right] \tag{2.42}$$

통상적으로 직경이 가장 작은 배관을 등가관로로 선정하는 것이 좋으므로 직렬관로의 마지막 배관 직경 D_i가 가장 작은 경우 상기 식에서 $f_i = f_e$가 되고, 모든 변수가 기저가 되어 등가관로길이 L_e를 구할 수 있다.

예제 2.7

다음 그림과 같이 수위차 $H=20m$인 두 저수지에 직경이 다른 두 배관이 직렬로 연결된 경우 직경 $D_e=0.5m$인 등가관로길이 L_e를 구하라. 단, 배관 자료는 아래와 같고 동점성계수 $\nu=1.0\times10^{-6}m^2/s$이다.

- 유입부 손실계수 $K_E=0.5$, 배관 축소부 $K_C=0.28$, 유출부 $K_O=1.0$
- 배관 1 : $D_1=0.6m$, $L_1=300m$, $e_1=0.25$㎜

• 배관 2 : $D_2 = 0.5m$, $L_2 = 300m$, $e_2 = 0.25$㎜

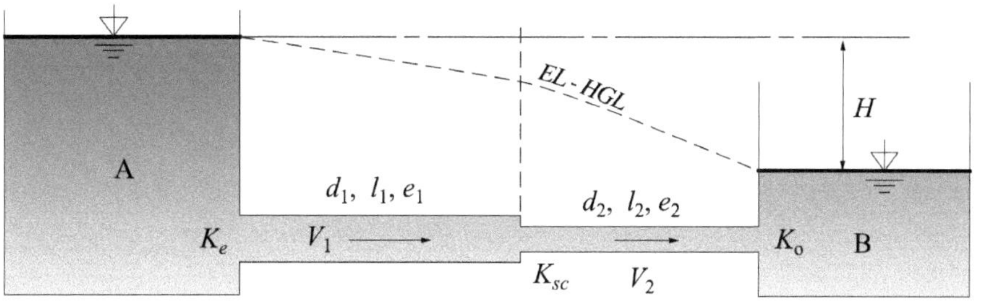

해답

Gauss-Seidel법으로 배관 1의 마찰손실계수 f_1을 구하기 위해 $Q = 0.9m^3/s$, $f_1 = 0.015$로 추정하여 Colebrook-White식에 대입하며 이 방법에 대한 자세한 내용은 5.1.1절을 참조한다.

$$SF_1 = \frac{1}{\sqrt{f}} = \frac{1}{\sqrt{0.015}} = 8.1650 \tag{1}$$

$$SF_2 = -1.14 + 2Log_{10}\left(\frac{\frac{0.00025}{12}}{0.6} + \frac{7.34347 \times 0.000001 \times 0.6}{0.9 \times \sqrt{0.015}}\right) \tag{2}$$

$$= 7.8987$$

$$\triangle SF = SF_2 - SF_1 = 7.8987 - 8.1650 = -0.2663 \tag{3}$$

SF_2를 SF_1으로 대체하여 상기 과정을 5회 반복한 결과 다음과 같이 $\triangle SF = 0$이 되므로 마찰계수 f_1는 다음과 같다.

SF_1	8.164966	7.898672	7.779808	7.781504	7.781480
SF_2	7.898672	7.779808	7.781504	7.781480	7.781480
$\triangle SF = SF_2 - SF_1$	-0.266294	-0.118864	0.001696	-0.000024	0.000000

$$f_1 = \frac{1}{SF_1^2} = \frac{1}{7.78148^2} = 0.01651 \tag{4}$$

동일한 방법으로 배관 2의 마찰계수 f_2를 구하면 다음과 같다.

$$f_2 = \frac{1}{SF_1^2} = \frac{1}{7.643524^2} = 0.017116 \tag{5}$$

SF_1	8.164966	7.637193	7.643602	7.643523	7.643524
SF_2	7.637193	7.643602	7.643523	7.643524	7.643524
$\Delta SF = SF_2 - SF_1$	-0.527773	0.006409	-0.000078	0.000001	0.000000

식 2.40에 따라 직경이 다른 배관과 관련된 부차적손실을 포함하는 배관 길이를 구한다.

$$L_1' = L_1 + K_E D_1 / f_1 = 300 + 0.5 \times 0.6 / 0.01651 = 318.15m$$
$$L_2' = L_2 + (K_C + K_O) D_2 / f_2 = 300 + (0.28 + 1.0) 0.5 / 0.017116 = 337.36m \quad (6)$$

달시-바하식을 이용하여 전체 관로에서 발생하는 손실수두를 구하면 다음과 같다.

$$h_{f1} = f_1 \frac{L_1'}{D_1} \frac{1}{2g} \left(\frac{Q}{A_1} \right)^2 = 0.016513 \frac{318.15}{0.6} \frac{1}{2 \times 9.8} \left(\frac{0.9}{0.2826} \right)^2 = 4.54m \quad (7)$$

$$h_{f2} = f_2 \frac{L_2'}{D_2} \frac{1}{2g} \left(\frac{Q}{A_2} \right)^2 = 0.017116 \frac{337.36}{0.5} \frac{1}{2 \times 9.8} \left(\frac{0.9}{0.1963} \right)^2 = 12.40m$$

$h_f = 4.54 + 12.40 = 16.94m$는 문제의 수위차 $H = 20m$보다 작으므로 유량 $Q = 0.9m^3/s$을 증가시켜야 하며 여기에서는 $Q = 0.978855m^3/s$로 증가시켜 상기 절차를 반복한다.

$$f_1 = 0.01649, f_2 = 0.017098$$

$$L_1' = L_1 + K_E D_1 / f_1 = 300 + 0.5 \times 0.6 / 0.01649 = 318.19m$$

$$L_2' = L_2 + (K_C + K_O) D_2 / f_2 = 300 + (0.28 + 1.0) 0.5 / 0.017098 = 337.43m$$

$$h_{f1} = f_1 \frac{L_1'}{D_1} \frac{1}{2g} \left(\frac{Q}{A_1} \right)^2 = 0.01649 \frac{318.19}{0.6} \frac{1}{2 \times 9.8} \left(\frac{0.978855}{0.2826} \right)^2 = 5.3541m$$

$$h_{f2} = f_2 \frac{L_2'}{D_2} \frac{1}{2g} \left(\frac{Q}{A_2} \right)^2 = 0.017098 \frac{337.43}{0.5} \frac{1}{2 \times 9.8} \left(\frac{0.978855}{0.1963} \right)^2 = 14.6459m$$

상기 결과로부터 $h_f = 5.3541 + 16.6459 = 20.00m$가 되어 문제에서 주어진 수위차 $H = 20m$와 정확하게 일치하므로 이 수치들을 식 2.42에 대입하여 $D = 0.5m$인 등가관로길이 L_e를 구할 수 있다.

$$L_e = \frac{1}{0.017098} \left[0.01649 \times 318.19 \left(\frac{0.5}{0.6} \right)^5 + 0.017098 \times 337.43 \left(\frac{0.5}{0.5} \right)^5 \right] = 460.79m$$

$L_e = 460.79m$ 는 당초 $D_1 = 0.6m$, $L_1 = 300m$ 배관이 직경 $D_e = 0.5m$ 로 대체되면 길이는 $L = 160.79m$ 로 감소된다는 것을 의미한다. 본 예제문제의 상세한 계산과정은 엑셀파일 Exam2_7을 참조한다.

2.4.4 병렬 등가관로 유동

병렬관로 내 유체 유동에서 에너지손실과 유량의 관계는 직렬 관로 유동에서의 관계와는 반대가 된다. 앞에서 언급한 직렬 관로에서는 유량은 각 관로에서 동일하지만 손실수두는 계속 누적되는 반면 병렬관로에서의 손실수두는 각 관로가 동일하지만 토출 유량은 각 관로 유량의 합이 된다.

직렬관로의 유동해석은 배관의 조합을 통과하는 병렬관로의 유동해석보다 더욱 단순하기 때문에 병렬 관로의 배관을 단일 등가 직렬관로로 대체하는 것이 더욱 편리하다. 원래의 병렬 관로와 동일한 유량을 수송하는 등가 직렬관로를 사용하면 반복법을 사용하지 않아도 되므로 상당히 간편하게 계산할 수 있다.

등가관로식은 지수식 2.17에 의해 기술되는 손실수두특성을 갖는 모든 배관에 대해 적용할 수 있다. 배관 1과 2는 병렬 관로이고 마찰 손실을 KQ^n 으로 나타낼 수 있다고 가정하면 등가배관은 다음 식을 만족시켜야 한다.

$$h_f = KQ^n = K_1 Q_1^n = K_2 Q_2^n \tag{2.43}$$

$$Q = Q_1 + Q_2 \tag{2.44}$$

식 2.43을 풀어 Q_1과 Q_2를 구해 이 결과를 식 2.44에 대입하면 다음과 같이 된다.

$$\left(\frac{1}{K}\right)^{1/n} = \left(\frac{1}{K_1}\right)^{1/n} + \left(\frac{1}{K_2}\right)^{1/n} \tag{2.45}$$

2개 이상의 병렬 관로를 처리하기 위해서 단순히 식 2.45의 오른쪽 항에 항목만을 추가하면 된다.

예제 2.8

수위 차이가 40ft인 두 저수지의 물은 높은 저수지로부터 길이 4000ft, 12인치 직경 관로를 통해 이동하고 후단에서 한 쌍의 병렬 배관 길이 2000ft는 수위가 낮은 저수지에 연결된다. 병렬 관로 중 한 관로의 직경은 10인치, 다른 관로의 직경은 8인치이다. 단순화를 위해 모든 배관의 $f=0.02$으로 가정할 때 두 저수지 사이 각 배관에서의 유량을 구하라.

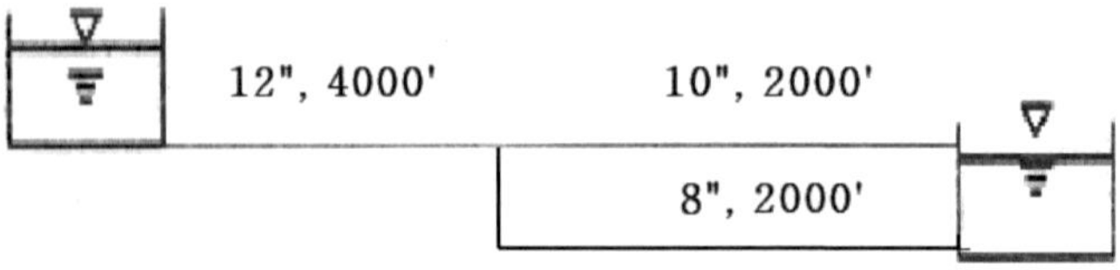

해답

지수식을 사용하여 이 문제에서의 손실수두를 구한다. 각 배관의 $n=2$로 가정하면 다음 식으로 K를 표현할 수 있다.

$$K=f\frac{L}{D}\frac{1}{2g}\frac{1}{A^2}$$

주어진 관경, 관길이와 관마찰계수를 상기 식에 대입하면 다음과 같다.

$$K_{12}=0.02\frac{4000}{1}\frac{1}{2\times 32.2}\left(\frac{4}{3.14\times 1^2}\right)^2=2.01$$

$$K_{10}=0.02\frac{2000\times 12}{10}\frac{1}{2\times 32.2}\left(\frac{4}{3.14\times\left(\frac{10}{12}\right)^2}\right)^2=2.51$$

$$K_8=0.02\frac{2000\times 12}{8}\frac{1}{2\times 32.2}\left(\frac{4}{3.14\times\left(\frac{8}{12}\right)^2}\right)=7.65$$

다음 식으로부터 병렬관로를 대체할 등가 배관 계수 $K_e=1.014$를 구할 수 있다.

$$\left(\frac{1}{K_e}\right)^{1/2}=\left(\frac{1}{K_{10}}\right)^{1/2}+\left(\frac{1}{K_8}\right)^{1/2}=\left(\frac{1}{2.51}\right)^{1/2}+\left(\frac{1}{7.65}\right)^{1/2}$$

부분손실을 생략하면 다음 식으로 두 저수지 사이의 수위 고도 변화 ΔWS을 구할 수 있다.

$$\Delta WS=40=(K_{12}+K_e)Q^2$$

상기 식으로부터 $Q=3.64ft^3/s$가 된다. 식 2.43으로부터 병렬관로 내 유량을 다음과 같이 구할 수 있다.

$$Q_{10} = \left[\frac{K_e Q^2}{K_{10}}\right]^{\frac{1}{2}} = \left[\frac{1.014 \times 3.64^2}{2.51}\right]^{0.5} = 2.31 ft^3/s$$

$$Q_8 = \left[\frac{K_e Q^2}{K_8}\right]^{\frac{1}{2}} = \left[\frac{1.014 \times 3.64^2}{7.65}\right]^{0.5} = 1.33 ft^3/s$$

만일 마찰계수를 알 수 있으면 상기 문제에서 반복이 필요 없다. 즉, 유량이 크고, 배관의 조도가 거칠면 무디선도의 완전 거친 유동 영역으로부터 마찰계수 f를 구할 수 있다. 그러나 무디선도의 천이 난류 영역에서 마찰계수를 구하여야 한다면 약간의 반복법을 사용하여 마찰계수를 결정하여야 하며 이 반복은 오직 마찰 요소가 올바른지 그 여부를 결정하기 위해 사용된다. 본 예제에 대한 상세한 계산과정은 엑셀파일 Exam2_8을 참조한다.

2.4.5 3개 저수지 문제

저수지가 2개 이상인 관로유동을 해석하기 위해서는 항상 반복법을 사용하여야 하며 여기서는 이러한 문제에 대한 효율적인 해결 방법을 간략히 고찰한다.

예제 2.9

아래 그림은 3개 저수지로 구성된 관망으로 각 저수지는 3개의 관로로 연결되었으며 중간 접합부에서 수요량이 외부로 유출된다. 가장 높은 저수지의 수위는 100m, 중간 저수지의 수위는 85m, 가장 낮은 저수지의 수위는 60m일 때 각 관로의 유량을 결정하라.

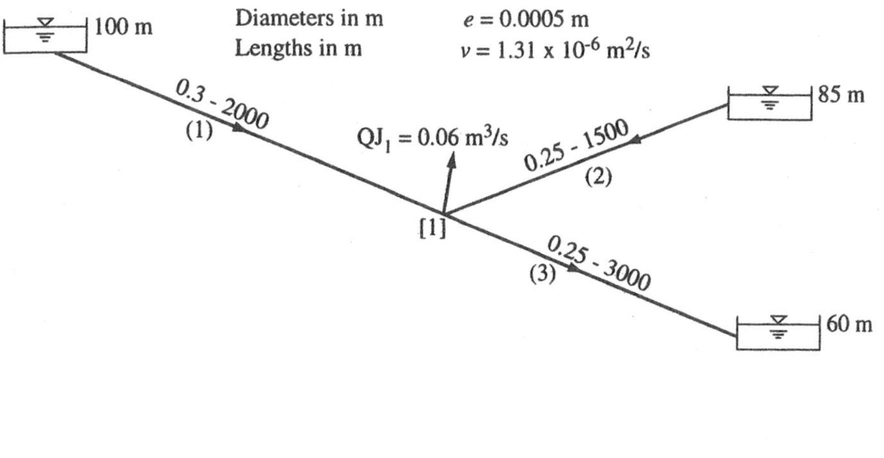

관로	K	n
1	1469	1.974
2	2432	1.927
3	5646	1.971

해답

높은 저수지로부터 낮은 저수지로 유동이 형성되는 것은 확실하지만 중간 저수지에 연결된 관로 내 유동방향은 불확실하다. 시행착오법으로 이 유동방향을 결정한다.

접합부의 수두를 H_J로 가정하면 이 관로의 손실수두식으로부터 관로 1과 2의 유출량을 결정할 수 있다.

$$100 - K_1 Q_1^{n_1} = H_J \qquad H_J - K_3 Q_3^{n_3} = 60$$

이제 절점 [1]의 수두를 중간 저수지의 수두와 동일하다고 가정하여 $H_J = 85m$ 로 설정하면 중간 관로 2에서는 유동이 형성되지 않는다. 표의 K와 n 수치를 대입하면

$$Q_1 = \left[\frac{(100-85)}{K_1}\right]^{\frac{1}{n_1}} = \left[\frac{15}{1469}\right]^{\frac{1}{1.974}} = 0.098m^3/s$$

$$Q_3 = \left[\frac{(85-60)}{K_3}\right]^{\frac{1}{n_3}} = \left[\frac{25}{5646}\right]^{\frac{1}{1.971}} = 0.0639m^3/s$$

외부 수요량 QJ_1과 조합된 이 수치는 접합부 J에서 연속식을 만족시키지 못하므로 접합부에서 연속식을 만족시키기 위해서 접합부의 유입량을 증가시켜야 한다. 따라서 H_J를 $85m$ 이하로 설정하면 관로 2의 유동은 접합부로 향하게 되고 다음의 식에 의해 결정된다.

$$85 - K_2 Q_2^{n_2} = H_J$$

각 시행착오 단계에서 접합부 연속식의 유량 오차는 $Q_e = Q_1 + Q_2 - Q_3 - QJ_1$이 된다. 이제 시행착오법으로 수치 H_J를 설정한 후 3개의 손실수두식을 사용하여 토출량을 계산하고 최종적으로 유량오차 Q_e를 결정하며 각 시행착오의 결과는 아래 표와 같다(Exam2_8xls 파일 참조).

$H_J(m)$	$Q_1(m^3/s)$	$Q_2(m^3/s)$	$Q_3(m^3/s)$	$Q_e(m^3/s)$
85.0	0.0980	0.0	0.0639	-0.0259
80.0	0.1134	0.0403	0.0571	0.0366
83.0	0.1045	0.0251	0.0613	0.0083
83.5	0.1029	0.0216	0.0620	0.0025
83.7	0.1023	0.0200	0.0622	0.0001

접합부에 대한 수치 설정은 체계적으로 해답에 도달하게 해 주는 단계이다. 이 방법은 저수지 3개 보다 많은 유사한 문제에도 유익하게 적용할 수 있다.

CHAPTER 03

매니폴드 유동

3.1 소개

모든 유체 매니폴드(manifold)는 상대적으로 큰 하나의 배관, 또는 여러 배관이 직렬 형상으로 구성되며 이를 배럴(barrel) 또는 메인배관(main)이라고 부른다. 각 메인배관에는 작은 직경의 배관 또는 많은 포트와 많은 접합부가 존재하여 유동이 이를 통해 메인배관으로부터 유출되거나 또는 빈번하지는 않지만 메인배관으로 유입되도록 허락된다. 매니폴드의 특징은 많은 접합부 또는 포트가 존재한다는 것이며, 통상적으로 포트는 인접하지만 유동이 상호작용할 정도로 인접하지는 않는다. 매니폴드 내 모든 유동은 공간적으로 변화하는 유동이고, 본 장에서 해석하는 것과 같이 거의 항상 정상유동으로 분석된다.

비록 매니폴드 유동은 관망 유동 또는 부정류 거동 보다는 덜 빈번하게 연구될지라도 실용적으로 많이 적용되는 유동형식이다. 매니폴드 유동은 최근 트리클(trickle)과 스프린클러(sprinkler)에 관한 연구를 포함하여 농장 관개관로에도 많이 적용되며 빌딩 내 방재 스프린클러도 또 다른 적용분야이다. 다공 디퓨저 매니폴드를 통해 해양 수체 내부로 하수를 방출하는 해양방류시스템(marine outfall system)은 매니폴드에 의존한다. 항해 수로에서의 대형 수문의 충수와 배수 시스템은 근본적으로 매니폴드이다. 또한 차량 터널의 환기는 부분적으로 매니폴드 유동이론에 기초한다.

본장에서는 먼저 매니폴드 유동에 적용할 수 있는 여러 해석수준을 기술한다. 이 수준은 마찰의 고려 여부와 접합부의 손실의 고려 여부에 따라 다르다. 다음은 해양방류 디퓨저의 내부 수리학의 분석 예제를 고찰하고 짧은 전산 프로그램을 통해 이 분석예제가 어떻게 도움이 되는지를 증명한다.

3.2 매니폴드 유동해석

본절에서는 매니폴드 내 유동해석을 3개 수준으로 고찰한다. 첫 번째 수준에서는 비현실적인 가정이지만 모든 에너지손실을 무시한다. 이는 매니폴드 유동을 소개하기 위한 좋은 사례이며, 공간적으로 변화하지 않는 배관 내 유동으로부터의 일부 유동 거동을 잊도록 허락한다. 두 번째와 세 번째 수준에서는 배럴 또는 메인배관 내 마찰 그리고 접합부 또는 포트에서의 에너지손실을 고려한다. 이 해석 종료부에서 여러 적용분야에서 배럴 마찰과 접합부 손실의 중요성에 대한 일부 결론을 끌어낸다.

3.2.1 비마찰

비마찰에 대한 소개로서 그림 3.1과 같이 수 개의 동일한 직경의 원형 유출 포트가 동일한 간격으로 배치된 단순한 매니폴드의 개략적인 선도를 간략하게 고찰한다. 메인배관의 하류측 종점은 사수부이다. 실제 유체 효과를 완전히 무시할 경우 왼쪽 저수지 수위는 전체 매니폴드에 걸친 수평 에너지구배선의 고도를 결정하며, 매니폴드에는 상대적으로 인접하게 배치된 5개의 단일 유출 포트가 설치된다. 단면은 오른쪽과 같으며 첫 번째 가정과 같이 포트 부근에서의 에너지손실을 실제로 무시할 수 있도록 유출 포트는 라운드처리 되며 메인배관으로부터 포트까지는 천이영역이 된다. 해석 편의를 위해 포트의 번호를 하류측으로부터 1번으로 시작하여 저수지 방향으로 진행한다. 여기에서 핵심 특징은 이 유동에 대한 수력구배선의 거동이다. 항상 그렇듯이 에너지구배선으로부터 속도수두 $V^2/2g$ 만큼 아래로 수력구배선이 위치할 수 있다. 여기에서 V는 메인배관에서의 평균 유속이다. 포트 숫자가 증가하면서 점진적으로 이 평균 유속이 증가하므로 메인배관 상류측 종점에서 수력구배선과 압력수두 p/γ는 에너지구배선으로부터 가장 밑에 위치한다. 통상적으로 수평 배관 내 압력은 유동방향으로 진행하면서 감소한다고 생각하지만 매니폴드 유동을 연구하면서 약간의 주의를 하면 이와 다른 결론에 도달하는 것을 즉각 알 수 있다.

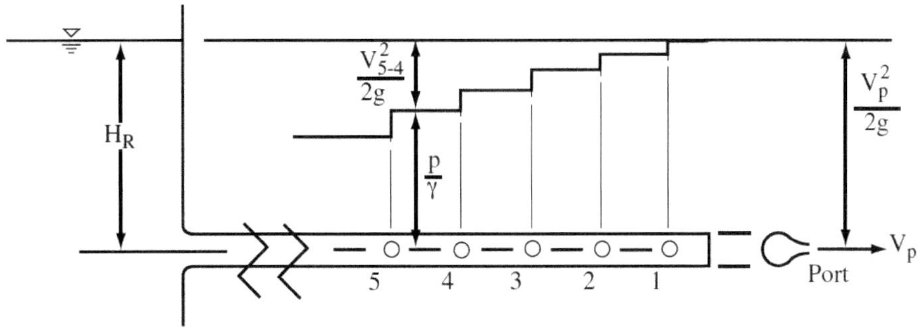

그림 3.1 배관마찰과 접합부 손실을 고려하지 않는 매니폴드

에너지손실이 없으면 각 포트의 유출속도는 $\sqrt{2gH_R}$ 이 된다. 만일 포트가 모두 동일하다면 각 포트로부터의 유출속도가 동일하다. 포트가 동일하면 포트와 포트 사이 에너지 수준의 차이와 접합부 에너지손실 오직 두 요소만이 포트의 유출속도에 영향을 미칠 수 있으며 다음 두 절에서는 이 두 요소를 고찰한다.

앞의 내용을 이해하면 포트의 유출에 영향을 미치는 두 요소를 알 수 있다. 즉, 일부 논문에서는 메인배관 내부 압력만이 인접한 포트로 유출되는 유체를 구동시킨다고 가정한다. 본서를 포함한 다른 논문에서는 메인배관과 포트의 유출구 사이 일과 에너지식을 적용한다. 즉, 이 방법은 메인배관과 유출구 내의 에너지구배선의 차이가 유동을 구동한다고 가정한다. 손실계수와 유출계수의 존재는 관점에 따라 다소 다른 역할을 하지만 두 방법이 서로 양립될 수 있도록 허락한다.

3.2.2 배럴 마찰

배럴 마찰을 고려하면 에너지구배선은 그림 3.2와 같이 배럴 내 유동방향에서 직선 분절의 순서로 구배진다. 포트 1부터 포트 5를 고찰하면서 배럴 내 속도수두는 마찰이 없을 때와 같이 증가하고, 또한 배럴에 걸친 수력구배선의 각 분절은 상부에 있는 에너지구배선에 수평인 구배를 갖는다. 포트 유출속도는 $V_{pi} = \sqrt{2gH_i}$ 가 되고 H_i는 포트 i의 중심선으로부터 포트 i의 상부 국부 에너지선까지의 수직 거리이다. 배럴 내 유속은 각 접합부에서의 연속법칙에 따라 각 분절에서 변화한다.

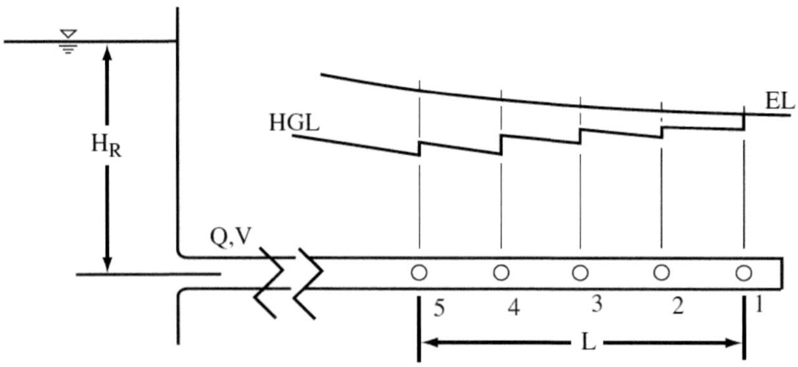

그림 3.2 접합부 손실을 무시하고 배럴마찰을 고려하는 5-포트 매니폴드

배관 레이놀즈수가 충분히 커서 배럴 내 유동범위에 걸친 달시-바하 마찰계수 f가 일정하다고 가정하면 5개 포트가 동일한 간격으로 배치된 길이 L인 매니폴드 단면에서의 마찰손실수두를 다음과 같이 작성할 수 있다.

$$\sum h_L = f\frac{L/4}{D}\frac{V_{5-4}^2}{2g} + f\frac{L/4}{D}\frac{V_{4-3}^2}{2g} + f\frac{L/4}{D}\frac{V_{3-2}^2}{2g} + f\frac{L/4}{D}\frac{V_{2-1}^2}{2g} \tag{3.1}$$

포트의 직경에 따라 식 3.1로부터 다양한 결과를 전개할 수 있다. 예를 들어 전체 유출량이 Q_T이고, 5개 포트로부터 유출되는 유량이 동일하도록 즉, $Q_{P=}Q_T/5$가 되도록 각 포트의 직경을 선정한다고 가정하면 각 배럴 분절 포트 내 연속법칙은 $V_{5-4}=4V/5$, $V_{4-3}=3V/5$, $V_{3-2}=2V/5$, $V_{2-1}=V/5$가 되는 것을 보여준다. 따라서 식 3.1은 다음과 같이 단순화된다.

$$\sum h_L = \frac{1}{4}\left[\left(\frac{4}{5}\right)^2 + \left(\frac{3}{5}\right)^2 + \left(\frac{2}{5}\right)^2 + \left(\frac{1}{5}\right)^2\right] f\frac{L}{D}\frac{V^2}{2g} = 0.3f\frac{L}{D}\frac{V^2}{2g} \tag{3.2}$$

여기서 V는 Q_T/A, A는 메인배관의 단면적이다. 만일 유출유량이 동일한 포트가 n개가 배치되면 각 포트의 유출유량은 $Q_P=Q_T/n$이 된다. 이제 수학적 추론을 사용하여 다음과 같이 n개 포트가 설치된 메인배관에서의 전체 마찰손실수두를 구할 수 있다.

$$\sum h_L = \frac{1}{n-1}\left[\frac{1}{n^2}\sum_{i=1}^{(n-1)} i^2\right] f\frac{L}{D}\frac{V^2}{2g} = \frac{1}{n-1}\left[\frac{1}{n^2}\frac{n}{6}(n-1)(2n-1)\right] f\frac{L}{D}\frac{V^2}{2g} \tag{3.3}$$

또는

$$\sum h_L = \left(\frac{1}{3} - \frac{1}{6n}\right) f \frac{L}{D} \frac{V^2}{2g} \tag{3.4}$$

그러나 불행한 사실은 상기 식을 완벽하게 적용하려면 반드시 각 포트의 직경은 다른 포트 개구부의 직경과 약간 달라야 한다는 것이다. 그러나 길이가 L인 배럴 내 균일한 간격의 n개 집단 포트에 걸친 손실수두를 대략적으로 추정하기 위해 식 3.4를 사용할 수 있다.

3.2.3 접합부 손실과 배럴 마찰

배럴이 동일한 수평면에 위치하고, 배럴 직경 보다 작은 횡배관(lateral pipe)이 상호작용하는 상황은 상대적으로 복잡하다. 그림 3.3은 메인배관과 횡배관에 대한 에너지구배선 EL과 수력구배선 HGL 그리고 부분적으로 번호를 매긴 일련의 변수를 도입하는 배럴-횡 배관을 보여준다. 여기서 아래첨자 1은 횡배관이 설치된 메인배관의 상류를 그리고 아래첨자 2는 메인배관의 하류를 정의하는 변수를 나타낸다. 그리고 아래첨자 3은 횡배관과 관련된 변수를 나타낸다.

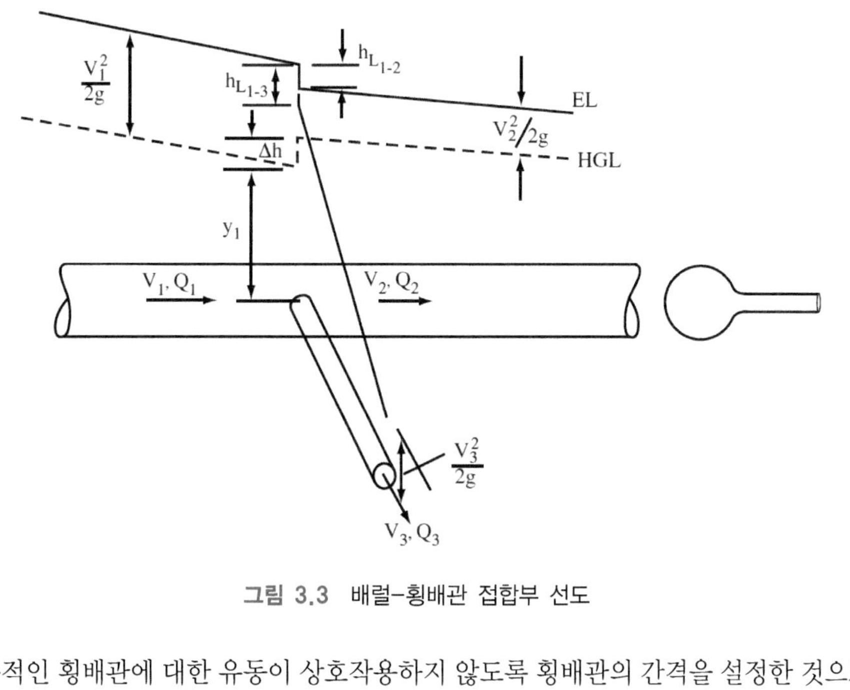

그림 3.3 배럴-횡배관 접합부 선도

연속적인 횡배관에 대한 유동이 상호작용하지 않도록 횡배관의 간격을 설정한 것으로 가정한다. 이제 에너지선에서는 메인배관에 설치된 접합부에서 손실 $h_{L_{1-2}}$이 발생하고, 횡배관 내부로의 유입되는 유동과 관련하여 접합부에서 손실 $h_{L_{1-3}}$이 발생한다. 수력구배선은 메인배관에 설치된 접합부를 통과하면서 발생하는 Δh을 경험한다. 이와 같이 정확한 지점에서 불연속 점프로서 에너지와 압력의 변화를 표현하는 것은 수리학에서 과학/예술인 사실을 명심하여야 한다. 비록 한 지점에서의 영향에 집중하거나 일괄처리(lump)할지라도 실제로 상기 모든 3개 요소는 크고 유한 유동 영역에 걸쳐 발생하는 현상을 나타낸다. 에너지구배선의 모든 부분은 유체의 마찰 영향으로 메인배관 내 유동방향으로 하향 구배를 갖는다. 횡배관으로부터의 유동은 하나의 제트로서 대기로 분출되는 것으로 추정한다.

그림 3.3으로부터 다음과 같이 메인배관에 걸쳐 압력수두가 상승하는 것을 알 수 있다.

$$\Delta h = \frac{V_1^2}{2g} - \frac{V_2^2}{2g} - h_{L_{1-2}} \tag{3.5}$$

상기 식을 횡배관이 설치된 메인배관의 상류측 속도수두로 나누면 다음과 같이 무차원의 압력수두상승계수를 얻는다.

$$\frac{\Delta h}{V_1^2/2g} = 1 - \left(\frac{V_2}{V_1}\right)^2 - \frac{h_{L_{1-2}}}{V_1^2/2g} \tag{3.6}$$

$$\frac{\Delta h}{V_1^2/2g} = 1 - \left(\frac{Q_2}{Q_1}\right)^2 - \frac{h_{L_{1-2}}}{V_1^2/2g} \tag{3.7}$$

접합부에 $Q_1 = Q_2 + Q_3$ 형태의 연속법칙을 적용하면 다음 식을 얻는다.

$$\frac{\Delta h}{V_1^2/2g} = 1 - \left(\frac{Q_2}{Q_1}\right)^2 - \frac{h_{L_{1-2}}}{V_1^2/2g} = 2\left(\frac{Q_3}{Q_1}\right) - \left(\frac{Q_3}{Q_1}\right)^2 - \frac{h_{L_{1-2}}}{V_1^2/2g} \tag{3.8}$$

상기 식의 마지막 항은 전문용어로 손실수두계수 $K_{L_{1-2}}$라고 부른다. 따라서 압력수두상승계수는 다음 식과 같이 오직 2개의 무차원 요소의 함수가 되는 것을 알 수 있으며 여기서 Φ_1은 함수이다.

$$\frac{\Delta h}{V_1^2/2g} = \Phi_1\left(\frac{Q_3}{Q_1}, \frac{h_{L_{1-2}}}{V_1^2/2g}\right) \tag{3.9}$$

$h_{L_{1-2}}$가 어떻게 거동하는지 가정하면 압력수두상승계수의 기능적 거동(functional behavior)를 작성할 수 있으며 그 결과는 그림 3.4와 같다. 이와 같은 사실의 탐구를 시작하기 위해

가능성 있는 $h_{L_{1-2}}$ 수치 범위를 구분하는 것은 어려워 보이지 않는다. 메인배관의 하류측 말단부에서는 손실이 없으므로 단순하게 $\left(h_{L_{1-2}}\right)_{min} = 0$으로 가정하는 것이 타당하다. 스펙트럼의 가장 높은 부분에서는 다음과 같은 사실을 알 수 있다. 접합부가 설치된 메인배관 내 유동은 배럴 내부에서는 급속하게 유량이 감소하고, 급확대부에서는 약간의 와동(eddy motion)의 증가와 다른 난류현상을 동반하는 유동 특성을 보여주므로 다음과 같이 예상할 수 있다.

$$\left(h_{L_{1-2}}\right)_{max} = \frac{(V_1 - V_2)^2}{2g} \tag{3.10}$$

그림 3.4는 유량비 Q_3/Q_1에 따른 압력수두상승계수의 변화를 보여준다. 여기서 곡선 1은 최소 손실수두이고, 곡선 2는 식 3.10을 사용하여 구한 최대 손실수두를 나타낸다. 그림 3.4에서의 점선은 그림 3.5에서 취하였으며 횡배관-메인배관의 직경 비율인 D_3/D_1의 함수로서 대표적인 압력수두상승계수의 거동에 대한 실험 자료를 보여준다. 본 예제에서는 횡배관의 마찰계수 $f = 0.02$, $L_3/D_3 = 5$로 가정하였다.

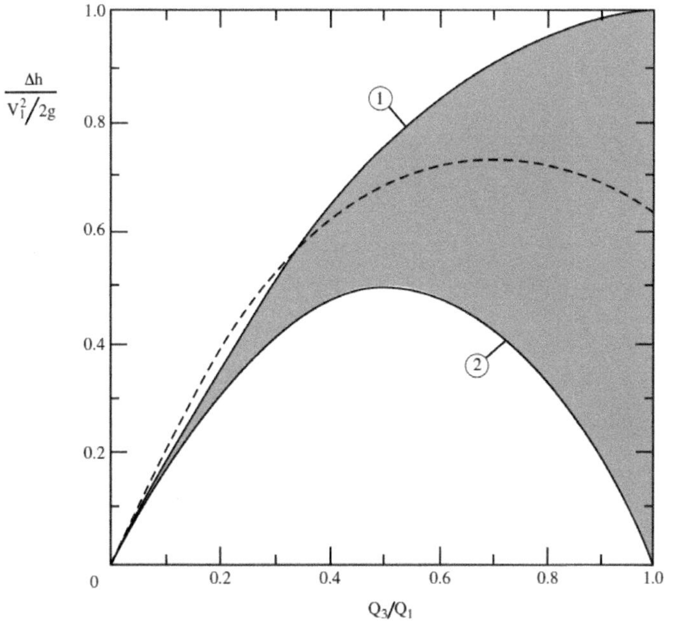

그림 3.4 Q_3/Q_1 함수로서 예상되는 압력수두상승계수의 예상범위

그림 3.4으로부터 압력수두상승계수의 실험 자료는 약 $D_3/D_1 < 1/3$ 이하에서는 예상

된 포괄적인 거동범위 안에 들지 않고, 손실계수 $K_{L_{1-2}}$는 D_3/D_1 수치가 작으면 (-)가 된다는 주목할 만한 사실을 알 수 있다. 왜 이렇게 될까? 이는 실험 오차에 기인하는 것이 아니라 실제로 발생하는 현상으로서 매니폴드 유동의 또 다른 특성이며, 이에 대한 원인은 자세하게 논의되었다.

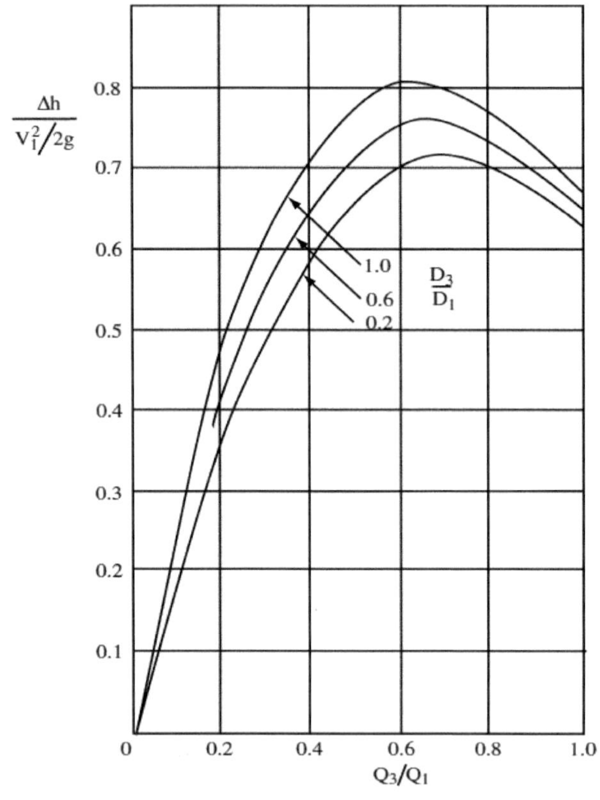

그림 3.5 압력상승계수에 대한 전형적인 실험 자료

전문가는 상류측 유량 중 적은 유량이 횡배관으로 유입되는 경우 유동은 반드시 그림 3.6과 유사한 형태가 되어야 한다고 결론지었다. 배관 벽 인근 유체는 중심에 있는 유체보다 더욱 완만하게 이동하므로 초기에 횡배관은 유체의 단위 중량당 평균 동적 에너지보다 적은 동적 에너지를 소유한다. 결과적으로 단면 2로 유동시키기 위해 남은 평균 에너지가 약간 상승되었던 것으로 보인다. 1차원 유동의 수력 표현에서 이 영향은 비현실적으로 보일지라도 작은 (-) 손실계수로 나타난다. 추가적인 연구에서는 이러한 상황에서 전체 에너지 플럭스의 손실이 아직도 발생하는 것을 증명한다.

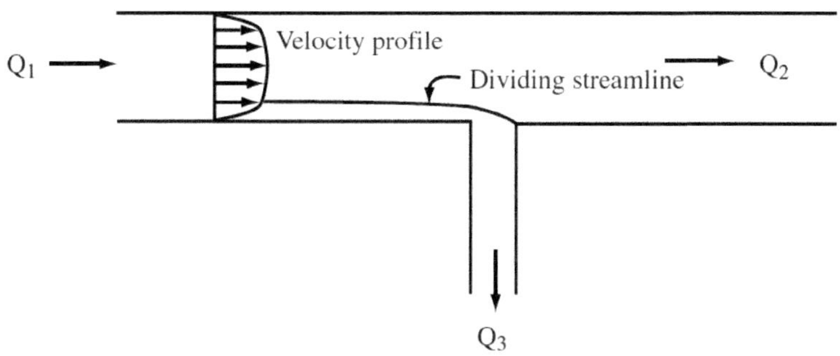

그림 3.6 횡배관 접합부에서 유동

횡배관 내 유동 거동을 반드시 정량화하여야 하며 이를 위한 오래된 관습은 횡배관을 오리피스로 취급하고 편의를 위해 횡배관을 통과하는 유량은 횡배관 유입부의 직 상류측에 존재하는 압력수두 y_1에 의해 구동되는 것으로 가정하는 것부터 시작한다. 따라서 다음과 같이 작성할 수 있다.

$$Q_3 = CA_3\sqrt{2gy_1} \quad \text{또는} \quad y_1 = \frac{1}{C^2}\frac{V_3^2}{2g} \tag{3.11}$$

여기서 $A_3 = \pi D_3^2/4$는 직경 D_3 횡배관의 단면적, 속도는 $V_3 = Q_3/A_3$, 그리고 C는 오리피스 계수로서 횡배관의 기하학적 형상에 따라 결정되는 여러 변수에 따라 결정된다.

실험으로 계수 $K_{L_{1-3}}$를 구할 수 있으므로 메인배관으로부터 횡배관에 이르기까지 손실수두계수와 오리피스 계수 C의 상관관계를 구하기 위해

$$K_{L_{1-3}} = \frac{h_{L_{1-3}}}{V_1^2/2g} \tag{3.12}$$

횡배관의 유동은 만관이고, 길이는 L_3, 마찰계수가 일정한 것으로 가정하면 그림 3.3으로부터 다음 식을 유도할 수 있다.

$$y_1 + \frac{V_1^2}{2g} = h_{L_{1-3}} + h_{f_3} + \frac{V_3^2}{2g} \tag{3.13}$$

h_{f_3}는 횡배관 마찰손실수두이고 식 3.11을 이용하여 상기 식을 다음과 같이 표현할 수 있다.

$$\frac{1}{C^2}\frac{V_3^2}{2g} + \frac{V_1^2}{2g} = K_{L_{1-3}}\frac{V_2^2}{2g} + f_3\frac{L_3}{D_3}\frac{V_3^2}{2g} + \frac{V_3^2}{2g} \tag{3.14}$$

상기 식을 횡배관 내 속도수두로 나누어 다시 정리하면

$$\frac{1}{C^2} = \left(K_{L_{1-3}} - 1\right)\left(\frac{V_1}{V_3}\right)^2 + \left(1 + f_3 \frac{L_3}{D_3}\right) \tag{3.15}$$

또는

$$\frac{1}{C^2} = \left(K_{L_{1-3}} - 1\right)\left(\frac{Q_1}{Q_3}\right)^2\left(\frac{D_3}{D_1}\right)^4 + \left(1 + f_3 \frac{L_3}{D_3}\right) \tag{3.16}$$

상기 식을 다음과 같이 간단히 표현할 수 있다.

$$C = \Phi_2\left(\frac{Q_3}{Q_1},\ K_{L_{1-3}}\right) \tag{3.17}$$

여기서 Φ_2는 식 3.16에 표현된 함수를 간략하게 표기하는 기호이다.

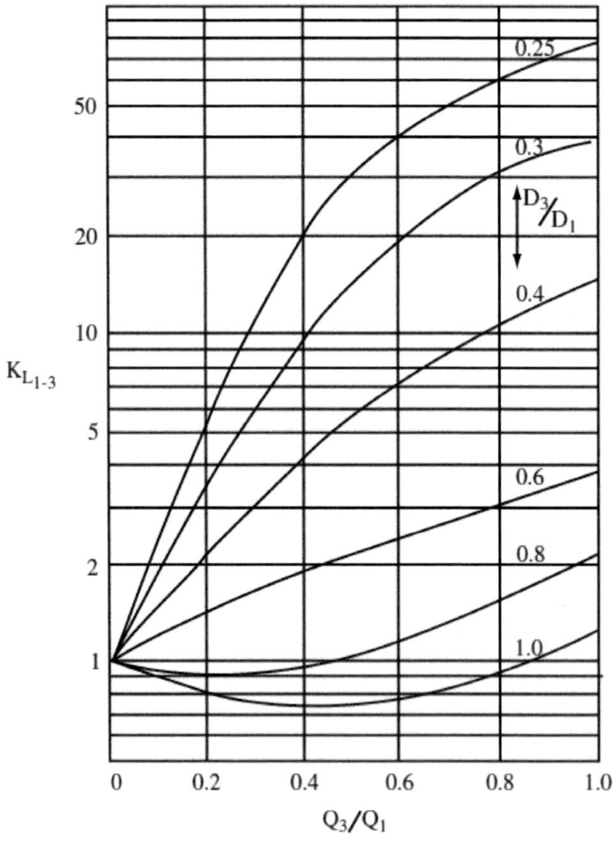

그림 3.7 D_3/D_1과 Q_3/Q_1의 함수로서 손실계수 K_{L1-3}

$K_{L_{1-3}}$의 거동을 결정하기 위해 적정한 실험을 수행하면 통상적으로 그림 3.7과 유사한 관계를 구할 수 있다. 그리고 f_3와 L_3/D_3를 규정하면 $C-Q_3/Q_1$ 선도를 작성할 수 있다. 예를 들어 그림 3.7로부터 $f_3=0.02$ 그리고 $L_3/D_3=5$로 가정하면 그림 3.8을 작도할 수 있다. 횡배관 손실계수 $K_{L_{1-3}}$는 조건에 따라 상당히 커질 수 있지만 통상적으로 메인배관 직경의 1/3보다 적은 횡배관은 통상적으로 그 접합부의 상류측 유량의 1/3 또는 이 보다 적은 유량을 수송하므로 실제 상황에서는 큰 $K_{L_{1-3}}$ 수치를 직면하는 경우는 매우 드물다.

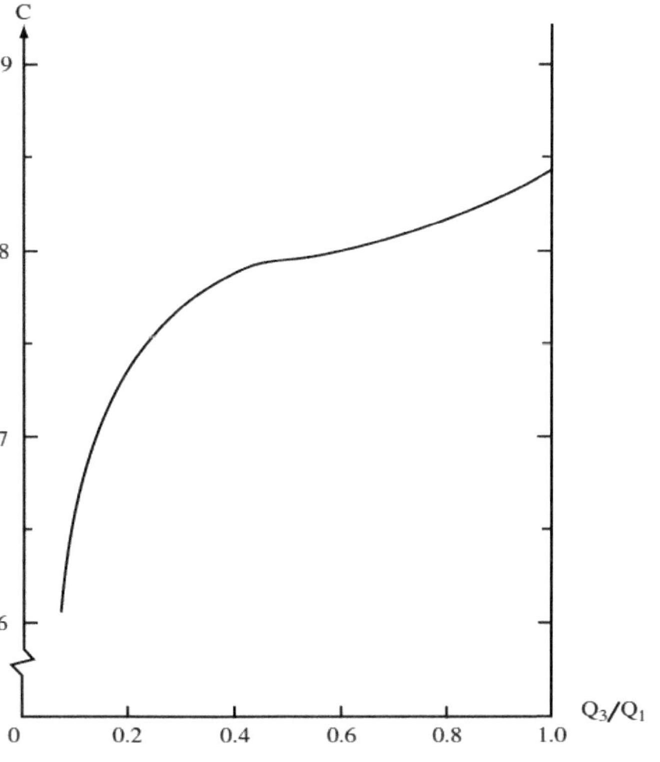

그림 3.8 오리피스 계수 C 거동의 한 사례

예제 3.1

다음 그림과 같이 3-포트 매니폴드의 $D_3/D_1=D_3/D_m=0.4$이고, 메인배관과 모든 횡배관 내 마찰계수 $f=0.02$, 그리고 각 횡배관의 $L_3/D_3=5$이다. 그림 3.5, 3.7, 3.8에서 기술한 것과 같이 메인배관과 횡배관 내 마찰손실 그리고 메인배관과 횡배관의 접합부 손실을 고려하여 포트의 유출량 Q_a, Q_b, Q_c를 계산하라. 메인배관의 하류측 말단부는 맹판으로 폐쇄되었다.

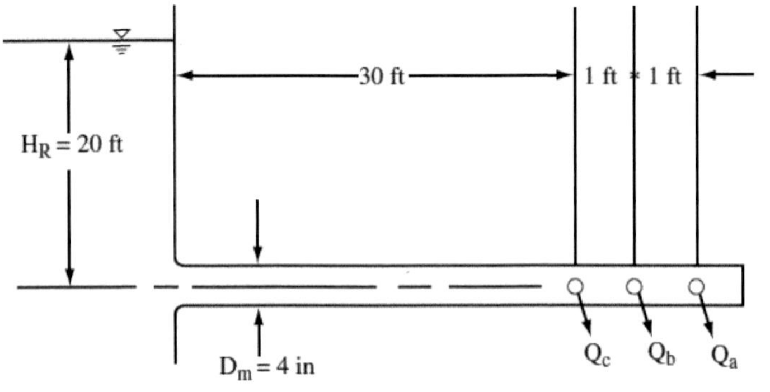

이 문제는 접합부 손실을 무시한 문제보다 더욱 어렵지만, 다른 유사한 문제에서 접합부 손실의 포함 여부를 결정하기 위해 도움을 준다.

일련의 선형과 비선형의 동시 공식으로 이와 같은 문제를 공식화할 수 있지만 여기에서는 이전에 사용되었던 통상적인 방법을 따른다. 전형적인 해결 과정은 매니폴드의 하류측 말단부에서 에너지구배선 고도를 독단적으로 선정하고 그곳에서 연산을 시작한다. 물론 초기 고도는 결코 올바른 최종 고도와 일치할 수는 없지만 연산과정에서 이를 조정하는 것은 쉽다.

포트 a

포트 a 하류측 메인배관 내 속도수두는 0이므로 $EL_a' = HGL_a' = 10.0ft$로 선정하여 시작한다.

$$y_1 + \Delta h = HGL_a' = EL_a' = 10.0ft \tag{1}$$

포트 a로부터의 유출량은 다음 오리피스 유출량식을 만족시켜야 한다.

$$Q_a = CA\sqrt{2gh} = C\frac{\pi D_a^2}{4}\sqrt{2gy_1} \tag{2}$$

상기 식으로부터 포트 a의 유출량과 관련된 수두 y_1(그림 3.3에서 포트 a를 통과하기 직전 HGL)을 구할 수 있다.

$$y_1 = \frac{1}{2g}\left(\frac{Q_a}{C}\frac{4}{\pi D_a^2}\right)^2 \tag{3}$$

포트 a의 유량과 포트 a의 상류측 메인배관의 유량 비율은 $Q_a/Q_m = 1.0$이고, 문제에서 주어진 자료 $D_a/D_m = 0.4$와 그림 3.5로부터(그림에서는 $Q_a/Q_m = Q_3/Q_1$ 그리고 $D_a/D_m = D_3/D_1$으로 표현되었음) 포트 a를 통과하면서 발생하는 손실수두 Δh를 계산할 수 있다.

$$\frac{\Delta h}{(V_m^2/2g)} = 0.63 \quad \Rightarrow \quad \Delta h = 0.63\frac{V_m^2}{2g} \tag{4}$$

또한 $Q_a/Q_m = 1.0$와 $D_a/D_m = 0.4$를 이용하여 그림 3.8에서 $C = 0.84$를 구할 수 있다. 따라서 (3)과 식 (4)을 식 (1)에 대입하면 식 (5)와 같고, $Q_a = Q_m$이므로 식 (5)에서 두 번째 항의 Q_m을 Q_a로 대체할 수 있다.

$$\left(\frac{Q_a}{C}\frac{4}{\pi D_a^2}\right)\frac{1}{2g} + 0.63\left(\frac{4Q_a}{\pi D_m^2}\right)\frac{1}{2g} = 10.0 \tag{5}$$

상기 식에서 유일한 미지수 Q_a를 다음 식으로 표현할 수 있고, 주어진 자료를 대입하면 $Q_a = 0.296ft^3/s$를 구할 수 있다.

$$Q_a = \sqrt{\frac{2 \times g \times HGL_a{}'}{\left(\frac{1}{C}\frac{4}{\pi D_a^2}\right)^2 + 0.63\left(\frac{4}{\pi D_m^2}\right)^2}} \tag{6}$$

$$Q_a = \sqrt{\frac{2 \times 32.2 \times 10}{\left(\frac{1}{0.84}\frac{4}{3.14 \times 0.133^2}\right)^2 + 0.63\left(\frac{4}{3.14 \times 0.333^2}\right)^2}} = 0.296$$

다음과 같이 매인배관 내 유속 V_m과 포트 a를 통과하면서 발생하는 손실수두 Δh를 구할 수 있다.

$$V_m = \frac{Q_m}{A_m} = \frac{0.296 \times 4}{\pi \times 0.333^2} = 3.39ft/s$$

$$\frac{V_m^2}{2g} = \frac{3.39^2}{2 \times 32.2} = 0.179ft$$

$$\Delta h = 0.63\frac{V_m^2}{2g} = 0.63 \times 0.179 = 0.113ft$$

이제 포트 a 직상류에서의 HGL_a과 EL_a를 다음과 같이 구할 수 있다.

$$HGL_a = 10 - \Delta h = 10 - 0.113 = 9.887ft$$

$$EL_a = HGL_a + \frac{V_1^2}{2g} = 9.887 + 0.179 = 10.066ft$$

포트 b

메인배관에서의 유량 $Q_m = Q_a = 0.297ft^3/s$을 구하였으므로 달시-바하식으로부터 다음과 같이 포트 a와 b 사이 메인배관의 마찰손실을 구할 수 있다.

$$h_{La-b} = f\frac{L}{D}\frac{V_m^2}{2g} = 0.02\frac{1}{0.333}0.179 = 0.011ft$$

이제 포트 a와 b 사이의 메인배관에서 발생하는 손실수두 h_{La-b}를 고려하면 다음과 같이 포트 b 직하류에서의 HGL_b'과 EL_b'를 구할 수 있다.

$$HGL_b' = HGL_a + h_{La-b} = 9.887 + 0.011 = 9.898ft$$

$$EL_b' = EL_a + h_{La-b} = 10.066 + 0.011 = 10.077ft$$

포트 b에서의 유량을 예측하는 선행 경험이 없기 때문에 논리적인 초기 추정 유량비를 $Q_b/Q_m = 0.5(Q_m = 2Q_b)$로 선정하고, 식 (3) 그리고 그림 3.5와 그림 3.8로부터 다음을 구한다.

$$y_1 = \left(\frac{Q_b}{C\pi D_b^2}\right)^2\frac{1}{2g}, \quad C = 0.795, \quad \Delta h = 0.68\frac{V_m^2}{2g}$$

y_1식과 Δh식을 식 (1)에 대입하면 다음과 같다.

$$\left(\frac{Q_b}{C}\frac{4}{\pi D_b^2}\right)\frac{1}{2g} + 0.68\left(\frac{4\times 2Q_b}{\pi D_m^2}\right)\frac{1}{2g} = 9.898$$

상기 식에서 유일한 미지수 Q_b를 다음 식으로 표현할 수 있고, 주어진 자료를 대입하면 $Q_b = 0.274ft^3/s$를 구할 수 있다.

$$Q_b = \sqrt{\frac{2\times g\times HGL_b'}{\left(\frac{1}{C}\frac{4}{\pi D_b^2}\right)^2 + 0.68\left(\frac{4\times 2}{\pi D_m^2}\right)^2}}$$

$$= \sqrt{\frac{2\times 32.2\times 9.898}{\left(\frac{1}{0.795}\frac{4}{3.14\times 0.133^2}\right)^2 + 0.68\left(\frac{4}{3.14\times 0.333^2}\right)^2}} = 0.273ft^3/s$$

메인배관 내 유량과 포트 b의 유량비는 앞에서 가정한 수치 0.5와 다르다.

$$Q_m = Q_a + Q_b = 0.296 + 0.273 = 0.569ft^3/s$$

$$\frac{Qb}{Q_m} = \frac{0.273}{0.569} = 0.48$$

이 문제를 개선하기 위해 $Q_b/Q_m = 0.48(Q_m = 2.08Q_b)$로 선정하고, 그림 3.5와 그림 3.8로부터 다음을 구한 후 상기 과정을 반복한다.

$$C = 0.795, \quad \Delta h = 0.67\frac{V_1^2}{2g}$$

$$Q_b = \sqrt{\frac{2 \times g \times HGL_b'}{\left(\frac{1}{C}\frac{4}{\pi D_b^2}\right)^2 + 0.67\left(\frac{4 \times 2.079}{\pi D_m^2}\right)^2}}$$

$$= \sqrt{\frac{2 \times 32.2 \times 9.898}{\left(\frac{1}{0.795}\frac{4}{3.14 \times 0.1333^2}\right)^2 + 0.67\left(\frac{4 \times 2.08}{3.14 \times 0.333^2}\right)^2}} = 0.272 ft^3/s$$

새롭게 구한 결과는 $Q_b = 0.272 ft^3/s$가 되고, 메인배관 내 유량과 포트 b의 유량비 $Q_b/Q_m = 0.272/0.569 = 0.481$이 되어 가정한 수치와 일치하므로 다음과 같이 매인배관 내 유속 V_m과 $\triangle h$를 구할 수 있다.

$$V_m = \frac{Q_m}{A_m} = \frac{0.57 \times 4}{\pi \times 0.33^2} = 6.53 ft/s$$

$$\frac{V_m^2}{2g} = \frac{6.53^2}{2 \times 32.2} = 0.661 ft$$

$$\triangle h = 0.67\frac{V_m^2}{2g} = 0.67 \times 0.661 = 0.443 ft$$

다음과 같이 포트 b 직상류에서의 HGL_b과 EL_b를 구할 수 있다.

$$HGL_b = HGL_b' - \triangle h_L = 9.898 - 0.443 = 9.455 ft$$

$$EL_b = HGL_b' + \frac{V_m^2}{2g} = 9.455 + 0.661 = 10.116$$

포트 c

메인배관에서의 유량 $Q_m = 0.569 ft^3/s$을 구하였으므로 달시-바하식으로부터 다음과 같이 포트 b와 c 사이 메인배관의 마찰손실을 구할 수 있다.

$$h_{Lb-c} = f\frac{L}{D}\frac{V_m^2}{2g} = 0.02\frac{1}{0.33}0.662 = 0.04 ft$$

포트 b와 c 사이 메인배관 내 마찰손실 $h_{Lb-c} = 0.04 ft$이므로 포트 c 직하류에서의 HGL_c'과 EL_c'를 구할 수 있다.

$$HGL_c' = HGL_b + h_{Lb-c} = 9.455 + 0.04 = 9.493 ft$$

$$EL_c' = EL_b + h_{Lb-c} = 10.116 + 0.04 = 10.156 ft$$

포트 c에서 초기유량비를 알 수 없으므로 $Q_c/Q = 0.333$으로 추정할 수 있지만 포트 b에서의 경험으로부터 이 비율은 너무 높은 것으로 유추할 수 있으므로 $Q_c/Q_m = 0.31$로 추정하면 $Q_m = 3.23Q_c$가 된다. 그림 3.5로부터 $\Delta h/(V_m^2/2g) = 0.545$, 그림 3.8로부터 $C = 0.770$를 얻을 수 있다. 이제 이 자료를 식 (6)에 대입하면 포트 c의 유출유량을 구할 수 있다.

$$Q_c = \sqrt{\frac{2 \times g \times HGL_c'}{\left(\frac{1}{C}\frac{4}{\pi D_2^2}\right)^2 + 0.545\left(\frac{4 \times 3.23}{\pi D_m^2}\right)^2}}$$

$$= \sqrt{\frac{2 \times 32.2 \times 9.495}{\left(\frac{1}{0.770}\frac{4}{3.14 \times 0.1333^2}\right)^2 + 0.545\left(\frac{4 \times 3.23}{3.14 \times 0.333^2}\right)^2}} = 0.254 ft^3/s$$

다행스럽게도 메인배관에서의 유량과 유량비는 다음과 같이 앞에서의 추정치와 일치한다.

$$Q_m = 0.568 + 0.254 = 0.822 ft^3/s$$

$$\frac{Q_c}{Q_m} = \frac{0.254}{0.822} = 0.31$$

만일 유량비가 일치하지 않으면 유량비와 포트 c에서 새로운 유량을 계산하기 전에 반드시 유량비에 따라 결정되는 계수 그리고 계산결과와의 일치여부를 확인하는 연산을 반복하여야 한다. 이제는 시작 추정치와 일치하는 정확한 해를 얻기 위해서는 정확한 계수의 한계를 설정하여야 하며 두 요소가 이 정확도에 영향을 미친다. 이 두 요소는 계수를 그래프로 나타내기 위해 실행하였던 당초 실험의 품질 그리고 이러한 그래프를 읽는 우리의 제한된 능력이다. 결과적으로 Miller(1984)는 2% 이내의 일치가 타당한 목표라고 제안하였다. 본 예제에서 일부 연산은 이 한계를 초과하지만 이러한 방법으로 나타낸 결과는 연산을 더욱 쉽게 만든다.

마지막으로 포트 c 직상류에서의 연산이 남았다. 이제 포트 c의 직상류 유량 $Q_m = 0.822 ft^3/s$을 사용하여 다음과 같이 메인배관 내 속도수두, 포트 c 직상류에서의 HGL_c, EL_c, y_1을 구할 수 있다.

$$V_m = \frac{Q_m}{A_m} = \frac{0.822 \times 4}{3.14 \times 0.333^2} = 9.44 ft/s$$

$$\frac{V_m^2}{2g} = \frac{9.44^2}{2 \times 32.2} = 1.384 ft$$

$$\Delta h = 0.545\frac{V_m^2}{2g} = 0.545 \times 1.384 = 0.754 ft$$

$$V_m = \frac{Q_m}{A_m} = \frac{0.822 \times 4}{3.14 \times 0.333^2} = 9.44 ft/s$$

$$\frac{V_m^2}{2g} = \frac{9.44^2}{2 \times 32.2} = 1.384 ft$$

$$\triangle h = 0.545 \frac{V_m^2}{2g} = 0.545 \times 1.384 = 0.754 ft$$

$$HGL_c = HGL_c{}' - \triangle h_L = 9.495 - 0.754 = 8.741 ft$$

$$EL_c = HGL_c{}' + \frac{V_m^2}{2g} = 8.741 + 1.384 = 10.124$$

또는 그림 3.3으로부터 포트 c 직상류에서의 HGL_c는 y_1과 동일하므로 식 (3)을 사용하여 HGL_c를 구할 수 있다.

$$y_1 = \frac{1}{2g}\left(\frac{Q_c}{C}\frac{4}{\pi D_c^2}\right)^2 = \frac{1}{2 \times 32.2}\left(\frac{0.255 \times 4}{0.770 \times 3.14 \times 0.1333^2}\right)^2 = 8.74 ft$$

포트 c 직하류에서 $EL_c{}' = 10.156 ft$이므로 포트 c에서 (−) 손실수두가 발생하는 현상을 관측할 수 있고, 이 영향은 작지만 오류는 아니다. 계속해서 다음과 같이 저수지로 향하는 30ft 내 배관에서 발생하는 마찰손실수두의 영향을 고려하면 저수지에서의 에너지구배선을 구할 수 있다.

$$h_{Lc-res} = f\frac{L}{D}\frac{V_m^2}{2g} = 0.02\left(\frac{30}{0.333}\right)1.384 = 2.493 ft$$

$$EL_{res} = 10.124 + 2.493 = 12.618 ft$$

수치 $EL_{res} = 12.618 ft$는 저수지에서 명확하게 명시된 $H_R = 20 ft$와 일치하지 않지만 지금까지의 과업은 헛되지 않았다. f를 일정한 상수로 가정하면 유속과 유량은 전체 수두의 제곱근에 비례한다. 추정 유량을 실제 유량으로 조정하기 위해 실제 전체 수두 20ft와 계산으로 구한 수두 12.618ft 비의 제곱근으로 앞에서 구한 유량을 곱하면 각 포트로부터 유출량을 구할 수 있다.

$$Q_{true} = Q_{est}\left[\frac{H_{true}}{H_{est}}\right]^{1/2}$$

$$Q_a = 0.296\left[\frac{20.0}{12.618}\right]^{1/2} = 0.372 ft^3/s$$

$$Q_b = 0.272\left[\frac{20.0}{12.618}\right]^{1/2} = 0.343 ft^3/s$$

$$Q_c = 0.254\left[\frac{20.0}{12.618}\right]^{1/2} = 0.319 ft^3/s$$

이제 유량을 알기 때문에 검증차원에서 각 지점에서의 EL과 HGL의 실제 고도를 직접 계산할 수 있다.

전술한 수계산은 접합부 손실을 포함할 때 나타나는 복잡성과 유사하다. 최근 이 해결방법에 대한 대안은 선정된 일련의 미지수를 구하기 위해 문제를 동시에 해결할 수 있는 일련의 식으로 공식화하는 것이다. 본 예제에서는 3개 포트의 직하류에서의 수력구배선 $(y_1 + \Delta h)$를 HGL_a, HGL_b, HGL_c로 표기하였다. 유사한 방법으로 그림 3.8로부터 C_S와 그림 3.5로부터 계수 K는 아래첨자 a, b, c로 주어진다. 다음 3개 식은 3개 포트에서 y_1과 Δh를 더한 결과이다.

$$\frac{(Q_a/C_a)^2}{2gA_a^2} + \frac{K_a Q_a^2}{2gA_m^2} = HGL_a$$

$$\frac{(Q_b/C_b)^2}{2gA_a^2} + \frac{K_b(Q_a + Q_b)^2}{2gA_m^2} = HGL_b$$

$$\frac{(Q_c/C_c)^2}{2gA_a^2} + \frac{K_c(Q_a + Q_b + Q_c)^2}{2gA_m^2} = HGL_c$$

여기서 $A_a = \pi D_3^2/4$는 동일한 직경의 포트 면적이고, $A_m = \pi D_m^2/4$는 배럴 면적이다. 다음과 같이 메인배관에서 3개 에너지식을 작성할 수 있다.

$$HGL_b = HGL_a + \frac{(fL_S/D_m - K_a)Q_a^2}{2gA_m^2}$$

$$HGL_c = HGL_b + \frac{(fL_S/D_m - K_b)(Q_a + Q_b)^2}{2gA_m^2}$$

$$H_R = HGL_c + \frac{(1 + fL_S/D_m - K_c)(Q_a + Q_b + Q_c)^2}{2gA_m^2}$$

여기서 $L_S = 1ft$는 포드 사이 간격, $L = 30ft$는 상류 메인배관의 길이, 그리고 $H_R = 20ft$는 저수지 수위의 고도이다. 상기 6개 식을 동시에 해결하여 6개의 미지수 Q_a, Q_b, Q_c , HGL_a, HGL_b, HGL_c를 구할 수 있다. 만일 수계산에서 결정된 계수를 사용하고 비선형 공식시스템을 해결할 수 있는 임의 소프트웨어를 사용하면 다음 결과를 얻을 수 있다.

$$Q_a = 0.372ft^3/s \quad Q_b = 0.343ft^3/s,\ \ Q_c = 0.319ft^3/s$$

$$HGL_a = 15.844ft,\ \ HGL_b = 15.683ft,\ \ HGL_c = 15.043ft$$

만일 반드시 그림 3.5와 3.8로부터 C_S와 K를 구하여야 한다면 시행착오법으로 계수 수치를 구하고, 계수를 조정 및 개선하여 문제를 다시 해결할 수 있다. 만일 Colebrook-White식(메인배관의 각 유동 분절에서 마찰계수 f를 결정하기 위해 하나의 Colebrook-White식을 작성하며,

여기에서는 3개의 식을 작성한다)을 해결하는 엑셀 기능을 사용하면 사용자는 f 수치를 명시하는 대신 단순히 배관 재료(실제로 그 재료의 등가 모래 조도 계수 e)를 명시하면 되고, Talozi(1998)는 이와 같은 연산법을 사용하여 매니폴드 유동을 해석하였다.

상기 연산을 검토하면 다음과 같은 결론에 도달할 수 있다.

1. 국부 유량비 Q_3/Q_1이 변하면서 각 접합부에서의 유동을 기술하는 실험적으로 결정된 계수도 변화한다. 횡배관 유출계수 C와 무차원 압력수두상승계수를 잘 알지 못하면 하나의 포트로부터 유량을 정확하게 결정할 수 없다.
2. 많은 포트가 설치된 실제 매니폴드 유동에서는 최종 수 개의 포트를 제외하고 이론적으로 (-) 손실수두현상이 발생한다. 그러나 하나의 포트에 걸친 실제 에너지 변화량은 거의 항상 매우 작게 된다. 그리고 메인배관 상 하나의 포트에 걸친 이 에너지 변화(gain)를 무시하면 보수적인 설계 과정이 된다.
3. 본장의 마지막 문제에서는 포트의 직경이 동일한 경우 접합부 손실을 무시하면 메인배관에서 EL이 증가하면서 포트 유출량이 증가하는 경향을 보여주는 것을 증명한다. 그러나 예제 3.1은 접합부 손실을 고려하면 메인배관의 상류측으로 이동하면서 EL이 증가하면 포트 유출량이 감소하는 것을 보여준다. 상류측 방향에서 압력수두가 감소하는 것은 물론 이와 같은 경향은 수년전에 관측되었으며 그 당시 포트의 유출량을 결정하는 것은 에너지 구배선의 위치가 아니라 압력수두인 것으로 결론지었다. 따라서 매니폴드 거동에서 압력수두의 중요성을 강조하는 이전 논문을 주의하여 검토하여야 한다.

3.3 수리 설계 절차

하수처리운영의 일부분으로서 해양방류 디퓨저(submarine diffuser) 또는 점적 관수(drip irrigation) 시스템과 같은 적용분야에 따라 일부 설계 절차 요소가 약간 변화하며 용도에 따라 일부 요소도 변화한다. 예를 들어 통상적으로 해양방류 디퓨저는 하수의 구배보다는 밀도가 다른 물에서의 구배에 따라 부설되므로 설계시 반드시 각 포트에서의 외부 차압을 고려하여야 한다. 그리고 해양방류 디퓨저 포트의 물리적 형상인 규격과 상세한 내용은 점적 관수 이미터(drip irrigation emitter) 포트와 상당히 다를 수 있지만 최근에는 포트의 직경이 더 작아지는 반면 더욱 많은 숫자의 포트가 설치되는 경향이 있다. 또한 건설의 편의를 위해 매니폴드 전체가 아니라 매니폴드의 중요한 분절에서 동일한 간격과 직경의 포트가 사용된다. 매니폴드의 설계목표는 다음과 같다.

1. 의도한 방법으로 매니폴드가 동작하는 것을 보장하기 위해 매니폴드는 반드시 만관이 되어야 하며 이는 통상적으로 단순한 매니폴드의 경우 개별 포트 단면적의 합은 메인배관 단면적의 약 90% 보다 적어야 하는 요구조건에 의해 만족된다. 단차가 있는 대형 매니폴드의 경우 특정 단면으로부터의 하류측 포트 면적의 합과 그 단면 메인배관의 단면적에 대한 비율은 통상적으로 1/2～2/3으로 제한된다.
2. 설계시 여러 이유로 포트와 메인배관 모두는 단순하여야 한다. 빈번하게 설계가 단순하면 수력손실이 적고, 따라서 에너지가 감소하여 운영비용이 감소하고, 만일 접합부 손실을 무시할 수 있으면 수리해석이 더욱 단순하게 되며 유지관리비용도 감소한다.
3. 정확하게 달성할 수는 없지만 주된 설계 목표는 포트의 균등한 또는 상대적으로 균등한 유량분배이다.
4. 각 용도에 따라 특히, 매니폴드 내 고형물이 수송될 가능성이 있는 경우 메인배관 내 수용할 수 있는 속도 범위를 조심스럽게 검토하여야 한다. 수송 유체의 속도는 반드시 고형물의 침전을 방지하기에 충분히 높아야 하는 동시에 마찰로 인한 문제가 발생하지 않도록 충분히 낮아야 한다. 만일 유체 내 고형물이 포함되면 수용할 수 있는 유속범위는 2~15ft/s이지만 통상적으로 5ft/s이하이다.

Rawn(1960), Vigander(1970), 그리고 Grace(1978) 등과 같은 여러 조사자와 저자가 앞으로 기술할 매니폴드 설계에 대한 연산절차를 전개하였다. 그러나 이들의 문헌을 살펴보면 N.H. Brooks가 다른 모든 과업에 연속적으로 영향을 미친 것을 보여준다. 통상적으로 그림 3.9와 같은 Grace(1978)의 표현법을 따른다. 연산절차는 직접적으로 전산기 코드로 전환될 수 있도록 구성된다.

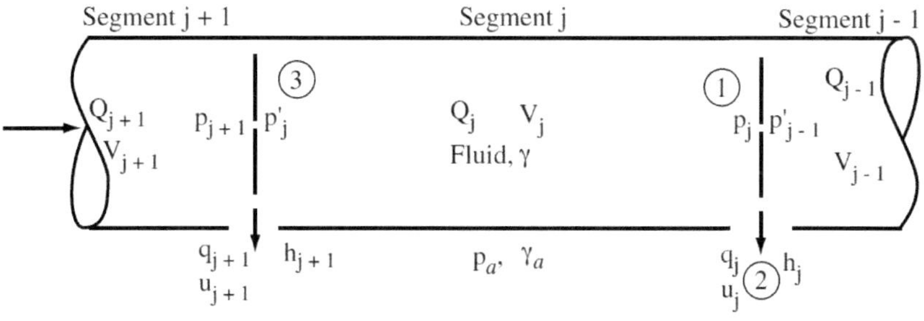

그림 3.9 매니폴트의 2개 포트 분절

매니폴드 포트와 배럴 분절은 하류측 말단부로부터 시작하여 상류측 공급수두 또는 저수지 방향으로 번호가 매겨지며, 또한 각 포트는 j로 표기된 포트의 메인배관 상류의 번호와 함께 매겨진다. 또한 j 포트의 위치를 나타내기 위해 다른 변수의 아래첨자로 사용된다. 다른 변수는 배럴 분절 내 유량 Q, 배럴 분절 내 평균 속도 V, 배럴 분절의 단면적 A, 배럴 분절의 직경 D, 포트의 유출량 q, 포프 내 평균 속도 u, 포트 단면적 a, 그리고 포트 직경 d이다.

여러 다른 설계 환경을 고려하기 위해 본 실계에서는 매니폴드 또는 디퓨지기 비중량 γ_a가 일정한 외부 수체(ambient body)에 잠겨 비중량(통상적으로 유체는 물이지만, 설계 절차는 유일하게 물로만 제한되지 않는다) γ가 일정한 유체를 수송하는 경우를 고려한다. 외부 수체의 수표면은 $h=0$인 기준선의 역할을 한다. 이제 포트가 수체에 잠기면 포트의 고도는 $-h$가 되며 만일 매니폴드가 구배지면 포트마다 다르게 된다. 포트 외부 압력은 $p_a=\gamma_a h$가 된다. 만일 외부 유체가 공기이면 $\gamma_a=0$으로 설정한다. 매니폴드 내 유동을 수리모델링하면 포트에 걸친 압력에서 불연속 점프가 발생하는 것을 보여준다. 즉, 포트 j의 직상류측 배럴 내부압력은 p_j이고, 다음 포트의 직하류측 배럴 압력은 p'_j이다. 유동은 포트로부터 수평으로 유출되고 포트 중심선의 고도는 배럴의 중심선의 고도와 동일한 것으로 가정한다.

매니폴드 연산은 하류측 말단부에서 시작한다. 매니폴드에 걸친 전체 유량을 포트의 숫자로 나누어 포트 평균 유출량 q_p를 추정한다. 만일 매니폴드 내 유체가 침전 가능한 물질을 수송하면 사수부에서 발생할 수 있는 수로매몰(siltation)을 방지하기 위해 하류측 말단부에 큰 포트(대략 $4q_p$의 유량)의 설치를 권장한다. 이 포트를 통한 유출량은 오리피스식에 의해 지배되지만 이 포트에서의 전체 수두는 알 수 없다. 선정된 포트 유출량과 함께 단순하게 일관된 전체 수두수치를 선정하면 이 수치는 나중에 서로 상관된다.

하나의 포트, 예를 들어 j 포트에서 연산은 기본적으로 모든 포트에서의 연산과 동일하다. 메인배관 내부 한 지점 1과 포트 유출 스트림 지점 2에서 에너지식을 작성한다.

$$-h_j+\frac{V_j^2}{2g}+\frac{p_j}{\gamma}=-h_j+\frac{u_j^2}{2g}+\frac{p_{aj}}{\gamma}+k_L\frac{u_j^2}{2g} \tag{3.18}$$

여기서 k_L은 포트 손실수두계수이다. 포트 j에서 에너지 인수 E를 다음과 같이 정의하면

$$E_j=\frac{p_j-p_{aj}}{\gamma}+\frac{V_j^2}{2g} \tag{3.19}$$

식 3.15로부터 포트를 통한 유체 유출 속도를 다음과 같이 구할 수 있다.

$$u_j=\left(\frac{1}{1+k_L}\right)^{1/2}(2gE)^{1/2} \tag{3.20}$$

이 포트를 통한 유량은 포트의 유출 속도와 이 포트를 통한 제트의 유동 단면적의 곱과 동일하다.

$$q_j=u_jC_Ca_j \tag{3.21}$$

또는

$$q_j=C_Da_j(2gE_j)^{1/2} \tag{3.22}$$

여기서 포트 손실수두 K_L과 국부 축소 손실계수 C_C의 영향을 조합하는 유출계수 C_D는 다음과 같다.

$$C_D=\frac{C_C}{(1+k_L)^2} \tag{3.23}$$

개별 포트 형상은 변하지 않지만 국부 축소손실계수 C_C는 변화한다. 전체 수두에 대한 국부 속도수두의 비율 또는 이의 대용인 E_j을 사용할 경우 이들의 상관관계를 다음과 같이 축소할 수 있다.

$$C_{Dj}=C_D\left(\frac{V_j^2/2g}{E_j}\right) \tag{3.24}$$

반드시 초기에 이 함수를 실험으로 결정하여야 하고, 전산기 프로그램 서부루틴에서 보간

할 수 있는 수치 곡선 적합 또는 자료 쌍으로서 그래프 또는 표와 같은 여러 방법으로 이 실험 결과를 요약할 수 있다. 예를 들어 Grace(1978)는 호놀루루 도시의 해양 방류에서 디퓨저 매니폴드 부분인 bell-mouth 포트를 통한 유동을 기술하는 자료를 적합시키는 실험식을 다음과 같이 인용하였으며 이 식은 $d_j/D_j < 0.1$일 때 유용하다. 그리고 Rawn(1960)은 벨-마우스(bell-mouth)와 날카로운-모서리 포트에 대한 도해적 곡선을 제시하였다.

$$C_D = 0.975\left(1 - \frac{V_j^2/2g}{E_j}\right)^{3/8} \tag{3.25}$$

메인배관의 점1과 점3 사이에 다음과 같은 에너지식을 작성할 수 있다.

$$-h_{j+1} + \frac{V_j^2}{2g} + \frac{p'_j}{\gamma} = -h_j + \frac{V_j^2}{2g} + \frac{p_j}{\gamma} + h_{Lj} \tag{3.26}$$

상기 식에서 배럴 내 유속은 동일하므로 속도수두 항은 삭제되고, 고도 항 h_j와 h_{j+1}은 사전에 알고 있거나 또는 0이 되고, 연산으로 포트 j에서의 압력항을 구할 수 있고, 달시-바하식을 이용하여 마지막 항 배럴에서의 마찰손실항을 계산할 수 있으므로 포트 $j+1$ 하류에서 압력수두항 p_j/γ을 계산할 수 있다. 이제 메인배관의 포트에서 발생하는 손실수두가 없는 것으로 가정하여도 정확도를 수용할 수 있는 것으로 가정하면 다음 식에 도달한다.

$$\frac{V_{j+1}^2}{2g} + \frac{p_{j+1}}{\gamma} = \frac{V_j^2}{2g} + \frac{p'_j}{\gamma} \tag{3.27}$$

상기 마지막 가정은 하류측 말단부로부터 처음 2개 또는 3개 포트에서는 의심스러울 수 있지만 이후부터는 매우 양호하고 약간은 보수적인 가정이 된다. 상기 식의 우변은 전체적으로 기저이다. p_{aj+1}를 결정할 수 있으므로 E_{j+1}은 기저가 되지만 식 3.27의 좌변의 두 항은 아직까지는 개별적으로 기저가 아니다. 결과적으로 식 3.24는 포트 $j+1$에서의 C_D를 구하기 위해 반드시 상류측 유속을 알아야 하는 것을 보여주므로 다음 절차를 진행한다. 만일 q_{j+1}를 알면 다음 식이 성립되고 이 식으로부터 V_{j+1}를 직접 구할 수 있다.

$$Q_{j+1} = Q_j + q_{j+1} \tag{3.28}$$

그러나 식 3.22로부터 q_j를 구하기 위해 $C_{D_{j+1}}$ 수치를 구할 필요가 있다. 다음과 같이 q_{j+1}의 최초 추정치로 해를 구하기 위한 방법을 반복한다.

$$q_{j+1} = C_{D_j} a_{j+1} (2gE_{j+1})^{1/2} \qquad (3.29)$$

여기서 C_{D_j}는 $(V_{j+1}^2/2g)/E_{j+1}$ 대신 $(V_j^2/2g)/E_{j+1}$에 기초한다. 식 3.28로부터 Q_{j+1}를 구하고, Q_{j+1}로부터 V_{j+1}를 구하고, V_{j+1}에 기초하여 개선된 $C_{D_{j+1}}$수치를 구한다. 상기 연산은 거의 항상 1~2회의 반복으로 수렴하여 포트 $j+1$에서 정확한 C_D 수치를 제시하므로 이와 같은 연산 루틴을 각 포트에 적용한다.

매니폴드에 설치된 전체 포트에 대해 상기 연산과정을 반복 적용하면 최종적으로 매니폴드의 상류측 말단부에서의 전체수두를 구할 수 있다. 연산결과와 같이 매니폴드가 동작하기 위해서는 반드시 이보다 큰 수두가 매니폴드에 공급되어야 한다. 통상적인 매니폴드 설계 목표는 매니폴드의 전체수두를 저수지 수두 또는 펌프장으로부터의 수두와 일치시키는 것이고, 연산된 전체수두는 목표 수두와는 거의 일치하지 않는다. 이와 같은 차이를 다시 완화시키기 위해 사용할 수 있는 두 방법은 예제 3.1에서 증명한 것과 같이 전체 연산 절차에서 유량 또는 속도는 수두의 제곱근에 비례하고, 모든 유량은 비례적으로 축척이 가능하다는 사실을 알고 있으므로 다음 식을 적용할 수 있다.

$$Q_{true} = Q_{est}\left[\frac{H_{true}}{H_{est}}\right]^{1/2} \qquad (3.30)$$

여기서 H_{true}는 원하는 목표 수두, Q_{est}와 H_{est}는 추정된 유량과 수두로서 연산 결과이고, Q_{true}는 원하는 수두를 제공하는 유량이다. 단순하지만 아직도 유효한 두 번째 방법은 이전 시도에서 놓친 목표 수두 크기에 비례하여 포트 1에서의 당초 수두를 단순히 낮추거나 높인 후 전산기 프로그램과 함께 문제로 되돌아가는 것이다. 목표 수두가 수용할 수 있는 정확도에 도달할 때까지 이와 같은 조정을 계속한다.

여러 개인과 집단은 이와 같은 연산절차를 수행하는 전산기 프로그램을 개발하여 왔으며 Grace(1978)는 이와 같은 전형적인 연구의 결과물인 일련의 그래프를 제시한다. 즉, 이 그래프는 양호한 설계로 얻을 수 있는 각 포트 유량의 변화는 상대적으로 작은 것을 보여준다.

CHAPTER 04

관망해석

4.1 소개

본 장에서는 관망의 정상류해석에 대해 기술한다. 관망의 제반 물리적 특성은 기저(known)이므로 관망해석은 각 배관유량과 절점수두 또는 압력을 결정하기 위한 시도라고 정의할 수 있다. 따라서 본 장에서는 저수지, 펌프, 감압밸브 및 다른 부속설비가 설치된 모든 배관의 직경, 길이, 조도는 기지가 되며 이러한 부속설비가 수리시스템에 어떻게 영향을 미치는지 명시된다.

관망설계는 배관 직경, 펌프용량, 저수지 수위 등을 현명하게 결정하기 위한 시도로서 구하고자 하는 미지 변수에 의해 관망해석과 다르다. 관망설계는 관망해석보다 좀 더 도전적이라 말할 수 있으며 통상적으로 관망설계는 관망해석보다 대규모 공식시스템을 동시에 해결할 필요가 있다. 알고 있는 물리적 특성으로 구성된 대규모 관망을 해석하기 위해 필요한 이론을 철저히 이해하여야 관망설계를 이해할 수 있으며 제5장에서 관망설계에 대해 기술하며 본 장에서는 직접적인 기술은 피한다.

작은 도시의 급수관망도 상당히 커지게 되며 이 경우 관망해석은 상당히 복잡한 수학 문제를 해결하는 과정이 될 수 있다. 전체 식 중 상당 부분은 비선형식이며 이 식을 동시에 해결하여야 한다. 전산기가 기술분야에서 본격적으로 사용되기 전에는 관망해석은 거의 불가능하였고 결과적으로 현존하는 많은 급수관망은 다양한 수요량의 조합에 대응하여 관망에서 형성되는 압력과 유량을 상세하게 해석하지 않고 주로 기술자의 판단에 의존하여 시간과 함께 발전하여 왔다. 전산기를 사용하여 이와 같은 대규모 관망을 용이하게 해석할 수 있으며, 최근에는 많은 지자체와 용수공급자는 전산해석 결과를 통해 관망을 상세히 해석할 수 있으므로 전산해석결과를 이해하는 것은 매우 중요하다. 전산해색결과에 대한 이해를 돕기 위해 관망의 각 배관유량과 각 절점 압력을 서로 관련시키는 공식을 구체화시키는 기본원리부터 기술한다.

관망해석에 있어 제1장에서 기술한 (1)질량보존법칙 또는 연속법칙, (2)일-에너지법칙, (3)유체마찰과 에너지손실의 관계와 같은 유체기계의 기본원리가 매우 중요하다. 본장의 목적은 이러한 개념을 효과적으로 채택하여 대규모 관망을 식으로 정확하게 기술하고, 이 식을 효율적으로 동시에 해결하는 것이다. 관망의 정상류를 해석하기 위해 사용된 가장 오래된 식은 1936년 구조공학의 모멘트 분산 해석에 사용되었던 하디 크로스(Hardy Cross)식이다. 1960년 후반 전산기가 사용되기 전까지 이 방법은 계산기를 사용하여 해결하기 적합하기 때문에 많이 사용되었고 그 후 대부분 초기 전산기 소프트웨어의 기본 알고리즘으로 사용되었으나 펌프 및 다른 장치가 설치된 대규모 관망에서 수렴 문제가 발생하여 더 이상 사용되지 않는다. 지난 40년 동안 전산기를 사용하여 뉴튼법으로 비선형식을 더욱 우수하게 해결하는 것으로 증명되었고 이제는 2500개 이상의 배관으로 구성된 관망도 성공적으로 해석할 수 있다.

4.1.1 적정 관망 정의

관망 고찰의 첫 번째 단계는 관망 정의시 중요한 특징을 결정하고 그 특징을 유지하는 것이다. 대규모 배수관망 해석시 통상적으로 모든 배관이 포함되는 것이 아니고 다음과 같은 형식을 취할 수 있는 개략화(skeletonization) 개념을 사용한다.

1. 최종 수요자와 연결되는 연결점 모두를 별개의 절점 또는 접합점으로 간주하지 않고 1개의 도로 블록 또는 세분화된 블록에 분산된 모든 수요를 하나의 절점(node)으로 일괄 처리할 수 있다.
2. 공급원으로부터 수요지역까지 공급되는 물을 수송하는 주 송수시스템만을 고려한다.
3. 관망의 적정 운영에 중요한 역할을 수행하는 수 개의 배관과 이에 부속된 장치만을 고려한다.

관망 고찰시 상기 개략화 형식 중 하나 또는 모두를 포함할 수 있다. 즉, 초기 사전 연구시 개략화 형식 (3)으로 시작하고, 후속적으로 증명차원 또는 구성요소의 조정차원에서 더욱 완벽하게 해석하기 위해 형식 (1)로 진행할 수 있다. 이러한 해석결과를 얻은 후 도시 블록 또는 대규모 수용가 또는 공장과 같은 주 수요자의 구역 내 관망을 집중적으로 연구하는 것이 바람직하다. 따라서 통상적으로 개략화된 전체 배수 관망, 큰 빌딩 또는 골프장 내 배수 관망을 더욱 상세하게 해석할 수 있다. 빌딩 내 관망을 해석하면 어느 정도 신뢰성을 갖고 대규모 관망이 공급하는 빌딩 외부 압력을 명시할 수 있다. 생략하여야 할 배관을 결정하는 명확한 법칙은 없지만 이와 같은 결정은 숙련된 기술자의 판단에 의존하며 때로는 이러한 결정을 "예술"이라 부른다. 다른 개략화 수준의 해석결과로부터 얻는 직관력은 다음 해석 단계에서 포함시켜야 할 배관을 알려준다. 전산기를 이용하면 사람의 이해력으로 불가능한 수천개 이상의 배관으로 구성된 관망의 성능을 개선하고 비용을 저감하기 위해 변경시켜야 할 요소를 상세하게 구체화시켜 결정할 수 있다.

관망 문제를 정의할 때 또 다른 중요한 부분은 어떤 수요량을 명시할지를 결정하는 것이다. 현존하는 관망의 수요는 물 사용량 또는 요금 고지서로부터 구할 수 있다. 현존하는 관망에서도 1일 또는 격일 동안 수요변화를 완벽하게 기술하기에 자료가 충분한 경우가 드물다. 관망의 1일 최대수요시간부터 최소수요시간(새벽 2~3시)까지의 수요 범위 동안 해석이 필요하다. 평균 수요량 이상의 기간 동안 탱크는 부분적으로 고갈되지만 수요량이 적을 때 이 탱크의 체적손실은 보충되어야 한다. 통상적으로 50년 수명을 고려하여 용수공급시스템을 설계하므로 적정한 미래성장과 수요증가를 고려하여 전체 수요량을 명시하여야 한다. 신규로 관망을 설계할 때는 유사한 도시와 비교하여 수요량을 예측하여야 한다. 명시된 시간에 명시된 수요량을 공급하도록 관망을 설계하여야 한다면 적정 수요량 결정은 문제가 되지 않는다. 따라서 관망해석시 가장 적정한 관망문제를 정의하기 위해서는 숙련된 기술자의 올바른 판단이 필요하다.

관망해석을 실시하여 하나 이상의 적정한 해결책을 얻은 후 다음 단계에서는 수학적으로 관망 해결책의 적정성을 증명하고 현장에서 측정하여 실제 관망과의 일치여부를 증명하여야 하며 이러한 절차를 관망증명이라 한다. 만일 상당한 불일치가 발생하면 원인을 규명하여야 하며 이 원인은 ①실제 관망에서 밸브가 폐쇄 또는 교축되어 있지는 않은지, ②실제 관망 내 상당한 누수가 발생하는 지, ③개략화 과정에서 실제로 많은 유량을 수송하는 배관을 배제하지 않았는지 등이 될 수 있다. 실제 관망의 운영결과와 해석결과가 일치될 때까지 상기 외 다른 가능성에 대해 조사하여야 한다.

다양한 수요량 수준에서 관망을 해석하면 다음과 같은 정상적이지 않거나 불충분한 성능을 확인할 수 있다.

1. 특정 절점에서 압력이 너무 낮다
2. 특정 절점에서 압력이 너무 높다(펌핑하는 경우 동력이 필요 이상으로 소모되기 때문에 압력이 과도하게 높으면 비용 낭비는 물론 배관이 빈번하게 파괴되고, 설비 대체가 필요하다)
3. 유량이 충분하지 않거나 압력이 너무 낮아 소방용수와 같은 비상 수요량을 만족시킬 수 없다.
4. 펌프가 최고 효율점 인근에서 운영되지 않는다.
5. 일부 물 저장시설은 항상 만수위를 유지하거나 월류하는 반면 다른 저장시설은 항상 고갈된다. 이 경우 저장시설의 규격이 과소 또는 과대하게 설계되었는지 그리고 최상의 고도에 위치하는지 검토하여야 한다. 물 저장시설이 설계용량 근처에서 성능을 발휘하지 않으면 비용/편익 비가 너무 크게 된다.
6. 감압밸브 또는 배압밸브(back pressure valve)가 동작하지 않거나 개방되어 있다. 이 경우 이 밸브가 필요하지 않을 수 있으며 이와 관련된 배관을 제거 또는 추가하여야 한다.
7. 고비용의 공급원으로부터의 과도한 공급 등

상기와 같은 비효율적인 요소를 확인하면 다음 단계에서는 관망의 성능을 개선하기 위한 가장 경제적이면서 최상의 해결수단을 결정하여야 한다. 이러한 결정을 하기 위해서 전문가의 올바른 판단이 필요하지만 관련된 정보 없이는 올바른 판단을 할 수 없으므로 기술자는 반드시 관망을 이해하여야 한다. 제5장에서는 이러한 평가과정을 구체적으로 도울 수 있는 민감도해석(sensitivity analysis)에 대해 기술한다.

이제부터 관망 내부 각 배관에서의 손실수두를 지수식 $h_f = KQ^n$으로 표현하면 제1장에서의 달시-바하식, 하젠-윌리엄식 또는 만닝식의 사용여부와 관계없이 K와 n의 수치가 변화하는 유량 함수로 손실수두를 나타낼 수 있다.

4.1.2 관망 요소의 기본 관계

관망해석시 사용하는 두 기본원리는 (1)질량보전법칙 또는 연속법칙, (2)배관유량과 손실수두의 관계를 정의하는 달시-바하 또는 하젠-윌리엄식을 포함한 일과 에너지법칙이다. 연속법칙으로부터 전개된 식을 접합부 연속식이라 부르며 일과 에너지법칙에 근거한 식을 에너지루프식이라 부른다. 공식시스템을 구성하는 상기 식의 숫자는 분지관과 루프관망에서 형성되는 루프 숫자와 절점 숫자의 기본적인 관계와 직접 관련된다. 이러한 관계를 정의할 때 NP는 관망 내 배관 숫자, NJ는 관망 내 접합부 숫자, NL은 독립식으로 작성할 수 있는 루프 숫자를 나타낸다. 공급원은 에너지구배선 또는 수력구배선을 형성하는 하나의 점인 반면 접합부 또는 절점은 둘 이상의 배관이 연결되는 점이다. 따라서 한 배관이 하나의 절점에 연결된 특이한 경우인 사수(dead end) 배관의 종점에 위치하는 절점 또는 공급원은 접합부 정의에 따라 접합부 또는 절점으로 간주하지 않는다. 분지관망에서는 한 배관 말단부에 접합부로 간주되지 않는 저수지가 있으면 $NP = NJ$이 되고, 없으면 절점 숫자는 항상 배관의 숫자보다 1이 크므로 $NJ = NP + 1$이 된다.

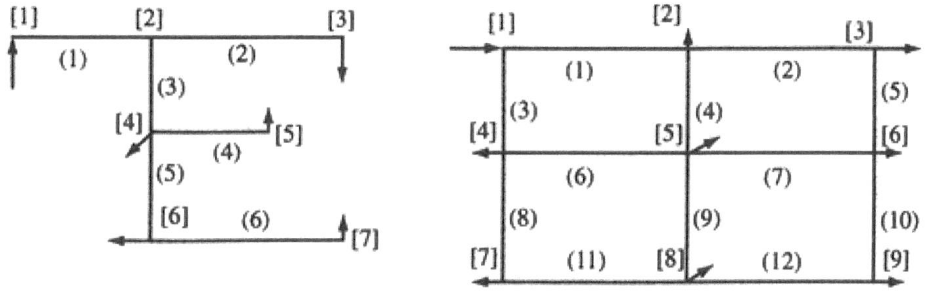

그림 4.1 (a) 6-배관, 7-절점으로 구성된 분지관로, (b)12-배관, 9-절점으로 구성된 루프

그림 4.1a와 4.1b는 소규모 분지관망과 루프관망을 보여준다. 그림 4.1a의 분지관망에서 절점 숫자는 배관 숫자보다 큰 반면 그림 4.1b의 루프관망에서는 배관 숫자가 절점 숫자보다 크다. 공급원이 2개 이상인 루프관망에서는 독립적으로 작성할 수 있는 에너지루프식 숫자는 다음과 같다.

$$NL = NP - NJ \tag{4.1}$$

공급원이 1개 이하인 루프관망에서는 독립적으로 작성할 수 있는 에너지루프식 숫자는 다음과 같다.

$$NL = NP - NJ + 1 \tag{4.2}$$

만일 관망이 1개의 공급원으로 구성되고, 다른 모든 절점에서의 수요량을 더하여 이 공급원의 유량을 결정할 수 있으면 이 공급원의 유량은 (+)가 되며 이 공급원을 절점으로 간주한다.

그림 4.1a와 4.1b가 여기에 해당되며 식 4.2를 적용하면 에너지루프 숫자는 분지관망의 경우 $NL = 6 - 7 + 1 = 0$, 루프관망의 경우 $NL = 12 - 9 + 1 = 4$가 되는 것을 알 수 있다. 실제로 모든 관망은 최소 하나의 공급원을 가져야 하지만 때로는 이 공급원의 유량은 기저가 되어 공급원은 (+) 유량(즉, 유량은 이 접합부로 유입된다)으로 대체되기 때문에 나타나지 않는다. 이러한 절차를 수행하면 각 절점에서 수력구배선 HGL 또는 압력을 명시하여 다른 절점에서의 HGL을 결정하여야 한다.

한 공급원에서 시작하여 다른 공급원에서 끝나는 에너지루프를 가상루프(pseudo loop)라 부르며 가상루프는 시작 절점에서 끝나지 않는다. NL에 포함된 가상루프의 숫자는 공급원 숫자보다 1이 작다. 가상루프 형성시 모든 공급원은 가상루프의 종점에 위치하여야 한다. 통상적으로 독립식 전개에 필요한 것 보다 많은 잉여루프 형성이 가능하다. 새로운 루프 형성시 이 루프 내 배관이 선행 루프(prior loop)의 일부가 아닌 것을 확인하여 잉여루프를 방지할 수 있다. 감압밸브와 같은 특별한 장치의 경우 이러한 방법은 약간 변경되어야 하며 후에 기술한다.

4.2 관망 정상유동해석을 위한 공식시스템

관망 해석시 주된 미지변수의 이름을 따라 배관유량이 미지수인 경우 Q-공식, 절점에서의 HGL 고도 또는 수두 H가 미지수인 경우 H-공식, 수정유량 ΔQ가 미지수인 경우 ΔQ-공식을 전개할 수 있으며 이 3개 공식시스템을 상세히 검토한다.

4.2.1 Q-공식시스템

관망의 배관유량 해석은 연속법칙 그리고 일과 에너지법칙에 근거한다. 연속법칙을 만족시키기 위해 접합부로 유입되는 체적유량은 유출되는 체적유량과 동일하여야 한다. 따라서 NJ 접합부에서 다음 식을 얻을 수 있으며 여기서 $\sum Q_i$는 접합부 j에 연결된 모든 배관유량, QJ_j는 각 접합부 j에서 수요량이다.

$$\Sigma Q_i - QJ_j = 0 \tag{4.3}$$

두 번째로 만족시켜야 할 일과 에너지식은 실제루프와 가상루프에서 발생하는 손실수두를 합하여 얻을 수 있는 독립식이다. NL개 루프식은 실제루프 또는 가상루프에 따라 식 4.4a 또는 4.4b 형태가 된다.

$$\Sigma h_{fi} = 0 \tag{4.4a}$$

$$\Sigma h_{fi} = \triangle WS \tag{4.4b}$$

손실수두를 지수 형태로 표현하면 상기 식은 다음 형태가 된다.

$$\Sigma K_i Q_i^n = 0 \tag{4.5a}$$

$$\Sigma K_i Q_i^n = \triangle WS \tag{4.5b}$$

여기서 Σ은 루프를 형성하는 모든 배관을 포함한다. 에너지루프식 작성시 유동방향이 추정된 방향과 반대가 되면 두 방법으로 이를 표현할 수 있다. 첫 번쌔 방빕은 이 항의 전면 부호를 변경시켜 유동방향을 수정하는 것이고, 두 번째 방법은 프로그램으로 해결시 선호하는 방법으로 다음 식과 같다.

$$\Sigma K_i Q_i |Q_i|^{n-1} = 0 \tag{4.6a}$$

$$\Sigma K_i Q_i |Q_i|^{n-1} = \triangle WS \tag{4.6b}$$

Q-공식시스템 예를 들기 위해 그림 4.2의 5-배관과 4-절점으로 구성된 관망을 고려한다. 관망 내 모든 수요량을 더해 공급유량을 결정할 수 있으므로 이 공급원을 절점으로 간주하기 때문에 이 관망의 절점수는 4개이지만 독립적으로 작성할 수 있는 연속식은 $NJ = 4 - 1 = 3$이고, 식 4.2로부터 루프식은 $NL = 5 - 4 + 1 = 2$ 가 된다. 따라서 연속식을 절점 1, 2, 3에 적용하면 다음과 같으며 이 식에서 F_i의 i는 $F_i = 0$의 형태로 정리되는 식이다. 이러한 형태는 해당하는 절점 또는 배관을 정확히 명시하는 동시에 수학식과 수치 전개시 유용하다. 절점 4에서 연속식은 $Q_2 + Q_3 - Q_5 = 0$ 이지만 이 식은 부호를 제외하고 식 4.7의 3개 식의 합이기 때문에 독립식이 아니다.

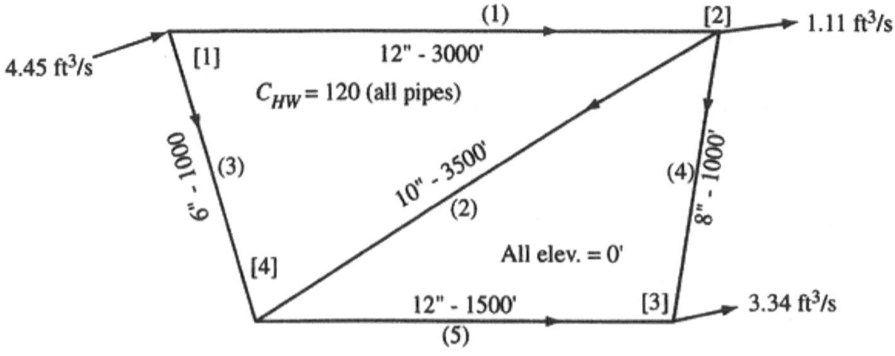

그림 4.2 5-배관과 4-절점으로 구성된 관망

$$
\begin{aligned}
F_1 &= -Q_1 - Q_3 + 4.45 = 0 \\
F_2 &= Q_1 - Q_2 - Q_4 - 1.11 = 0 \\
F_3 &= Q_4 + Q_5 - 3.34 = 0
\end{aligned}
\tag{4.7}
$$

이제 하젠-윌리엄 지수식을 사용하여 각 배관 내 손실수두를 정의하기 위해 식 2.18로부터 다음과 같이 K 계수를 구할 수 있다.

$$K_1 = 2.004,\ \ K_2 = 5.6803,\ \ K_3 = 1.852,\ \ K_4 = 4.8112,\ \ K_5 = 1.0018 \tag{4.8}$$

절점 1과 2로부터 시계 방향으로 출발한 루프 Ⅰ과 Ⅱ에 따라 다음 2개의 에너지루프식을 작성할 수 있으며 만일 추정한 유동방향이 이 루프방향과 반대이면 (-) 부호, 같으면 (+) 부호를 사용한다.

$$
\begin{aligned}
F_1 &= K_1 Q_1^{1.852} + K_2 Q_2^{1.852} - K_3 Q_3^{1.852} = 0 \\
F_2 &= K_4 Q_4^{1.852} - K_5 Q_5^{1.852} - K_2 Q_2^{1.852} = 0
\end{aligned}
\tag{4.9}
$$

식 4.8의 수치를 대입하면

$$
\begin{aligned}
F_1 &= 2.004\,Q_1^{1.852} + 5.6803\,Q_2^{1.852} - 19.5303\,Q_3^{1.852} = 0 \\
F_2 &= 4.8112\,Q_4^{1.852} - 1.0018\,Q_5^{1.852} - 5.6803\,Q_2^{1.852} = 0
\end{aligned}
\tag{4.10}
$$

유동방향이 확실하지 않을 때는 상기 식을 다음과 같이 작성할 수 있다.

$$F_1 = 2.004\,Q_1|Q_1|^{0.852} + 5.6803\,Q_2|Q_2|^{0.852} - 19.5303\,Q_3|Q_3|^{0.852} = 0$$
$$F_2 = 4.8112\,Q_4|Q_4|^{0.852} - 1.0018\,Q_5|Q_5|^{0.852} - 5.6803\,Q_2|Q_2|^{0.852} = 0 \tag{4.11}$$

식 4.7과 4.11의 5개 공식은 미지변수인 배관유량 Q로 구성되기 때문에 Q-공식이라 한다. Q 수치를 구하면 각 배관 내 손실수두를 구할 수 있고, 따라서 알고 있는 HGL에서 시작하여 지수식을 반복 적용하여 다른 절점에서 HGL을 구할 수 있다.

분지관망의 경우 절점이 항상 배관보다 하나 많기 때문에 Q-공식은 식 4.2로부터 $NL = 0$이 되므로 오직 접합부 연속식으로만 구성되며 전자계산기를 이용하여 각 배관유량을 결정할 수 있다. 유량을 구한 후 각 배관에서의 손실수두식으로부터 수두를 계산할 수 있으며 루프로 형성된 관망을 해결하는 방법은 후에 기술한다.

예제 4.1

다음 분지관망에서 지수식의 K와 n이 표와 같을 때 각 배관과 절점에서 유량과 압력을 구하라.

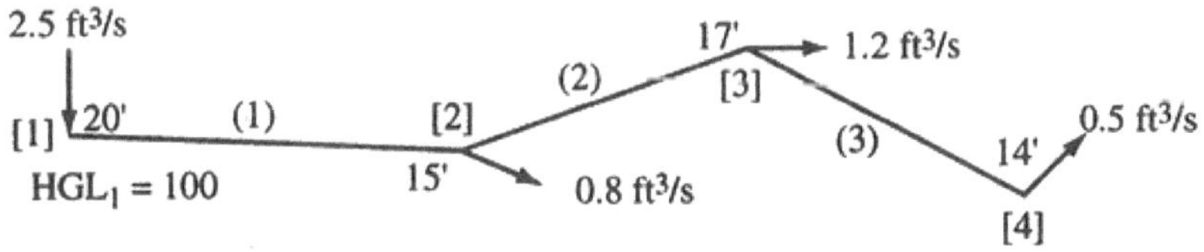

Pipe	K	n
1	3.772	1.944
2	5.730	1.926
3	16.290	1.889

해답

단순한 해결법

분지관망에서 유량을 구하는 가장 간단한 방법은 분지관의 하류측 말단부부터 시작하여 상류측으로 진행하면서 각 절점에서의 수요량을 더하면 각 배관유량을 쉽게 구할 수 있다.

$$Q_3 = 0.5ft^3/s, \quad Q_2 = 0.5 + 1.2 = 1.7ft^3/s, \quad Q_1 = 1.7 + 0.8 = 2.5ft^3/s$$

유량을 구한 후 HGL을 알고 있는 절점 1부터 시작하여 이 절점과 연결되는 배관 내 손실수두를 감하여 이 배관의 다른 절점에서의 HGL인 H를 결정할 수 있다. 모든 절점에서의 수두를 결정할 때까지 알고 있는 H 값으로부터 마찰손실수두 h_f를 감한다.

$$H_1 = 100ft$$

$$H_2 = 100 - 3.772 \times 2.5^{1.944} = 100 - 22.395 = 77.61ft$$

$$H_3 = 77.61 - 5.730 \times 1.7^{1.926} = 77.61 - 15.952 = 61.69ft$$

$$H_4 = 61.69 - 16.290 \times 0.5^{1.889} = 61.69 - 4.398 = 57.29ft$$

H에서 절점 고도 z를 감하고 비중량을 곱하면 압력 P가 되며 여기서 비중량과 압력의 관계는 $1ft = 0.433lb/in^2$가 된다.

$$P_1 = 100 \times 0.433 = 43.3lb/in^2$$

$$P_2 = 77.61 \times 0.433 = 33.6lb/in^2$$

$$P_3 = 61.69 \times 0.433 = 26.7lb/in^2$$

$$P_4 = 57.292 \times 0.433 = 24.8lb/in^2$$

행렬식을 사용한 해결법

상기 관망에서 Q–공식을 해결하기 위한 통상적인 방법은 절점 2~4에서 다음의 연속식을 작성한다. 연속식을 절점에 적용할 때 절점으로 유입되는 유량을 (+)로 유출되는 유량을 (−)로 또는 그 반대로 표현할 수 있으며 이러한 법칙의 일관성을 유지하여야 하며 본서에서는 유입 유량을 (+)로 유출 유량을 (−)로 표현한다.

$$\begin{aligned} F_1 &= Q_1 - Q_2 - 0.8 = 0 \\ F_2 &= Q_2 - Q_3 - 1.2 = 0 \\ F_3 &= Q_3 - 0.5 = 0 \end{aligned}$$

상기 3개 연립식을 아래와 같이 계수행렬, 미지벡터, 기저벡터로 구성된 행렬식으로 작성할 수 있다.

$$\begin{bmatrix} 1 & -1 & 0 \\ 0 & 1 & -1 \\ 0 & 0 & 1 \end{bmatrix} \begin{pmatrix} Q_1 \\ Q_2 \\ Q_3 \end{pmatrix} = \begin{pmatrix} 0.8 \\ 1.2 \\ 0.5 \end{pmatrix}$$

상기 행렬식은 매우 단순하므로 가우스소거법으로 쉽게 해를 구할 수 있지만 식 숫자가 증가하고, 식이 비선형인 경우에는 수계산의 한계에 도달한다. 다행스럽게도 최신 엑셀은 행렬식을 해결할 수 있는 도구를 제공한다. 본서의 많은 부분에서 이 도구를 활용하므로 독자는 부록 B에서 상세하게 기술한 이 도구를 철저하게 숙지할 것을 권장하며 이 도구를 이용한 상세한 계산과정은 엑셀 파일 Exam4_1을 참조한다.

예제 4.2

다음 관망에 대해 매개변수 K_i와 n_i를 사용하는 Q-공식을 전개하라.

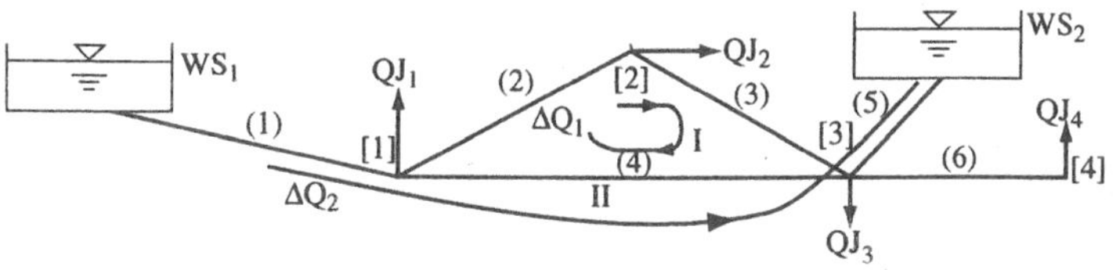

해답

단순한 해결법

다음과 같이 4개 절점에서 접합부 연속식을 전개할 수 있다.

$$F_1 = Q_1 - Q_2 - Q_4 - QJ_1 = 0$$

$$F_2 = Q_2 - Q_3 - QJ_2 = 0$$

$$F_3 = Q_3 + Q_4 + Q_5 - Q_6 - QJ_3 = 0$$

$$F_4 = Q_6 - QJ_4 = 0$$

6-배관, 4-절점, 2-공급원이므로 식 4.1로부터 $NL = 6 - 4 = 2$개의 에너지루프식을 다음과 같이 전개할 수 있으며 이 루프 중 하나는 실제루프이고 다른 하나는 공급원보다 1개가 적은 가상루프이다.

$$F_5 = K_2 Q_2^{n_2} + K_3 Q_3^{n_3} - K_4 Q_4^{n_4} = 0$$

$$F_6 = K_1 Q_1^{n_1} + K_4 Q_4^{n_4} - K_5 Q_5^{n_5} - WS_1 + WS_2 = 0$$

F_4는 $Q_6 = QJ_4$가 되므로 이 말단부를 관망에서 제거할 수 있으며 절점 3에서 수요는 $QJ_3 + QJ_4$로 대체된다. 이러한 절차로 진행하면 $NP = 5$, $NJ = 3$으로 감소되어 식 F_4는 필요 없게 되므로 제거할 수 있고 Q_6는 기저가 된다. 따라서 미지수와 식은 5개가 되므로 $Q_1 \sim Q_5$를 구할 수 있다. 이제 알고 있는 WS_2로부터 h_{f5}를 감하여 절점 3에서 H를 결정하고, H_3로부터 h_{f6}를 감하여 H_4를 구할 수 있으며 이와 같은 방법으로 모든 절점에서 H를 구한다.

4.2.2 H-공식시스템

구하고자 하는 관망의 수력구배선 HGL 또는 에너지구배선 EL이 미지수인 경우 H-공식 시스템을 전개하여야 한다. 각 접합부(공급원이 1개 이하인 경우 $NJ-1$ 접합부에서)에서 하나의 H-공식 작성된다. 루프관망의 접합부 숫자는 배관 숫자보다 적으므로 H-공식 숫자는 Q-공식 숫자보다 적다. 통상적으로 접합부 연속식인 Q-공식은 선형인 반면 H-공식은 비선형이다.

H-공식을 전개하기 위해 다음과 같이 유량을 지수식으로 표현하며 여기서 마찰손실수두 h_f를 상류절점과 하류절점 사이 HGL 차이로 대체할 수 있다. 이 식은 이중 아래첨자를 사용하며 첫 번째 아래첨자는 배관 상류 절점, 두 번째 아래첨자는 하류 절점을 나타낸다. 따라서 Q_{ij}와 H_{ij}는 절점 i로부터 j까지의 배관에서 유량과 수두를 나타낸다.

$$Q_{ij} = \left(\frac{h_{f_{ij}}}{K_{ij}}\right)^{1/n_{ij}} = \left[\frac{(H_i - H_j)}{K_{ij}}\right]^{1/n_{ij}} \tag{4.12}$$

식 4.12를 다음과 같이 다시 표현할 수 있으며 이 식에서 k는 배관 번호이다.

$$Q_k = \left(\frac{h_{f_k}}{K_k}\right)^{1/n_k} = \left[\frac{(H_i - H_j)}{K_k}\right]^{1/n_k} \tag{4.13}$$

식 4.13을 접합부 연속식 4.3에 대입하면

$$\sum\left\{\left[\frac{H_i - H_j}{K_{ij}}\right]^{1/n_{ij}}\right\}_{in} - \sum\left\{\left[\frac{H_j - H_i}{K_{ij}}\right]^{1/n_{ij}}\right\}_{out} - QJ_j = 0 \tag{4.14}$$

상기 식에서 $\sum$은 접합부 j로 유입 및 유출되는 모든 배관을 나타내며 부호를 자동으로 선정하려면 상기 식을 다음과 같이 작성한다.

$$\sum\left\{\left[\frac{H_i - H_j}{K_{ij}}\right]\left|\frac{H_i - H_j}{K_{ij}}\right|^{\frac{1}{n_{ij}}-1}\right\}_{in} - \sum\left\{\left[\frac{H_j - H_i}{K_{ij}}\right]\left|\frac{H_j - H_i}{K_{ij}}\right|^{\frac{1}{n_{ij}}-1}\right\}_{out} - QJ_j = 0 \tag{4.15}$$

절점의 HGL이 미지수인 H-공식을 적용하기 위해 그림 4.3의 3-배관, 3-절점으로 구성된 관망을 고려한다. 이 관망에서는 공급원이 하나이므로 독립적인 연속식을 작성할 수 있는 절점 수는 2개이고, 3개 접합부 중 한 접합부에서의 수두가 반드시 명시되어야 한다. 이 경우 저수지로부터 관망으로 연결된 배관 내 손실수두를 먼저 결정하고 이 수치를 저수지 수위로부터 감하여 절점 [1]에서 H_1를 결정한다.

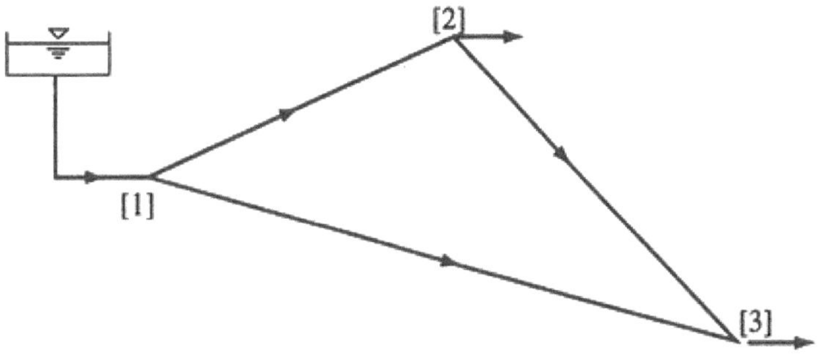

그림 4.3 3-배관과 3-절점으로 구성된 관망

접합부 1과 2에서의 2개의 연속식을 다음과 같이 작성할 수 있다.

$$\begin{aligned} &Q_{12} + Q_{13} - QJ_2 - QJ_3 = 0 \\ &Q_{12} - Q_{23} - QJ_2 = 0 \end{aligned} \tag{4.16}$$

상기 식을 식 4.14에 대입하면 다음과 같이 H_2와 H_3를 결정하기 위한 2개의 식을 얻을 수 있다.

$$\begin{aligned} &\left[\frac{(H_1 - H_2)}{K_{12}}\right]^{1/n_{12}} + \left[\frac{(H_1 - H_3)}{K_{13}}\right]^{1/n_{13}} - QJ_2 - QJ_3 = 0 \\ &\left[\frac{(H_1 - H_2)}{K_{12}}\right]^{1/n_{12}} - \left[\frac{(H_2 - H_3)}{K_{23}}\right]^{1/n_{23}} - QJ_2 = 0 \end{aligned} \tag{4.17}$$

음의 수치를 지수승하면 유동방향을 나타낼 수 없으므로 유동방향이 반대가 되는 모든 항의 앞에 (-) 부호를 붙여야 한다. 상기 식에서 H가 주된 미지수이기 때문에 이를 H-공식이라 부른다. 수두 H를 구한 후 식 4.13에 이를 대입하여 배관유량을 구할 수 있다.

예제 4.3

관망의 H-공식시스템을 작성하라.

해답

H-공식 작성시 오직 접합부 연속식만을 사용하고 각 Q_i를 상류측 절점을 아래첨자 u, 하류측 절점을 아래첨자 d를 사용하는$\left[(H_{ui}-H_{di})/K_i\right]^{1/n_i}$로 대체하면 예제 4.2의 관망에 대한 H-공식 시스템은 다음과 같다.

$$F_1=\left[\frac{(WS_1-H_1)}{K_1}\right]^{\frac{1}{n_1}}-\left[\frac{(H_1-H_2)}{K_2}\right]^{\frac{1}{n_2}}-\left[\frac{(H_1-H_3)}{K_4}\right]^{\frac{1}{n_4}}-QJ_1=0$$

$$F_2=\left[\frac{(H_1-H_2)}{K_2}\right]^{\frac{1}{n_2}}-\left[\frac{(H_2-H_3)}{K_3}\right]^{\frac{1}{n_3}}-QJ_2=0$$

$$F_3=\left[\frac{(H_2-H_3)}{K_3}\right]^{\frac{1}{n_3}}+\left[\frac{(H_1-H_3)}{K_4}\right]^{\frac{1}{n_4}}+\left[\frac{(WS_2-H_3)}{K_5}\right]^{\frac{1}{n_5}}-\left[\frac{(H_3-H_4)}{K_6}\right]^{\frac{1}{n_6}}-QJ_3=0$$

$$F_4=\left[\frac{(H_3-H_4)}{K_6}\right]^{\frac{1}{n_6}}-QJ_4=0$$

4.2.3 $\triangle Q$-공식시스템

통상적으로 관망의 $\triangle Q$-공식 숫자는 H-공식 숫자의 절반 정도이지만 $\triangle Q$-공식은 주로 비선형 항으로 구성되기 때문에 반드시 $\triangle Q$-공식이 좋은 것만은 아니다. $\triangle Q$-공식의 미지수는 수정유량 $\triangle Q$이며 이 $\triangle Q$는 관망 내 NL개 에너지루프식으로부터 결정되므로 NL개의 수정유량식을 전개하여야 한다. 이 식을 얻기 위해 관망 내 각 배관유량 Q_i을 Q_{oi}의 초기유량으로 대체하고 배관 i를 통해 순환하는 모든 미지의 초기수정유량 $\triangle Q$을 더한다.

$$Q_i=Q_{oi}+\sum\triangle Q_k \tag{4.18}$$

상기 식에서 $\sum$은 배관 i를 통과하는 모든 수정유량을 포함한다. 초기유량 Q_{oi}는 반드시 모든 접합부에서의 연속식을 만족시켜야 하며 이와 같은 유량설정은 어렵지 않다. 그러나 통상적으로 이 초기유량은 관망 루프 주변에 작성된 에너지식을 만족시키지 않는다.

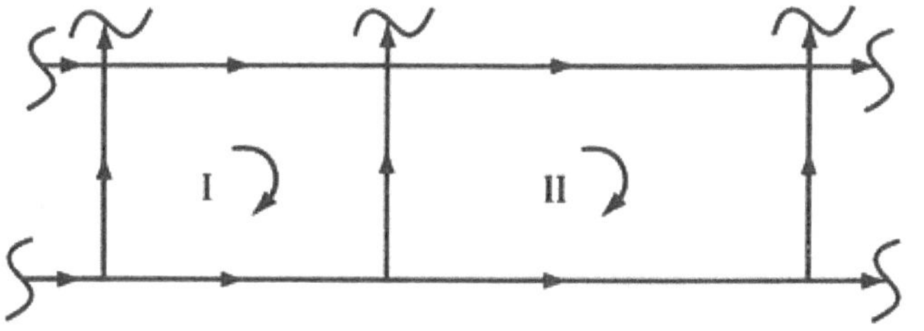

그림 4.4 2-루프로 구성된 관망

식 4.18은 접합부 연속식을 위배하지 않고 관망의 루프 내 각 배관에서 초기유량에 수정유량을 더할 수 있다는 사실에 기초한 것이다. 그림 4.4와 같이 루프 주변을 유동하여 접합부에 유입하는 ΔQ는 반드시 그 접합부에서 유출되어야 한다. 이러한 사실에 기초하여 각 초기유량 Q_{oi}에 수정유량 $\sum \Delta Q_k$을 더한 유량을 사용하는 관망 내 NL개 에너지루프식을 전개한다. 접합부 연속식은 초기유량 Q_{oi}에 의해 만족되지만 공식시스템의 일부는 아니다. 루프 주변을 순환하는 수정유량은 시계방향 또는 반시계방향에 따라 부호를 설정할 수 있다. 이러한 절차는 일관성이 있어야 하며 필요시 이 부호설정협약을 변경할 수 있다. 수정유량이 배관유량과 동일한 방향이면 초기유량에 수정유량을 더하고, 반대 방향이면 수정유량을 감하여야 한다.

ΔQ-공식을 구하는 방법을 요약하기 위해 에너지루프식 4.5a와 4.5b의 Q를 다음 식으로 대체한다.

$$Q_i = Q_{oi} \pm \sum \Delta Q_k \tag{4.19}$$

상기 식에서 $\sum$는 배관 i를 통과하는 모든 수정유량을 포함한다. 상기 식을 식 4.5a와 4.5b에 대입하면 다음과 같이 된다.

$$\sum K_i \left\{ Q_{oi} \pm \sum \Delta Q_k \right\}^{n_i} = 0 \qquad \text{(실제루프)} \tag{4.20a}$$

$$\sum K_i \left\{ Q_{oi} \pm \sum \Delta Q_k \right\}^{n_i} = \Delta WS \qquad \text{(가상루프)} \tag{4.20b}$$

부호를 자동으로 선정하려면 상기 식을 다음과 같이 작성할 수 있다.

$$\sum K_i \left\{ Q_{oi} \pm \sum \Delta Q_k \right\} \left| Q_{oi} \pm \sum \Delta Q_k \right|^{n_i - 1} = 0 \qquad \text{(실제루프)} \qquad 4.21a$$

$$\sum K_i \left\{ Q_{oi} \pm \sum \Delta Q_k \right\} \left| Q_{oi} \pm \sum \Delta Q_k \right|^{n_i - 1} = \Delta WS \qquad \text{(가상루프)} \qquad 4.21b$$

$\triangle Q$-공식시스템 전개를 예증하기 위해 그림 4.5의 관망을 고려한다. 이 관망을 해석하기 위해 Q-공식을 사용하면 공급원을 제외한 접합부 연속식 5개와 루프식 2개, 총 7개 식을 전개하여야 하고, H-공식을 사용하면 5개 절점에서 H를 구하기 위한 5개 식을 전개하여야 하며 이때 하나의 절점에서 수두는 반드시 기저가 되어야 한다. 그러나 이 관망 내 실제루프는 2개이므로 다음과 같이 2개의 $\triangle Q$-공식을 전개한 후 이를 해결하여 모든 Q와 H를 구할 수 있어 상대적으로 해결하여야 할 식이 적다.

$$\begin{aligned} F_1 &= K_1(Q_{o1} + \triangle Q_1)^{n_1} + K_2(Q_{o2} + \triangle Q_1 - \triangle Q_2)^{n_2} \\ &\quad - K_3(Q_{o3} - \triangle Q_1)^{n_3} - K_4(Q_{o4} - \triangle Q_1)^{n_4} = 0 \\ F_2 &= - K_5(Qo5 - \triangle Q_2)^{n_5} + K_6(Q_{o6} + \triangle Q_2)^{n_6} \\ &\quad + K_7(Q_{o7} + \triangle Q_2)^{n_7} - K_2(Q_{o2} + \triangle Q_1 - \triangle Q_2)^{n_2} = 0 \end{aligned} \tag{4.22}$$

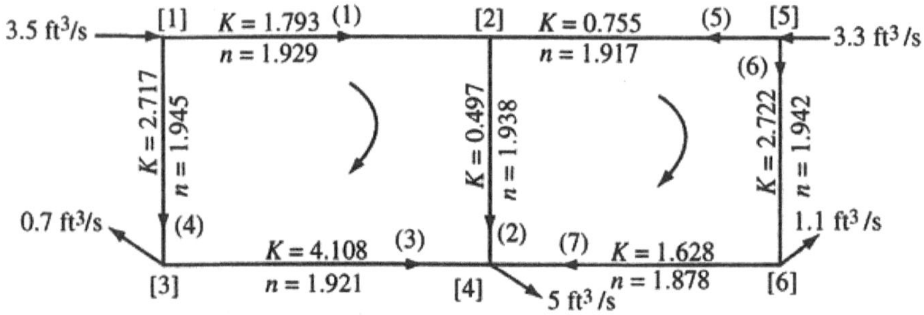

그림 4.5 7-배관과 6-절점으로 구성된 관망

모든 접합부 연속식을 만족시키는 초기 배관유량을 다음과 같이 추정한다.

$$Q_{o1} = 1.75ft^3/s,\ Q_{o2} = 3.55ft^3/s,\ Q_{o3} = 1.05ft^3/s,\ Q_{o4} = 1.75ft^3/s,$$

$$Q_{o5} = 1.8ft^3/s,\ Q_{o6} = 1.5ft^3/s,\ Q_{o7} = 0.4ft^3/s$$

상기 배관유량과 관망자료를 식 4.22에 대입하면 다음 두 식을 얻을 수 있으며, 이 식으로부터 미지수 $\triangle Q_1$과 $\triangle Q_2$를 구하면 배관유량에 이 수정유량을 더하여 각 배관유량을 쉽게 결정할 수 있고, 이 유량으로부터 각 관로 내 손실수두를 구하여 각 절점에서의 수두를 결정할 수 있다.

$$F_1 = 1.793(1.75 + \Delta Q_1)^{1.929} + 0.497(3.55 + \Delta Q_1 - \Delta Q_2)^{1.938}$$
$$- 4.108(1.05 - \Delta Q_1)^{1.921} - 2.717(1.75 - \Delta Q_1)^{1.945} = 0$$
$$F_2 = - 0.755(1.8 - \Delta Q_2)^{1.917} + 2.722(1.5 + \Delta Q_2)^{1.942}$$
$$+ 1.628(0.4 + \Delta Q_2)^{1.878} - 0.497(3.55 + \Delta Q_1 - \Delta Q_2)^{1.938} = 0 \quad (4.23)$$

상기 식은 비선형이므로 해를 구하는 것이 어렵지만 뉴튼법을 사용하면 쉽게 해를 구할 수 있으며 뉴튼법 사용방법에 대해서는 4.4절에서 자세히 기술한다.

예제 4.4

예제 4.2의 관망에 대해 ΔQ-공식시스템을 기술하라.

해답

ΔQ-공식은 에너지루프식에 근거하므로 예제 4.2의 F_5와 F_6 식의 각 유량 Q_i를 $Q_{oi} \pm \sum \Delta Q_k$로 대체하여 다음과 같이 ΔQ-공식을 구할 수 있다.

$$F_5 = K_2(Q_{o2} + \Delta Q_1)^{n_2} + K_3(Q_{o3} + \Delta Q_1)^{n_3} - K_4(Q_{o4} - \Delta Q_1 + \Delta Q_2)^{n_4}$$
$$= 0$$
$$F_6 = K_1(Q_{o1} + \Delta Q_2)^{n_1} + K_4(Q_{o4} - \Delta Q_1 + \Delta Q_2)^{n_4} - K_5(Q_{o5} - \Delta Q_2)^{n_5}$$
$$- WS_1 + WS_2 = 0$$

ΔQ-공식을 작성하면서 처음에는 모든 접합부에서 연속식을 만족시키는 Q_{oi} 수치를 추정하여야 한다. 여기에서 4개의 수요량이 모두 1.0이면 연속식을 만족시키기 위해 다음과 같이 초기유량을 설정할 수 있다.

$$Q_{o1} = 3,\ Q_{o2} = 1,\ Q_{o3} = 1,\ Q_{o4} = 1,\ Q_{o5} = 1\text{과 } Q_{o6} = 1$$

4.3 감압밸브 *PRV*와 배압밸브 *BPV*가 설치된 공식시스템

감압밸브 *PRV*(Pressure Reducing Valve)는 상류측 압력과 관계없이 하류측 압력을 일정하게 유지하도록 설계된다. 그러나 (1)상류측 압력이 밸브 설정압력보다 낮거나, (2)하류측 압력이 PRV 설정압력을 초과하여 상류측으로 역류할 경우에는 하류측 압력을 일정하게 유지할 수 없다. (1)의 경우 PRV는 부분손실을 발생하는 것 이외 유동 조건에 아무런 영향을 미치지 않으며 이러한 현상은 PRV가 설치된 상류측 관로에 관로 마찰손실보다 손실수두가 상당히 큰 글로브밸브가 설치된 경우 발생한다. (2)의 경우 PRV는 관로 내 역류를 방지하는 역지밸브 역할을 하지만 밸브 하류측 압력이 순간적으로 밸브설정압력을 초과하는 것은 허락한다. PRV는 이러한 방법으로 배수관망에서 수요량 변화에 대응하여 상류측으로부터 공급되는 압력을 제어하여 PRV 하류측에서의 과도한 압력 상승 또는 하강을 제어한다. PRV 하류측 대수용가의 정상적인 물 사용을 고려하여 PRV 압력을 설정한 경우 이 수용가가 물을 사용하지 않으면 PRV 하류측 압력이 과도하게 상승하며 압력이 설정된 압력으로 감소할 때까지 PRV는 역지밸브의 역할을 한다.

배압밸브 BPV(Back Pressure Valve)는 밸브 하류측 압력과 관계없이 상류측 압력을 일정하게 유지하도록 설계된다. PRV와 같이 BPV도 정상적인 운영모드에 예외가 있다. 만일 BPV 상류측 압력이 설정압력보다 작으면 BPV는 에너지 발생 기구가 아니기 때문에 설정압력을 유지할 수 없어 관로 내 유동이 정지된다. 만일 BPV를 통과하는 유동방향이 역전되면 BPV는 완전개방되어 손실장치의 역할을 한다. 관망의 높은 부분에서 충분한 압력을 유지하기 위해 펌프가 필요하지만 관망의 낮은 부분에서는 펌프가 필요 없는 경우 펌프를 설치하지 않고 관망의 고도가 높은 부분에서 압력이 너무 낮아지는 것을 방지하기 위해 BPV가 사용된다. BPV가 없으면 관망의 고도가 낮은 부분에 설치된 압력완화밸브(pressure relief valve)를 통해 유체가 유출되고 이 부근에서 과도하게 높은 압력이 발생할 수 있다.

PRV 또는 BPV가 설치된 관망의 거동을 기술하는 식은 이 밸브가 관망 전체에 걸쳐 유량과 압력에 미치는 영향을 설명할 수 있는 새로운 특징을 포함하여야 한다. 또한, 이 밸브가 설치된 관망해석시 올바른 운영 조건을(즉, PRV와 BPV가 정상적인 모드 또는 예외 모드로 운영되는지) 판단할 수 있는 기준이 필요하며 본 절에서는 이러한 기준에 대해 기술한다.

4.2절에서 기술한 3개 공식시스템 작성시 말단부 배관유량과 손실수두 또는 수두의 상관관계가 존재하는 것으로 가정하였으나 PRV 또는 BPV가 배관 내 존재하면 이와 같은 상관관계는 더 이상 성립되지 않는다. 따라서 PRV의 정상적인 운영모드에서는 PRV 하류측

에서 일정한 수두가 유지되므로 PRV는 저수지 역할을 하므로 통상적인 에너지루프에서는 PRV가 설치된 상류측 배관이 나타나지 않아야 한다. 또한, 운영모드와 관계없이 PRV가 설치된 배관의 상류측 배관유량은 하류측 배관유량과 동일하여야 한다. PRV를 포함하는 관망을 표현하는 공식시스템은 구하고자 하는 미지수에 따라 Q-공식, H-공식, $\triangle Q$-공식 시스템이 되며 다음 절에서 이 식을 기술한다.

4.3.1 Q-공식시스템

PRV가 설치된 관망에 대한 Q-공식 전개 절차는 다음과 같다. (1)PRV를 무시하고 통상적인 방법으로 접합부 연속식을 작성한다. (2)PRV를 관로 고도와 PRV에 작용하는 압력수두의 합인 HGL과 동일한 수위인 HGL_v 저수지로 대체한다. (3)최종적으로 이와 같이 수정된 관망의 루프에너지식을 작성하며 이 결과식은 PRV/BPV 운영모드를 표현한다.

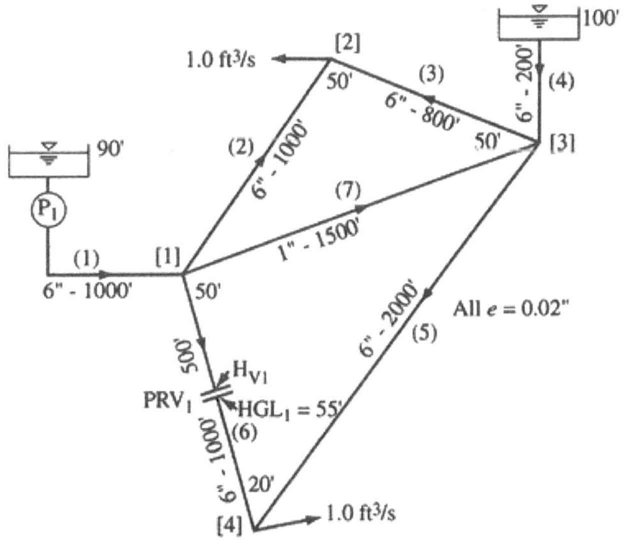

펌프운전점	1	2	3
$Q(ft^3/s)$	1.0	1.5	2.0
$H(ft)$	60	55	48

그림 4.6 7-배관, 4-절점으로 구성된 관망

PRV가 설치된 관망에 대한 Q-공식을 전개하기 위해 그림 4.6과 같이 7-배관과 4-절점으

로 구성된 관망에서 절점 [1]로부터 하류측으로 500ft 떨어진 배관 (6)에 PRV를 설치한다. PRV는 방향성 기구이므로 항상 PRV가 설치된 배관의 상류측과 하류측을 명시하여야 한다. 이 관망의 Q-공식은 4-접합부 연속식과 3개의 에너지루프식으로 구성된다. 이 관망에서 공급원이 2개이므로 다음과 같이 독립적인 4개 접합부 연속식을 작성할 수 있으며 이 연속식은 관망 내 PRV의 존재에 의해 영향을 받지 않는다.

$$
\begin{aligned}
F_1 &= Q_1 - Q_2 - Q_6 - Q_7 = 0 \\
F_2 &= Q_2 + Q_3 - 1.0 = 0 \\
F_3 &= - Q_3 + Q_4 - Q_5 + Q_7 = 0 \\
F_4 &= Q_5 + Q_6 - 1.0 = 0
\end{aligned}
\tag{4.24}
$$

다음은 그림 4.7과 같이 PRV가 설치된 상류측 배관을 제거하고 PRV의 설정압력과 동등한 $HGL_v = 55ft$의 저수지로 대체하여 관망을 수정한다.

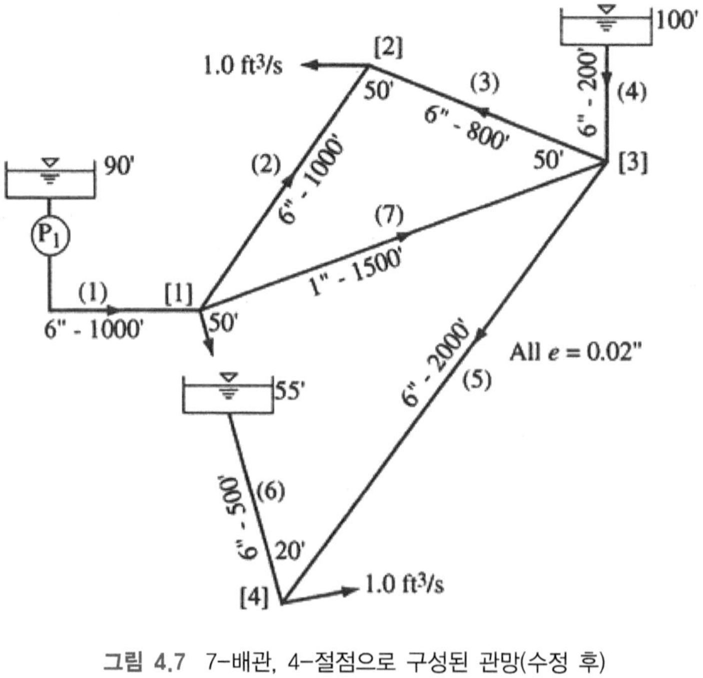

그림 4.7 7-배관, 4-절점으로 구성된 관망(수정 후)

이 수정된 관망에는 배관 2, 3, 7을 통과하는 실제루프 1개와 가상루프 2개가 존재한다. 공급원인 두 저수지가 배관 4, 7, 1로 연결되는 첫 번째 가상루프는 우측 상단 저수지에서 시작하여 공급펌프가 있는 다른 저수지에서 종료한다. 두 번째 가상루프는 PRV에 의해 생성된 인위적인 저수지로부터 다른 공급원 중(또는 관망 내 2개 이상의 PRV가 존재하면 다른 인위적인 저수지) 하나로 연결되어야 하며 가상루프의 가장 짧은 경로는 배관 4, 5, 6을 통과한다. 배관 6에서의 손실수두를 작성할 때 PRV 하류측 배관만을 사용하며 이와 같이 수정된 손실계수 $K^{'}$의 지수식을 사용한다. 새로운 계수 $K^{'}$은 아래 식과 같이 PRV를 포함하였던 당초 배관의 K 그리고 PRV 하류측 배관길이와 당초 배관길이의 비를 곱하여 구할 수 있으며 여기서 $K_6^{'} = K_6(500/1000) = 0.5K_6$가 된다.

$$K^{'} = K(L_d/L) \tag{4.25}$$

에너지식은 다음과 같다.

$$\begin{aligned} F_5 &= K_2 Q_2^{n_2} - K_3 Q_3^{n_3} - K_7 Q_7^{n_7} = 0(\text{실제루프}) \\ F_6 &= K_4 Q_4^{n_4} - K_7 Q_7^{n_7} - K_1 Q_1^{n_1} + h_{P1} - 100 + 90 = 0(\text{가상루프}) \\ F_7 &= K_4 Q_4^{n_4} + K_5 Q_5^{n_5} - K_6^{'} Q_6^{n_6} + 55 - 100 = 0(\text{가상루프}) \end{aligned} \tag{4.26}$$

펌프에 의해 형성된 수두 h_{P1}은 통상적으로 다음과 같은 2차식으로 정의할 수 있다.

$$h_{P1} = AQ_1^2 + BQ_1 + C \tag{4.27}$$

이제 7개 미지 유량 $Q_1 \sim Q_7$를 포함하는 7개의 독립식을 얻는다. 이 관망에서는 배관 6에 설치된 PRV에 의해 소실되었던 실제루프는 가상루프로 대체되었다. 이 관망해석결과를 고찰하면 PRV는 명시된 $HGL_v = 55ft$를 유지하고, 절점 [4]에서 $HGL_4 = 54.77ft$이기 때문에 정상적인 운영 모드에 있는 것을 알 수 있다. 본 관망의 상세한 해석과정은 4.4절을 학습한 후 예제 4.14와 엑셀 파일 EXAM4_14를 참조한다.

$$Q_6 = 0.03ft^3/s, \; HGL_v = 55ft, \; HGL_4 = 54.77ft$$

이 관망에서 PRV 하류측 압력 HGL_4가 HGL_v보다 크면 배관 6의 유량이 (-)가 되어 PRV는 역지밸브의 역할을 하여 배관 6의 유동은 정지되는 반면 PRV 직상류측 수위 HGL_V가 설정수위 HGL_{PRV1} 보다 낮으면 PRV가 완전개방되어 부분손실장치의 역할을 하기 때문에 이때는 PRV를 제거하는 것이 좋다. 따라서 관망해석시 전자의 경우 그림 4.7

의 관망에서 배관 6을 제거하여 6개의 배관으로 구성된 관망으로 변경하고 당초 식에서 배관 6을 생략하여 이와 같이 수정된 관망을 해석하여야 한다. 후자의 경우 HGL_1이 HGL_v보다 낮으면 PRV는 설정된 압력을 유지할 수 없으므로 PRV를 부분손실장치로 대체하여 관망 문제를 해결하여야 한다. 이러한 운영모드에서는 식 4.26의 F_7 가상루프식을 배관 5, 6, 7을 통과하는 실제루프식으로 대체하고 배관 6은 정상적인 PRV가 아닌 부분손실장치로서 완전개방된 PRV를 포함하게 된다.

BPV가 설치된 관망의 Q-공식시스템을 작성하기 위한 절차는 PRV를 포함한 관망에서와 같이 BPV의 존재를 무시하고 접합부에서 연속식을 작성하며 이 접합부 연속식은 BPV에 의해 영향을 받지 않는다. 이제 BPV 접속부를 인위적인 저수지로 대체하고 하류측 배관을 제거한 관망에 대해 에너지식을 작성한다.

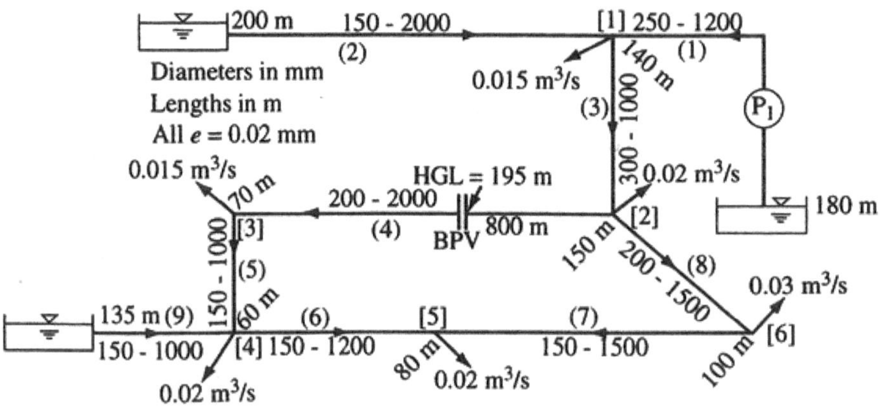

그림 4.8 9-배관과 6-절점으로 구성된 관망

그림 4.8과 같이 공급펌프 1대와 두 저수지로부터 공급되는 9-배관과 6-절점으로 구성된 관망에 대한 Q-공식시스템 작성 절차를 기술한다. 이 관망에서 BPV는 설치고도가 높아 압력이 낮으므로 BPV에서의 압력이 설정압력 이상일 때는 하류측으로 물이 공급되고 이하일 때는 유동을 차단하여 고도가 높은 상류측 관로 내 압력이 과도하게 낮아지지 않도록 설정압력을 유지한다. 이 관망에서 BPV가 없으면 중력으로 인해 물은 고도가 낮은 하류측으로 집중되어 배관 9의 말단부에 위치한 하부 저수지는 월류한다. 이 관망에서 6개 접합부 연속식은 다음과 같다.

$$\begin{aligned} F_1 &= Q_1 + Q_2 - Q_3 - 0.015 = 0 \\ F_2 &= Q_3 - Q_4 - Q_8 - 0.020 = 0 \\ F_3 &= Q_4 - Q_5 - 0.015 = 0 \\ F_4 &= Q_5 - Q_6 + Q_9 - 0.020 = 0 \\ F_5 &= Q_6 + Q_7 - 0.020 = 0 \\ F_6 &= Q_8 - Q_7 - 0.030 = 0 \end{aligned} \tag{4.28}$$

에너지루프를 전개하기 전에 그림 4.9와 같이 BPV를 설정압력과 동일한 수위를 갖는 인위적인 저수지로 대체하고 BPV 하류측 배관을 제거하면 식 4.1에 따라 $NL = 9 - 6 = 3$ 이 되므로 3개의 루프가 필요하다. 이 루프는 모두 가상루프로서 루프 1은 배관 1과 2로 구성되고, 루프 2는 배관 1, 3, 4(BPV가 설치된 상류측 부분)로 구성되고, 루프 3은 배관 9, 6, 7, 8, 4(BPV가 설치된 상류측 부분)로 구성된다. BPV는 밸브 직상류측의 압력으로 설정되기 때문에 배관 9, 5, 4(BPV가 설치된 하류측 부분)로 구성되는 루프를 작성하는 것은 올바르지 않나.

$$\begin{aligned} F_7 &= K_1 Q_1^{n_1} - K_2 Q_2^{n_2} - h_{P1} - 180 + 200 = 0 \\ F_8 &= K_1 Q_1^{n_1} + K_3 Q_3^{n_3} + K_4' Q_4^{n_4} - h_{P1} - 180 + 195 = 0 \\ F_9 &= K_9 Q_9^{n_9} + K_6 Q_6^{n_6} - K_7 Q_7^{n_7} - K_8 Q_8^{n_8} + K_4' Q_4^{n_4} - 135 + 195 = 0 \end{aligned} \tag{4.29}$$

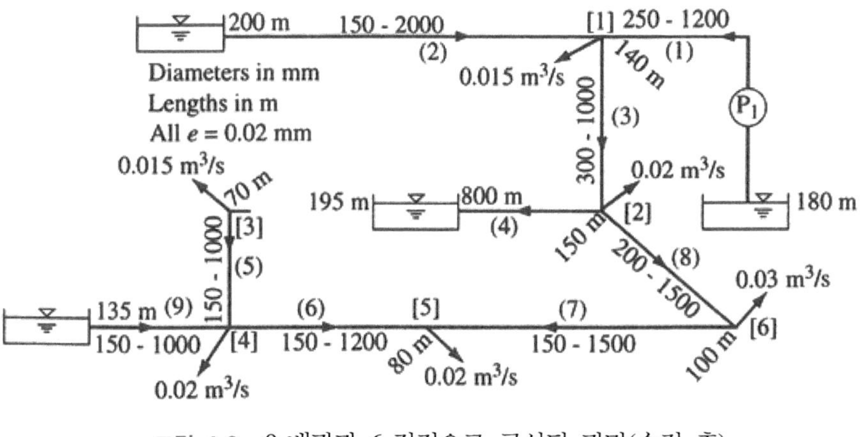

그림 4.9 9-배관과 6-절점으로 구성된 관망(수정 후)

이 관망해석결과인 표 4.1로부터 $HGL_2 = 195m$이고, $HGL_3 = 127.78m$이므로 BPV에서 손실수두 67.22m가 발생하는 것을 알 수 있다. 표 4.1의 배관자료의 손실수두를 고려하여 절점에서의 HGL을 증명할 가치가 있으며, BPV가 정상적으로 작동할 때 관망의 압력과 유량에 미치는 영향을 이해할 수 있다. 만일 배관 4의 유량이 (-)가 되면 BPV 하류측 수위 H_v가 HGL_v보다 커지고 밸브는 완전개방된다. 이 경우 BPV가 불필요한 상황이기 때문에 BPV를 부분손실장치로 대체하고 이 수정된 관망 문제를 고찰하여야 한다. BPV 상류측 절점 2에서의 HGL_2가 HGL_v인 195m 보다 적게 되면 상류측 수위를 HGL_v로 유지하기 위해 BPV는 완전 폐쇄되어 하류측 유동이 차단된다.

이제 BPV가 설치된 배관을 제거한 후 이와 같이 수정된 관망에 대한 식을 이용하여 문제를 해결할 수 있다. 이때에도 BPV가 설정 압력을 유지할 수 없으면 BPV가 설치된 배관을 통한 유동은 정지한다.

표 4.1 9-배관과 6-절점 관망의 배관자료와 절점자료

PIPE NO.	NODES		$L(m)$	$D(\text{mm})$	$e(\text{mm})$	$Q(m^3/s)$	$V(m/s)$	$h_f(m)$	$h_f/1000$
	FROM	TO							
1	0	1	1200	250	0.02	0.1022	2.09	15.57	12.98
2	0	1	2000	150	0.02	0.0035	0.21	0.68	0.34
3	1	2	1000	300	0.02	0.0907	1.29	4.26	4.26
4	2	3	2000	300	0.02	0.0032	0.08	0.06	0.03
5	4	3	1000	150	0.02	-0.0118	0.52	2.99	2.99
6	5	4	1200	150	0.02	-0.0175	0.86	3.67	3.06
7	6	5	1500	150	0.02	0.0375	2.00	37.29	24.86
8	2	6	1500	200	0.02	0.0685	2.08	26.99	17.99
9	0	4	1000	150	0.02	0.0143	0.79	4.23	4.23

NODE	QJ		$EL(m)$	$HEAD(m)$	$P(kPa)$	$HGL(m)$
	m^3/s	ft^3/s				
1	0.015	0.53	140.0	59.32	581.30	199.32
2	0.020	0.71	140.0	55.06	539.57	195.06
3	0.015	0.53	70.0	57.78	566.21	127.78
4	0.020	0.71	60.0	70.77	693.56	130.77
5	0.020	0.71	80.0	54.44	533.55	134.44
6	0.030	1.06	100.0	68.07	667.08	168.07

AVE. VEL. =1.10m/s, AVE. HL/1000=7.47, MAX. VEL.=2.09m/s, MIN. VEL.=0.08m/s

AVE. HEAD =61.79m, AVE. HGL = 160.13m

MAX. HEAD =70.97m, MIN. HEAD = 55.02m

4.3.2 H-공식시스템

본 절에서는 PRV와 BPV가 설치된 관망의 H-공식 작성 절차에 대해 기술한다. 첫 번째 절차에서는 정상적인 운영조건에서 HGL은 관망에 설치된 PRV 및 BPV와 같은 설비에 의해 결정되므로 저수지 수위와 동일하게 설정된 설비의 HGL_v 수치를 검토한다. 두 번째 절차에서는 PRV의 경우 PRV 직하류측에서의 HGL, BPV의 경우 BPV 직상류측에서의 HGL를 H_{vi}로 지정하며 여기서 i는 설비의 번호로서 첫 번째 PRV 또는 BPV에는 $i=1$, 두 번째는 $i=2$로 표기된다. 세 번째 절차에서는 상류측과 하류측 사이의 HGL 차이를 이용하는 통상적인 방법으로 접합부 연속식을 전개한다. 모든 식에서 유량을 $Q_k = \left[(H_i - H_j)/K_k\right]^{1/n_k}$ 형태의 수두로 대체한다. 최종적으로 각 PRV 및 BPV와 관련된 미지수가 추가로 도입되므로 각 장치에 대해 추가적인 연속식이 필요하다. 장치를 포함하는 배관의 상류측과 하류측 배관 길이에 비례한 손실수두로 표현하여 다음과 같은 추가식을 얻을 수 있다.

$$
\begin{aligned}
&(HGL_v - H_d)L_u - (H_u - H_{v1})L_d = 0 \qquad && PRV \\
&(H_u - HGL_v)L_d - (H_{v1} - H_d)L_u = 0 \qquad && BPV
\end{aligned}
\tag{4.30}
$$

상기 식에서 L_u와 L_d는 설비의 상류측과 하류측 배관길이이며, H_u와 H_d는 장치를 포함하는 배관의 상류측과 하류측 절점에서 HGL이다. PRV가 설치된 그림 4.6의 관망에 대한 H-공식 작성법을 예증하기 위해 그림 4.10과 같이 수정한다.

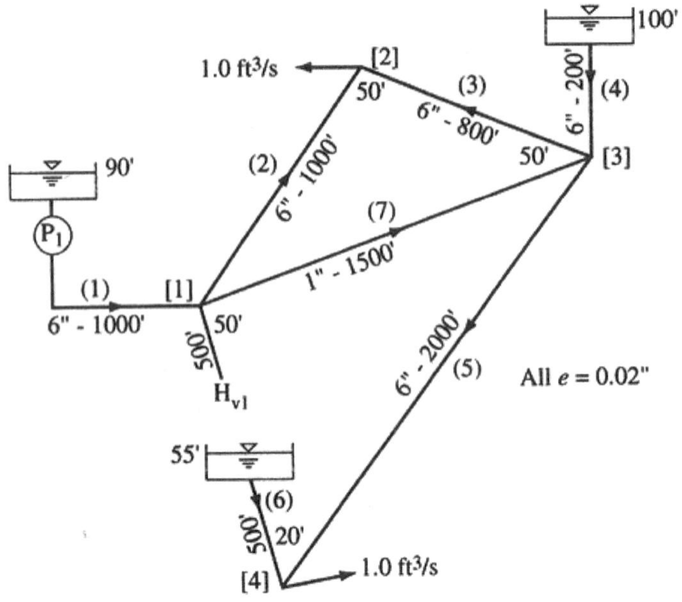

그림 4.10 *PRV*가 설치된 7-배관, 4-절점 관망(수정 후)

식 4.24와 4.30으로부터 상기 관망의 H-공식을 다음과 같이 전개할 수 있으며, 여기서 K_6''과 K_6'는 배관 6의 상류측과 하류측 계수이다.

$$\left\{\frac{(90+h_{p1}-H_1)}{K_1}\right\}^{\frac{1}{n_1}} - \left\{\frac{(H_1-H_2)}{K_2}\right\}^{\frac{1}{n_2}} - \left\{\frac{(H_1-H_{v1})}{K_6''}\right\}^{\frac{1}{n_6}} - \left\{\frac{(H_1-H_3)}{K_7}\right\}^{\frac{1}{n_7}} = 0$$

$$\left\{\frac{(H_1-H_2)}{K_2}\right\}^{\frac{1}{n_2}} + \left\{\frac{(H_3-H_2)}{K_3}\right\}^{\frac{1}{n_3}} - 1.0 = 0$$

$$-\left\{\frac{(H_3-H_2)}{K_3}\right\}^{\frac{1}{n_3}} + \left\{\frac{(100-H_3)}{K_4}\right\}^{\frac{1}{n_4}} - \left\{\frac{(H_3-H_4)}{K_5}\right\}^{\frac{1}{n_5}} + \left\{\frac{(H_1-H_3)}{K_7}\right\}^{\frac{1}{n_7}} = 0 \quad (4.31)$$

$$\left\{\frac{(H_3-H_4)}{K_5}\right\}^{\frac{1}{n_5}} + \left\{\frac{(HGL_1-H_4)}{K_6'}\right\}^{\frac{1}{n_6}} - 1.0 = 0$$

$$(HGL_1 - H_4)500 - (H_1 - H_{v1})500 = 0$$

*BPV*가 설치된 그림 4.8의 관망에 대해 H-공식을 전개하기 위해 그림 4.11과 같이 수정하고, 식 4.28과 4.30으로부터 이 관망의 H-공식을 다음과 같이 전개할 수 있다.

$$F_1 = \left\{\frac{(180 + h_{p1} - H_1)}{K_1}\right\}^{\frac{1}{n_1}} + \left\{\frac{(200 - H_1)}{K_2}\right\}^{\frac{1}{n_2}} - \left\{\frac{(H_1 - H_2)}{K_3}\right\}^{\frac{1}{n_3}} - 0.015 = 0$$

$$F_2 = \left\{\frac{(H_1 - H_2)}{K_3}\right\}^{\frac{1}{n_3}} - \left\{\frac{(H_2 - HGL_1)}{K_4''}\right\}^{\frac{1}{n_4}} - \left\{\frac{(H_2 - H_6)}{K_8}\right\}^{\frac{1}{n_8}} - 0.02 = 0$$

$$F_3 = \left\{\frac{(H_{v1} - H_3)}{K_4'}\right\}^{\frac{1}{n_4}} - \left\{\frac{(H_3 - H_4)}{K_5}\right\}^{\frac{1}{n_5}} - 0.015 = 0$$

$$F_4 = \left\{\frac{(H_3 - H_4)}{K_5}\right\}^{\frac{1}{n_5}} - \left\{\frac{(H_4 - H_5)}{K_6}\right\}^{\frac{1}{n_6}} + \left\{\frac{(135 - H_4)}{K_9}\right\}^{\frac{1}{n_9}} - 0.02 = 0 \qquad (4.32)$$

$$F_5 = \left\{\frac{(H_4 - H_5)}{K_6}\right\}^{\frac{1}{n_6}} + \left\{\frac{(H_6 - H_5)}{K_7}\right\}^{\frac{1}{n_7}} - 0.02 = 0$$

$$F_6 = \left\{\frac{(H_2 - H_6)}{K_8}\right\}^{\frac{1}{n_8}} - \left\{\frac{(H_6 - H_5)}{K_7}\right\}^{\frac{1}{n_7}} - 0.03 = 0$$

$$F_7 = (H_2 - HGL_1)1200 - (H_{v1} - H_3)800 = 0$$

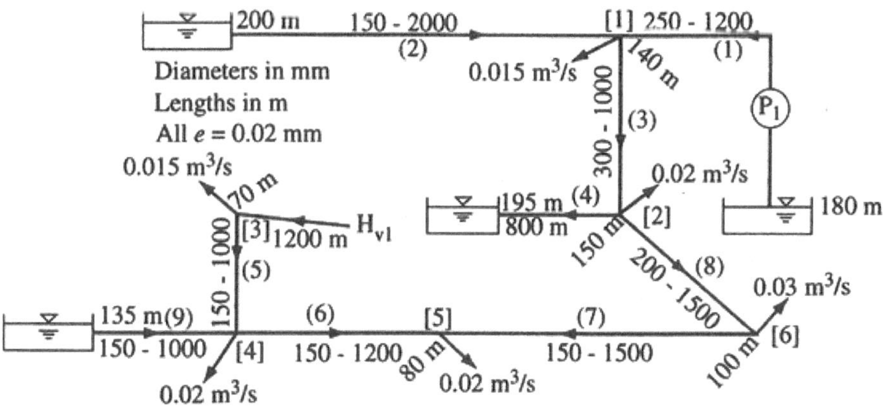

그림 4.11 7-배관과 6-절점으로 구성된 관망(수정 후)

4.3.3 ΔQ-공식시스템

본 절을 시작하면서 ΔQ-공식 작성시 사용한 기본개념을 재검토한다. 한 접합부로 유입 및 유출되는 초기유량 Q_{oi}가 연속식을 만족시키면 수정유량 ΔQ는 그 크기와 상관없이 루프 주변으로 유동할 수 있다. 이 수정유량을 주된 미지수로 간주할 수 있으며 ΔQ-공식을 해결하여 에너지루프식을 만족시키는 유량을 구할 수 있으므로 루프 내 Q-공식의 유량 Q_i를 $Q_{oi} \pm \sum \Delta Q_k$로 대체한다. 임의 ΔQ_k 수치에서도 접합부 연속식을 유효하게 유지하기 위해서 이 수정유량은 PRV 또는 BPV를 인위적인 저수지로 변환시키기 전에 형성된 루프 주변으로 순환하여야 한다. 따라서 이러한 방법으로 일련의 ΔQ 루프식과 에너지루프식 모두를 고려할 필요가 있다. 먼저 PRV 또는 BPV의 존재를 무시하고 당초 관망에 대해 ΔQ 루프를 전개하고, 이 장치를 인위적인 저수지로 대체하여 수정된 관망에 대해 에너지루프를 전개한다. 따라서 에너지루프는 관망에 존재하는 PRV 또는 BPV 숫자에 의해 ΔQ 루프보다 더 많은 가상루프를 포함하게 된다. 이 두 루프를 구별하기 위해 그림에서 수정유량루프를 ΔQ, 에너지루프를 로마 숫자로 나타낸다.

ΔQ-공식 전개를 예증하기 위해 그림 4.10의 PRV가 설치된 관망에 대한 수정유량루프와 에너지루프를 나타내면 그림 4.12와 같다. ΔQ 루프는 에너지루프와 다르다는 것을 강조하기 위해 배관 4, 3, 2, 1을 통과하도록 ΔQ_3를 선정한다. 더욱 효율적인 ΔQ 루프는 배관 숫자가 하나 적은 배관 4, 7, 1을 통과하는 것이지만 이는 에너지루프 Ⅱ와 일치한다.

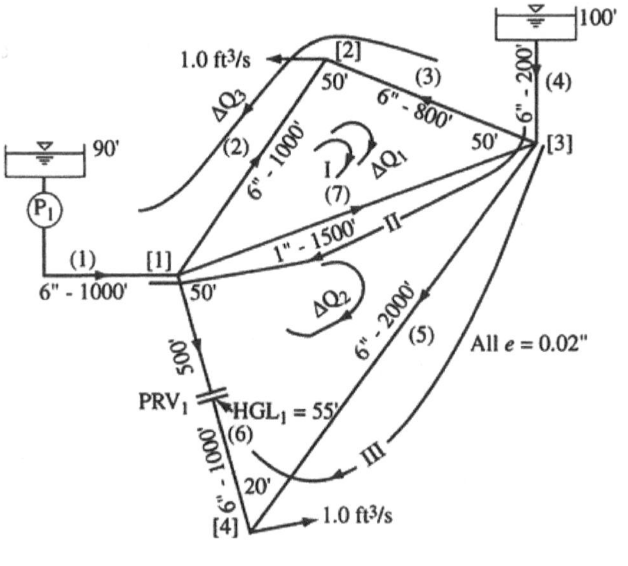

그림 4.12 ΔQ–공식을 위한 그림 4.6 관망(수정 후)

ΔQ-공식을 구하기 위해 Q-공식에서 작성한 에너지식의 Q_i를 $Q_{oi} \pm \sum \Delta Q_k$로 대체한다. 이때 ΔQ는 ΔQ 루프에 의해 정의된 것과 같이 배관 i를 통해 순환하여야 하며, $\sum$ 내

부 각 항의 앞에 있는 부호는 $\triangle Q$가 추정한 유량 Q_{oi}의 유동방향이 일치하면 (+), 반대이면 (-)가 된다. 그림 4.12 관망의 $\triangle Q$-공식은 식 4.26으로부터 다음과 같다.

$$\begin{aligned} F_1 &= K_2(Q_{o2}+\triangle Q_1-\triangle Q_3)^{n_2}-K_3(Q_{o3}-\triangle Q_1+\triangle Q_3)^{n_3} \\ &\qquad -K_7(Q_{o7}-\triangle Q_1+\triangle Q_2)^{n_7}=0 \\ F_2 &= K_4(Q_{o4}+\triangle Q_3)^{n_4}-K_7(Q_{o7}-\triangle Q_1+\triangle Q_2)^{n_7} \\ &\qquad -K_1(Q_{o1}-\triangle Q_3)^{n_1}+h_{P1}-10=0 \\ F_3 &= K_4(Q_{o4}+\triangle Q_3)^{n_4}+K_5(Q_{o5}+\triangle Q_2)^{n_5}-K_6'(Q_{o6}-\triangle Q_2)^{n_6}-45=0 \end{aligned} \tag{4.33}$$

상기 식의 각 Q_{oi}를 추정치로 대체하면 미지수 $\triangle Q_1$, $\triangle Q_2$, $\triangle Q_3$ 3개가 남는다. 접합부 연속식을 만족시키기 위해 초기유량을 $Q_{o1}=1.0$, $Q_{o2}=1.0$, $Q_{o3}=0$, $Q_{o4}=1.0$, $Q_{o5}=1.0$, $Q_{o6}=0$, $Q_{o7}=0$으로 설정한다. 최종적으로 펌프의 수두곡선을 유량함수의 2차식(필요시 선형 또는 고차식)으로 작성하면 다음과 같다.

$$h_{p1}=A(Q_{o1}-\triangle Q_3)^2+B(Q_{o1}-\triangle Q_3)+C \tag{4.34}$$

두 번째 $\triangle Q$-공식 전개를 예증하기 위해 BPV 1개가 설치된 그림 4.8의 관망을 재검토한다. 이 관망에 대해 그림 4.13과 같이 일련의 $\triangle Q$루프와 에너지루프를 전개할 수 있다.

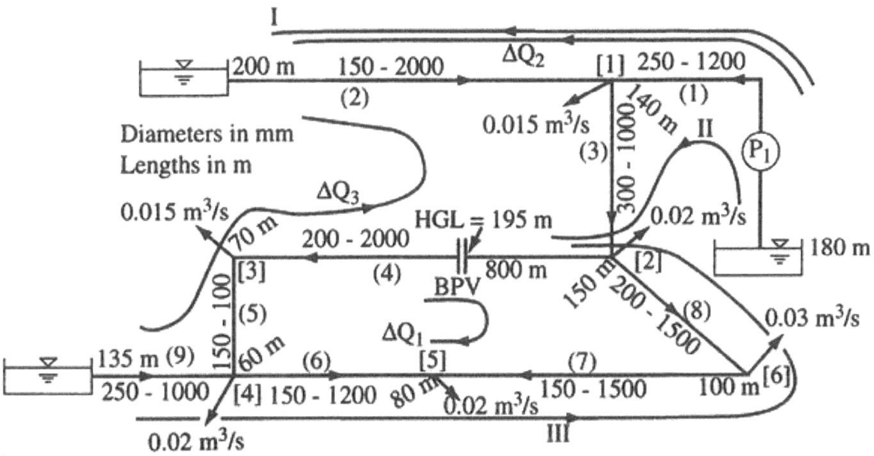

그림 4.13 $\triangle Q$-공식을 위한 그림 4.8 관망(수정 후)

$\triangle Q$ 루프는 관망에 있는 BPV 존재를 무시하지만 에너지루프에서는 BPV 인위적인 저수지로 대체하여 관망을 수정하여야 하며 이와 같이 수정된 관망에 대한 $\triangle Q$-공식은 식 4.29로부터 다음과 같다.

$$F_1 = K_1(Q_{o1} + \triangle Q_2)^{n_1} - K_2(Q_{o2} - \triangle Q_2 - \triangle Q_3)^{n_2} - h_{p1} + 20 = 0$$

$$F_2 = K_1(Q_{o1} + \triangle Q_2)^{n_1} + K_3(Q_{o3} - \triangle Q_3)^{n_3} - K_4^{'}(Q_{o4} - \triangle Q_1 - \triangle Q_3)^{n_4} - h_{p1} + 15 = 0 \qquad (4.35)$$

$$F_3 = K_9(Q_{o9} + \triangle Q_3)^{n_9} + K_6(Q_{o6} - \triangle Q_1)^{n_6} - K_7(Q_{o7} + \triangle Q_1)^{n_7} - K_8(Q_{o8} + \triangle Q_1)^{n_8} + K_4^{'}(Q_{o4} - \triangle Q_1 - \triangle Q_3)^{n_4} + 60 = 0$$

상기 식에서 $h_{p1} = A(Q_{o1} + \triangle Q_2)^2 + B(Q_{o1} + \triangle Q_2) + C$이다. 접합부 연속식을 만족시키는 초기유량을 다음과 같이 설정하고 이 수치를 상기 식에 대입하면 최종 $\triangle Q$-공식을 얻을 수 있다.

$$Q_{o1} = 0.1,\ Q_{o2} = 0,\ Q_{o3} = 0.085,\ Q_{o4} = 0.015,$$

$$Q_{o5} = 0,\ Q_{o6} = 0,\ Q_{o7} = 0.02,\ Q_{o8} = 0.05,\ Q_{o9} = 0.02$$

관망의 고도차가 크면 관망의 낮은 부분에서 형성되는 과도한 압력을 방지하기 위해 관로에 PRV를 설치한다. 이 PRV는 관망의 낮은 고도에 위치한 배관에 작용하는 압력을 관망의 다른 배관에 작용하는 압력과는 독립적으로 만들며 이와 같은 PRV 하류측 관로를 분리압력영역이라 한다. 분리압력영역이 발생하면 통상적으로 낮은 고도에 있는 하부관망(sub-network)부터 해석을 시작하여 분리된 하부관망의 해를 구한 후 고도가 높은 관망 절점에서 해를 구하는 것이 좋다.

상기 사례를 설명하기 위해 그림 4.14와 같이 10-배관, 6-절점으로 구성되고 배관 4, 5, 7에 각각 하나의 PRV가 설치된 관망을 검토한다. 이 관망에서 3개 PRV는 절점 4와 6에서의 압력을 나머지 관망의 압력과는 독립적으로 만든다. 따라서 최선의 관망해석은 PRV의 하류측 배관 4, 5, 7, 8로 구성된 하부관망을 분리하여 고찰하는 것이다. 이 하부관망에서 3개의 PRV를 일정수두를 유지하는 인위적인 저수지로 모델링한다. 하부관망을 해석하여 구한 Q_4, Q_5, Q_7, Q_8 수치를 절점 4와 6의 수요량에 더하여 절점 3, 2, 5에서의 수요량을 결정한 후 나머지 관망을 해석한다.

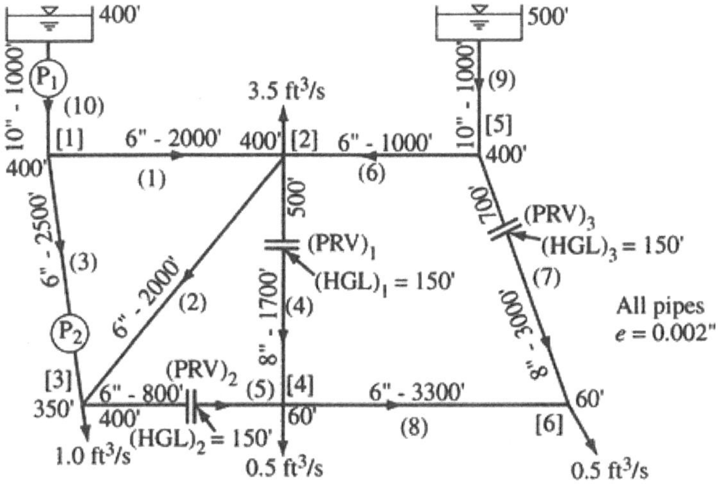

펌프 1		펌프 2	
$Q(ft^3/s)$	$H(ft)$	$Q(ft^3/s)$	$H(ft)$
1.5	110	1.5	15.0
2.5	104	2.0	12.0
3.5	92	3.0	7.5

그림 4.14 2개의 압력영역을 갖는 관망

육안으로 관망을 고찰하면 PRV가 관망의 일부를 "압력분리영역"으로 분리시킬지 여부를 결정할 수 있으나 EPANET과 같은 전산 프로그램에서 이와 같은 상황을 결정하기 위해서는 시험이 필요하며 이 시험은 PRV에 의해 생성된 인위적인 저수지의 한쪽 말단부에는 배관이 연결되지 않는다는 사실에 근거한다. 그림 4.14의 관망을 그림 4.15와 같이 수정하여 저수지 한쪽에 연결배관이 없는 관망을 작성할 수 있다. 결과적으로 내부 루프-찾기 알고리즘을 포함한 전산 프로그램이 인위적인 저수지와 실제 저수지 또는 공급펌프 사이의 가상루프를 발견하지 못하면 PRV는 하부관망을 당초 관망으로부터 "분리압력영역"으로 분리시킨다. 이와 같은 과정에서 하나의 문제점은 모든 공급원을 연결하는 경로를 찾는 것이 불가능하기 때문에 관망입력자료에 오류가 발생하거나 또는 관망이 잘못 정의되어도 시험을 만족시킬 수 있다는 것이다. 따라서 "분리압력영역"이 존재하는 것을 확인할 수 있는 "분리시험"과 같은 독립된 증명절차를 갖추어 이와 같은 입력에러가 발견되면 프로그램을 종료시켜야 한다.

이 "분리시험"은 후에 기술되는 형태를 취할 수 있으며 "분리시험"의 목적은 통상적인 방법으로 결정한 $NJ + NL$의 합이 관망 내 배관 숫자와 같은지 또는 초과하는지를 결정하는 것이다.

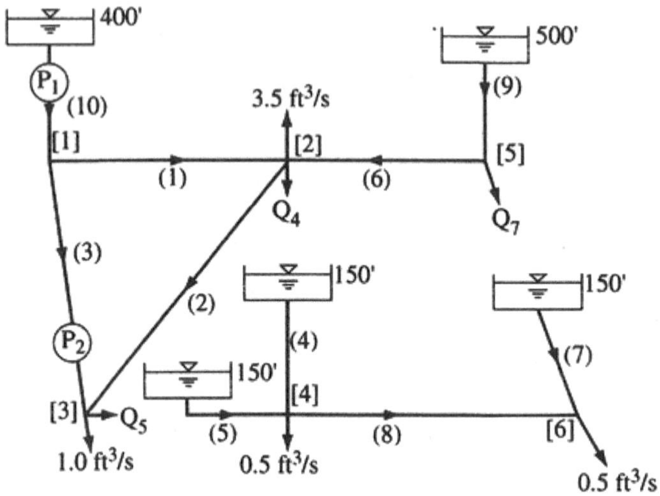

그림 4.15 PRV에 의해 분리된 2개 압력영역

상기 내용을 예증하기 위해 그림 4.15와 같이 2개의 분리압력영역을 갖는 관망을 검토한다. 이 관망을 하나로 보면 $NP = 10$, $NJ = 6$이므로 $NL = 10 - 6 = 4$가 되어야 하지만 실제는 실제루프 1개와 가상 루프 $N_{res} - 1 = 5 - 1 = 4$개 총 5개가 되어 식 4.1을 만족시키지 못한다. 그러나 이 관망을 2개로 분리하면 상부 관망에서는 $NP = 6$, $NJ = 4$, $NL = 2$(실제루프 1, 가상루프 $N_{res} - 1 = 1$)가 되고, 하부 관망에서는 $NP = 4$, $NJ = 2$, $NL = 2$ (실제루프가 없으므로 가상루프 $N_{res} - 1 = 2$)가 되어 식 4.1을 만족시킨다.

PRV가 관망의 일부분을 분리압력영역으로 분리시킬지를 결정하기 위한 "분리시험"은 다음과 같다.

1. PRV가 설치된 관로의 상류측 배관을 제거한 후 존재하는 실제루프를 찾는다.
2. 가상루프 $NL = N_{res} + N_{pump} - 1$를 계산한다.
3. 1 단계와 2 단계에서 구한 실제루프와 가상루프 숫자를 더하여 NL를 결정한 후 $NP = NJ + NL$로부터 NP를 결정한다.
4. 이 NP가 관망 내 배관 숫자를 초과하면 PRV는 관망의 일부를 분리시키는 것을 의미한

다. $NP = NJ + NL$로 계산하여 구한 NP 숫자와 관망 내 실제 배관의 숫자와의 차이는 관망 내 존재하는 분리압력영역의 숫자를 의미하며 전체 영역 숫자는 분리압력영역 숫자보다 1이 크다. 예를 들어 그림 4.15를 한 관망으로 해석하면 $NJ + NL = 6 + 5 = 11$이고, 두 관망으로 해석하면 $NJ + NL = 6 + 4 = 10$이므로 분리압력영역 숫자는 1이고 전체 영역 숫자는 2가 된다.

4.4 관망 공식 해결

4.4.1 뉴튼법을 이용한 대규모 공식시스템 해결

4.2절과 4.3절에서 관망에서의 유량과 압력의 관계를 표현하는 대수학 공식시스템 작성법에 대해 기술하였다. 이 공식시스템에서 많은 식은 비선형이므로 이를 해결할 방법이 필요하다. 본서에서는 많은 방법 중 뉴튼법을 Q-공식, H-공식, $\triangle Q$-공식에 적용하는 방법에 대해 기술한다. 일관된 방법으로 Q-공식, H-공식, $\triangle Q$-공식을 처리하기 위한 미지의 Q, H, $\triangle Q$변수벡터를 $\{x\}$라 부른다. 공식시스템을 해결하기 위한 뉴튼 반복식을 다음과 같이 작성할 수 있으며 여기서 $\{x\}$는 전체 미지 변수 x의 열벡터, $\{F\}$는 전체 공식의 열벡터, $[D]^{-1}$은 자코비언행렬 $[D]$의 역행렬이다.

$$\{x\}^{m+1} = \{x\}^{m} - [D]^{-1}\{F\}^{m} \tag{4.36}$$

다음과 같은 도함수의 행렬인 자코비언행렬 $[D]$는 많은 수학분야에서 적용되고 있다.

$$[D] = \begin{bmatrix} \dfrac{\partial F_1}{\partial x_1} & \dfrac{\partial F_1}{\partial x_2} & \cdot & \cdot & \dfrac{\partial F_1}{\partial x_n} \\ \dfrac{\partial F_2}{\partial x_1} & \dfrac{\partial F_2}{\partial x_2} & \cdot & \cdot & \dfrac{\partial F_2}{\partial x_n} \\ \cdot & \cdot & \cdot & \cdot & \cdot \\ \cdot & \cdot & \cdot & \cdot & \cdot \\ \dfrac{\partial F_n}{\partial x_1} & \dfrac{\partial F_n}{\partial x_2} & \cdot & \cdot & \dfrac{\partial F_n}{\partial x_n} \end{bmatrix} \tag{4.37}$$

유사하게 $\{x\}$와 $\{F\}$를 다음과 같이 나타낼 수 있다.

$$\{x\}=\begin{vmatrix} x_1 \\ x_2 \\ \cdot \\ \cdot \\ x_n \end{vmatrix} \qquad \{F\}=\begin{vmatrix} F_1 \\ F_2 \\ \cdot \\ \cdot \\ F_n \end{vmatrix} \tag{4.38}$$

식 4.36에서 $[D]^{-1}\{F\}^m$은 선형 공식시스템 해이므로 다음 식으로 선형 공식시스템을 반복법으로 풀어 비선형 공식시스템을 해결할 수 있다.

$$[D]\{z\}=\{F\} \quad \Rightarrow \quad \{z\}=[D]^{-1}\{F\} \tag{4.39}$$

식 4.36의 현재 추정치의 미지 변수 벡터 $\{x\}$에서 식 4.39인 선형 공식시스템의 해 벡터 $\{z\}$를 빼면 다음 반복에서 사용할 개선된 미지 변수벡터 $\{x\}^{m+1}$이 된다. 이 식에서 $\{z\}$는 식 4.39와 같이 $[D]\{z\}=\{F\}$를 해결하여 구할 수 있는 해 벡터이다. 만일 오직 선형식만이 포함되면 1회 반복으로 엄밀해를 구할 수 있다.

$$\{x\}^{m+1}=\{x\}^m-\{z\} \tag{4.40}$$

결론적으로 뉴튼법은 초기 미지수 $\{x\}^m$를 추정하여 $\{F\}$와 $[D]$에 대입하고 식 4.39로부터 $\{z\}$를 구하여 식 4.40에 대입하여 $\{x\}^{m+1}$를 구한 후 $\{x\}^m$ 대신 $\{x\}^{m+1}$을 $\{F\}$와 $[D]$에 대입하여 $\{x\}^m-\{x\}^{m+1}$이 원하는 수준에 도달할 때까지 반복하여 공식시스템을 해결하는 것으로 뉴튼법을 처음 접하는 독자는 부록 A를 참조한다.

이제 실제로 뉴튼법을 어떻게 적용하는지를 자세히 살펴보기로 한다. 그림 4.16과 같이 3-배관, 1-절점, 3-저수지로 구성된 관망의 공식시스템을 전개하기 위해 가장 높은 저수지의 수위는 100m, 중간 저수지의 수위는 85m, 가장 낮은 저수지의 수위는 60m로 추정한다. 엑셀 행렬식 도구를 이용하는 상세한 계산과정은 엑셀파일 Fig4_16을 참조한다.

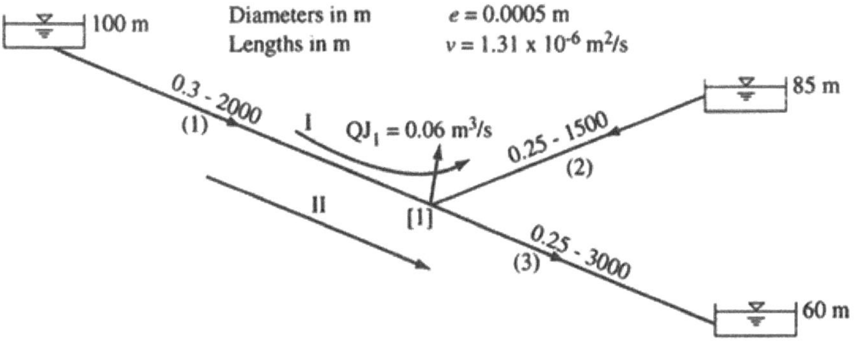

배관	1	2	3
K	1469	2432	5646
n	1.974	1.927	1.971

그림 4.16 3-배관, 1-절점, 3-저수지로 구성된 관망

• **Q-공식 해결**

전술한 접합부 연속식과 에너지루프식에 따라 절점 [1]과 가상에너지루프 Ⅰ과 Ⅱ에 대해 다음과 같이 Q-공식을 작성할 수 있다.

$$F_1 = Q_1 + Q_2 - Q_3 - QJ_1 = Q_1 + Q_2 - Q_3 - 0.06 = 0$$

$$F_2 = K_1 Q_1^{n_1} - K_2 Q_2^{n_2} - WS_1 + WS_2 = 1469 Q_1^{1.974} - 2432 Q_2^{1.927} - 15 = 0 \quad (4.41)$$

$$F_3 = K_1 Q_1^{n_1} + K_3 Q_3^{n_3} - WS_1 + WS_3 = 1469 Q_1^{1.974} + 5646 Q_3^{1.971} - 40 = 0$$

접합부 연속식 F_1을 만족시키기 위해 초기유량을 다음과 같이 추정하며 여기서 위첨자는 Q-공식을 해결하기 위해 사용하는 뉴튼법의 반복 횟수를 나타내며, 아래첨자는 각 배관 내 초기유량을 나타낸다. Q-공식에 사용되는 초기유량은 반드시 접합부 연속식을 만족시킬 필요는 없지만 이 경우 반복과정이 다소 길어지게 된다.

$$Q_1^0 = Q_{01} = 0.1 m^3/s\,,\ Q_2^0 = Q_{02} = 0.05 m^3/s\,,\ Q_3^0 = Q_{03} = 0.09 m^3/s$$

자코비언행렬식 4.37에 따라 식 4.41을 편미분하면 다음과 같다. Q-공식에서 접합부 연속식의 자코비언 행렬의 i 번째 행 요소는 $\partial F_i / \partial Q_j = \pm 1$ 또는 0이 되는 반면 에너지루프식의 자코비언 행렬의 i 번째 행 요소는 $\partial F_i / \partial Q_j = \pm n_j K_j Q_j^{n_j - 1}$ 또는 0이 된다.

$$[D]=\begin{bmatrix}1 & 1 & -1\\ n_1K_1Q_1^{n_1-1} & -n_2K_2Q_2^{n_2-1} & 0\\ n_1K_1Q_1^{n_1-1} & 0 & n_3K_3Q_3^{n_3-1}\end{bmatrix} \tag{4.42}$$

문제에 주어진 n, K 수치를 상기 식에 대입하면 다음과 같다.

$$[D]=\begin{bmatrix}1 & 1 & -1\\ 2900Q_1^{0.974} & -4686Q_2^{0.927} & 0\\ 2900Q_1^{0.974} & 0 & 11128Q_3^{0.971}\end{bmatrix} \tag{4.43}$$

앞에서 추정한 $Q_1=0.1$, $Q_2=0.05$, $Q_3=0.09$을 식 4.41과 4.43에 대입한 결과를 식 4.39 형태로 정리하면 다음과 같다.

$$\begin{bmatrix}1.00 & 1.00 & -1.00\\ 307.89 & -291.57 & 0.00\\ 307.89 & 0.00 & 1073.96\end{bmatrix}\begin{pmatrix}z_1\\ z_2\\ z_3\end{pmatrix}=\begin{pmatrix}0.00\\ -6.97\\ 24.64\end{pmatrix} \tag{4.44}$$

부록 B에 기술된 엑셀 행렬식 도구를 사용하여 상기 식을 해결하여 $\{z\}$를 구하고 이를 식 4.40에 대입하여 새로운 $\{Q\}^{m+1}$를 구하면 다음과 같다.

$$\{z\}=\begin{pmatrix}-0.0004\\ 0.0235\\ 0.0231\end{pmatrix} \qquad \{Q\}^{m+1}=\begin{pmatrix}0.1004\\ 0.0265\\ 0.0669\end{pmatrix} \tag{4.45}$$

이제 초기 유량 추정치 $\{Q\}^m$ 대신 새로운 $\{Q\}^{m+1}$를 사용하여 상기 절차를 반복한다.

$$\begin{bmatrix}1.00 & 1.00 & -1.00\\ 309.09 & -161.86 & 0.00\\ 309.09 & 0.00 & 805.20\end{bmatrix}\begin{pmatrix}z_1\\ z_2\\ z_3\end{pmatrix}=\begin{pmatrix}0.00\\ -1.506\\ 3.051\end{pmatrix}$$

$$\{z\}=\begin{pmatrix}-0.0017\\ 0.0061\\ 0.0044\end{pmatrix} \qquad \{Q\}^{m+1}=\begin{pmatrix}0.1021\\ 0.0204\\ 0.0625\end{pmatrix}$$

한 번 더 반복하면 다음 결과를 얻을 수 있으며 $\{z\}$가 충분히 작기 때문에 Q는 충분히 정확한 것으로 판단할 수 있다.

$$\begin{bmatrix}1.00 & 1.00 & -1.00\\ 314.19 & -127.01 & 0.00\\ 314.19 & 0.00 & 753.42\end{bmatrix}\begin{pmatrix}z_1\\ z_2\\ z_3\end{pmatrix}=\begin{pmatrix}0.00\\ -0.095\\ 0.151\end{pmatrix}$$

$$\{z\}=\begin{pmatrix}-0.0001\\0.0004\\0.0003\end{pmatrix} \qquad \{Q\}^{m+1}=\begin{pmatrix}0.1022\\0.0200\\0.0622\end{pmatrix}$$

• ***H*-공식 해결**

4.2.2 H-공식시스템에 따라 식 4.41의 F_1 식을 다음과 같이 H-공식으로 표현할 수 있다.

$$\begin{aligned} F_1 &= \left[\frac{WS_1 - H_1}{K_1}\right]^{\frac{1}{n_1}} + \left[\frac{WS_2 - H_1}{K_2}\right]^{\frac{1}{n_2}} - \left[\frac{H_1 - WS_3}{K_3}\right]^{\frac{1}{n_3}} - 0.06 \\ &= \left[\frac{100 - H_1}{1469}\right]^{0.507} + \left[\frac{85 - H_1}{2432}\right]^{0.519} - \left[\frac{H_1 - 60}{5646}\right]^{0.507} - 0.06 \\ &= 0 \end{aligned} \tag{4.46}$$

상기 식을 H에 관해 편미분하면 다음과 같고, H-공식에서는 0이 아닌 자코비언 요소는 $\partial F_i/\partial H_j = \pm 1/(n_m K_m)((H_j - H_k)/K_m)^{1/n_m - 1}$과 같으며 이 식에서 부호는 공식 내 항의 앞에 있는 부호와 괄호 안의 H_j 앞의 부호에 의해 결정된다.

$$\begin{aligned} \frac{\partial F_1}{\partial H_1} &= -\frac{1}{n_1K_1}\left[\frac{100 - H_1}{K_1}\right]^{\frac{1}{n_1}-1} - \frac{1}{n_2K_2}\left[\frac{85 - H_1}{K_2}\right]^{\frac{1}{n_2}-1} - \frac{1}{n_3K_3}\left[\frac{H_1 - 60}{K_3}\right]^{\frac{1}{n_3}-1} \\ &= -\frac{1}{2900}\left[\frac{100 - H_1}{1469}\right]^{-0.493} - \frac{1}{4686}\left[\frac{85 - H_1}{2432}\right]^{-0.481} - \frac{1}{11128}\left[\frac{H_1 - 60}{5646}\right]^{-0.493} \end{aligned} \tag{4.47}$$

뉴튼법에 의한 H-공식의 해는 기본적으로 Q-공식의 식 4.39 및 4.40과 동일한 상관관계로부터 다음과 같은 새로운 H-공식을 전개할 수 있다.

$$H_1^{m+1} = H_1^m - \frac{F_1}{\partial F_1/\partial H_1} \tag{4.48}$$

$H_1^0 = 84$로 추정하여 이를 식 4.46~4.48에 대입하면 다음과 같다.

$$F_1 = -0.00383, \quad \frac{\partial F_1}{\partial H_1} = -0.0136, \; H_1^1 = 84 - \frac{0.00383}{0.0136} = 83.72m$$

두 번째 반복을 수행하면 다음과 같이 충분히 정확한 결과를 얻을 수 있다.

$$F_1 = -0.00016, \quad \frac{\partial F_1}{\partial H_1} = -0.01257, \quad H_1^2 = 83.72 - \frac{0.000216}{0.01257} = 83.706m$$

- **ΔQ-공식시스템 해결**

최종적으로 뉴튼법에 의한 ΔQ-공식의 해는 기본적으로 Q-공식과 동일하며 식 4.41의 F_2과 F_3식을 다음과 같이 ΔQ-공식으로 표현할 수 있다.

$$
\begin{aligned}
F_1 &= K_1(Q_{o1} + \Delta Q_1 + \Delta Q_2)^{n_1} - K_2(Q_{o2} - \Delta Q_1)^{n_2} - WS_1 + WS_2 = 0 \\
F_2 &= K_1(Q_{o1} + \Delta Q_1 + \Delta Q_2)^{n_1} + K_3(Q_{o3} + \Delta Q_2)^{n_3} - WS_1 + WS_3 = 0
\end{aligned}
\tag{4.49}
$$

식 F_1과 F_2를 ΔQ_1과 ΔQ_2에 관해 미분하면 다음과 같고, ΔQ-공식에서 0이 아닌 자코비언 요소는 $\partial F_i / \partial \Delta Q_j = \pm n_k K_k (Q_{ok} \pm \Delta Q_m)^{n_k - 1}$ 형태가 된다.

$$
\begin{aligned}
\frac{\partial F_1}{\partial \Delta Q_1} &= n_1 K_1 (Q_{o1} + \Delta Q_1 + \Delta Q_2)^{n_1 - 1} + n_2 K_2 (Q_{o2} - \Delta Q_1)^{n_2 - 1} \\
\frac{\partial F_1}{\partial \Delta Q_2} &= n_1 K_1 (Q_{o1} + \Delta Q_1 + \Delta Q_2)^{n_1 - 1} \\
\frac{\partial F_2}{\partial \Delta Q_1} &= n_1 K_1 (Q_{o1} + \Delta Q_1 + \Delta Q_2)^{n_1 - 1} \\
\frac{\partial F_2}{\partial \Delta Q_2} &= n_1 K_1 (Q_{o1} + \Delta Q_1 + \Delta Q_2)^{n_1 - 1} + n_3 K_3 (Q_{o3} + \Delta Q_2)^{n_3 - 1}
\end{aligned}
\tag{4.50}
$$

초기유량과 초기수정유량을 다음과 같이 추정하여 이를 식 4.49와 4.50에 대입한다.

$$Q_1 = 0.1,\ \ Q_2 = 0.05,\ \ Q_3 = 0.09,\ \ \Delta Q_1 = \Delta Q_2 = 0$$

전술한 절차에 따라 식 4.40으로 $\{\Delta Q\}^{m+1}$을 구하고 ΔQ의 차이가 충분히 작아질 때까지 공식시스템을 반복하여 해결하여야 하며 3회 반복한 결과는 다음과 같다.

$$
\begin{bmatrix} 599 & 307 \\ 307 & 1382 \end{bmatrix} \begin{pmatrix} z_1 \\ z_2 \end{pmatrix} = \begin{pmatrix} -6.97 \\ 24.6 \end{pmatrix} \quad \begin{pmatrix} z_1 \\ z_2 \end{pmatrix} = \begin{pmatrix} -0.0234 \\ 0.0230 \end{pmatrix} \quad \begin{pmatrix} \Delta Q_1 \\ \Delta Q_2 \end{pmatrix} = \begin{pmatrix} 0.0234 \\ -0.0230 \end{pmatrix}
$$

$$
\begin{bmatrix} 472 & 309 \\ 309 & 1115 \end{bmatrix} \begin{pmatrix} z_1 \\ z_2 \end{pmatrix} = \begin{pmatrix} -1.523 \\ 3.13 \end{pmatrix} \quad \begin{pmatrix} z_1 \\ z_2 \end{pmatrix} = \begin{pmatrix} -0.0062 \\ 0.0045 \end{pmatrix} \quad \begin{pmatrix} \Delta Q_1 \\ \Delta Q_2 \end{pmatrix} = \begin{pmatrix} 0.0296 \\ -0.0275 \end{pmatrix}
$$

$$
\begin{bmatrix} 441 & 314 \\ 314 & 1068 \end{bmatrix} \begin{pmatrix} z_1 \\ z_2 \end{pmatrix} = \begin{pmatrix} -0.0952 \\ 0.1507 \end{pmatrix} \quad \begin{pmatrix} z_1 \\ z_2 \end{pmatrix} = \begin{pmatrix} -0.0004 \\ 0.0003 \end{pmatrix} \quad \begin{pmatrix} \Delta Q_1 \\ \Delta Q_2 \end{pmatrix} = \begin{pmatrix} 0.0300 \\ -0.0278 \end{pmatrix}
$$

상기 행렬식을 해결하여 구한 유량은 다음과 같으며 이는 Q-공식의 결과와 일치한다.

$$Q_1 = 0.1 + \triangle Q_1 + \triangle Q_2 = 0.1022 m^3/s$$

$$Q_2 = 0.05 - \triangle Q_1 = 0.0200 m^3/s$$

$$Q_3 = 0.09 + \triangle Q_2 = 0.0622 m^3/s$$

4.4.2 뉴튼법을 이용한 전체공식 해결

공식시스템으로 관망을 해석할 경우 Q-공식을 해결하여 배관유량을 구하고, 유량과 손실수두의 관계를 이용하여 절점수두 H를 구한다. 또는 이와 반대로 H-공식을 해결하여 절점수두 H를 구하고, 유량과 손실수두의 관계를 이용하여 배관유량 Q를 구한다.

또한, 전술한 예제에서 미지수와 관련된 식의 부분 도함수를 유도하는 것은 상대적으로 쉽지만 이러한 도함수 표현을 사용하면 프로그램이 길어지게 된다. 미지수와 동일한 숫자의 공식(이후 "전체공식")을 전개하고 도함수를 수치해석으로 대체하면 계산이 추가되지만 전술한 예제에서 많은 변수가 0이 되어 계산과정이 짧아지므로 도함수의 수치해석이 매력적이며 "전체공식"을 해결하면 배관유량과 절점수두를 동시에 모두 구할 수 있어 더욱 매력적이다.

그림 4.16 관망에서 구하고자 하는 미지수는 각 관로 내 유량 $Q_1 \sim Q_3$ 3개, 손실수두 $h_{f1} \sim h_{f3}$ 3개, 마찰계수 $f_1 \sim f_3$ 3개, 절점 [1]에서의 수두 H_1 1개 총 10개이므로 이 미지수를 구하기 위해서는 다음과 같이 10개의 식이 필요하다.

절점 1에서의 연속식으로부터

$$F_1 = Q_1 + Q_2 - Q_3 - QJ = 0 \tag{4.51}$$

절점 1에서의 수두식으로부터

$$F_2 = WS_1 - H_1 - h_{f1} = 0 \tag{4.52}$$

각 관로에서의 손실수두식으로부터

$$F_3 = h_{f1} - f_1 \frac{L_1}{D_1} \frac{Q_1^2}{2gA_1^2} = 0 \tag{4.53}$$

$$F_4 = h_{f2} - f_2 \frac{L_2}{D_2} \frac{Q_2^2}{2gA_2^2} = 0 \tag{4.54}$$

$$F_5 = h_{f3} - f_3 \frac{L_3}{D_3} \frac{Q_3^2}{2gA_3^2} = 0 \tag{4.55}$$

각 관로에서의 Colebrook-White식으로부터

$$F_6 = \frac{1}{\sqrt{f_1}} - 1.14 - 2log_{10}\left[\frac{e_1}{D_1} + \frac{7.3434728\nu D_1}{Q_1\sqrt{f_1}}\right] = 0 \tag{4.56}$$

$$F_7 = \frac{1}{\sqrt{f_2}} - 1.14 - 2log_{10}\left[\frac{e_2}{D_2} + \frac{7.3434728\nu D_2}{Q_2\sqrt{f_2}}\right] = 0 \tag{4.57}$$

$$F_8 = \frac{1}{\sqrt{f_3}} - 1.14 - 2log_{10}\left[\frac{e_3}{D_3} + \frac{7.3434728\nu D_3}{Q_3\sqrt{f_3}}\right] = 0 \tag{4.58}$$

공급원이 3개이므로 공급원 숫자보다 1개가 적은 2개의 가상루프식을 다음과 같이 작성할 수 있다.

$$F_9 = h_{f1} + h_{f3} - WS_1 + WS_3 = 0 \tag{4.59}$$

$$F_{10} = h_{f1} - h_{f2} - WS_1 + WS_2 = 0 \tag{4.60}$$

상기 문제를 해결하기 위해서는 표 4.2와 같이 적정하게 미지수를 추정하고 문제에서 주어진 자료와 이 추정치를 식 4.51∼4.60에 대입하면 다음 표 4.2와 같은 출력자료를 얻을 수 있다.

표 4.2 그림 4.16 관망에 대한 기저, 미지수, 출력자료

기저		미지수(추정)		출력자료	
e	0.0005m	Q_1	$0.1m^3/s$	F_1	0.0
ν	$1.31\times10^{-6}m^2/s$	Q_2	$0.05m^3/s$	F_2	-1.0
QJ_1	$0.06m^3/s$	Q_3	$0.09m^3/s$	F_3	-258.95
WS_1	100m	H_1	85m	F_4	0.0
WS_2	85m	h_{f1}	14m	F_5	0.0
WS_3	60m	h_{f2}	7m	F_6	-1.0465
D_1	0.3m	h_{f3}	45m	F_7	0.0

L_1	2000m	f_1	0.02	F_8	0.0
D_2	0.25m	f_2	0.02	F_9	0.0
L_2	1500m	f_3	0.02	F_{10}	0.0
D_3	0.25m				
L_3	3000m				

공식시스템에서는 미분법을 이용한 자코비언행렬식을 사용하였지만 여기에서는 미지수의 변화에 따른 식의 변화를 이용하는 수치미분행렬식을 사용하기 위해 상기 표의 미지수 중 가장 작은 수치보다 작은 수치를 선택하여 정확도를 확보하여야 한다. 표 4.2에서 가장 작은 미지수는 $f_1 \sim f_3 = 0.02$이므로 $\triangle x = 0.01$의 차분을 사용한다. 이제 각 미지수에 대한 10×10 행렬을 표 4.3과 같이 작성하며 여기서 대각선 행렬 요소 수치에서 0.01을 감한다. 예를 들어 $Q_{1,1}$ 수치를 다음과 같이 변경시키고 다른 요소들도 동일한 방법으로 변경시킨 결과는 표 4.3과 같다.

$$Q_{1,1} = Q_1 - \triangle x = 0.1 - 0.01 = 0.09$$

표 4.3 그림 4.16 관망에 대한 미지수 행렬

구분	0	1	2	3	4	5	6	7	8	9	10
	초기추정	Q_1	Q_2	Q_3	H_1	h_{f1}	h_{f2}	h_{f3}	f_1	f_2	f_3
Q_1	0.1	0.09	0.1	0.1	0.1	0.1	0.1	0.1	0.1	0.1	0.1
Q_2	0.05	0.05	0.04	0.05	0.05	0.05	0.05	0.05	0.05	0.05	0.05
Q_3	0.09	0.09	0.09	0.08	0.09	0.09	0.09	0.09	0.09	0.09	0.09
H_1	85.00	85.00	85.00	85.00	84.99	85.00	85.00	85.00	85.00	85.00	85.00
h_{f1}	14.00	14.00	14.00	14.00	14.00	13.99	14.00	14.00	14.00	14.00	14.00
h_{f2}	7.00	7.00	7.00	7.00	7.00	7.00	6.99	7.00	7.00	7.00	7.00
h_{f3}	45.00	45.00	45.00	45.00	45.00	45.00	45.00	44.99	45.00	45.00	45.00
f_1	0.02	0.02	0.02	0.02	0.02	0.02	0.02	0.02	0.01	0.02	0.02
f_2	0.02	0.02	0.02	0.02	0.02	0.02	0.02	0.02	0.02	0.01	0.02
f_3	0.02	0.02	0.02	0.02	0.02	0.02	0.02	0.02	0.02	0.02	0.01

상기 표 4.1과 4.2의 초기 추정치와 변경된 $Q_1 \sim Q_3$, H_1, $h_{f1} \sim h_{f3}$, $f_1 \sim f_3$ 수치를 식 $F_1 \sim F_{10}$에 대입하여 계산한다. 예를 들어 F_1에 해당하는 표 4.4의 두 번째 행의 두 번째 열은 초기 추정치를 대입하여 F_1을 구한 결과이고, 세 번째 열은 오직 $Q_1 = 0.1 - 0.01 = 0.09$를 변경시키고 나머지 변수는 초기 추정치를 대입하여 구한 결과이다. 유사한 방법으로 Q_2와 Q_3 수치만을 변경시켜 구한 결과는 표 4.4의 두 번째 행과 같다.

$$F_{1,0} = Q_1 + Q_2 - Q_3 - QJ_1 = 0.1 + 0.05 - 0.09 - 0.06 = 0$$

$$F_{1,1} = Q_1 + Q_2 - Q_3 - QJ_1 = 0.1 + 0.05 - 0.09 - 0.06 = -0.01$$

$$F_{1,2} = Q_1 + Q_2 - Q_3 - QJ_1 = 0.1 + 0.04 - 0.08 - 0.06 = -0.01$$

$$\vdots$$

$$F_{1,10} = Q_1 + Q_2 - Q_3 - QJ_1 = 0.1 + 0.05 - 0.09 - 0.06 = 0$$

동일한 방법으로 $F_{2,0} \sim F_{2,10}$를 계산한 결과는 다음과 같고, $F_{3,0} \sim F_{10,10}$까지 계산한 결과는 표 4.4와 같다.

$$F_{2,0} = H_1 - WS_1 + h_{f1} = 85 - 100 + 14 = -1.0$$

$$\vdots$$

$$F_{2,4} = H_1 - WS_1 + h_{f1} = 84.99 - 100 + 14 = -1.01$$

$$F_{2,5} = H_1 - WS_1 + h_{f1} = 85 - 100 + 13.99 = -1.01$$

$$F_{2,6} = H_1 - WS_1 + h_{f1} = 85 - 100 + 14 = -1.0$$

$$\vdots$$

$$F_{2,10} = H_1 - WS_1 + h_{f1} = 85 - 100 + 14 = -1.0$$

표 4.4 미지수 변경에 따른 식 행렬

구분	0	1	2	3	4	5	6	7	8	9	10
	초기수치	Q_1	Q_2	Q_3	H_1	h_{f1}	h_{f2}	h_{f3}	f_1	f_2	f_3
F_1	0.00	-0.01	-0.01	0.01	0.00	0.00	0.00	0.00	0.00	0.00	0.00
F_2	-1.00	-1.00	-1.00	-1.00	-1.01	-1.01	-1.00	-1.00	-1.00	-1.00	-1.00
F_3	0.37	2.96	0.37	0.37	0.37	0.36	0.37	0.37	7.19	0.37	0.37
F_4	0.64	0.64	2.93	0.64	0.64	0.64	0.63	0.64	0.64	3.82	0.64
F_5	3.80	3.80	3.80	12.44	3.80	3.80	3.80	3.79	3.80	3.80	24.40
F_6	0.48	0.49	0.48	0.48	0.48	0.48	0.48	0.48	3.44	0.48	0.48
F_7	0.67	0.67	0.70	0.67	0.67	0.67	0.67	0.67	0.67	3.65	0.67
F_8	0.61	0.61	0.61	0.62	0.61	0.61	0.61	0.61	0.61	0.61	3.57
F_9	19.00	19.00	19.00	19.00	19.00	18.99	19.00	18.99	19.00	19.00	19.00
F_{10}	-8.00	-8.00	-8.00	-8.00	-8.00	-8.01	-7.99	-8.00	-8.00	-8.00	-8.00

각 미지수를 $\triangle x$ 만큼 변화시킬 때 식 변화의 결과를 이용하여 구한 도함수 행렬 $[D]$는 다음과 같다.

$$\frac{F_{1,0}-F_{1,1}}{\triangle x},\ \frac{F_{1,0}-F_{1,2}}{\triangle x},\ \cdots\ \frac{F_{1,0}-F_{1,10}}{\triangle x}$$

$$=\frac{0+0.01}{0.01}=1,\ \frac{0+0.01}{0.01}=1,\ \cdots\ \frac{0-0}{0.01}=0$$

$$\frac{F_{2,0}-F_{2,1}}{\triangle x},\ \frac{F_{2,0}-F_{2,2}}{\triangle x},\ \cdots\ \frac{F_{2,0}-F_{2,10}}{\triangle x}$$

$$=\frac{-1.00+1.00}{0.01}=0,\ \frac{-1.00+1.00}{0.01}=0,\ \cdots\ \frac{-1.00+1.00}{0.01}=0$$

$$\vdots$$

$$\frac{F_{10,0}-F_{10,1}}{\triangle x},\ \frac{F_{10,0}-F_{10,2}}{\triangle x},\ \cdots\ \frac{F_{10,0}-F_{10,10}}{\triangle x}$$

$$\frac{-8.00+8.00}{0.01}=0,\ \frac{-8.00+8.00}{0.01}=0,\ \cdots\ \frac{-8.00+8.00}{0.01}=0$$

$[D]$									
1.000	1.000	-1.000	0.000	0.000	0.000	0.000	0.000	0.000	0.000
0.000	0.000	0.000	1.000	1.000	0.000	0.000	0.000	0.000	0.000
-258.9	0.000	0.000	0.000	1.000	0.000	0.000	-681.4	0.000	0.000
0.000	-228.9	0.000	0.000	0.000	1.000	0.000	0.000	-317.9	0.000
0.000	0.000	-864.7	0.000	0.000	0.000	1.000	0.000	0.000	-2060
-1.046	0.000	0.000	0.000	0.000	0.000	0.000	-296.7	0.000	0.000
0.000	-3.100	0.000	0.000	0.000	0.000	0.000	0.000	-297.9	0.000
0.000	0.000	-0.932	0.000	0.000	0.000	0.000	0.000	0.000	-295
0.000	0.000	0.000	0.000	1.000	0.000	1.000	0.000	0.000	0.000
0.000	0.000	0.000	0.000	1.000	-1.000	0.000	0.000	0.000	0.000

식 4.39에 따라 다음 행렬식을 작성한다.

$[D]$										$\{z\}$	$[F]$
1.000	1.000	-1.000	0.000	0.000	0.000	0.000	0.0000	0.0000	0.000	z_1	0.000
0.000	0.000	0.000	1.000	1.000	0.000	0.000	0.0000	0.0000	0.000	z_2	-1.000
-258.9	0.000	0.000	0.000	1.000	0.000	0.000	-681.4	0.0000	0.000	z_3	0.371
0.000	-228.9	0.000	0.000	0.000	1.000	0.000	0.0000	-317.9	0.000	z_4	0.641
0.000	0.000	-864.8	0.000	0.000	0.000	1.000	0.0000	0.0000	-2060	z_5	3.795
-1.046	0.000	0.000	0.000	0.000	0.000	0.000	-296.7	0.0000	0.000	z_6	0.475
0.000	-3.100	0.000	0.000	0.000	0.000	0.000	0.0000	-297.9	0.000	z_7	0.669
0.000	0.000	-0.932	0.000	0.000	0.000	0.000	0.0000	0.0000	-295.9	z_8	0.611
0.000	0.000	0.000	0.000	1.000	0.000	1.000	0.0000	0.0000	0.000	z_9	19.00
0.000	0.000	0.000	0.000	1.000	-1.000	0.000	0.0000	0.0000	0.000	z_{10}	-8.000

이제 부록 B 엑셀 행렬식 도구를 사용하여 z를 구하면 다음과 같다.

$$\{z\}^T =$$

$$(-0.0037, 0.0284, 0.0246, 0.6761, -1.6761, 6.3239, 20.6761, -0.0016, -0.0025, -0.0021)$$

식 4.40에 따라 다음 반복을 위한 개선된 수치들을 구하면 다음과 같다.

$$\{Q_1, Q_2, Q_3, H_1, h_{f1}, h_{f2}, h_{f3}, f_1, f_2, f_3\}^T =$$
$$(0.1037, 0.0216, 0.0654, 84.3239, 5.6761, 0.6761, 24.3239, 0.0216, 0.0225, 0.0221)$$

상기의 과정을 10회 반복한 결과는 다음과 같으며 이는 4.4.1절에서 구한 결과와 동일하며 상세한 계산과정은 4.4절을 학습한 후 엑셀파일 Fig4_16을 참조한다.

$$\{Q_1, Q_2, Q_3, H_1, h_{f1}, h_{f2}, h_{f3}, f_1, f_2, f_3\}^T =$$
$$(0.1021,\ 0.0200,\ 0.0621,\ 83.70,\ 16.30,\ 1.30,\ 23.70,\ 0.0229,\ 0.0255,\ 0.0241)$$

예제 4.5

전체공식과 공식시스템을 사용하여 아래와 같이 6-배관, 5-절점, 1-저수지로 구성된 관망을 해석하라. 단, 동점성계수 $\nu = 0.00001397 ft^2/s$ 이다.

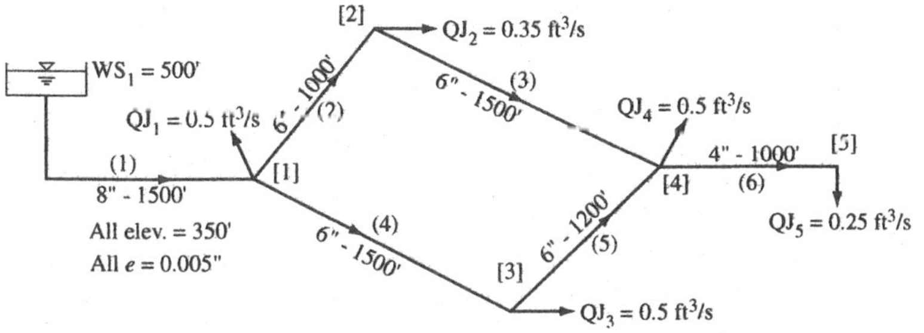

상기 관망은 6-배관, 5-절점, 1-공급원으로 구성되므로 각 배관의 Q, h_f, f 미지수는 $6 \times 3 = 18$, 각 절점에 대한 H 미지수는 $5 \times 1 = 5$, 전체 미지수는 23개가 되지만 관망의 전체 수요량은 공급유량과 동일하므로 Q_1은 기저가 되어 전체 미지수는 22개로 감소된다.

이 미지수를 구하기 위해서는 동일한 숫자의 식이 필요하면 전술한 절차에 따라 접합부 연속식은 $5-1=4$, 각 배관의 손실수두식과 Colebrook-White식 $6 \times 2 = 12$, 절점에서의 압력식 $5 \times 1 = 5$, 마지막으로 에너지루프식 1개를 전개할 수 있다.

다음과 같이 4개 접합부에 대한 연속식을 작성할 수 있다.

$$Q_1 - Q_2 - Q_4 - QJ_1 = 0 \quad (1)$$

$$Q_2 - Q_3 - QJ_2 = 0 \quad (2)$$

$$Q_4 - Q_5 - QJ_3 = 0 \quad (3)$$

$$Q_3 + Q_5 - Q_6 - QJ_4 = 0 \quad (4)$$

상류측 절점과 하류측 절점에서의 HGL과 관련된 손실수두식은 다음과 같다.

$$H_1 - WS_1 + h_{f1} = 0 \tag{5}$$

$$H_2 - H_1 + h_{f2} = 0 \tag{6}$$

$$H_3 - H_1 + h_{f4} = 0 \tag{7}$$

$$H_4 - H_2 + h_{f3} = 0 \left(\text{또는 } H_4 - H_3 + h_{f5} = 0\right) \tag{8}$$

$$H_5 - H_4 + h_{f6} = 0 \tag{9}$$

에너지루프식은 다음과 같다.

$$h_{f2} + h_{f3} - h_{f5} - h_{f4} = 0 \tag{10}$$

배관 번호 $i = 1 \sim 6$까지 마찰손실수두를 나타내는 달시-바하식은 다음과 같다.

$$h_{fi} - f_i \frac{L_i}{D_i} \frac{Q_i^2}{2gA_i^2} = 0 \tag{11–16}$$

배관 번호 $i = 1 \sim 6$까지 Colebrook-White식은 다음과 같다.

$$\frac{1}{\sqrt{f_i}} - 1.14 + 2\log_{10}\left\{\frac{e_i}{D_i} + \frac{9.35\nu D_i}{(4/\pi) Q_i \sqrt{f_i}}\right\} = 0 \tag{17–22}$$

이 관망에 대한 입력자료와 출력자료는 다음 표와 같고, 전술한 4.4.2절 뉴튼법을 이용한 전체공식 해결방법을 적용하면 이 표와 동일한 결과를 얻을 수 있으며 상세한 계산과정은 엑셀 파일 Exam4_5을 참조한다.

1. 전체공식 해석

표 1 전체공식 해결을 위한 입·출력 자료

입력자료				출력자료			
변수	형식	변수	형식	No	변수	No	변수
$Q_2=0.8$	U	$D_1=8.0$	K	1	$Q_2=0.820$	23	$D_1=8.0$
$Q_3=0.5$	U	$D_2=6.0$	K	2	$Q_3=0.470$	24	$D_2=6.0$
$Q_4=0.8$	U	$D_3=6.0$	K	3	$Q_4=0.780$	25	$D_3=6.0$
$Q_5=0.3$	U	$D_4=6.0$	K	4	$Q_5=0.280$	26	$D_4=6.0$
$Q_6=0.3$	U	$D_5=6.0$	K	5	$Q_6=0.250$	27	$D_5=6.0$
$h_{f1}=24.0$	U	$D_6=6.0$	K	6	$h_{f1}=23.952$	28	$D_6=6.0$
$h_{f2}=11.0$	U	$L_1=1500$	K	7	$h_{f2}=11.279$	29	$L_1=1500$
$h_{f3}=0.2$	U	$L_2=1000$	K	8	$h_{f3}=5.872$	30	$L_2=1000$
$h_{f4}=0.15$	U	$L_3=1500$	K	9	$h_{f4}=15.368$	31	$L_3=1500$
$h_{f5}=2.0$	U	$L_4=1500$	K	10	$h_{f5}=1.783$	32	$L_4=1500$
$h_{f6}=6.0$	U	$L_5=1200$	K	11	$h_{f6}=9.117$	33	$L_5=1200$
$H_1=476.0$	U	$L_6=1000$	K	12	$H_1=476.048$	34	$L_6=1000$
$H_2=465.0$	U	$QJ_1=0.50$	K	13	$H_2=464.769$	35	$QJ_1=0.50$
$H_3=460.0$	U	$QJ_2=0.35$	K	14	$H_3=460.680$	36	$QJ_2=0.35$
$H_4=458.0$	U	$QJ_3=0.50$	K	15	$H_4=458.897$	37	$QJ_3=0.50$
$H_5=450.0$	U	$QJ_4=0.50$	K	16	$H_5=449.780$	38	$QJ_4=0.50$
$f_1=0.020$	U	$QJ_5=0.25$	K	17	$f_1=0.019$	39	$QJ_5=0.25$
$f_2=0.020$	U	$WS_1=500.0$	K	18	$f_2=0.021$	40	$WS_1=500.0$
$f_3=0.020$	U	$Q_1=2.10$	K	19	$f_3=0.022$	41	$Q_1=2.10$
$f_4=0.020$	U			20	$f_4=0.021$		
$f_5=0.020$	U			21	$f_5=0.024$		
$f_6=0.020$	U			22	$f_6=0.024$		

2. 공식시스템 해석

• Q–공식

4개 절점에서의 연속식과 1개 에너지루프식 총 5개 식을 다음과 같이 작성한다.

$$\begin{aligned} F_1 &= Q_1 - Q_2 - Q_4 - QJ_1 = 0 \\ F_2 &= Q_2 - Q_3 - QJ_2 = 0 \\ F_3 &= Q_4 - Q_5 - QJ_3 = 0 \\ F_4 &= Q_3 + Q_5 - Q_6 - QJ_4 = 0 \\ F_5 &= K_2 Q_2^{n_2} + K_3 Q_3^{n_3} - K_4 Q_4^{n_4} - K_5 Q_5^{n_5} = 0 \end{aligned} \tag{23}$$

엑셀 파일 PIPK_N을 사용하여 각 배관의 K와 n수치를 다음과 같이 결정할 수 있다.

표 2 PIPK_N을 사용하여 구한 배관 K와 n 수치

배관	1	2	3	4	5	6
K	5.6845	16.4967	24.3685	24.7450	19.0411	126.3843
n	1.9381	1.9185	1.8858	1.9185	1.8611	1.8970

이 문제를 해결하기 위한 입력자료와 출력자료는 다음 표와 같으며 상세한 계산과정은 엑셀 파일 Exam4_5를 참조한다.

표 3 Q–공식 입출력자료

No	변수	형태	입력자료(초기수치)	출력자료(최종수치)
1	Q_2	U	0.80	0.82
2	Q_3	U	0.50	0.47
3	Q_4	U	0.80	0.78
4	Q_5	U	0.30	0.28
5	Q_6	U	0.25	0.25
6	Q_1	K	2.10	2.10
7	QJ_1	K	0.50	0.50
8	QJ_2	K	0.35	0.35
9	QJ_3	K	0.50	0.50
10	QJ_4	K	0.50	0.50
11	QJ_5	K	0.25	0.25

• ***H*–공식**

H–공식의 숫자는 아래와 같이 5개로 감소되며 이 절점에서 수두를 결정하기 위해 식 (23)를 다음과 같이 H–공식으로 나타낼 수 있다.

$$\begin{aligned}
F_1 &= \left[\frac{500-H_1}{K_1}\right]^{\frac{1}{n_1}} - \left[\frac{H_1-H_2}{K_2}\right]^{\frac{1}{n_2}} - \left[\frac{H_1-H_3}{K_4}\right]^{\frac{1}{n_4}} - QJ_1 = 0 \\
F_2 &= \left[\frac{H_1-H_2}{K_2}\right]^{\frac{1}{n_2}} - \left[\frac{H_2-H_4}{K_3}\right]^{\frac{1}{n_3}} - QJ_2 = 0 \\
F_3 &= \left[\frac{H_1-H_3}{K_4}\right]^{\frac{1}{n_4}} - \left[\frac{H_3-H_4}{K_5}\right]^{\frac{1}{n_5}} - QJ_3 = 0 \\
F_4 &= \left[\frac{H_2-H_4}{K_3}\right]^{\frac{1}{n_3}} + \left[\frac{H_3-H_4}{K_5}\right]^{\frac{1}{n_5}} - \left[\frac{H_4-H_5}{K_6}\right]^{\frac{1}{n_6}} - QJ_4 = 0 \\
F_5 &= \left[\frac{H_4-H_5}{K}\right]^{\frac{1}{n_6}} - QJ_5 = 0
\end{aligned} \tag{24}$$

표 4 H–공식 입출력자료

No	변수	형태	입력자료(초기수치)	출력자료(최종수치)
1	H_1	U	476.0	476.0
2	H_2	U	465.0	464.8
3	H_3	U	460.0	460.7
4	H_4	U	458.0	458.9
5	H_5	U	450.0	449.8
6	QJ_1	K	0.50	0.50
7	QJ_2	K	0.35	0.35
8	QJ_3	K	0.50	0.50
9	QJ_4	K	0.50	0.50
10	QJ_5	K	0.25	0.25

• $\triangle Q$–공식

$\triangle Q$–공식은 다음과 같다.

$$\begin{aligned} F_1 = K_2(Q_{o2} + \triangle Q_1)^{n_2} + K_3(Q_{o3} + \triangle Q_1)^{n_3} - K_5(Q_{o5} - \triangle Q_1)^{n_5} \\ - K_4^{*}(Q_{o4} - \triangle Q_1)^{n_4} = 0 \end{aligned} \quad (25)$$

연속식을 만족시키기 위해 각 배관 내 초기유량과 초기수정유량을 다음과 같이 추정하여 상기 식을 해결하면 $\triangle Q_1 = 0.020 ft^3/s$가 된다.

$$Q_{01} = 0.5,\ Q_{02} = 0.8,\ Q_{03} = 0.45,\ Q_{04} = 0.8,\ Q_{05} = 0.3,\ \triangle Q_1 = 0.1 ft^3/s$$

표 5 $\triangle Q$-공식 입출력자료

No	형식	입력자료		출력자료	
		변수	초기수치	변수	수치
1	U	Q_1	2.10	Q_1	2.000
2	U	Q_2	0.80	Q_2	0.770
3	U	Q_3	0.50	Q_3	0.420
4	U	Q_4	0.80	Q_4	0.730
5	U	Q_5	0.30	Q_5	0.230
6	K	Q_6	0.25	Q_6	0.250
7	U	H_1	476.0	H_1	478.2
8	U	H_2	465.0	H_2	468.2
9	U	H_3	460.0	H_3	464.7
10	U	H_4	458.0	H_4	463.5
11	K	H_5	450.0	H_5	454.3
12	K	QJ_1	0.50	QJ_1	0.50
13	K	QJ_2	0.35	QJ_2	0.35
14	K	QJ_3	0.50	QJ_3	0.50
15	K	QJ_4	0.50	QJ_4	0.50
16	K	QJ_5	500.0	WS_1	500.0
17	K	D_1	0.667	D_1	0.667
18	K	D_2	0.50	D_2	0.50
19	K	D_3	0.50	D_3	0.50
20	K	D_4	0.50	D_4	0.50
21	K	D_5	0.50	D_5	0.50
22	K	D_6	0.333	D_6	0.333
23	K	L_1	1500	L_1	1500
24	K	L_2	1000	L_2	1000
25	K	L_3	1500	L_3	1500
26	K	L_4	1500	L_4	1500
27	K	L_5	1200	L_5	1200
28	K	L_6	1000	L_6	1000

4.4.3 펌프와 부분손실장치가 설치된 관망해석

본 절에서는 펌프, 부분손실장치, PRV가 설치된 관망의 해석절차에 대해서 기술한다. 이 절차를 시작하기 위해 그림 4.17과 같이 8-배관, 5-절점, 2-펌프로 구성된 관망을 고려한다. 배관 3, 7, 8에 설치된 손실수두장치의 손실계수는 그림과 같다. 이 관망에 대한 식을 작성하여 해결한 후 배관 5에 PRV를 설치한다.

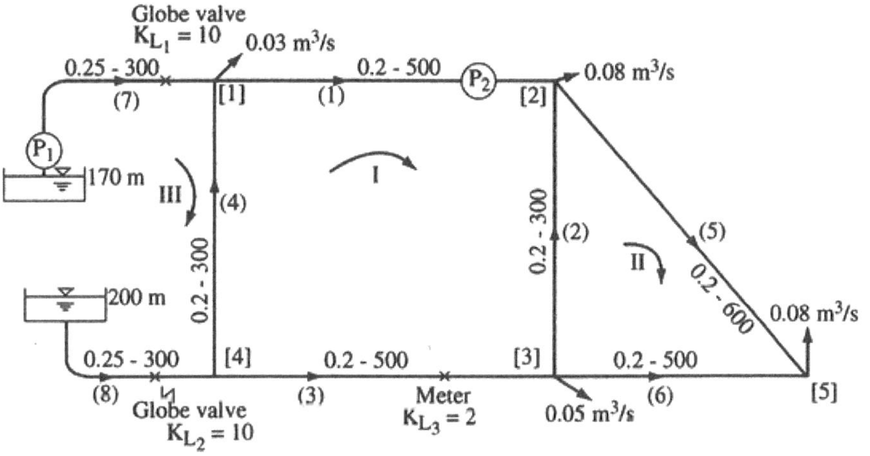

펌프 1	$Q(m^3/s)$	0.025	0.04	0.055
	$h_p(m)$	12.0	10.5	8.0
펌프 2	$Q(m^3/s)$	0.060	0.090	0.120
	$h_p(m)$	4.0	3.8	3.5

그림 4.17 8-배관, 5-절점, 2-펌프와 부분손실장치가 설치된 관망

• Q-공식 해결

본 관망에서는 다음과 같이 5개 접합부 연속식과 3개 에너지루프식으로 Q-공식을 작성할 수 있다.

$$F_1 = -Q_1 + Q_4 + Q_7 - QJ_1 = 0$$

$$F_2 = Q_1 + Q_2 - Q_5 - QJ_2 = 0$$

$$F_3 = -Q_2 + Q_3 - Q_6 - QJ_3 = 0$$

$$F_4 = -Q_3 - Q_4 + Q_8 = 0$$

$$F_5 = Q_5 + Q_6 - QJ_5 = 0$$

$$F_6 = K_1 Q_1^{n_1} - h_{p2} - K_2 Q_2^{n_2} - K_3 Q_3^{n_3} - K_{L_3} Q_3^2 / (2gA_3^2) + K_4 Q_4^{n_4} = 0 \tag{4.61}$$

$$F_7 = K_2 Q_2^{n_2} + K_5 Q_5^{n_5} - K_6 Q_6^{n_6} = 0$$

$$F_8 = K_7 Q_7^{n_7} - h_{p1} + K_{L_1} Q_7^2 / (2gA_7^2) - K_4 Q_4^{n_4} - K_8 Q_8^{n_8} - K_{L_2} Q_8^2 / (2gA_8^2) + 30 = 0$$

상기 식은 손실계수 $K_{L1} = 10$, $K_{L2} = 10$, $K_{L3} = 2$와 펌핑수두 h_{p1} 및 h_{p2}를 포함한다. 펌핑수두는 예상되는 운전 범위에 걸친 펌프의 특성곡선상 3개의 점을 통과하는 유량 함수의 이차식으로 표현할 수 있다. 만일 펌프가 유체에 공급하는 동력이 일정하면 펌핑수두를 $h_p = Power/(\gamma Q)$로 정의할 수 있다.

예제 4.6

공식시스템을 사용하여 그림 4.17의 관망을 해석하여 Q와 H를 구하라. 단, 동점성계수 $\nu = 1.31 \times 10^{-6} m^2/s$, $e = 0.0025$㎜이다.

해답

주어진 수치를 기반으로 표 1과 같이 배관유량을 추정하고 엑셀파일 PIPK_N을 이용하여 8개 배관의 K와 n 수치를 계산하며 이후 상세한 계산과정은 엑셀 파일 Exam4_6을 참조한다.

표 1 K, n 계산결과

배관 No.	1	2	3	4	5	6	7
$Q(m^3/s)$	0.100	0.015	0.100	0.080	0.030	0.050	0.070
K	1160	613	1160	690	1292	1115	322
n	1.827	1.788	1.827	1.824	1.801	1.812	1.772
f	0.0134	0.0314	0.0134	0.0212	0.0168	0.0152	0.0223

다음 단계에서는 두 펌프에 대한 2차식의 계수를 얻기 위해 그림 4.17의 펌프자료 3점을 적합(fitting)시키거나 또는 엑셀의 그래프 기능을 이용하여 다음 계수를 구한다.

$$A_1 = -2222, B_1 = 44.4, \ C_1 = 12.28$$
$$A_2 = -55.56, B_2 = 1.667, \ C_2 = 4.10$$

이제 표 1과 그림 4.17의 자료를 식 4.61에 대입하여 $\{F\}$를 구하고, $\{F\}$ 식을 미분한 자코비언행렬 $[D]$는 다음과 같으며 독자는 완벽하게 이해하기 위해서 직접 계산할 것을 권장한다.

$$\{F\}^T = (0.020\ 0.005\ -0.015\ -0.010\ 0.000\ 1.80589\ -2.223\ 7.1160)$$

$$[D] = \begin{bmatrix} -1.0 & 0.0 & 0.0 & 1.0 & 0.0 & 0.0 & 1.0 & 0.0 \\ 1.0 & 1.0 & 0.0 & 0.0 & -1.0 & 0.0 & 0.0 & 0.0 \\ 0.0 & -1.0 & 1.0 & 0.0 & 0.0 & -1.0 & 0.0 & 0.0 \\ 0.0 & 0.0 & -1.0 & -1.0 & 0.0 & 0.0 & 0.0 & 1.0 \\ 0.0 & 0.0 & 0.0 & 0.0 & 1.0 & 1.0 & 0.0 & 0.0 \\ 325 & -40.2 & -336.3 & 157 & 0.0 & 0.0 & 0.0 & 0.0 \\ 0.0 & 40.2 & 0.0 & 0.0 & 140 & -177.4 & 0.0 & 0.0 \\ 0.0 & 0.0 & 0.0 & -157 & 0.0 & 0.0 & 370 & -172.3 \end{bmatrix}$$

상기 식에서 T는 공식 벡터의 전치행렬을 나타낸다. 부록 B에 기술된 엑셀의 행렬식 기능을 이용하여 상기 공식시스템에 대한 해를 구하면 다음과 같다.

$$\{z\}^T = (-0.0030\ 0.0009\ -0.0070\ 0.0030\ -0.0071\ 0.0071\ 0.0140\ -0.0140)$$

식 4.40에 따라 두 번째 반복을 위한 개선된 유량을 구하기 위해 표 1의 초기 추정유량에 상기 z 수치를 감하면 다음과 같다.

$$\{Q\}^T = (0.1030\ 0.0141\ 0.1070\ 0.0770\ 0.0371\ 0.0429\ 0.0560\ 0.1840)$$

상기 절차에 따라 3회 반복한 결과는 표 2와 같으며 이 유량을 대입하여 구한 z 수치는 모두 0이 되어 더 이상 개선의 여지가 없으므로 엄밀해를 얻은 것으로 판단할 수 있으므로 반복을 중지한다.

$$\{Q\}^T = (0.1029\ 0.0141\ 0.1071\ 0.0777\ 0.0370\ 0.0430\ 0.0552\ 0.1848)$$

표 2 입력자료와 출력자료

No	형식	입력자료(초기수치)	출력자료(최종수치)
1	U	$Q_1 = 0.100$	$Q_1 = 0.103$
2	U	$Q_2 = 0.015$	$Q_2 = 0.014$
3	U	$Q_3 = 0.100$	$Q_3 = 0.107$
4	U	$Q_4 = 0.080$	$Q_4 = 0.078$
5	U	$Q_5 = 0.030$	$Q_5 = 0.037$
6	U	$Q_6 = 0.050$	$Q_6 = 0.043$
7	U	$Q_7 = 0.070$	$Q_7 = 0.055$
8	U	$Q_8 = 0.170$	$Q_8 = 0.185$

• ***H*-공식 해석**

다음은 그림 4.17의 관망에 대한 H-공식을 전개하고 해를 구하는 방법에 대해 고찰한다. 이 관망에 대한 H-공식은 식 4.61로부터 다음 식을 전개할 수 있다. 펌프의 상류측 HGL-고도에 펌핑수두 h_p를 더하고, 각 배관의 상류측 HGL 고도에서 배관손실과 부분손실 h_L을 감하여야 한다.

$$
\begin{aligned}
F_1 &= -\left[\frac{H_1 + h_{p2} - H_2}{K_1}\right]^{\frac{1}{n_1}} + \left[\frac{H_4 - H_1}{K_4}\right]^{\frac{1}{n_4}} + \left[\frac{170 + h_{p1} - h_{L1} - H_1}{K_7}\right]^{\frac{1}{n_7}} \\
&\quad - 0.03 = 0 \\
F_2 &= -\left[\frac{H_2 - H_5}{K_5}\right]^{\frac{1}{n_5}} + \left[\frac{H_3 - H_2}{K_2}\right]^{\frac{1}{n_2}} + \left[\frac{H_1 + h_{p2} - H_2}{K_1}\right]^{\frac{1}{n_1}} - 0.08 = 0 \\
F_3 &= -\left[\frac{H_3 - H_5}{K_6}\right]^{\frac{1}{n_6}} - \left[\frac{H_3 - H_2}{K_2}\right]^{\frac{1}{n_2}} + \left[\frac{H_4 - h_{L3} - H_3}{K_3}\right]^{\frac{1}{n_3}} - 0.05 = 0 \\
F_4 &= -\left[\frac{H_4 - h_{L3} - H_3}{K_3}\right]^{\frac{1}{n_3}} - \left[\frac{H_4 - H_1}{K_4}\right]^{\frac{1}{n_4}} + \left[\frac{200 - h_{L2} - H_4}{K_8}\right]^{\frac{1}{n_8}} = 0 \\
F_5 &= \left[\frac{H_2 - H_5}{K_5}\right]^{\frac{1}{n_5}} + \left[\frac{H_3 - H_5}{K_6}\right]^{\frac{1}{n_6}} - 0.08 = 0
\end{aligned}
\tag{4.62}
$$

관로에 펌프가 설치되면 펌프의 h_p특성을 나타내기 위해 펌핑유량 Q를 변수로 하는 2차식으로 전개하고, 부분손실장치가 설치되면 유량의 함수로 손실의 크기를 표현하는 식을 전개하여야 한다. 상류측 절점에서의 수두와 하류측 절점에서의 수두의 항으로 유량을 추정하기 위해 반복법을 사용하면 뉴튼법의 2차식 수렴의 장점이 희생된다. 이러한 딜레마로 인해 펌프를 통과하는 유체의 수두가 유량에 의해 크게 종속되면 뉴튼법을 H-공식에 적용하면 뉴튼법의 결함이 두드러지게 나타난다. 펌프가 많이 설치된 관망의 H-공식의 해를 구하기 위해 유량의 항으로 연속식을 작성하고, 절점수두의 항으로 이 유량을 표현하는 식을 추가하여 수두와 유량을 동시에 해결하는 것이 유리할 수 있으며 예제 4.7에서 이러한 방법을 사용한다. 전산 프로그램으로 H-공식을 해결하는 방법에 대해서는 다음 절에서 기술한다. 이 방법은 1회 반복 동안 존재하는 수두로부터 $Q = [(H_i - H_j)/K]^{1/n}$를 계산하여 모든 배관 유량을 구하고, 만일 배관에 펌프가 설치되면 뉴튼법을 사용하여 아래와 같은 단일식으로 배관의 Q를 구할 수 있으며 여기서 펌핑수두 $h_p = AQ^2 + BQ + C$이다.

$$Q = \left[\frac{(H_i + h_p - H_j)}{K} \right]^{\frac{1}{n}}$$

그림 4.17 관망의 절점에서의 HGL를 구하기 위해서는 H-공식시스템을 해결하여야 하지만 Q-공식시스템을 해결하여 얻은 결과를 사용하여도 HGL를 구할 수 있다. HGL_1은 저수지 수위 WS_1과 펌핑수두 h_{P1}를 더한 것에 배관 7에서의 손실수두 h_{f7}과 글로브밸브의 미소손실 h_{L1}을 감한 것과 동일하므로 다음과 같이 계산할 수 있다.

$$HGL_1 = WS_1 + A_1 Q_7^2 + B_1 Q_7 + C_1 - K_7 Q_7^{n_7} - K_{L1} V_7^2/(2g)$$

$$= 170 - 2222 \times 0.103^2 + 44.4 \times 0.103 + 12.28 - 322 \times 0.103^{1.832}$$

$$- 10 \times 1.126^2/(2 \times 9.8) = 175.4m$$

HGL_1에 펌핑수두 h_{P2}를 더한 것에서 배관 1에서의 손실수두 h_{f1}를 감하여 절점 2에서의 HGL_2을 구할 수 있다.

$$HGL_2 = HGL_1 + h_{P2} - h_{f1}$$

$$= HGL_1 + A_2 Q_1^2 + B_2 Q_1 + C_2 - K_1 Q_1^{n_1}$$

$$= 175.4 - 55.56 \times 0.103^2 + 1.667 \times 0.103 + 4.10 - 1160 \times 0.103^{1.827} = 160.87m$$

저수지 수위 WS_2에 배관 8에서의 손실수두 h_{f8}과 글로브밸브의 미소손실 h_{L2}을 감하여 절점 4에서의 HGL_4를 구할 수 있다.

$$HGL_4 = WS_2 - K_8 Q_8^{n_8} - K_{L2} V_8^2/(2g)$$

$$= 200 - 239 \times 0.18^{1.832} - 10 \times 3.76^2/(2 \times 9.8) = 181.93m$$

HGL_4에서 배관 3에서의 손실수두 h_{f3}과 미터의 미소손실 h_{L3}을 감하여 절점 3에서의 HGL_3을 구할 수 있다.

$$HGL_3 = HGL_4 - K_3 Q_3^{n_3} - K_{L3} V_3^2/(2g)$$

$$= 181.93 - 1160 \times 0.107^{1.827} - 2 \times 3.4^2/(2 \times 9.8) = 160.57m$$

마지막으로 HGL_3에서 배관 6에서의 손실수두 h_{f6}를 감하여 절점 5에서의 HGL_5를 구할 수 있다.

$$HGL_5 = HGL_3 - K_6 Q_6^{n_6} = 160.57 - 1115 \times 0.043^{1.812} = 157.45m$$

예제 4.7

예제 4.6에서 고찰한 그림 4.17의 8-배관으로 구성된 관망에 대한 H-공식을 해결하라.

• $\triangle Q$-공식 해석

그림 4.17 관망에 대한 $\triangle Q$-공식은 다음과 같으며 적정한 일련의 초기유량을 설정하여야 한다.

$$F_1 = K_1(Q_{o1} + \triangle Q_1)^{n_1} - h_{p2} - K_2(Q_{o2} - \triangle Q_1 + \triangle Q_2)^{n_2} \qquad 4.63$$

$$- K_3(Q_{o3} - \triangle Q_1)^{n_3} - K_{L3}(Q_{o3} - \triangle Q_1)^2/(2gA_3^2)$$

$$+ K_4(Q_{o4} + \triangle Q_1 - \triangle Q_3)^{n_4} = 0$$

$$F_2 = K_5(Q_{o5} + \triangle Q_2)^{n_5} - K_6(Q_{o6} - \triangle Q_2)^{n_6} + K_2(Q_{o2} - \triangle Q_1 + \triangle Q_2)^{n_2}$$

$$= 0$$

$$F_3 = K_7(Q_{o7} + \triangle Q_3)^{n_7} + K_{L1}(Q_{o7} + \triangle Q_3)^2/(2gA_7^2)$$

$$- K_4(Q_{o4} + \triangle Q_1 - \triangle Q_3)^{n_4} - h_{p1} - K_8(Q_{08} - \triangle Q_3)_8^n$$

$$- K_{L2}(Q_{o8} - \triangle Q_3)^2/(2gA_8^2) + 30 = 0$$

상기 $\triangle Q$-공식에서의 펌핑수두를 다음과 같은 2차식으로 대체할 수 있다.

$$h_{p1} = A_1(Q_{o7} + \triangle Q_3)^2 + B_1(Q_{o7} + \triangle Q_3) + C_1$$
$$h_{p2} = A_2(Q_{o1} + \triangle Q_1)^2 + B_2(Q_{o1} + \triangle Q_1) + C_2 \qquad (4.64)$$

부분손실은 $h_L = K_L Q^2/(2gA^2)$이고 여기서 배관 내 각 유량을 Q_{oi}와 수정유량의 합으로 나타낼 수 있고 자코비언행렬 요소가 되는 이 항의 도함수를 쉽게 평가할 수 있다.

예제 4.8

뉴튼법과 수치미분석을 사용하여 그림 4.17의 관망에 대한 $\triangle Q$–공식을 해결하라.

해답

$\triangle Q$–공식을 해결하기 위한 입력자료와 출력자료는 다음 표와 같고, 다음과 같이 초기유량을 설정하여 뉴튼법을 실행하며 이후 상세한 계산과정은 엑셀파일 Exam4_8을 참조한다.

$$Q_{o1}=0.100m^3/s,\ Q_{o2}=0.015m^3/s,\ Q_{o3}=0.110m^3/s,\ Q_{o4}=0.060m^3/s,$$
$$Q_{o5}=0.035m^3/s,\ Q_{o6}=0.045m^3/s,\ Q_{o7}=0.070m^3/s,\ Q_{o8}=0.170m^3/s$$

표 1 입력자료와 출력자료

No	형식	변수	입력자료	출력자료
1	U	$\triangle Q_1$	0.001	0.003
2	U	$\triangle Q_2$	0.001	0.002
3	U	$\triangle Q_3$	0.001	-0.015

상기 표의 입력자료와 같이 초기수정유량을 $\triangle Q_1=\triangle Q_2-\triangle Q_3=0.001m^3/s$으로 추정하고 이 유량을 1.005배로 변경시켜 식 4.61의 $F_6\sim F_8$(여기에서는 $F_1\sim F_3$)를 수치미분한다. 예를 들어 F_2식을 $\triangle Q_1$에 관해 수미미분하기 위해 당초 F_2 식에 초기수정유량을 대입한다.

$$\begin{aligned} F_2 &= K_2(Q_{o2}-\triangle Q_1+\triangle Q_2)^{n_2}+K_5(Q_{o5}+\triangle Q_2)^{n_5}-K_6(Q_{o6}-\triangle Q_2)^{n_6} \\ &=613(0.015-0.001+0.001)^{1.788}+1292(0.035+0.001)^{1.801} \\ &\quad -1115(0.045-0.001)^{1.812} \\ &=-0.30280 \end{aligned} \tag{1}$$

식 (1)에 다음과 같이 변경시킨 초기수정유량 $\triangle Q_1'=0.001\times1.005=0.001005$와 변경시키지 않은 $\triangle Q_2=\triangle Q_3=0.001$를 대입한다.

$$\triangle Q_1'=0.001\times1.005=0.001005m^3/s,\ \triangle Q_2=\triangle Q_3=0.001m^3/s \tag{2}$$

$$\begin{aligned} F_2' &= K_5(Q_{o5}+\triangle Q_2)^{n_5}-K_6(Q_{o6}-\triangle Q_2)^{n_6}+K_2(Q_{o2}-\triangle Q_1+\triangle Q_2)^{n_2} \\ &=1292(0.035+0.001)^{1.801}-1115(0.045-0.001)^{1.812} \\ &\quad +613(0.015-0.001005+0.001)^{1.788} \\ &=-0.30300 \end{aligned} \tag{3}$$

F_2 식의 ΔQ_1에 관한 도함수는 다음과 같다.

$$\frac{\partial F_2}{\partial \Delta Q_1} = \frac{F_2{}' - F_2}{\Delta Q_1{}' - \Delta Q_1} = \frac{-0.30300-(-0.30280)}{0.001005-0.001} = -40.04 \tag{4}$$

동일한 방법으로 F_2 식의 ΔQ_2와 ΔQ_3에 관한 도함수를 구하면 다음과 같다.

$$\begin{aligned} \frac{\partial F_2}{\partial \Delta Q_2} &= \frac{F_2{}' - F_2}{\Delta Q_2{}' - \Delta Q_2} = \frac{-0.30098-(-0.30280)}{0.001005-0.001} = 362.3 \\ \frac{\partial F_2}{\partial \Delta Q_3} &= \frac{F_2{}' - F_2}{\Delta Q_3{}' - \Delta Q_3} = \frac{-0.3028-(-0.3028)}{0.001005-0.001} = 0 \end{aligned} \tag{5}$$

동일한 방법으로 F_1 식과 F_3 식을 ΔQ_1, ΔQ_2, ΔQ_3에 관한 도함수를 구하여 행렬로 표현하면 다음과 같다.

$$[D] = \begin{bmatrix} 853.28 & -40.05 & -123.90 \\ -40.04 & 362.30 & 0.00 \\ -123.90 & 0.00 & 670.57 \end{bmatrix} \quad [F] = \begin{pmatrix} -3.82 \\ -0.30 \\ 10.47 \end{pmatrix} \tag{6}$$

엑셀의 행렬식 해 찾기 기능을 이용하여 상기 행렬식의 해를 구하면 다음과 같다.

$$\{z\}^T = (-0.0023 \ -0.0011 \quad 0.0152) \tag{7}$$

식 4.40에 따라 두 번째 반복을 위한 개선된 수정유량을 구하기 위해 표 1의 초기수정유량에 상기 z 수치를 감하면 다음과 같다.

$$\{\Delta Q\}^T = (0.00332 \ 0.00209 \ -0.01419) \tag{8}$$

상기 절차를 두 번째 적용하면 다음 결과를 얻는다.

$$[D] = \begin{bmatrix} 879.60 & -37.45 & -153.06 \\ -37.42 & 360.40 & 0.00 \\ -153.02 & 0.00 & 626.91 \end{bmatrix} \quad [F] = \begin{pmatrix} 0.25506 \\ 0.00197 \\ 0.29404 \end{pmatrix} \tag{9}$$

$$\{z\}^T = (0.0004 \ 0.0000 \quad 0.0006)$$

$$\{\Delta Q\}^T = (0.00293 \ 0.00205 \ -0.01475)$$

상기 절차를 세 번째 적용하면 다음 결과를 얻는다.

$$[D] = \begin{bmatrix} 880.65 & -38.18 & -153.35 \\ -38.16 & 361.10 & 0.00 \\ -153.30 & 0.00 & 624.47 \end{bmatrix} \quad [F] = \begin{pmatrix} -0.00014 \\ 0.00013 \\ 0.00067 \end{pmatrix} \tag{10}$$

$$\{z\}^T = (0.0000 \ 0.0000 \quad 0.0000)$$

상기 행렬 $\{z\}^T$의 요소가 모두 0이므로 더 이상 반복해도 개선되지 않으므로 다음과 같이 최종 수정유량을 얻을 수 있다.

$$\{\triangle Q\}^T = (0.00293\ 0.00205\ -0.01475) \tag{11}$$

상기 수정유량을 각 배관에 적용하여 다음과 같이 배관유량을 결정할 수 있다.

$$Q_1 = Q_1 + \triangle Q_1 = 0.100 + 0.00293 = 0.103m^3/s$$

$$Q_2 = Q_2 - \triangle Q_1 + \triangle Q_2 = 0.015 - 0.00293 + 0.00205 = 0.014m^3/s$$

$$Q_3 = Q_3 - \triangle Q_1 = 0.110 - 0.00293 = 0.107m^3/s$$

$$Q_4 = Q_4 + \triangle Q_1 - \triangle Q_3 = 0.060 + 0.00293 + 0.01475 = 0.078m^3/s$$

$$Q_5 = Q_5 + \triangle Q_2 = 0.035 + 0.00205 = 0.037m^3/s$$

$$Q_6 = Q_6 - \triangle Q_2 = 0.045 - 0.00205 = 0.043m^3/s$$

$$Q_7 = Q_7 + \triangle Q_3 = 0.070 - 0.01475 = 0.055m^3/s$$

$$Q_8 = Q_8 - \triangle Q_3 = 0.170 + 0.01475 = 0.185m^3/s$$

4.4.4 감압밸브 PRV가 설치된 관망해석

• Q-공식 해결

감압밸브 또는 배압밸브가 설치된 관망을 해석하기 위해서 그림 4.17 관망의 5번 배관에 PRV를 설치한다. 이 PRV는 접합부 2로부터 200m 하류에 위치하고, 감압밸브의 압력을 저수지 수위 149m로 설정한다. 이와 같이 수정된 그림 4.18의 관망에서 5개의 접합부 연속식과 펌프자료는 변함이 없지만 그림 4.17 관망은 가상루프 1개와 실제루프 2개로 구성된 반면 그림 4.18 관망은 가상루프 2개와 실제루프로 1개로 구성된다.

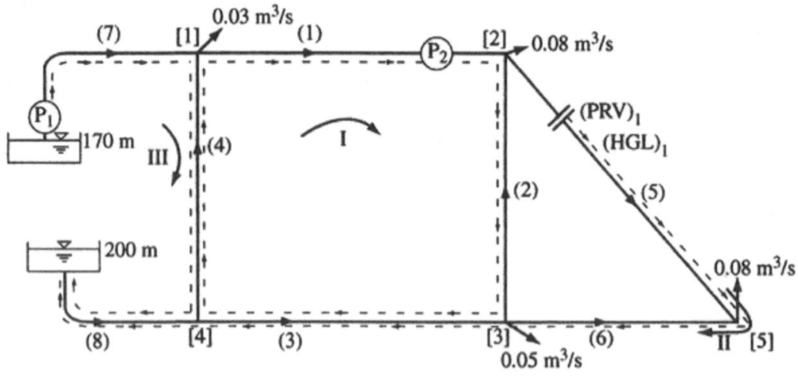

그림 4.18 8-배관, 펌프, 부분손실장치와 PRV가 설치된 관망

식 4.61의 식 F_6과 F_8은 동일하지만 실제루프식 F_7을 다음과 같이 가상루프식 F_7으로 작성하여야 하며 여기서 K_5'는 배관 5에 설치된 PRV의 하류측 관로부분을 나타낸다.

$$F_7 = K_5' Q_5^{n_5} - K_6 Q_6^{n_6} - K_3 Q_3^{n_3} - K_{L3} Q_3^2/\left(2gA_3^2\right)$$
$$- K_8 Q_8^{n_8} - K_{L2} Q_8^2/\left(2gA_8^2\right) + 200 - HGL_v = 0 \tag{4.65}$$

이제 독립식이 8개이므로 이 식을 이용하여 유량 $Q_1 \sim Q_8$을 구할 수 있다. 만일 PRV가 정상적으로 운영되면 식 F_7의 HGL_v은 밸브에 설정한 저수지 수위와 동일하게 149m가 된다.

그러나 뉴튼법으로 해를 구하는 과정에서 Q_5 수치가 (-)가 되면 PRV는 완전 폐쇄되며 이때 PRV가 설치된 배관유량 Q_5는 미지수가 아닌 $Q_5 = 0$이 되고, PRV 직하류에서 HGL은 미지수가 된다. 다시 말해 이 PRV가 폐쇄되어도 동일한 공식시스템을 사용하여 관망 운영을 기술할 수 있지만 일련의 미지수는 Q_1, Q_2, Q_3, Q_4, HGL_1, Q_6, Q_7, Q_8가 된다.

PRV가 없을 때의 관망을 해석하기 위해 전술한 식의 변화는 다음과 같다. (1) Q_5는 부호에 따라 유량 Q_5 또는 수두 HGL이 될 수 있다. (2) F_7은 PRV를 인위적인 저수지로 대체하고 이곳으로부터 하부 실제 저수지까지의 가상루프가 된다. 관망 해석결과는 다음과 같으며 여기서 Q_5는 유량이 아닌 수두(m)이다.

$QJ_5 = 0.08m^3/s$일 때 해석결과로부터 절점 [5]에서의 수두 $H_5 = 149.227m$는 PRV 설정수두 149m를 초과하므로 PRV가 폐쇄되어 $Q_5 = 0$이 되고, 배관 5 내부 유동방향은 역전되는 것을 알 수 있다. 즉, PRV 하류측 $HGL = 149.227m$는 설정치 149m보다 약간 높

아 PRV는 체크밸브의 역할을 하여 역방향으로 유동을 차단하므로 $Q_5=0$이 된다.

$$\begin{aligned}&Q_1=\ \ \ 0.102, \quad Q_2=-0.022, \quad Q_3=0.108, \quad Q_4=0.077\\&Q_5=149.227, \quad Q_6=\ \ \ 0.080, \quad Q_7=0.055, \quad Q_8=0.185\end{aligned}$$

$QJ_5=0.08m^3/s$에서 $0.1m^3/s$로 증가시 해를 구하기 위해 절점 5에서의 연속식을 $F_5=Q_5+Q_6-0.10$으로 변경하여 해석한 결과는 다음과 같고, 이 경우 PRV는 정상적으로 동작하고 PRV 하류측에서 수두는 $HGL_v=149m$를 유지하며 여기서 Q_5는 유량이다.

$$\begin{aligned}&Q_1=0.113, \quad Q_2=0.002, \quad Q_3=0.117, \quad Q_4=0.079\\&Q_5=0.034, \quad Q_6=0.066, \quad Q_7=0.063, \quad Q_8=0.197\end{aligned}$$

상기 배관유량을 이용하여 구한 각 절점에서 수두는 다음과 같고, PRV의 수두는 $HGL_v=154.8m$이다.

$$H_1=173.6m, \ H_2=155.7m, \ H_3=155.7m, \ H_4=180.3m, \ H_5=147.2m$$

$QJ_5=0.16m^3/s$로 증가시 해석하기 위해 절점 5의 연속식을 $F_5=Q_5+Q_6-0.16$으로 변경하여 해석한 결과는 다음과 같고, 이 경우 PRV는 완전개방되고 여기서 Q_5는 유량이다.

$$\begin{aligned}&Q_1=0.145, \quad Q_2=0.050, \quad Q_3=0.145, \quad Q_4=0.088\\&Q_5=0.115, \quad Q_6=0.045, \quad Q_7=0.087, \quad Q_8=0.233\end{aligned}$$

상기 배관유량을 이용하역 한 일부 손실수두와 펌핑수두는 다음과 같고, 절점 2에서 $H_2=134.2m$가 된다.

$$h_{f7}=6.98m, \ h_{p1}=-28.0m, \ h_{p2}=4.04m, \ h_{f1}=4.92m$$

펌프 1의 비현실적인 $h_{p1}=-28.0m$ 수두의 원인은 펌프가 펌프특성곡선을 정의하기 위해 사용한 3 개점 유량범위를 벗어나 운전되기 때문이다. 또한 $H_2=134.2m$는 PRV 설정치보다 상당히 적고, PRV는 수두를 증가시키는 펌프와 같이 작동할 수 없기 때문에 완전개방되어야 한다. PRV가 완전개방되면 PRV는 손실계수가 약 10인 글로브밸브와 유사한 부분손실장치의 역할을 한다. 따라서 이 해석결과는 유효하지 않고, PRV 위치에 다른 부분손실장치를 사용하여 문제를 해결하여야 한다. PRV의 완전개방 또는 설정압력유지 여부를 확인하기 위한 단순한 방법은 현재 존재하지 않는다. 절점수두는 유량을 구한 후 다음 단계에서 결정되기 때문에 반드시 Q-공식의 해를 먼저 구하여야 하며 $\triangle Q$-공식의 사용시에

도 동일한 원리가 적용된다.

• *H*-공식 해결

H-공식의 해를 구하면 PRV의 상류측 절점에서의 수두가 HGL_v보다 적은지 또는 하류측 절점에서의 수두가 HGL_v 보다 큰지 확인할 수 있어 PRV가 작동할 수 있는 3가지 모드를 가장 용이하게 나타낼 수 있다. PRV는 하류측 절점에서의 수두 H가 HGL_v 보다 크면 배관 내 유동을 차단하고, 상류측 절점에서의 수두 H가 HGL_v보다 작으면 완전개방된다.

• △*Q*-공식 해결

$\triangle Q$-공식을 사용하여 PRV가 설치된 관망 해석시 $\triangle Q$ 루프와 에너지루프를 사용하여야 한다. 그림 4.19 관망에서 첫 번째와 세 번째 에너지루프식은 식 4.61과 동일하지만 두 번째 에너지루프식은 다음 식으로 대체하여야 한다.

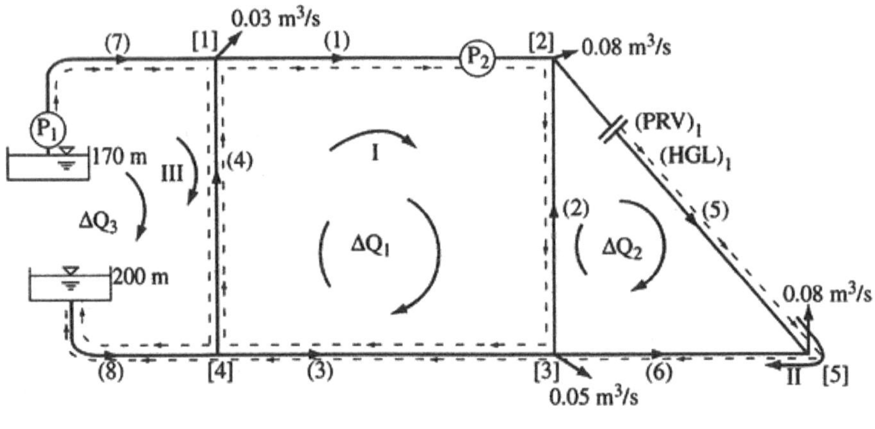

그림 4.19 8-배관, 5-절점, PRV가 설치된 관망

$$
\begin{aligned}
F_2 = K_5'\left(Q_{o5} + \triangle Q_2\right)^{n_5} - K_6\left(Q_{o6} - \triangle Q_2\right)^{n_6} - K_3\left(Q_{o3} - \triangle Q_1\right)^{n_3} \\
- K_{L3}\left(Q_{o3} - \triangle Q_1\right)^2/\left(2gA_3^2\right) - K_8\left(Q_{o8} - \triangle Q_3\right)^{n_8} \\
- K_{L2}\left(Q_{o8} - \triangle Q_3\right)^2/\left(2gA_8^2\right) + 200 - HGL = 0
\end{aligned}
\tag{4.66}
$$

상기 식에서 일부 항만이 $\triangle Q_2$를 포함하므로 대칭 자코비언행렬을 얻을 수 없다는 사실에 유의하여야 한다. $\triangle Q$-공식을 사용할 때 PRV의 올바른 동작 모드를 결정하는 것은 Q-공식을 사용할 때와 동일하다. 즉, PRV는 배관 내 유동 방향이 역전되면 폐쇄되고, PRV의

상류측 절점의 HGL이 설정압력보다 작으면 완전개방되고, 마지막으로 상류측 절점의 HGL이 설정압력보다 크고, 하류측 절점의 HGL이 설정압력보다 작으면 PRV가 교축되어 정상적으로 동작하는 것이다. Q-공식에서와 같이 절점수두가 결정되기 전까지는 PRV의 완전개방 또는 완전폐쇄를 결정할 수 없다. PRV가 폐쇄되면 그 배관유량은 0이 되고, HGL_v는 설정치보다 큰 미지수가 된다. 오직 하나의 수정유량 ΔQ만이 PRV가 설치된 배관을 통과하면 수정유량은 $\Delta Q_j = \pm Q_{oi}$인 기저가 되며 여기서 가정한 Q_{oi}와 ΔQ_j의 방향이 일치하면 (+) 부호, 방향이 반대가 되면 (-) 부호를 적용한다. ΔQ_j의 자리에서 HGL은 미지수이고, 아직까지 미지수 숫자는 공식 숫자와 동일하다. 2개 이상의 수정유량 ΔQ가 통과하는 PRV가 폐쇄되면 반드시 이 수정유량 중 하나를 다른 항으로 표현하여야 하고, HGL_v를 ΔQ로 대체하여야 한다. 예를 들어 그림 4.20 관망의 배관 2에 PRV가 설치되면 $\Delta Q_2 = Q_{02} + \Delta Q_1$이 되고, 배관 6과 7에서와 같이 ΔQ_2가 나타나는 모든 배관에서는 $\Delta Q_2 = Q_{02} + \Delta Q_1$으로 대체하여야 한다.

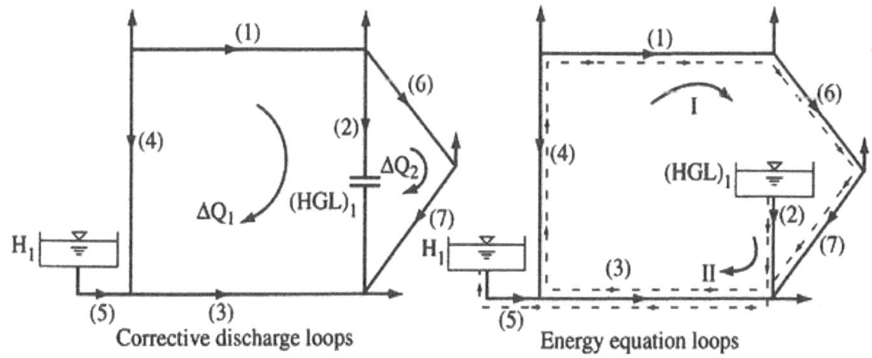

그림 4.20 7-배관으로 구성되고 배관 2에 PRV가 설치된 관망

해석결과 Q_5 수치가 (-)가 되어 PRV가 폐쇄되면 $Q_5 = 0$으로 설정하고, ΔQ_2를 미지수인 HGL_v로 대체하여야 하고, 이때 HGL_v는 PRV 설정치보다 크게 된다. 반대로 HGL_1이 PRV 설정치보다 작게 되면 반드시 PRV가 다시 개방되어야 한다.

예제 4.9

ΔQ-공식을 사용하여 그림 4.19의 8-배관 관망을 해석하라. 먼저 절점 5에서 수요량 $QJ_5 = 0.100 m^3/s$일 때 해를 구한 후 $QJ_5 = 0.080 m^3/s$일 때 해를 구하라.

해답

절점 5에서의 수요량 $QJ_5 = 0.100m^3/s$ 일 때 관망을 해석하기 위한 입력자료와 출력자료는 다음 표와 같으며 이후 상세한 계산과정은 엑셀파일 Exam4_9를 참조한다.

표 1 $QJ_5 = 0.100m^3/s$ 일 때 입력자료와 출력자료

No	변수	형식	입력자료	출력자료
1	$\triangle Q_1$	U	0.00	-0.00749
2	$\triangle Q_2$	U	0.00	-0.00572
3	$\triangle Q_3$	U	0.00	-0.01668
4	Q_{01}	K	0.12	0.12
5	Q_{02}	K	0.00	0.00
6	Q_{03}	K	0.011	0.011
7	Q_{04}	K	0.07	0.07
8	Q_{05}	K	0.04	0.04
9	Q_{06}	K	0.06	0.06
10	Q_{07}	K	0.08	0.08
11	Q_{08}	K	0.18	0.18

상기 표의 입력자료의 $\triangle Q$를 초기유량에 적용하여 최종 유량 $Q(m^3/s)$을 구한 후 각 배관과 관련된 K와 n을 사용하여 배관에서의 손실수두를 계산한 결과는 다음 표와 같다.

표 2 $QJ_5 = 0.100m^3/s$ 일 때 Q와 h_f

배관 No.	1	2	3	4	5	6	7
$Q(m^3/s)$	0.1125	-0.0018	0.1175	0.0792	0.0343	0.0657	0.0633
$h_f(m)$	21.43	0.0074	23.20	6.77	2.97	8.03	2.43

상기 유량으로 계산한 펌핑수두, 부분손실, 절점수두는 다음과 같고, 이로부터 $H_2 > H_v$ 및 $H_5 < HGL_v$가 되어 PRV는 교축되어 정상적으로 동작한다.

$h_{p1} = 6.18m$, $h_{p2} = 3.58m$

$h_{L1} = 0.848m$, $h_{L2} = 8.18m$, $h_{L3} = 1.426m$

$H_1 = 172.9m$, $H_2 = 155.06m$, $H_3 = 155.06m$, $H_4 = 179.68m$, $H_5 = 147.03m$, $H_{v1} = 154.07m$

절점 5에서의 수요량이 $QJ_5 = 0.080m^3/s$인 경우 입력자료와 출력자료는 다음 표와 같다.

표 3 $QJ_5 = 0.080m^3/s$일 때 입·출력자료

No	변수	형식	입력자료	출력자료
1	$\triangle Q_1$	U	0.00	-0.01827
2	$\triangle Q_2$	U	0.00	149.2
3	$\triangle Q_3$	U	0.00	-0.02508
4	Q_{01}	K	0.12	0.12
5	Q_{02}	K	0.00	0.00
6	Q_{03}	K	0.09	0.09
7	Q_{04}	K	0.07	0.07
8	Q_{o5}	K	0.04	0.04
9	Q_{o6}	K	0.04	0.04
10	Q_{o7}	K	0.08	0.08
11	Q_{o8}	K	0.16	0.16

$QJ_5 = 0.080m^3/s$ 조건에서 모든 연속식을 만족시키도록 상기 입력자료와 같이 초기 추정 유량 Q_{oi}를 변경시킨다. 출력자료로부터 $H_5 = 149.2m$가 되어 PRV는 폐쇄되므로 $\triangle Q_2 = -Q_{o5}$로 설정되고 $\triangle Q_2$는 실제로 PRV의 하류측에서의 HGL_v가 된다. 아래 표는 이러한 상황에서 유량과 손실수두의 계산 결과를 보여준다.

표 4 표 2 $QJ_5 = 0.080m^3/s$일 때 Q와 h_f

배관 No.	1	2	3	4	5	6	7
$Q(m^3/s)$	0.1017	0.0217	0.1083	0.0768	0.00	0.0800	0.0549
$h_L(m)$	17.83	0.652	19.98	6.40	0.00	11.47	1.887

상기 표의 수치로부터 계산한 펌핑수두, 부분손실수두, 절점수두는 다음과 같고, 이로부터 $H_5 > HGL_v$가 되어 PRV가 완전 폐쇄되므로 배관 5에서 유량은 0이 된다.

$h_{p1} = 8.02m$, $h_{p2} = 3.69m$

$h_{L1} = 0.638m$, $h_{L2} = 7.25m$, $h_{L3} = 1.211m$

$H_1 = 175.5m$, $H_2 = 161.4m$, $H_3 = 160.7m$, $H_4 = 181.9m$, $H_5 = 149.2m$

4.4.5 수차가 설치된 관망해석

그림 4.21과 같이 배수지로부터 먼 곳에 고도가 낮은 지역에 수요처가 있고, 배수지와 이 수요처 사이 높은 산이 있는 경우 배수지에 설치된 펌프로 가압하여 물을 공급할 수 있다. 이 경우 이 수요처에 공급하는 배관에 작용하는 수두는 상당히 크기 때문에 이와 같은 잉여 수두를 회수하기 위해 간혹 수차를 설치할 수 있다. 이와 같이 수차가 설치된 관망을 해석하는 방법은 펌프가 설치된 관망에서 펌프 앞에 사용된 부호가 반대가 되는 것을 제외하고 동일하다.

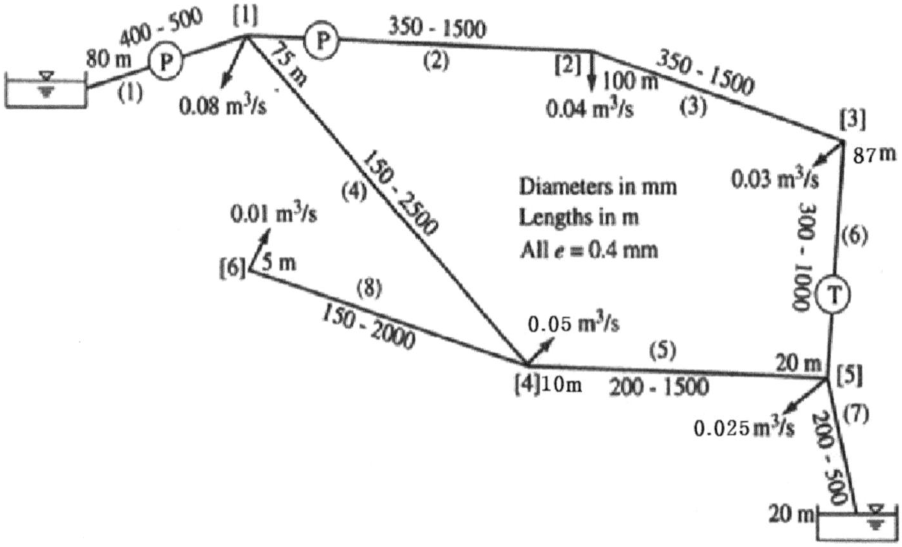

그림 4.21 펌프와 수차가 설치된 관망

상기 관망에서는 하류측 고지대에 위치한 절점 2와 3에 물을 공급하기 위해 배관 1과 2에 가압펌프를 설치하고 고지대 정상부를 통과한 후 잉여 수두를 회수하기 위해 배관 6에 수차를 설치한 경우 관망을 해석하기 위한 Q-공식은 다음과 같다.

$$F_1 = Q_1 - Q_2 - Q_4 - QJ_1 = 0$$

$$F_2 = Q_2 - Q_3 - QJ_2 = 0$$

$$F_3 = Q_3 - Q_6 - QJ_3 = 0$$

$$F_4 = Q_4 + Q_5 - Q_8 - QJ_4 = 0 \tag{4.67}$$

$$F_5 = - Q_5 + Q_6 - Q_7 - QJ_5 = 0$$

$$F_6 = - h_{p2} + K_2 Q_2^{n_2} + K_3 Q_3^{n_3} + K_6 Q_6^{n_6} - h_t + K_5 Q_5^{n_5} - K_4 Q_4^{n_4} = 0$$

$$F_7 = K_7 Q_7^{n_7} + K_5 Q_5^{n_5} - K_4 Q_4^{n_4} - K_1 Q_1^{n_1} - h_{p1} + 60 = 0$$

예제 4.10

그림 4.21 관망을 해석하라. 단, 직경 단위는 mm, 길이 단위는 m, 동점성계수는 $\nu = 1.31 \times 10^{-6} m^2/s$ 이다.

해답

표 1 그림 4.21의 관망에 설치된 펌프와 수차 특성

펌프 h_{p1}		가압펌프 h_{p2}		수차 h_t	
$Q(m^3/s)$	$h_p(m)$	$Q(m^3/s)$	$h_p(m)$	$Q(m^3/s)$	$h_t(m)$
0.20	50	0.20	15	0.15	-30
0.30	47	0.25	14	0.25	-25

문제의 표 1에 주어진 펌프와 수차 자료로부터 이들의 회귀곡선식을 유도하면 다음과 같다.

$$h_{p1} = 33.333 Q_1^2 - 46.667 Q_1 + 58 \tag{1}$$

$$h_{p2} = - 200 Q_2^2 + 70 Q_2 + 9 \tag{2}$$

$$h_t = 100 Q_6^2 + 10 Q_6 - 33.75 \tag{3}$$

초기 배관유량을 $Q = D^2(m^3/s)$ 으로 추정하고, $Q_8 = QJ_6 = 0.01$ 로 설정하면 각 배관유량은 다음과 같다.

표 2 추정 배관유량

Q_1	Q_2	Q_3	Q_4	Q_5	Q_6	Q_7	Q_8
0.1600	0.1225	0.1225	0.0225	0.0400	0.0900	0.0400	0.0100

2.2.4 지수식에 따라 각 배관의 K와 n을 구하기 위해 $Q_{11}=0.8Q$, $Q_{12}=1.2Q$로 설정하고 이에 따른 마찰계수 f_1과 f_2를 구한다. 예를 들어 배관 1의 경우

$$Q_{11}=0.8\times 0.16=0.1280m^3/s,\ \ Q_{12}=1.2\times 0.16=0.1920m^3/s$$

Gauss-Seidel법으로 $Q_1=0.1280m^3/s$에서 마찰계수 f_1을 구하기 위해 식 2.12를 다음과 같이 변경한다.

$$SF_1=\frac{1}{\sqrt{f_1}} \tag{4}$$

$$SF=1.14-2\log_{10}\left(\frac{e}{D}+\frac{7.3434728\nu D}{Q\sqrt{f}}\right) \tag{5}$$

상기 식에서 $SF_1=1/\sqrt{f_1}=8.0$으로 추정하면

$$SF=1.14-2\log_{10}\left(\frac{0.0004}{0.4}+\frac{7.3434728\times 1.31\times 10^{-6}\times 0.4\times 8.0}{0.1280}\right)=6.952807$$

$$DIF=|SF-SF_1|=|6.952807-8.0|=1.047193$$

SF를 SF_1로 대체하여 $DIF\approx 0.0$이 될 때까지 상기 과정을 반복하면 다음 표와 같으며 마찰계수는 $f_1=1/SF^2=1/6.974663^2=0.020557$이다.

표 3 배관유량 1에 대한 마찰계수 f_1 계산결과

SF_1	8.000000	6.952807	6.975135	6.974653	6.974663	6.974663
SF	6.952807	6.975135	6.974653	6.974663	6.974663	6.974663
DIF	1.047193	0.022327	0.000482	0.000010	0.000000	0.000000
f_1		0.020554	0.020557	0.020557	0.020557	0.020557

동일한 방법으로 $Q_{12}=0.1920m^3/s$에 대한 f_2를 구하면 다음 표와 같으며 마찰계수는 $f_2=1/SF^2=1/7.025578^2=0.020260$이다.

표 4 배관유량 1에 대한 마찰계수 f_2 계산결과

SF_1	8.000000	7.010835	7.025803	7.0255748	7.025578	7.025578
SF	7.010835	7.025803	7.025575	7.025578	7.025578	7.025578
DIF	0.989165	0.014968	0.000228	0.000003	0.000000	0.000000
f_2		0.020259	0.020260	0.020260	0.020260	0.020260

식 2.24로부터

$$b=\frac{\ln\left(\frac{0.020557}{0.020260}\right)}{\ln\left(\frac{0.1920}{0.1280}\right)}=0.03588$$

식 2.25로부터

$$a=0.020557\times0.1280^{0.03588}=0.01910$$

식 2.22로부터

$$K=\frac{0.1910\times500}{2\times9.8\times0.4\times0.1256^2}=77.20$$

식 2.21로부터

$$n=2-0.03588=1.96412$$

동일한 방법으로 구한 배관 2~8에 대한 f_1, f_2, Q_1, Q_2, b, a, K, n은 다음 표와 같다.

표 5 각 배관에 대한 f_1, f_2, Q_1, Q_2, b, a, K, n

No.	Q	Q_1	Q_2	f_1	f_2	b	a	K	n
1	0.1600	0.1280	0.1920	0.02056	0.02026	0.03588	0.01910	77	1.964
2	0.1225	0.0980	0.1470	0.02124	0.02094	0.03596	0.01954	462	1.964
3	0.1225	0.0980	0.1470	0.02124	0.02094	0.03596	0.01954	462	1.964

상기 수치를 식 4.67에 대입하여 $F_1 \sim F_7$를 구한다.

$$F_1 = 0.16 - 0.1225 - 0.0225 - 0.08 = -0.0650$$

$$F_2 = 0.1225 - 0.1225 - 0.04 = -0.0400$$

$$F_3 = 0.1225 - 0.0900 - 0.03 = 0.0025$$

$$F_4 = 0.0225 + 0.0400 - 0.01 - 0.05 = 0.0025$$

$$F_5 = -0.0400 + 0.0900 - 0.0400 - 0.025 = -0.015 \tag{6}$$

$$F_6 = 14.57 + 462 \times 0.1225^{1.964} + 462 \times 0.1225^{1.964} + 684 \times 0.09^{1.963} - (-32.04)$$
$$+ 8400 \times 0.04^{1.963} - 62419 \times 0.0225^{1.963} = 17.2768$$

$$F_7 = 1680 \times 0.04^{1.963} + 8400 \times 0.04^{1.963} - 62419 \times 0.0225^{1.963} - 77 \times 0.16^{1.964}$$
$$- 51.39 + 60 = 85.0662$$

상기 식 F_6과 F_6에서 h_{p2}, h_t, h_{p1}은 식 (1)~(3)으로부터 다음과 같이 구한 것이다.

$$h_{p2} = -200 \times 0.1225^2 + 70 \times 0.1225 + 9 = 14.57m$$
$$h_t = 100 \times 0.09^2 + 10 \times 0.09 - 33.75 = -32.04m \tag{7}$$
$$h_{p1} = 33.333 \times 0.16^2 - 46.667 \times 0.16 + 58 = 51.39m$$

식 4.37과 같은 자코비언행렬 $[D]$를 구하기 위해 식 4.67을 $Q_1 \sim Q_7$에 걸쳐 편미분하여 구하면 다음 행렬과 같다.

$$[D] = \begin{bmatrix} 1 & -1 & 0 & -1 & 0 & 0 & 0 \\ 0 & 1 & -1 & 0 & 0 & 0 & 0 \\ 0 & 0 & 1 & 0 & 0 & -1 & 0 \\ 0 & 0 & 0 & 1 & 1 & 0 & 0 \\ 0 & 0 & 0 & 0 & -1 & 1 & -1 \\ 0 & 98.88 & 119.88 & -3,167.34 & 741.61 & 103.09 & 0 \\ -61.91 & 0 & 0 & -3,167.34 & 741.61 & 0 & -148.32 \end{bmatrix}$$

상기 식들을 식 4.39의 형태로 작성하면

$$\begin{bmatrix} 1 & -1 & 0 & -1 & 0 & 0 & 0 \\ 0 & 1 & -1 & 0 & 0 & 0 & 0 \\ 0 & 0 & 1 & 0 & 0 & -1 & 0 \\ 0 & 0 & 0 & 1 & 1 & 0 & 0 \\ 0 & 0 & 0 & 0 & -1 & 1 & -1 \\ 0 & 98.88 & 119.88 & -3,167.34 & 741.61 & 103.09 & 0 \\ -61.91 & 0 & 0 & -3,167.34 & 741.61 & 0 & -148.32 \end{bmatrix} \begin{bmatrix} z_1 \\ z_2 \\ z_3 \\ z_4 \\ z_5 \\ z_6 \\ z_7 \end{bmatrix} = \begin{bmatrix} -0.0650 \\ -0.0400 \\ 0.0025 \\ 0.0025 \\ -0.0150 \\ 17.2768 \\ 85.0662 \end{bmatrix}$$

엑셀의 행렬식 도구를 사용하여 $[z]$를 구하면 다음과 같다.

$$\{z\}^T = \{-0.2231,\ -0.1445,\ -0.1045,\ -0.0136,\ 0.0161,\ -0.1070,\ -0.1081\}$$

식 4.40으로부터 개선된 해를 구하면 다음과 같다.

$$\begin{aligned}
Q_1^1 &= Q_1^0 - z_1 = 0.1600 - (-0.2231) = 0.3831 \\
Q_2^1 &= Q_2^0 - z_2 = 0.1225 - (-0.1445) = 0.2670 \\
Q_3^1 &= Q_3^0 - z_3 = 0.1225 - (-0.1045) = 0.2270 \\
Q_4^1 &= Q_4^0 - z_4 = 0.0225 - (-0.0136) = 0.0361 \\
Q_5^1 &= Q_5^0 - z_5 = 0.0400 - 0.0161 = 0.0239 \\
Q_6^1 &= Q_6^0 - z_6 = 0.0900 - (-0.1070) = 0.1970 \\
Q_7^1 &= Q_7^0 - z_7 = 0.0400 - (-0.1081) = 0.1481 \\
Q_8^1 &= Q_8^0 - z_8 = 0.0100 - 0.0000 = 0.0100
\end{aligned} \tag{8}$$

이제 식 (8)의 $\{Q\}$를 사용하여 식 (1)~(8)의 과정을 2차 반복하면

$$\{Q\}^T = \{0.3831,\ 0.2670,\ 0.2270,\ 0.0361,\ 0.0239,\ 0.1970,\ 0.1481,\ 0.0100\}$$

$$\begin{bmatrix} 1 & -1 & 0 & -1 & 0 & 0 & 0 \\ 0 & 1 & -1 & 0 & 0 & 0 & 0 \\ 0 & 0 & 1 & 0 & 0 & -1 & 0 \\ 0 & 0 & 0 & 1 & 1 & 0 & 0 \\ 0 & 0 & 0 & 0 & -1 & 1 & -1 \\ 0 & 295.21 & 220.07 & -5{,}049.57 & 448.19 & 236.10 & 0 \\ -82.43 & 0 & 0 & -5{,}049.57 & 448.19 & 0 & -541.12 \end{bmatrix} \begin{bmatrix} z_1 \\ z_2 \\ z_3 \\ z_4 \\ z_5 \\ z_6 \\ z_7 \end{bmatrix} = \begin{bmatrix} 0.0000 \\ 0.0000 \\ 0.0000 \\ 0.0000 \\ 0.0000 \\ 16.0135 \\ -34.0208 \end{bmatrix}$$

$$\{z\}^T = \{0.0375,\ 0.0355,\ 0.0355,\ 0.0019,\ -0.0019,\ 0.0355,\ 0.0375\}$$

3차 반복하면

$$\{Q\}^T = \{0.3457,\ 0.2315,\ 0.1915,\ 0.0342,\ 0.0258,\ 0.1615,\ 0.1107,\ 0.0100\}$$

$$\begin{bmatrix} 1 & -1 & 0 & -1 & 0 & 0 & 0 \\ 0 & 1 & -1 & 0 & 0 & 0 & 0 \\ 0 & 0 & 1 & 0 & 0 & -1 & 0 \\ 0 & 0 & 0 & 1 & 1 & 0 & 0 \\ 0 & 0 & 0 & 0 & -1 & 1 & -1 \\ 0 & 246.97 & 186.03 & -4{,}782.01 & 483.46 & 192.23 & 0 \\ -78.98 & 0 & 0 & -4{,}782.01 & 483.46 & 0 & -405.11 \end{bmatrix} \begin{bmatrix} z_1 \\ z_2 \\ z_3 \\ z_4 \\ z_5 \\ z_6 \\ z_7 \end{bmatrix} = \begin{bmatrix} 0.0000 \\ 0.0000 \\ 0.0000 \\ 0.0000 \\ 0.0000 \\ 2.0137 \\ -2.8345 \end{bmatrix}$$

$$\{z\}^T = \{0.0044,\ 0.0043,\ 0.0043,\ 0.0001,\ -0.0001,\ 0.0043,\ 0.0044\}$$

4차 반복하면

$$\{Q\}^T = \{0.3413,\ 0.2272,\ 0.1872,\ 0.0341,\ 0.0259,\ 0.1572,\ 0.1063,\ 0.0100\}$$

$$\begin{bmatrix} 1 & -1 & 0 & -1 & 0 & 0 & 0 \\ 0 & 1 & -1 & 0 & 0 & 0 & 0 \\ 0 & 0 & 1 & 0 & 0 & -1 & 0 \\ 0 & 0 & 0 & 1 & 1 & 0 & 0 \\ 0 & 0 & 0 & 0 & -1 & 1 & -1 \\ 0 & 241.11 & 181.89 & -4{,}764.11 & 485.82 & 186.90 & 0 \\ -78.58 & 0 & 0 & -4{,}764.11 & 485.82 & 0 & -388.97 \end{bmatrix} \begin{bmatrix} z_1 \\ z_2 \\ z_3 \\ z_4 \\ z_5 \\ z_6 \\ z_7 \end{bmatrix} = \begin{bmatrix} 0.0000 \\ 0.0000 \\ 0.0000 \\ 0.0000 \\ 0.0000 \\ 0.0319 \\ -0.0376 \end{bmatrix}$$

$$\{z\}^T = \{0.0001,\ 0.0001,\ 0.0001,\ 0.0000,\ 0.0000,\ 0.0001,\ 0.0001\}$$

5차 반복하면 다음과 같이 $\{z\}^T = \{0.0000\}$이 되어 엄밀해가 된다.

$$\{Q\}^T = \{0.3412,\ 0.2271,\ 0.1871,\ 0.0341,\ 0.0259,\ 0.1571,\ 0.1062,\ 0.0100\}$$

$$\begin{bmatrix} 1 & -1 & 0 & -1 & 0 & 0 & 0 \\ 0 & 1 & -1 & 0 & 0 & 0 & 0 \\ 0 & 0 & 1 & 0 & 0 & -1 & 0 \\ 0 & 0 & 0 & 1 & 1 & 0 & 0 \\ 0 & 0 & 0 & 0 & -1 & 1 & -1 \\ 0 & 241.02 & 181.83 & -4{,}763.92 & 485.84 & 186.82 & 0 \\ -78.57 & 0 & 0 & -4{,}763.92 & 485.84 & 0 & -388.73 \end{bmatrix} \begin{bmatrix} z_1 \\ z_2 \\ z_3 \\ z_4 \\ z_5 \\ z_6 \\ z_7 \end{bmatrix} = \begin{bmatrix} 0.0000 \\ 0.0000 \\ 0.0000 \\ 0.0000 \\ 0.0000 \\ 0.0000 \\ 0.0000 \end{bmatrix}$$

$$\{z\}^T = \{0.0000,\ 0.0000,\ 0.0000,\ 0.0000,\ 0.0000,\ 0.0000,\ 0.0000\}$$

지금까지 계산한 결과를 표로 작성하면 다음과 같으며 상세한 계산과정은 엑셀파일 Exam4_10을 참조한다.

표 5 배관 및 절점자료

배관 번호	절점		$L(m)$	D(㎜)	e(㎜)	$Q(m^3/s)$	$V(m/s)$	$h_f(m)$	$h_f/1000$
	From	To							
1	0	1	500	400	0.4	0.3412	2.72	9.41	18.82
2	-1	2	1500	350	0.4	0.2271	2.36	25.27	16.84
3	2	3	1500	350	0.4	0.1871	1.95	17.23	11.48
4	1	4	2500	150	0.4	0.0341	1.93	82.22	32.89
5	5	4	1500	200	0.4	0.0259	0.83	6.46	4.31
6	-3	5	1000	300	0.4	0.1571	2.22	18.13	18.13
7	5	0	500	200	0.4	0.1062	3.38	20.80	69.32
8	4	6	2000	150	0.4	0.0100	0.57	5.98	2.99

절점	수요량 (m^3/s)		$EL(m)$	$HEAD(m)$	$P(kPa)$	$HGL(m)$
	추정	결과				
1	0.1	0.080	75.0	41.5	415.5	116.5
2	0.0	0.040	100.0	5.9	58.6	105.9
3	0.0	0.030	87.0	1.6	16.4	88.6

배관 1의 Pump 1 : $h_{p1} = 45.96m$, $Q = 0.3412m^3/s$

배관 2의 Pump 2 : $h_{p2} = 14.58m$, $Q = 0.2271m^3/s$

배관 6의 Turbine : $h_t = -29.71m$, $Q = 0.1571m^3/s$

4.5 예제 풀이

본 절에서는 독자가 전술한 내용을 완전히 숙지하면 엑셀을 사용하여 단순한 관망을 해석하고, 관망 정상류 해석을 위한 공개 프로그램인 EPANET의 실행결과를 검토할 수 있는 능력을 배양하기 위해 지금까지 기술한 방법을 적용하여 관망을 해석하는 많은 예제를 수록하였다.

예제 4.11

K와 n 수치가 다음 표와 같을 때 뉴튼법과 공식시스템을 적용하여 다음 관망을 해석하라

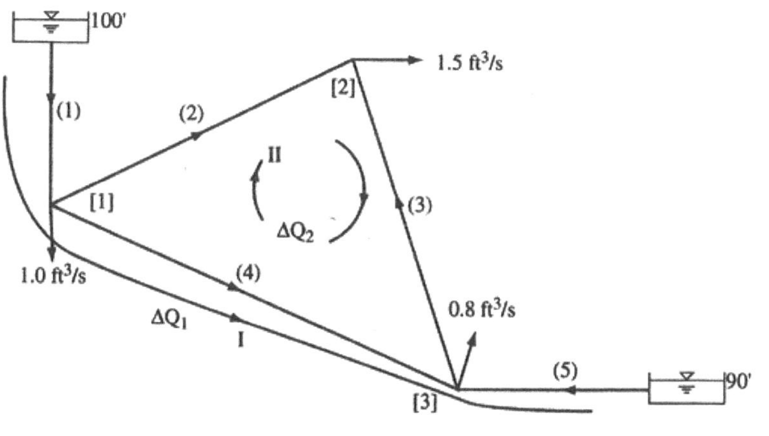

배관	1	2	3	4	5
K	7.59	9.63	48.6	39.7	16.5
n	1.936	1.901	1.882	1.768	1.935

해답

전술한 예제를 참조하여 본 예제 관망을 해석하며 상세한 계산과정은 엑셀파일 EXAM4_11을 참조한다.

• **Q–공식**

Q–공식은 다음과 같다.

$$\begin{aligned} F_1 &= Q_1 - Q_2 - Q_4 \quad\quad\quad -1.0 = 0 \\ F_2 &= Q_2 + Q_3 \quad\quad\quad\quad -1.5 = 0 \\ F_3 &= Q_4 - Q_3 + Q_5 \quad\quad\quad -0.8 = 0 \\ F_4 &= K_1 Q_1^{n_1} + K_4 Q_4^{n_4} - K_5 Q_5^{n_5} - 10 = 0 \\ F_5 &= K_2 Q_2^{n_2} - K_3 Q_3^{n_3} - K_4 Q_4^{n_4} \quad = 0 \end{aligned} \tag{1}$$

뉴튼법은 $[D]\{z\} = \{F\}$와 $\{Q\}^{(m+1)} = \{Q\}^{(m)} - \{z\}$이고 여기서

$$\begin{bmatrix} 1 & -1 & 0 & -1 & 0 \\ 0 & 1 & 1 & 0 & 0 \\ 0 & 0 & -1 & 1 & 1 \\ n_1 K_1 Q_1^{n_1 - 1} & 0 & 0 & n_4 K_4 Q_4^{n_4 - 1} & -n_5 K_5 Q_5^{n_5 - 1} \\ 0 & n_2 K_2 Q_2^{n_2 - 1} & -n_3 K_3 Q_3^{n_3 - 1} & -n_4 K_4 Q_4^{n_4 - 1} & 0 \end{bmatrix} \tag{2}$$

초기 해 벡터를 다음과 같이 추정하면

$$\{Q\}^{(0)} = \begin{pmatrix} 2.0 \\ 0.9 \\ 0.6 \\ 0.1 \\ 1.3 \end{pmatrix} \tag{3}$$

상기 수치와 함께 접합부 연속식을 만족시켜야 하며 유량은 ΔQ–공식 내에서 사용될 수 있고, 자코비언행렬과 오른쪽 항을 처음 평가하면 다음과 같다.

$$\begin{bmatrix} 1.0000 & -1.0000 & 0.0000 & -1.0000 & 0.0000 \\ 0.0000 & 1.0000 & 1.0000 & 0.0000 & 0.0000 \\ 0.0000 & 0.0000 & -1.0000 & 1.0000 & 1.0000 \\ 28.1133 & 0.0000 & 0.0000 & 11.9749 & -40.8039 \\ 0.0000 & 16.6487 & -58.2888 & -11.9749 & 0.0000 \end{bmatrix} \begin{pmatrix} z_1 \\ z_2 \\ z_3 \\ z_4 \\ z_5 \end{pmatrix} = \begin{pmatrix} 0.0000 \\ 0.0000 \\ 0.0000 \\ -7.6935 \\ -11.3783 \end{pmatrix} \tag{4}$$

해를 구하면

$$\begin{Bmatrix} z_1 \\ z_2 \\ z_3 \\ z_4 \\ z_5 \end{Bmatrix} = \begin{Bmatrix} -0.1169 \\ -0.1470 \\ 0.1470 \\ 0.0301 \\ 0.1169 \end{Bmatrix} \qquad \{Q\}^{(1)} = \begin{Bmatrix} 2.1169 \\ 1.0470 \\ 0.4530 \\ 0.0699 \\ 1.1831 \end{Bmatrix} \tag{5}$$

2번째 주기에서 뉴튼식은

$$\begin{bmatrix} 1.0000 & -1.0000 & 0.0000 & -1.0000 & 0.0000 \\ 0.0000 & 1.0000 & 1.0000 & 0.0000 & 0.0000 \\ 0.0000 & 0.0000 & -1.0000 & 1.0000 & 1.0000 \\ 29.6481 & 0.0000 & 0.0000 & 9.0910 & -37.3636 \\ 0.0000 & 19.0804 & -45.4902 & -9.0910 & 0.0000 \end{bmatrix} \begin{Bmatrix} z_1 \\ z_2 \\ z_3 \\ z_4 \\ z_5 \end{Bmatrix} = \begin{Bmatrix} 0.0000 \\ 0.0000 \\ 0.0000 \\ -0.0682 \\ -0.7993 \end{Bmatrix} \tag{6}$$

해를 구하면

$$\{z\} = \begin{Bmatrix} -0.0022 \\ -0.0111 \\ 0.0111 \\ 0.0089 \\ 0.0022 \end{Bmatrix} \qquad \{Q\}^{(2)} = \begin{Bmatrix} 2.1191 \\ 1.0581 \\ 0.4419 \\ 0.0610 \\ 1.1809 \end{Bmatrix} \tag{7}$$

3번째 반복 주기에서는 다음과 같은 최종 결과를 얻는다.

$$\{Q\}^{(3)} = \begin{Bmatrix} 2.1191 \\ 1.0583 \\ 0.4417 \\ 0.0608 \\ 1.1809 \end{Bmatrix} \tag{8}$$

• **H–공식**

본 관망의 3개 절점에 대해 다음과 같이 H–공식을 작성할 수 있다.

$$\begin{aligned} F_1 &= \left[\frac{100-H_1}{K_1}\right]^{\frac{1}{n_1}} - \left[\frac{H_1-H_2}{K_2}\right]^{\frac{1}{n_2}} - \left[\frac{H_1-H_3}{K_4}\right]^{\frac{1}{n_4}} - 1.0 = 0 \\ F_2 &= \left[\frac{H_1-H_2}{K_2}\right]^{\frac{1}{n_2}} + \left[\frac{H_3-H_2}{K_3}\right]^{\frac{1}{n_3}} - 1.5 = 0 \\ F_3 &= \left[\frac{H_1-H_3}{K_4}\right]^{\frac{1}{n_4}} - \left[\frac{H_3-H_2}{K_3}\right]^{\frac{1}{n_3}} + \left[\frac{90-H_3}{K_5}\right]^{\frac{1}{n_5}} - 0.8 = 0 \end{aligned} \tag{9}$$

다음과 같이 초기 추정절점수두를 설정한다.

$$\{H\}^{(0)} = \begin{pmatrix} 93 \\ 85 \\ 88 \end{pmatrix} \tag{10}$$

뉴튼법을 수행하기 위해 식 4.39와 4.40을 사용하여 계산을 반복한 결과는 다음과 같다.

$$\begin{bmatrix} -0.166 & 0.060 & 0.035 \\ 0.060 & -0.100 & 0.040 \\ 0.035 & 0.040 & -0.162 \end{bmatrix} \begin{pmatrix} z_1 \\ z_2 \\ z_3 \end{pmatrix} = \begin{pmatrix} -1.258 \\ -0.365 \\ -0.382 \end{pmatrix} \quad \{z\} = \begin{pmatrix} 15.953 \\ 17.241 \\ 10.088 \end{pmatrix} \quad \{H\}^{(1)} = \begin{pmatrix} 77.047 \\ 67.759 \\ 77.912 \end{pmatrix} \tag{11}$$

$$\begin{bmatrix} -0.171 & 0.056 & 0.075 \\ 0.056 & -0.078 & 0.023 \\ 0.075 & 0.023 & -0.134 \end{bmatrix} \begin{pmatrix} z_1 \\ z_2 \\ z_3 \end{pmatrix} = \begin{pmatrix} -0.095 \\ -0.084 \\ -0.499 \end{pmatrix} \quad \{z\} = \begin{pmatrix} 8.019 \\ 9.614 \\ 9.830 \end{pmatrix} \quad \{H\}^{(2)} = \begin{pmatrix} 69.028 \\ 58.145 \\ 68.083 \end{pmatrix} \tag{12}$$

$$\begin{bmatrix} -0.158 & 0.052 & 0.072 \\ 0.052 & -0.075 & 0.023 \\ 0.072 & 0.023 & -0.123 \end{bmatrix} \begin{pmatrix} z_1 \\ z_2 \\ z_3 \end{pmatrix} = \begin{pmatrix} -0.120 \\ -0.003 \\ -0.049 \end{pmatrix} \quad \{z\} = \begin{pmatrix} 1.547 \\ 1.353 \\ 0.770 \end{pmatrix} \quad \{H\}^{(3)} = \begin{pmatrix} 67.480 \\ 56.793 \\ 67.312 \end{pmatrix} \tag{13}$$

$$\begin{bmatrix} -0.239 & 0.052 & 0.153 \\ 0.052 & -0.075 & 0.022 \\ 0.153 & 0.022 & -0.202 \end{bmatrix} \begin{pmatrix} z_1 \\ z_2 \\ z_3 \end{pmatrix} = \begin{pmatrix} 0.019 \\ 0.000 \\ -0.019 \end{pmatrix} \quad \{z\} = \begin{pmatrix} -0.032 \\ 0.002 \\ 0.070 \end{pmatrix} \quad \{H\}^{(4)} = \begin{pmatrix} 67.513 \\ 56.791 \\ 67.242 \end{pmatrix} \tag{14}$$

$$\begin{bmatrix} -0.210 & 0.052 & 0.124 \\ 0.052 & -0.075 & 0.023 \\ 0.124 & 0.023 & -0.174 \end{bmatrix} \begin{pmatrix} z_1 \\ z_2 \\ z_3 \end{pmatrix} = \begin{pmatrix} 0.002 \\ -0.001 \\ 0.002 \end{pmatrix} \quad \{z\} = \begin{pmatrix} -0.005 \\ -0.001 \\ 0.006 \end{pmatrix} \quad \{H\}^{(5)} = \begin{pmatrix} 67.517 \\ 56.793 \\ 67.236 \end{pmatrix} \tag{15}$$

원하는 해의 정확도에 따라 상기 절차를 2~3회 더 반복한다. 뉴튼법의 장점중 하나는 해답에 근접하면서 2차식이 신속하게 수렴한다는 것이며 반복 주기에서 개선하여야 할 $\{z\}$의 크기가 급속히 감소되는 것을 쉽게 알 수 있다.

• $\triangle Q$–공식

$\triangle Q$–공식을 사용하여 본 관망을 해석하기 위해서는 다음과 같이 하나의 실제 에너지루프와 하나의 가상 에너지루프가 필요하다.

$$\begin{aligned} F_1 &= K_1(Q_{o1} + \triangle Q_1)^{n_1} + K_4(Q_{o4} - \triangle Q_2 + \triangle Q_1)^{n_4} - K_5(Q_{o5} - \triangle Q_1)^{n_5} \\ &\quad -10 = 0 \\ F_2 &= K_2(Q_{o2} + \triangle Q_2)^{n_2} - K_3(Q_{o3} - \triangle Q_2)^{n_3} - K_4(Q_{o4} - \triangle Q_2 + \triangle Q_1)^{n_4} \\ &= 0 \end{aligned} \tag{16}$$

뉴튼법을 수행하기 위해 식 4.39와 4.40을 사용하며, 여기서 자코비언행렬과 초기유량행렬은 다음과 같으며 $\triangle Q_1 = \triangle Q_2 = 0$으로 설정한다.

$$[D]=\begin{bmatrix}\dfrac{\partial F_1}{\partial\triangle Q_1} & \dfrac{\partial F_1}{\partial\triangle Q_2}\\ \dfrac{\partial F_2}{\partial\triangle Q_1} & \dfrac{\partial F_2}{\partial\triangle Q_2}\end{bmatrix}\qquad \{Q_o\}^{(0)}=\begin{pmatrix}2.0\\0.9\\0.6\\0.1\\1.3\end{pmatrix}\qquad \{\triangle Q\}^{(0)}=\begin{pmatrix}0.0\\0.0\end{pmatrix}\tag{17}$$

상기 과정을 3회 반복한 결과는 다음과 같다.

$$\begin{bmatrix}80.892 & -11.975\\ -11.975 & 86.913\end{bmatrix}\begin{pmatrix}z_1\\z_2\end{pmatrix}=\begin{pmatrix}-7.694\\-11.378\end{pmatrix}\quad \{z\}=\begin{pmatrix}-0.117\\-0.147\end{pmatrix}\quad \{\triangle Q\}^{(1)}=\begin{pmatrix}0.117\\0.147\end{pmatrix}\tag{18}$$

$$\begin{bmatrix}76.103 & -9.091\\ -9.091 & 73.662\end{bmatrix}\begin{pmatrix}z_1\\z_2\end{pmatrix}=\begin{pmatrix}-0.068\\-0.799\end{pmatrix}\quad \{z\}=\begin{pmatrix}-0.002\\-0.011\end{pmatrix}\quad \{\triangle Q\}^{(2)}=\begin{pmatrix}0.119\\0.158\end{pmatrix}\tag{19}$$

$$\begin{bmatrix}75.163 & -8.188\\ -8.188 & 71.954\end{bmatrix}\begin{pmatrix}z_1\\z_2\end{pmatrix}=\begin{pmatrix}0.004\\-0.009\end{pmatrix}\quad \{z\}=\begin{pmatrix}-0.000\\0.000\end{pmatrix}\quad \{\triangle Q\}^{(3)}=\begin{pmatrix}0.119\\0.158\end{pmatrix}\tag{20}$$

상기 결과로부터 다음과 같이 유량 Q를 계산할 수 있으며 이 수치는 Q-공식의 Q와 일치한다.

$$\begin{aligned}
Q_1 &= Q_{o1}+\triangle Q_1 = 2.0+0.119=2.119\\
Q_2 &= Q_{o2}+\triangle Q_2 = 0.9+0.158=1.058\\
Q_3 &= Q_{o3}-\triangle Q_2 = 0.6-0.158=0.442\\
Q_4 &= Q_{o4}+\triangle Q_1-\triangle Q_2 = 0.1+0.119-0.158=0.061\\
Q_5 &= Q_{o5}-\triangle Q_1 = 1.3-0.119=1.181
\end{aligned}\tag{21}$$

예제 4.12

예제 4.5의 다음 관망에 뉴튼법과 공식시스템을 적용하여 다음 경우에서 Q와 H를 구하라. 단, $\nu=1.217\times10^{-5}ft^2/s$이다.

(1) 수요량이 그림과 같은 경우

(2) 수요량이 2배로 증가한 경우

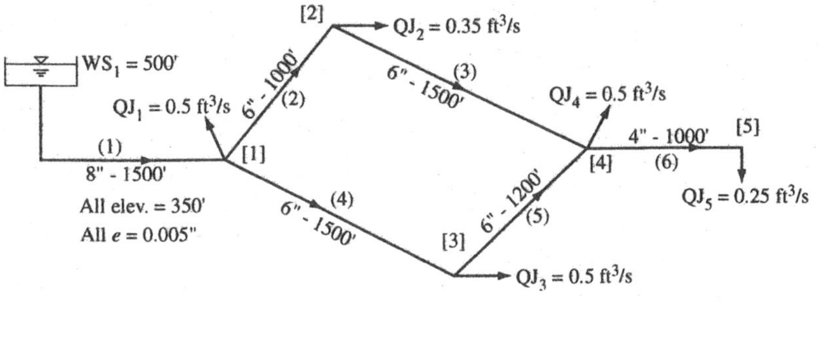

해답

관망해석과정은 전술한 예제 4.10과 유사하며 상세한 계산과정은 엑셀 파일 Exam4_12를 참조한다.

• **Q–공식 해결**

상기 관망에서 $Q_6 = QJ_5 = 0.25ft^3/s$ 이므로 배관 6을 제거하면 5–배관, 4–절점의 관망으로 축소된다. 따라서 배관유량을 구하기 위해서는 다음과 같이 4개의 접합부 연속식과 1개의 실제 루프식을 작성할 수 있다.

$$\begin{aligned} &Q_1 - Q_2 - Q_4 - QJ_1 = 0 \\ &Q_2 - Q_3 - QJ_2 = 0 \\ &Q_2 - Q_3 - QJ_2 = 0 \\ &Q_3 + Q_5 - Q_6 - QJ_4 = 0 \\ &K_2 Q_2^{n_2} + K_3 Q_3^{n_3} - K_4 Q_4^{n_4} - K_5 Q_5^{n_5} = 0 \end{aligned} \tag{1}$$

식 (1)에서 Q_6는 미지수가 아닌 기저이므로 5개의 미지수 $Q_1 \sim Q_5$와 5개의 식이 있으므로 뉴튼법으로 해결하여 $Q_1 \sim Q_5$를 구할 수 있다.

배관유량을 자동으로 추정하기 위해서 다음 식을 사용하며, ES 단위 사용시 $VFAC = 3.1$, SI 단위 사용시 $VFAC = 1.0$이다.

$$Q_i = VFAC \times D_i^2 \tag{2}$$

$h_f = KQ^n$ 지수식의 K와 n를 구하기 위해 유량범위 $Q = 0.8Q$과 $Q = 1.2Q$에서 f, a, n, b, K를 계산한다. 예를 들어 배관 1의 경우

$$\begin{aligned} &Q_1 = 3.1 \times 0.6667^2 = 1.3778 ft^3/s \\ &Q_{11} = 0.8 \times 1.3778 = 1.1022 ft^3/s \\ &Q_{12} = 1.2 \times 1.3778 = 1.6533 ft^3/s \end{aligned} \tag{3}$$

다음의 Colebrook–White 식에서 f만이 유일한 미지수이기 때문에 엑셀의 해찾기 기능을 이용하여 Q_{11}과 Q_{12}에서 마찰계수 $f_1 = 0.01966$과 $f_2 = 0.01905$를 구할 수 있다.

$$\frac{1}{\sqrt{f}} - 1.14 + 2\log_{10}\left(\frac{e}{D} + \frac{7.3434728\nu D}{Q\sqrt{f}}\right) = 0$$

식 2.24, 2.25, 2.22, 2.21로부터

$$b = \frac{ln(f_1/f_2)}{ln(Q_2/Q_1)} = \frac{ln\left(\frac{0.01966}{0.01905}\right)}{ln\left(\frac{1.6533}{1.1022}\right)} = 0.0783 \qquad (4)$$

$$a = f_1 Q_1^b = 0.01966 \times 1.1022^{0.0783} = 0.0198$$

$$n = 2 - b = 2 - 0.0198 = 1.9217$$

$$K = \frac{aL}{2gDA^2} = \frac{0.0198 \times 1500}{2 \times 32.2 \times 0.6667 \times 0.3489^2} = 5.6877$$

모든 배관에 상기 절차를 적용하면 다음 표와 같은 결과를 얻을 수 있다.

표 1

배관	$L(ft)$	$D(ft)$	$A(ft^2)$	$Q(ft^3/s)$	Q_1	Q_2	f_1	f_2	b	a	K	N
1	1500	0.667	0.3489	1.3778	1.1022	1.6533	0.0197	0.0191	0.0783	0.0198	5.6877	1.9217
2	1000	0.500	0.1963	0.7750	0.6200	0.9300	0.0211	0.0204	0.0792	0.0203	16.345	1.9208
3	1500	0.500	0.1963	0.7750	0.6200	0.9300	0.0211	0.0204	0.0792	0.0203	24.517	1.9208
4	1500	0.500	0.1963	0.7750	0.6200	0.9300	0.0211	0.0204	0.0792	0.0203	24.517	1.9208
5	1200	0.500	0.1963	0.7750	0.6200	0.9300	0.0211	0.0204	0.0792	0.0203	19.613	1.9208

식 (1) $F_1 \sim F_5$의 $Q_1 \sim Q_5$에 대해 미분하여 자코비언행렬를 구하고, 상기 표의 유량 $Q_1 \sim Q_6$을 $F_1 \sim F_5$식에 대입하여 함수행렬을 구하면 다음과 같다.

$$\overset{[D]}{\begin{vmatrix} 1.0000 & -1.0000 & 0.0000 & -1.0000 & 0.0000 \\ 0.0000 & 1.0000 & -1.0000 & 0.0000 & 0.0000 \\ 0.0000 & 0.0000 & 0.0000 & 1.0000 & -1.0000 \\ 0.0000 & 0.0000 & 1.0000 & 0.0000 & 1.0000 \\ 0.0000 & 24.8272 & 37.2407 & -37.2407 & -29.7926 \end{vmatrix}} \quad \overset{[z]}{\begin{vmatrix} z_1 \\ z_2 \\ z_3 \\ z_4 \\ z_5 \end{vmatrix}} \quad \overset{[F]}{\begin{vmatrix} -0.6722 \\ -0.3500 \\ -0.5000 \\ 0.8000 \\ -2.0034 \end{vmatrix}}$$

엑셀의 행렬식 도구를 사용하여 상기 행렬의 해 z를 구하면 다음과 같다.

$$[z]^T = [-0.7222, \ -0.0271, \ 0.3229, \ -0.0229, \ 0.4771]$$

2회 반복

식 4.40에 따라 유량을 다음과 같이 개선된 유량을 구한다.

$$[Q]^T = (2.100 \ 0.3021 \ 0.4521 \ 0.7979 \ 0.2979)$$

$$[Q]^T = (2.100\ \ 0.3021\ \ 0.4521\ \ 0.7979\ \ 0.2979)$$

이제 상기 유량을 식 (1)~(4)에 대입하여 상기 절차를 3회 반복하면 다음 표와 같은 결과를 얻을 수 있다.

표 2

배관	$Q(ft^3/s)$	b	a	K	N
1	2.1000	0.0585	0.0196	5.6306	1.9415
2	0.8201	0.0763	0.0203	16.3559	1.9237
3	0.4701	0.1070	0.0200	24.1599	1.8930
4	0.7799	0.0788	0.0203	24.5188	1.9212
5	0.2799	0.1383	0.0193	18.7115	1.8617

- **H–공식 해결**

각 절점에서의 HGL를 구하기 위해서는 H–공식시스템을 해결하여야 하지만 Q–공식시스템을 해결하여 얻은 결과를 사용하여 HGL를 구할 수 있다. 절점 1에서의 HGL_1은 저수지 수위 WS_1에서 배관 1에서의 손실수두 h_{f1}를 감한 것과 동일하므로 다음과 같이 계산할 수 있다.

$$HGL_1 = WS_1 - K_1 Q_1^{n_1}$$

$$= 200 - 5.6306 \times 2.1^{1.9415} = 200 - 23.78 = 476.22ft$$

HGL_1에서 배관 2에서의 손실수두 h_{f2}를 감하여 절점 2에서의 HGL_2을 구할 수 있다.

$$HGL_2 = HGL_1 - K_3 Q_3^{n_3}$$

$$= 476.22 - 16.3559 \times 0.82^{1.9237} = 476.22 - 11.17 = 465.06ft$$

HGL_2에서 배관 3에서의 손실수두 h_{f3}를 감하여 HGL_4을 구할 수 있다.

$$HGL_4 = HGL_2 - K_3 Q_3^{n_3}$$

$$= 165.06 - 24.1599 \times 0.47^{1.893} = 165.06 - 5.79 = 461.02ft$$

또는 HGL_1에서 배관 4에서의 손실수두 h_{f4}를 감하여 절점 3에서의 HGL_3을 구할 수 있다.

$$HGL_4 = HGL_1 - K_4 Q_4^{n_4} = 476.22 - 24.5188 \times 0.78^{1.9212} = 459.27ft$$

예제 4.5에서는 동점성계수 $\nu = 1.397 \times 10^{-5} ft^2/s$를 사용하였지만 본 예제에서는 $\nu = 1.217 \times 10^{-5} ft^2/s$를 사용하였기 때문에 결과가 약간 다르게 나타난다.

표 3 첨두계수가 1인 경우 배관자료와 절점자료

배관 번호	절점		$L(ft)$	$D(ft)$	e $(10^{-4}ft)$	$Q(ft^3/s)$	$V(ft/s)$	$h_f(ft)$	$h_f/1000$
	From	To							
1	0	1	1500	0.667	4.17	2.10	6.02	23.78	15.85
2	1	2	1000	0.500	4.17	0.82	4.18	11.17	11.17
3	2	4	1500	0.500	4.17	0.47	2.39	5.79	3.86
4	1	3	1500	0.500	4.17	0.78	3.97	15.21	10.14
5	3	4	1200	0.500	4.17	0.28	1.43	1.75	1.46
6	4	5	1000	0.333	4.17	0.25	2.87	8.99	8.99

절점	수요량		$EL(ft)$	$HEAD(ft)$	$P(psi)$	$HGL(ft)$
	추정	결과				
1	0.5	0.500	350.0	126.22	54.52	476.22
2	0.3	0.350	350.0	115.06	49.70	465.06
3	0.5	0.500	350.0	111.02	47.95	461.02
4	0.5	0.500	350.0	109.27	47.20	459.27
5	0.3	0.250	350.0	100.27	43.31	450.27

첨두계수가 2.0인 경우 관망해석결과는 다음 표와 같다. 절점 자료표에서 수두 중 일부가 (-)인 것을 알 수 있으며, 따라서 이 관망은 초기 수치의 2배인 수요량을 공급하는 것은 불가능하다.

표 4 첨두계수가 2인 경우 배관자료와 절점자료

배관 번호	절점		$L(ft)$	$D(ft)$	e $(10^{-4}ft)$	$Q(ft^3/s)$	$V(ft/s)$	$h_f(ft)$	$h_f/1000$
	From	To							
1	0	1	1500	0.667	4.17	4.20	12.04	91.53	61.46
2	1	2	1000	0.500	4.17	1.64	8.36	42.48	42.88
3	2	4	1500	0.500	4.17	0.94	4.79	21.53	14.55
4	1	3	1500	0.500	4.17	1.56	7.94	57.69	38.84
5	3	4	1200	0.500	4.17	0.56	2.85	6.32	5.37
6	4	5	1000	0.333	4.17	0.50	5.73	33.66	35.99

절점	수요량		$EL(ft)$	$HEAD(ft)$	$P(psi)$	$HGL(ft)$
	추정	결과				
1	1.0	1.000	350.0	57.81	24.97	407.81
2	0.7	0.700	350.0	14.93	6.45	364.93
3	1.0	1.000	350.0	-0.44	-0.19	349.56
4	1.0	1.000	350.0	-6.89	-2.97	343.11
5	0.5	0.500	350.0	-42.87	-18.52	307.13

예제 4.13

공식시스템을 사용하여 아래 그림과 같이 저수지에 연결된 배관 1에 설치된 펌프특성은 아래 표와 같고, 모든 절점의 고도는 0인 경우 5-배관, 3-절점으로 구성된 관망을 해석하라. 단, 동점성계수 $\nu = 1.417 \times 10^{-5} ft^2/s$ 이다.

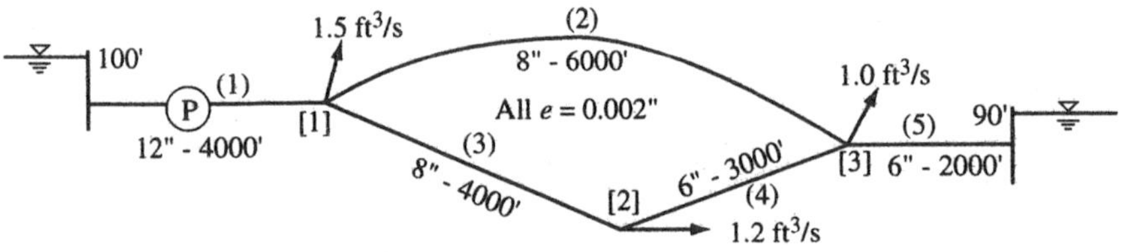

유량 $Q(ft^3/s)$	4.5	4.0	3.5
수두 $H(ft)$	54	50	44

해답

관망해석과정은 예제 4.10과 유사하며 상세한 계산과정은 엑셀파일 Exam4_13을 참조한다.

• **Q-공식 해결**

이 관망에 대해 다음과 같이 접합부 연속식 3개와 에너지루프식 2개를 작성할 수 있다.

$$F_1 = Q_1 - Q_2 - Q_3 - QJ_1 = 0$$

$$F_2 = Q_3 - Q_4 - QJ_2 = 0$$

$$F_3 = Q_2 + Q_4 - Q_5 - QJ_3 = 0$$

$$F_4 = K_1 Q_1^{n_1} - h_{P1} + K_2 Q_2^{n_2} + K_5 Q_5^{n_5} - 100 + 90 = 0 \tag{1}$$

$$F_5 = K_2 Q_2^{n_2} - K_4 Q_4^{n_4} - K_3 Q_3^{n_3} = 0$$

배관유량을 자동으로 추정하기 위해서 다음 식을 사용하며, ES 단위 사용시 $VFAC = 3.1$, SI 단위 사용시 $VFAC = 1.0$이다.

$$Q_i = VFAC \times D_i^2 \tag{2}$$

$h_f = KQ^n$ 지수식의 K와 n를 구하기 위해 유량범위 $Q = 0.8Q$과 $Q = 1.2Q$에서 f, a, n, b, K를 계산한다. 예를 들어 배관 1의 경우

$$Q_1 = 3.1 \times 1^2 = 3.1 ft^3/s$$

$$Q_{11} = 0.8 \times 3.1 = 2.48 ft^3/s \tag{3}$$

$$Q_{12} = 1.2 \times 3.1 = 3.72 ft^3/s$$

다음의 Colebrook-White 식에서 f만이 유일한 미지수이기 때문에 엑셀의 해찾기 기능을 이용하여 Q_{11}과 Q_{12}에서 마찰계수 $f_1 = 0.016624$과 $f_2 = 0.015785$를 구할 수 있다.

$$\frac{1}{\sqrt{f}} - 1.14 + 2\log_{10}\left(\frac{e}{D} + \frac{7.3434728\nu D}{Q\sqrt{f}}\right) = 0$$

식 2.24, 2.25, 2.22, 2.21로부터

$$b = \frac{ln(f_1/f_2)}{ln(Q_2/Q_1)} = \frac{ln\left(\frac{0.016624}{0.015785}\right)}{ln\left(\frac{3.72}{2.48}\right)} = 0.1278 \tag{4}$$

$$a = f_1 Q_1^b = 0.016624 \times 2.48^{0.1278} = 0.0187$$

$$n = 2 - b = 2 - 0.1278 = 1.8722$$

$$K = \frac{aL}{2gDA^2} = \frac{0.0187 \times 4000}{2 \times 32.2 \times 1 \times 0.785^2} = 1.8818$$

모든 배관에 상기 절차를 적용하면 다음 표와 같은 결과를 얻을 수 있다.

표 1 각 배관의 K와 n 계산 결과

배관	$L(ft)$	$D(ft)$	$A(ft^2)$	$Q(ft^3/s)$	Q_1	Q_2	f_1	f_2	b	a	K	N
1	4000	1.000	0.7850	3.1000	2.4800	3.7200	0.01662	0.01578	0.1278	0.0187	1.882	1.872
2	6000	0.666	0.3488	1.3778	1.1022	1.6533	0.01812	0.01718	0.1309	0.0184	21.07	1.869
3	4000	0.666	0.3488	1.3778	1.1022	1.6533	0.01812	0.01718	0.1309	0.0184	14.05	1.869
4	3000	0.500	0.1962	0.7750	0.6200	0.9300	0.01931	0.01829	0.1333	0.0181	43.83	1.867
5	2000	0.500	0.1962	0.7750	0.6200	0.9300	0.01931	0.01829	0.1333	0.0181	29.22	1.867

식 (1) $F_1 \sim F_5$의 $Q_1 \sim Q_5$에 대해 미분하여 자코비언행렬를 구하고, 상기 표의 유량 $Q_1 \sim Q_5$을 $F_1 \sim F_5$식에 대입하여 함수행렬을 구하면 다음과 같다.

$$[D] = \begin{vmatrix} 1.0000 & -1.0000 & -1.0000 & 0.0000 & 0.0000 \\ 0.0000 & 1.0000 & 0.0000 & 1.0000 & -1.0000 \\ 0.0000 & 0.0000 & 1.0000 & -1.0000 & 0.0000 \\ -7.7482 & 52.0374 & 0.0000 & 0.0000 & 43.7320 \\ 0.0000 & 52.0374 & -34.6916 & -65.5979 & 0.0000 \end{vmatrix} \quad [z] = \begin{vmatrix} z_1 \\ z_2 \\ z_3 \\ z_4 \\ z_5 \end{vmatrix} \quad [F] = \begin{vmatrix} -1.1556 \\ 0.3778 \\ -0.5972 \\ 24.4052 \\ -14.4477 \end{vmatrix}$$

엑셀의 행렬식 기능을 이용하여 상기 행렬의 해 z를 구하면 다음과 같다.

$$[z]^T = [-1.1925,\ 0.1380,\ -0.1750,\ 0.4223,\ 0.1825]$$

2차 반복

식 4.40에 따라 유량을 다음과 같이 개선된 유량을 구한다.

$$Q_1 = Q_1 - z_1 = 3.1 + 1.1925 = 4.2925$$

$$Q_2 = Q_2 - z_2 = 1.3778 - 0.1380 = 1.2397$$

$$Q_3 = Q_3 - z_3 = 1.3778 + 0.1750 = 1.5527$$

$$Q_4 = Q_4 - z_4 = 0.7750 - 0.4223 = 0.3527$$

$$Q_5 = Q_5 - z_5 = 0.7750 - 0.1825 = 0.5925$$

이제 상기 유량을 식 (1)~(4)에 대입하여 상기 절차를 5회 반복하면 다음 표와 같은 결과를 얻을 수 있다.

표 2 5회 반복 계산한 배관의 K와 n 수치

배관	$Q(ft^3/s)$	b	a	K	n
1	4.10	0.1136	0.0183	1.8487	1.8864
2	1.19	0.1386	0.0184	21.1101	1.8614
3	1.41	0.1297	0.0183	14.0487	1.8703
4	0.21	0.1990	0.0171	41.2867	1.8010
5	0.40	0.1683	0.0177	28.6068	1.8317

• H-공식 해결

각 절점에서의 HGL를 구하기 위해서는 H-공식시스템을 해결하여야 하지만 Q-공식시스템을 해결하여 얻은 결과를 사용하여 HGL를 구할 수 있다. 절점 1에서의 HGL_1은 저수지 수위 WS_1과 펌핑수두 h_P를 더한 것에 배관 1에서의 손실수두 h_{f1}를 감한 것과 동일하므로 다음과 같이 계산할 수 있으며, 주어진 펌프의 3쌍의 $Q-H$자료 그리고 부록 B에 기술한 엑셀의 펌프 특성식을 구하는 기능을 이용하여 펌핑수두 2차식의 계수 A, B, C를 구할 수 있다.

$$HGL_1 = WS_1 + AQ_1^2 + BQ_1 + C - K_1 Q_1^{n_1}$$

$$= 100 - 4 \times 4.10^2 + 42 \times 4.10 - 54 - 1.8338 \times 4.10^{1.8864} = 124.49ft$$

HGL_1에서 배관 3에서의 손실수두 h_{f3}를 감하여 절점 2에서의 HGL_2을 구할 수 있다.

$$HGL_2 = HGL_1 - K_3 Q_3^{n_3} = 124.49 - 14.0437 \times 1.41^{1.8730} = 97.80ft$$

HGL_1에서 배관 2에서의 손실수두 h_{f2}를 감하여 HGL_3을 구할 수 있다.

$$HGL_3 = HGL_1 - K_2 Q_2^{n_2} = 124.49 - 21.1101 \times 1.19^{1.8614} = 95.32ft$$

또는 HGL_1에서 배관 3과 4에서의 손실수두 h_{f3}와 h_{f4}를 감하여 절점 3에서의 HGL_3을 구할 수 있다.

$$HGL_3 = HGL_1 - K_3 Q_3^{n_3} - K_4 Q_4^{n_4}$$

$$= 124.49 - 14.0437 \times 1.41^{1.8703} - 41.2867 \times 0.21^{1.8010} = 95.32ft$$

표 3 배관자료와 절점자료

배관 번호	절점 From	절점 To	$L(ft)$	$D(in)$	e $(10^{-3}in)$	$Q(ft^3/s)$	$V(ft/s)$	$h_f(ft)$	$h_f/1000$
1	0	1	4000	12.0	2.0	4.10	5.22	26.47	6.62
2	1	3	6000	8.0	2.0	1.19	3.41	29.17	4.86
3	1	2	4000	8.0	2.0	1.41	4.04	26.69	6.67
4	2	3	3000	6.0	2.0	0.21	1.07	2.48	0.83
5	3	0	2000	6.0	2.0	0.40	2.03	5.32	2.66

절점	수요량 추정	수요량 결과	$EL(ft)$	$HEAD(ft)$	$P(psi)$	$HGL(ft)$
1	1.5	1.500	0.0	124.49	53.94	124.49
2	1.2	1.200	0.0	97.80	42.38	97.80
3	1.0	1.000	0.0	95.32	41.31	95.32

배관 1의 Pump 1 : 수두=52.21ft, $Q=4.13ft^3/s$

예제 4.14

공식시스템을 사용하여 배관 6에 PRV가 설치된 그림 4.6의 7-배관, 4-절점으로 구성된 관망을 해석하라. 단, 동점성계수 $\nu=1.417\times10^{-5}ft^2/s$이다.

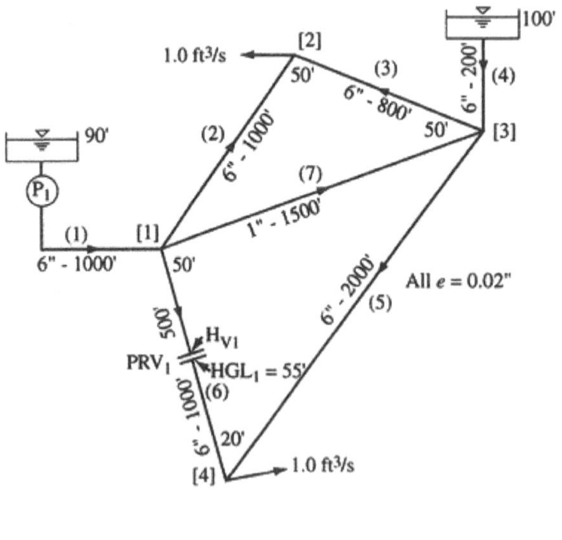

펌프운전점	1	2	3
$Q(ft^3/s)$	1.0	1.5	2.0
$H(ft)$	60	55	48

그림 1 7-배관과 4-절점으로 구성된 관망

해답

문제의 그림 1에 주어진 펌프자료로부터 펌프의 회귀곡선식을 유도하면 다음과 같다.

$$h_{p1} = -4.0Q_1^2 + 64 \quad (1)$$

초기 배관유량을 $Q = 3.1D^2(ft^3/s)$으로 추정하면 각 배관유량은 다음과 같다.

표 1 추정 배관유량

Q_1	Q_2	Q_3	Q_4	Q_5	Q_6	Q_7
0.7750	0.7750	0.7750	0.7750	0.7750	0.7750	0.0215

2.2.4 지수식에 따라 각 배관의 K와 n을 구하기 위해 $Q_{11} = 0.8Q$, $Q_{12} = 1.2Q$로 설정하고 이에 따른 마찰계수 f_{11}과 f_{12}를 구한다. 예를 들어 배관 1의 경우

$$Q_{11} = 0.8 \times 0.775 = 0.62 ft^3/s, \ \ Q_{12} = 1.2 \times 0.775 = 0.93 ft^3/s$$

Colebrook-White 식 2.12에서 미지수는 오직 f 하나이기 때문에 엑셀의 해찾기 도구를 사용하여 $f_{11} = 0.027885$와 $f_{12} = 0.027576$을 구할 수 있다.
식 2.24, 2.25, 2.22, 2.21로부터

$$b = \frac{\ln\left(\frac{0.027885}{0.027576}\right)}{\ln\left(\frac{0.930}{0.620}\right)} = 0.0275 \quad (2)$$

$$a = 0.027885 \times 0.620^{0.0275} = 0.0275 \quad (3)$$

$$K = \frac{0.0275 \times 1000}{2 \times 32.2 \times 0.5 \times 0.19625^2} = 22.19 \quad (4)$$

$$n = 2 - 0.0275 = 1.9725 \quad (5)$$

동일한 방법으로 구한 배관 2~8에 대한 f_1, f_2, Q_1, Q_2, b, a, K, n은 다음 표와 같다.

표 4 각 배관에 대한 f_1, f_2, Q_1, Q_2, b, a, K, n

배관	$Q(ft^3/s)$	Q_1	Q_2	f_1	f_2	b	a	K	n
1	0.7750	0.6200	0.9300	0.02788	0.02758	0.0275	0.0275	22.19	1.9725
2	0.7750	0.6200	0.9300	0.02788	0.02758	0.0275	0.0275	22.19	1.9725
3	0.7750	0.6200	0.9300	0.02788	0.02758	0.0275	0.0275	17.75	1.9725
4	0.7750	0.6200	0.9300	0.02788	0.02758	0.0275	0.0275	4.44	1.9725
5	0.7750	0.6200	0.9300	0.02788	0.02758	0.0275	0.0275	44.38	1.9725
6	0.7750	0.6200	0.9300	0.02788	0.02758	0.0275	0.0275	11.09	1.9725
7	0.0215	0.0172	0.0258	0.05032	0.04975	0.0282	0.0449	422,082	1.9718

상기 수치를 식 4.24와 4.27에 대입하여 $F_1 \sim F_7$를 구하며 여기서 식 4.24의 부호는 반대가 된다.

$$F_1 = -0.7750 + 0.7750 + 0.77500.0215 = 0.7965$$

$$F_2 = -0.7750 - 0.7750 + 1.0 = -0.55$$

$$F_3 = 0.7750 - 0.7750 + 0.7750 - 0.0215 = 0.7535$$

$$F_4 = -0.7750 - 0.7750 + 1.0 = 0.55$$

$$\begin{aligned} F_5 &= 22.19 \times 0.7750^{1.9725} - 17.75 \times 0.7750^{1.9725} - 422{,}082 \times 0.0215^{1.9718} \\ &= -215.26 \end{aligned} \tag{6}$$

$$\begin{aligned} F_6 &= 4.43 \times 0.7750^{1.9725} - 422{,}082 \times 0.0215^{1.9718} - 22.19 \times 0.7750^{1.9725} \\ &\quad + (-4.0 \times 0.7750^{1.9725} + 64) - 100 + 90 = -177.09 \end{aligned}$$

$$\begin{aligned} F_7 &= 4.43 \times 0.7750^{1.9725} + 44.38 \times 0.7750^{1.9725} - 11.09 \times 0.7750^{1.9725} + 55 - 100 \\ &= -22.18 \end{aligned}$$

식 4.37과 같은 자코비언행렬 $[D]$를 구하기 위해 식 4.24와 4.27을 $Q_1 \sim Q_7$에 걸쳐 편미분하여 구하면 다음 행렬과 같다.

$$[D] = \begin{bmatrix} -1 & 1 & 0 & -1 & 0 & 1 & 1 \\ 0 & -1 & -1 & 0 & 0 & 0 & 0 \\ 0 & 0 & 1 & -1 & 1 & 0 & -1 \\ 0 & 0 & 0 & 0 & -1 & -1 & 0 \\ 0 & 34.16 & -27.33 & 0 & 0 & 0 & -19{,}963 \\ -40.36 & 0 & 0 & 6.83 & 0 & 0 & -19{,}963 \\ 0 & 0 & 0 & 6.83 & 68.33 & -17.08 & 0 \end{bmatrix}$$

상기 식들을 식 4.39의 형태로 작성하면

$$\begin{bmatrix} -1 & 1 & 0 & -1 & 0 & 1 & 1 \\ 0 & -1 & -1 & 0 & 0 & 0 & 0 \\ 0 & 0 & 1 & -1 & 1 & 0 & -1 \\ 0 & 0 & 0 & 0 & -1 & -1 & 0 \\ 0 & 34.16 & -27.33 & 0 & 0 & 0 & -19,963 \\ -40.36 & 0 & 0 & 6.83 & 0 & 0 & -19,963 \\ 0 & 0 & 0 & 6.83 & 68.33 & -17.08 & 0 \end{bmatrix} \begin{bmatrix} z_1 \\ z_2 \\ z_3 \\ z_4 \\ z_5 \\ z_6 \\ z_7 \end{bmatrix} = \begin{bmatrix} 0.7965 \\ -0.5500 \\ 0.7535 \\ -0.5500 \\ -215.26 \\ -177.09 \\ -22.18 \end{bmatrix}$$

엑셀의 행렬식 도구를 사용하여 $[z]$를 구하면 다음과 같다.

$$\{z\}^T = \{-0.2976,\ -0.1980,\ 0.7480,\ -0.1524,\ -0.1375,\ 0.6875,\ 0.0094\}$$

식 4.40으로부터 개선된 해를 구하면 다음과 같다.

$$\begin{aligned} Q_1^1 &= Q_1^0 - z_1 = 0.7750 - (-0.2976) = 1.0726 \\ Q_2^1 &= Q_2^0 - z_2 = 0.7750 - (-0.1980) = 0.9730 \\ Q_3^1 &= Q_3^0 - z_3 = 0.7750 - 0.7480 = 0.0270 \\ Q_4^1 &= Q_4^0 - z_4 = 0.7750 - (-0.1524) = 0.9274 \\ Q_5^1 &= Q_5^0 - z_5 = 0.7750 - (-0.1375) = 0.9125 \\ Q_6^1 &= Q_6^0 - z_6 = 0.7750 - 0.6875 = 0.0875 \\ Q_7^1 &= Q_7^0 - z_7 = 0.0215 - 0.0094 = 0.0121 \end{aligned} \tag{7}$$

이제 식 (7)의 $\{Q\}$를 사용하여 식 (1)~(7)의 과정을 2차 반복하면

$$\{Q\}^T = \{1.0726,\ 0.9730,\ 0.0270,\ 0.9274,\ 0.9125,\ 0.0875,\ 0.0121\}$$

$$\begin{bmatrix} -1 & 1 & 0 & -1 & 0 & 1 & 1 \\ 0 & -1 & -1 & 0 & 0 & 0 & 0 \\ 0 & 0 & 1 & -1 & 1 & 0 & -1 \\ 0 & 0 & 0 & 0 & -1 & -1 & 0 \\ 0 & 42.76 & -1.24 & 0 & 0 & 0 & -11,356 \\ -55.67 & 0 & 0 & 8.16 & 0 & 0 & -11,356 \\ 0 & 0 & 0 & 8.16 & 80.27 & -2.13 & 0 \end{bmatrix} \begin{bmatrix} z_1 \\ z_2 \\ z_3 \\ z_4 \\ z_5 \\ z_6 \\ z_7 \end{bmatrix} = \begin{bmatrix} 0.0000 \\ 0.0000 \\ 0.0000 \\ 0.0000 \\ -49.38 \\ -42.69 \\ -4.21 \end{bmatrix}$$

$$\{z\}^T = \{-0.0381,\ -0.0970,\ 0.0970,\ 0.0381,\ -0.0549,\ 0.0549,\ 0.0040\}$$

3차 반복하면

$$\{Q\}^T = \{1.1107,\ 1.0699,\ -0.0699,\ 0.8893,\ 0.9674,\ 0.0326,\ 0.0081\}$$

$$\begin{bmatrix} -1 & 1 & 0 & -1 & 0 & 1 & 1 \\ 0 & -1 & -1 & 0 & 0 & 0 & 0 \\ 0 & 0 & 1 & -1 & 1 & 0 & -1 \\ 0 & 0 & 0 & 0 & -1 & -1 & 0 \\ 0 & 46.97 & 2.79 & 0 & 0 & 0 & -7,725 \\ -57.62 & 0 & 0 & 7.83 & 0 & 0 & -7,725 \\ 0 & 0 & 0 & 7.83 & 85.03 & -0.90 & 0 \end{bmatrix} \begin{bmatrix} z_1 \\ z_2 \\ z_3 \\ z_4 \\ z_5 \\ z_6 \\ z_7 \end{bmatrix} = \begin{bmatrix} 0.0000 \\ 0.0000 \\ 0.0000 \\ 0.0000 \\ -7.2046 \\ -7.2336 \\ 0.1041 \end{bmatrix}$$

$$\{z\}^T = \{0.00015,\ 0.00044,\ -0.00044, -0.00015, 0.00122,\ -0.00122, 0.00094\}$$

4차 반복하면

$$\{Q\}^T = \{1.1105,\ 1.0695,\ -0.0695,\ 0.8895,\ 0.9662,\ 0.0338,\ 0.0072\}$$

$$\begin{bmatrix} -1 & 1 & 0 & -1 & 0 & 1 & 1 \\ 0 & -1 & -1 & 0 & 0 & 0 & 0 \\ 0 & 0 & 1 & -1 & 1 & 0 & -1 \\ 0 & 0 & 0 & 0 & -1 & -1 & 0 \\ 0 & 46.95 & 2.77 & 0 & 0 & 0 & -6,871 \\ -57.62 & 0 & 0 & 7.83 & 0 & 0 & -6,871 \\ 0 & 0 & 0 & 7.83 & 84.93 & -0.93 & 0 \end{bmatrix} \begin{bmatrix} z_1 \\ z_2 \\ z_3 \\ z_4 \\ z_5 \\ z_6 \\ z_7 \end{bmatrix} = \begin{bmatrix} 0.0000 \\ 0.0000 \\ 0.0000 \\ 0.0000 \\ -0.3973 \\ -0.3973 \\ 0.0000 \end{bmatrix}$$

$$\{z\}^T = \{0.00002,\ -0.00003, 0.00003,\ -0.00002, 0.00000,\ 0.00000,\ 0.00006\}$$

5차 반복하면 다음과 같이 $\{z\}^T = \{0.0000\}$이 되어 엄밀해가 된다.

$$\{Q\}^T = \{1.1105,\ 1.0695,\ -0.0695,\ 0.8895,\ 0.9662,\ 0.0338,\ 0.0071\}$$

$$\begin{bmatrix} -1 & 1 & 0 & -1 & 0 & 1 & 1 \\ 0 & -1 & -1 & 0 & 0 & 0 & 0 \\ 0 & 0 & 1 & -1 & 1 & 0 & -1 \\ 0 & 0 & 0 & 0 & -1 & -1 & 0 \\ 0 & 46.95 & 2.77 & 0 & 0 & 0 & -6,818 \\ -57.61 & 0 & 0 & 7.83 & 0 & 0 & -6,818 \\ 0 & 0 & 0 & 7.83 & 84.93 & -0.93 & 0 \end{bmatrix} \begin{bmatrix} z_1 \\ z_2 \\ z_3 \\ z_4 \\ z_5 \\ z_6 \\ z_7 \end{bmatrix} = \begin{bmatrix} 0.0000 \\ 0.0000 \\ 0.0000 \\ 0.0000 \\ -0.0014 \\ -0.0014 \\ 0.0000 \end{bmatrix}$$

$$\{z\}^T = \{0.00000,\ 0.00000,\ 0.00000,\ 0.00000,\ 0.00000,\ 0.00000,\ 0.00000\}$$

지금까지 계산한 결과를 표로 작성하면 다음과 같으며 상세한 계산과정은 엑셀파일 Exam4_14를 참조한다.

표 1 배관자료와 절점자료

배관 번호	절점 From	절점 To	$L(ft)$	$D(in)$	e $(10^{-3}in)$	$Q(ft^3/s)$	$V(ft/s)$	$h_f(ft)$	$h_f/1000$
1	0	1	1000	6.0	20.0	1.11	5.66	27.33	27.33
2	1	2	1000	6.0	20.0	1.07	5.45	25.37	25.37
3	3	2	800	6.0	20.0	-0.07	-0.35	0.10	0.13
4	0	3	200	6.0	20.0	0.89	4.53	3.52	17.62
5	3	4	2000	6.0	20.0	0.96	4.92	41.49	20.75
6	0	4	500	6.0	20.0	0.04	0.17	0.02	0.02
7	1	3	1500	1.0	20.0	0.01	1.31	25.26	16.84

절점	수요량 추정	수요량 결과	$EL(ft)$	$HEAD(ft)$	$P(psi)$	$HGL(ft)$
1	0.0	0.000	50.0	71.74	31.1	121.74
2	1.0	1.000	50.0	46.37	20.1	96.37
3	0.0	0.000	50.0	46.27	20.1	96.27

배관 1의 Pump 1 : 수두=59.09ft, $Q = 1.11 ft^3/s$

예제 4.15

다음과 같이 펌프와 BPV가 설치된 관망을 해석하라.

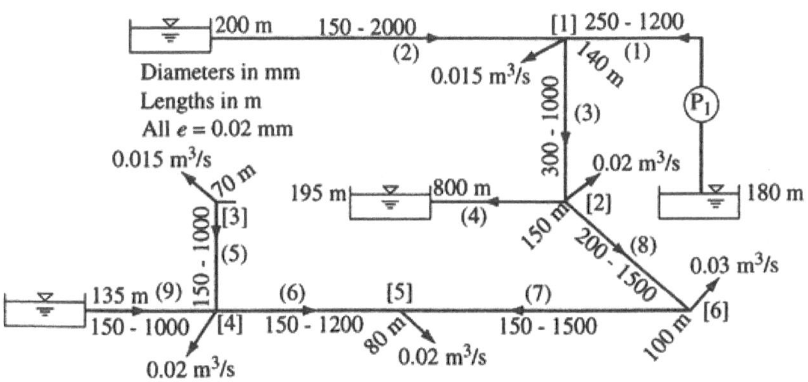

9-배관과 6-절점으로 구성된 관망(수정 후)

해결

예제 관망해석과정은 예제 4.10과 유사하며 상세한 계산과정은 엑셀 파일 Exam4_15를 참조하고 중요한 계산과정은 다음과 같다. 예제 4.10에서와 같이 배관유량을 추정하고, 이 유량에 따른 각 계수를 구하면 다음 표와 같다.

표 1 각 배관에 대한 f_1, f_2, Q_1, Q_2, b, a, K, n

배관	$Q(ft^3/s)$	Q_1	Q_2	f_1	f_2	b	a	K	n
1	0.0625	0.0500	0.0750	0.016346	0.015319	0.1599	0.0101	1,030	1.8401
2	0.0225	0.0180	0.0270	0.018183	0.016998	0.1662	0.0093	20,339	1.8338
3	0.0900	0.0720	0.1080	0.015755	0.014779	0.1578	0.0104	354	1.8422
4	0.0400	0.0320	0.0480	0.017113	0.016021	0.1626	0.0098	2,024	1.8374
5	0.0225	0.0180	0.0270	0.018183	0.016998	0.1662	0.0093	10,170	1.8338
6	0.0225	0.0180	0.0270	0.018183	0.016998	0.1662	0.0093	6,102	1.8338
7	0.0225	0.0180	0.0270	0.018183	0.016998	0.1662	0.0093	15,255	1.8338
8	0.0400	0.0320	0.0480	0.017113	0.016021	0.1626	0.0098	3,795	1.8374
9	0.0225	0.0180	0.0270	0.018183	0.016998	0.1662	0.0093	10,170	1.8338

펌프 특성 자료를 이용하여 회귀곡선식으로 유도하면 다음과 같다.

$$h_{p1} = -200Q_1^2 - 10Q_1 + 38 \tag{1}$$

상기 수치를 식 4.28과 4.29에 대입하여 $F_1 \sim F_9$를 구하며 여기서 식 4.28의 부호는 반대가 된다.

$$\begin{aligned}
F_1 &= 0.015 - 0.0625 - 0.0225 + 0.0900 = 0.2000 \\
F_2 &= 0.0200 - 0.0900 + 0.0400 + 0.0400 = 0.0100 \\
F_3 &= 0.015 - 0.0400 + 0.0225 = -0.0025 \\
F_4 &= 0.020 - 0.0225 + 0.0225 - 0.0225 = -0.0025 \\
F_5 &= 0.020 - 0.0225 - 0.0225 = -0.0250 \\
F_6 &= 0.030 - 0.040 + 0.0225 = -0.0125 \\
F_7 &= 1030 \times 0.0625^{1.8401} - (-200 \times 0.0625^2 - 10 \times 0.0625 + 38) \\
&\quad - 20339 \times 0.0225^{1.8338} - 180 + 200 = -29.6678
\end{aligned} \tag{2}$$

$$F_8 = 1030 \times 0.0625^{1.8401} - (-200 \times 0.0625^2 - 10 \times 0.0625 + 38)$$
$$304 \times 0.0900^{1.8422} + 2024 \times 0.040^{1.8374} - 180 + 195 = -- 5.66023$$

$$F_9 = 2024 \times 0.040^{1.8374} + 6102 \times 0.0225^{1.8338} - 3795 \times 0.040^{1.8374}$$
$$+ 10170 \times 0.0225^{1.8338} - 135 + 195 = 50.38199$$

상기 식들을 식 4.39의 형태로 작성하면

$$\begin{pmatrix} -1 & -1 & 1 & 0 & 0 & 0 & 0 & 0 & 0 \\ 1 & 0 & -1 & 1 & 0 & 0 & 0 & 1 & 0 \\ 0 & 0 & 0 & -1 & 1 & 0 & 0 & 0 & 0 \\ 0 & 0 & 0 & 0 & -1 & 1 & 0 & 0 & -1 \\ 0 & 0 & 0 & 0 & 0 & -1 & -1 & 0 & 0 \\ 0 & 0 & 0 & 0 & 0 & 0 & 1 & -1 & 0 \\ 219 & -1576 & 0 & 0 & 0 & 0 & 0 & 0 & 0 \\ 219 & 0 & 86 & 251 & 0 & 0 & 0 & 0 & 0 \\ 0 & 0 & 0 & 251 & 0 & 473 & -1182 & -471 & 788 \end{pmatrix} \begin{bmatrix} z_1 \\ z_2 \\ z_3 \\ z_4 \\ z_5 \\ z_6 \\ z_7 \\ z_8 \\ z_9 \end{bmatrix} = \begin{bmatrix} 0.0200 \\ 0.0100 \\ -0.0025 \\ -0.0025 \\ -0.0025 \\ 0.0125 \\ -29.6678 \\ -5.6620 \\ 50.3819 \end{bmatrix}$$

엑셀의 행렬식 도구를 사용하여 $[z]$를 구하면 다음과 같다.

$$\{z\}^T = \{-0.0431,\ 0.0128,\ -0.0103,\ 0.0187,\ 0.0162,\ 0.0316,\ -0.0066,\ -0.0191,\ 0.0178\}$$

식 4.40으로부터 개선된 해를 구하면 다음과 같다.

$$\{Q\}^T = \{0.1056,\ 0.0097,\ 0.1003,\ 0.0213,\ 0.01766,\ 0.01766,\ 0.01766,\ 0.0314,\ 0.0177\}$$

이제 상기 $\{Q\}$를 사용하여 식 (1) 과정부터 2차 반복하면

$$\begin{pmatrix} -1 & -1 & 1 & 0 & 0 & 0 & 0 & 0 & 0 \\ 1 & 0 & -1 & 1 & 0 & 0 & 0 & 1 & 0 \\ 0 & 0 & 0 & -1 & 1 & 0 & 0 & 0 & 0 \\ 0 & 0 & 0 & 0 & -1 & 1 & 0 & 0 & -1 \\ 0 & 0 & 0 & 0 & 0 & -1 & -1 & 0 & 0 \\ 0 & 0 & 0 & 0 & 0 & 0 & 1 & -1 & 0 \\ 344 & -778 & 0 & 0 & 0 & 0 & 0 & 0 & 0 \\ 344 & 0 & 94 & 147 & 0 & 0 & 0 & 0 & 0 \\ 0 & 0 & 0 & 147 & 0 & 220 & -1474 & -660 & 215 \end{pmatrix} \begin{bmatrix} z_1 \\ z_2 \\ z_3 \\ z_4 \\ z_5 \\ z_6 \\ z_7 \\ z_8 \\ z_9 \end{bmatrix} = \begin{bmatrix} 0.0000 \\ 0.0000 \\ 0.0000 \\ 0.0000 \\ 0.0000 \\ 0.0000 \\ -2.3241 \\ 3.7153 \\ 18.0465 \end{bmatrix}$$

$$\{z\}^T = \{0.027,\ 0.0042,\ -0.0069,\ 0.0144,\ 0.0144,\ 0.0074,\ -0.0074,\ -0.0074,\ -0.0070\}$$

$$\{Q\}^T = \{0.1029,\ 0.0055,\ 0.0934,\ 0.0069,\ -0.0081,\ -0.0164,\ 0.0364,\ 0.0664,\ 0.0116\}$$

3차 반복하면

$$
\begin{pmatrix}
-1 & -1 & 1 & 0 & 0 & 0 & 0 & 0 & 0 \\
1 & 0 & -1 & 1 & 0 & 0 & 0 & 1 & 0 \\
0 & 0 & 0 & -1 & 1 & 0 & 0 & 0 & 0 \\
0 & 0 & 0 & 0 & -1 & 1 & 0 & 0 & -1 \\
0 & 0 & 0 & 0 & 0 & -1 & -1 & 0 & 0 \\
0 & 0 & 0 & 0 & 0 & 0 & 1 & -1 & 0 \\
336 & -489 & 0 & 0 & 0 & 0 & 0 & 0 & 0 \\
336 & 0 & 88 & 59 & 0 & 0 & 0 & 0 & 0 \\
0 & 0 & 0 & 59 & 0 & 362 & -1798 & -733 & 451
\end{pmatrix}
\begin{bmatrix} z_1 \\ z_2 \\ z_3 \\ z_4 \\ z_5 \\ z_6 \\ z_7 \\ z_8 \\ z_9 \end{bmatrix}
=
\begin{bmatrix} 0.0000 \\ 0.0000 \\ 0.0000 \\ 0.0000 \\ 0.0000 \\ 0.0000 \\ -0.5853 \\ 0.6454 \\ 1.6057 \end{bmatrix}
$$

$$\{z\}^T = \{00007,\ 0.0017,\ -0.0024,\ 0.0033,\ 0.0033,\ 0.0009, -0.0009, -0.0009, -0.0024\}$$

$$\{Q\}^T = \{0.1022,\ 0.0038,\ 0.0910,\ 0.0037,\ -0.0113,\ -0.0173,\ 0.0373,\ 0.0673,\ 0.0140\}$$

4차 반복하면

$$
\begin{pmatrix}
-1 & -1 & 1 & 0 & 0 & 0 & 0 & 0 & 0 \\
1 & 0 & -1 & 1 & 0 & 0 & 0 & 1 & 0 \\
0 & 0 & 0 & -1 & 1 & 0 & 0 & 0 & 0 \\
0 & 0 & 0 & 0 & -1 & 1 & 0 & 0 & -1 \\
0 & 0 & 0 & 0 & 0 & -1 & -1 & 0 & 0 \\
0 & 0 & 0 & 0 & 0 & 0 & 1 & -1 & 0 \\
334 & -366 & 0 & 0 & 0 & 0 & 0 & 0 & 0 \\
334 & 0 & 87 & 36 & 0 & 0 & 0 & 0 & 0 \\
0 & 0 & 0 & 36 & 0 & 378 & -1836 & -741 & 528
\end{pmatrix}
\begin{bmatrix} z_1 \\ z_2 \\ z_3 \\ z_4 \\ z_5 \\ z_6 \\ z_7 \\ z_8 \\ z_9 \end{bmatrix}
=
\begin{bmatrix} 0.0000 \\ 0.0000 \\ 0.0000 \\ 0.0000 \\ 0.0000 \\ 0.0000 \\ -0.1025 \\ 0.0400 \\ 0.4211 \end{bmatrix}
$$

$$\{z\}^T = \{0.0000,\ 0.0003,\ -0.0003,\ 0.0005,\ 0.0005,\ 0.0002, -0.0002, -0.0002, -0.0003\}$$

$$\{Q\}^T = \{0.1022,\ 0.0035,\ 0.0947,\ 0.0032,\ -0.0118,\ -0.0175,\ 0.0375,\ 0.0675,\ 0.0143\}$$

5차 반복하면

$$
\begin{pmatrix}
-1 & -1 & 1 & 0 & 0 & 0 & 0 & 0 & 0 \\
1 & 0 & -1 & 1 & 0 & 0 & 0 & 1 & 0 \\
0 & 0 & 0 & -1 & 1 & 0 & 0 & 0 & 0 \\
0 & 0 & 0 & 0 & -1 & 1 & 0 & 0 & -1 \\
0 & 0 & 0 & 0 & 0 & -1 & -1 & 0 & 0 \\
0 & 0 & 0 & 0 & 0 & 0 & 1 & -1 & 0 \\
334 & -345 & 0 & 0 & 0 & 0 & 0 & 0 & 0 \\
334 & 0 & 88 & 32 & 0 & 0 & 0 & 0 & 0 \\
0 & 0 & 0 & 32 & 0 & 382 & -1844 & -743 & 537
\end{pmatrix}
\begin{bmatrix} z_1 \\ z_2 \\ z_3 \\ z_4 \\ z_5 \\ z_6 \\ z_7 \\ z_8 \\ z_9 \end{bmatrix}
=
\begin{bmatrix} 0.0000 \\ 0.0000 \\ 0.0000 \\ 0.0000 \\ 0.0000 \\ 0.0000 \\ -0.0029 \\ 0.0008 \\ 0.0714 \end{bmatrix}
$$

$$\{z\}^T = \{0.0000,\ 0.0001,\ 0.0001,\ 0.0003,\ 0.0003,\ 0.0002, -0.0002, -0.0002, -0.0001\}$$

$$\{Q\}^T = \{0.1022,\ 0.0035,\ 0.0907,\ 0.0032,\ -0.0118,\ -0.0175,\ 0.0375,\ 0.0675,\ 0.0143\}$$

6차 반복하면

$$\begin{pmatrix} -1 & -1 & 1 & 0 & 0 & 0 & 0 & 0 & 0 \\ 1 & 0 & -1 & 1 & 0 & 0 & 0 & 1 & 0 \\ 0 & 0 & 0 & -1 & 1 & 0 & 0 & 0 & 0 \\ 0 & 0 & 0 & 0 & -1 & 1 & 0 & 0 & -1 \\ 0 & 0 & 0 & 0 & 0 & -1 & -1 & 0 & 0 \\ 0 & 0 & 0 & 0 & 0 & 0 & 1 & -1 & 0 \\ 334 & -344 & 0 & 0 & 0 & 0 & 0 & 0 & 0 \\ 334 & 0 & 87 & 32 & 0 & 0 & 0 & 0 & 0 \\ 0 & 0 & 0 & 32 & 0 & 382 & -1845 & -743 & 537 \end{pmatrix} \begin{bmatrix} z_1 \\ z_2 \\ z_3 \\ z_4 \\ z_5 \\ z_6 \\ z_7 \\ z_8 \\ z_9 \end{bmatrix} = \begin{bmatrix} 0.0000 \\ 0.0000 \\ 0.0000 \\ 0.0000 \\ 0.0000 \\ 0.0000 \\ 0.0000 \\ 0.0000 \\ 0.0094 \end{bmatrix}$$

$$\{z\}^T = \{0.0000,\ 0.0000,\ 0.0000,\ 0.0000,\ 0.0000,\ 0.0000,\ 0.0000,\ 0.0000, 0.0000\}$$

$$\{Q\}^T = \{0.1022,\ 0.0035,\ 0.0907,\ 0.0032,\ -0.0118,\ -0.0175,\ 0.0375,\ 0.0675,\ 0.0143\}$$

지금까지 계산한 결과를 표로 작성하면 표 4.1과 같으며 상세한 계산과정은 엑셀파일 Exam4_15를 참조한다.

예제 4.16

예제 4.16 아래 그림은 10-배관, 7-절점, 3개의 펌프와 하나의 수차로 구성된 관망이다. 이 관망을 해석하기 위한 입력자료 파일을 작성하라. 펌프특성은 아래 표와 같나. 펌프 1의 펌프특성곡선을 해결과정 후반에 열거된 새로운 펌프 자료로 대체하고 프로그램 3개 모두를 사용하여 문제를 해결하라.

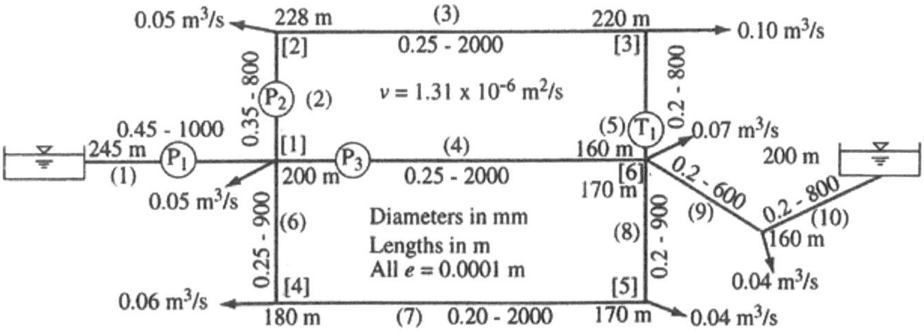

펌프 1		펌프 2		펌프 3		수차	
$Q(m^3/s)$	$h_p(m)$	$Q(m^3/s)$	$h_p(m)$	$Q(m^3/s)$	$h_p(m)$	$Q(m^3/s)$	$h_t(m)$
0.40	20.0	0.12	16.0	0.06	8.0	0.09	-8.0
0.42	18.0	0.15	15.0	0.08	7.5	0.10	-7.5
0.44	15.0	0.18	13.6	0.10	6.8	0.11	-6.8

해결

관망해석과정은 예제 4.10과 유사하며 상세한 계산과정은 엑셀 파일 Exam4_16을 참조하며 중요한 계산과정은 다음과 같다. 예제 4.10에서와 같이 배관유량을 추정하고 이 유량에 따른 각 계수를 구하면 다음 표와 같다.

표 1 각 배관에 대한 f_1, f_2, Q_1, Q_2, b, a, K, n

배관	$Q(ft^3/s)$	Q_1	Q_2	f_1	f_2	b	a	K	n
1	0.2025	0.162	0.243	0.01615	0.01557	0.09149	0.01368	61	1.909
2	0.1225	0.098	0.147	0.01704	0.01641	0.09251	0.01374	173	1.907
3	0.0625	0.050	0.075	0.01834	0.01766	0.09391	0.01384	2,347	1.906
4	0.0625	0.050	0.075	0.01834	0.01766	0.09391	0.01384	2,347	1.906
5	0.0400	0.032	0.048	0.01929	0.01856	0.09486	0.01392	2,880	1.905
6	0.0625	0.050	0.075	0.01834	0.01766	0.09391	0.01384	1,056	1.906
7	0.0400	0.032	0.048	0.01929	0.01856	0.09486	0.01392	7,201	1.905
8	0.0700	0.056	0.084	0.01833	0.01785	0.06661	0.01513	3,523	1.933
9	0.0400	0.032	0.048	0.01929	0.01856	0.09486	0.01392	2,160	1.905
10	0.4100	0.328	0.492	0.01701	0.01691	0.01546	0.01672	3,461	1.985

펌프와 수차 특성자료를 이용하여 회귀곡선식으로 유도하면 다음과 같다.

$$\begin{aligned} h_{p1} &= -1250Q_1^2 + 925Q_1 - 150 \\ h_{p2} &= -222.22Q_2^2 + 26.67Q_2 + 16 \\ h_{p1} &= -250Q_3^2 + 10Q_3 + 8.3 \\ h_t &= 1000Q_5^2 - 140Q_5 - 3.5 \end{aligned} \tag{1}$$

문제에서 주어진 관망에 대해 Q–공식시스템을 작성하면 다음과 같다.

$$F_1 = Q_1 - Q_2 - Q_4 - Q_6 - QJ_1$$

$$F_2 = Q_2 - Q_3 - QJ_2$$

$$F_3 = Q_3 - Q_2 - Q_5 - QJ_3$$

$$F_4 = Q_6 - Q_7 - QJ_4$$

$$F_5 = Q_7 - Q_8 - QJ_5$$

$$F_6 = Q_4 + Q_5 + Q_8 - Q_9 - QJ_6$$

$$F_7 = Q_9 - Q_{10} - QJ_7$$

$$F_8 = h_{p2} + K_2 Q_2^{n_2} + K_2 Q_3^{n_3} + K_5 Q_5^{n_5} - h_t - K_4 Q_4^{n_4} + h_{p3} \qquad (2)$$

$$F_9 = - h_{p3} + K_4 Q_4^{n_4} - K_6 Q_6^{n_6} - K_7 Q_7^{n_7} - K_8 Q_8^{n_8}$$

$$F_{10} = h_{p1} - K_1 Q_1^{n_1} + h_{p3} - K_4 Q_4^{n_4} - K_9 Q_9^{n_9} - K_{10} Q_{10}^{n_{10}} + WS_1 - WS_2$$

앞에서 구한 수치들을 식 (2)에 대입하여 $F_1 \sim F_{10}$을 구한다.

$$F_1 = 0.2025 - 0.1225 - 0.0625 - 0.0625 - 0.05 = - 0.0950$$

$$F_2 = 0.1225 - 0.0625 - 0.05 = 0.0100$$

$$F_3 = 0.0625 - 0.040 - 0.10 = - 0.0775$$

$$F_4 = 0.0625 - 0.0400 - 0.06 = - 0.0375$$

$$F_5 = 0.0400 - 0.0700 - 0.04 = - 0.0700$$

$$F_6 = 0.0625 + 0.0400 + 0.0700 - 0.0400 - 0.07 = 0.0625$$

$$F_7 = 0.0400 - 0.4100 - 0.04 = - 0.4100$$

$$F_8 = 15.93 + 173 \times 0.1225^{1.907} + 2347 \times 0.0625^{1.906} + 2880 \times 0.400^{1.905} - (-7.50) - 2347 \times 0.0625^{1.906} + 7.95 = 8.9292$$

$$F_9 = 7.95 + 2347 \times 0.0625^{1.906} - 1056 \times 0.0625^{1.906} - 7201 \times 0.0400^{1.905} - 3525 \times 0.0700^{1.933} = - 37.6505$$

$$F_{10} = - 13.95 - 61 \times 0.2025^{1.909} + 7.95 - 2347 \times 0.0625^{1.906} - 2160 \times 0.0400^{1.905} - 3461 \times 0.4100^{1.985} + 45 = - 570.34$$

상기 식들을 식 4.39의 형태로 작성하면

$$\begin{pmatrix} 1 & -1 & 0 & -1 & 0 & -1 & 0 & 0 & 0 & 0 \\ 0 & 1 & -1 & 0 & 0 & 0 & 0 & 0 & 0 & 0 \\ 0 & 0 & 1 & 0 & -1 & 0 & 0 & 0 & 0 & 0 \\ 0 & 0 & 0 & 0 & 0 & 1 & -1 & 0 & 0 & 0 \\ 0 & 0 & 0 & 0 & 0 & 0 & 1 & -1 & 0 & 0 \\ 0 & 0 & 0 & 1 & -1 & 0 & 0 & 1 & -1 & 0 \\ 0 & 0 & 0 & 0 & 0 & 0 & 0 & 0 & 1 & -1 \\ 0 & 50 & 363 & 384 & 0 & 0 & 0 & 0 & 0 & 0 \\ 0 & 0 & 0 & & & & & & & \end{pmatrix}$$

엑셀의 행렬식 도구를 사용하여 $[z]$를 구하면 다음과 같다.

$$\{z\}^T = \{-0.4127, -0.0910, -0.1010, -0.1523, -0.0235, -0.0744, -0.0369,\ 0.0331, -0.2052, 0.2048\}$$

식 4.40으로부터 개선된 해를 구하면 다음과 같다.

$$\{Q\}^T = \{0.6152,\ 0.2135,\ 0.1635,\ 0.2148,\ 0.0635,\ 0.1369,\ 0.0769,\ 0.0369, 0.2452,\ 0.2052\}$$

상기 과정을 8차 반복하면 다음 표와 같은 엄밀해를 얻을 수 있으며 상세한 계산과정은 엑셀파일 Exam4_16을 참조한다.

표 1 배관자료와 절점자료

배관 번호	절점 From	절점 To	$L(m)$	$D(m)$	$e(10^{-4}m)$	$Q(m^3/s)$	$V(m/s)$	$h_f(m)$	$h_f/1000$
1	0	1	1000	0.450	1.0	0.435	2.74	12.70	12.70
2	1	2	800	0.350	1.0	0.163	1.70	5.45	6.81
3	2	3	2000	0.250	1.0	0.113	2.31	37.00	18.50
4	1	6	2000	0.250	1.0	0.117	2.40	39.90	19.95
5	3	6	800	0.200	1.0	0.013	0.42	0.74	0.92
6	1	4	900	0.250	1.0	0.105	2.14	14.41	16.01
7	4	5	2000	0.200	1.0	0.045	1.43	19.32	9.66
8	5	6	900	0.200	1.0	0.005	0.16	0.13	0.15
9	6	7	600	0.200	1.0	0.065	2.10	11.82	19.70
10	7	0	800	0.200	1.0	0.025	0.82	2.52	3.15

절점	수요량 추정	수요량 결과	$EL(m)$	$HEAD(m)$	$P(kPa)$	$HGL(m)$
1	0.1	0.050	200.0	48.18	481.8	248.18
2	0.1	0.050	228.0	29.19	291.9	257.19
3	0.1	0.100	220.0	0.19	1.9	220.19
4	0.1	0.060	180.0	53.77	537.7	233.77
5	0.0	0.040	170.0	44.45	444.5	214.45
6	0.1	0.070	160.0	54.32	543.2	214.32
7	0.0	0.040	160.0	42.50	425.0	202.50

배관 1의 Pump 1 : 수두=15.88m, $Q=0.435m^3/s$

배관 2의 Pump 2 : 수두=14.45m, $Q=0.163m^3/s$

배관 4의 Pump 3 : 수두= 6.03m, $Q=0.117m^3/s$

배관 5의 Pump 4 : 수두= −5.13m, $Q=0.013m^3/s$

CHAPTER 05

관망설계

5.1 소개

배관의 직경, 길이, 조도 그리고 절점 수요량을 알고 있는 관망에 대한 문제의 해는 미지수인 HGL 고도 또는 수두 H, 배관유량 Q이다. 이러한 특징을 갖는 문제는 주어진 수요 패턴에서 알고 있는 관망을 해석하므로 해석문제로 분류되며 제4장 관망해석에서 해석방법에 대해 기술하였다. 관망해석시 관망의 모든 절점에서 수요량이 명시되고, 하나 이상의 위치(저수지가 존재하는 곳)에서 HGL이 기저이면 관망 내 모든 배관유량과 각 절점에서 HGL 고도, 수두, 압력을 구하였다.

본 장에서는 미지수인 배관 직경을 결정하는 방법인 관망설계에 대해 집중적으로 기술한다. 제4장에서 문제와 관련된 미지수를 구하기 위한 질량보존식과 에너지보존식에 대해 기술하였으며 본 장에서는 이러한 원리를 더욱 확장하며 단순한 배관으로부터 관망설계를 시작한다.

5.1.1 배관 직경 결정

대표적인 관망설계는 관망전체에 명시된 압력과 유량을 만족시키는 배관 직경을 결정하는 것이다. 이와 같은 관망설계는 통상적으로 모든 절점에서의 압력, 수두 또는 HGL이 명시된다. 이들 중 어느 하나와 절점 고도가 기저인 경우 다른 미지수를 구할 수 있다. 배관 직경을 구하는 것 외 명시된 압력을 만족시키기 위해 펌프가 가압하여야 할 수두를 결정하여야 하는 경우도 있다.

아래 그림과 같이 수위 H_1이 기저인 저수지로부터 수위 H_2가 기저인 저수지로 물을 수송하는 가장 단순한 단일 관로를 고려한다. 이 경우 관망설계는 관로 길이 L과 조도 e가 기저인 조건에서 두 저수지 사이 기저 유량 Q를 수송하는 가장 작은 배관 직경을 결정하는 것이다.

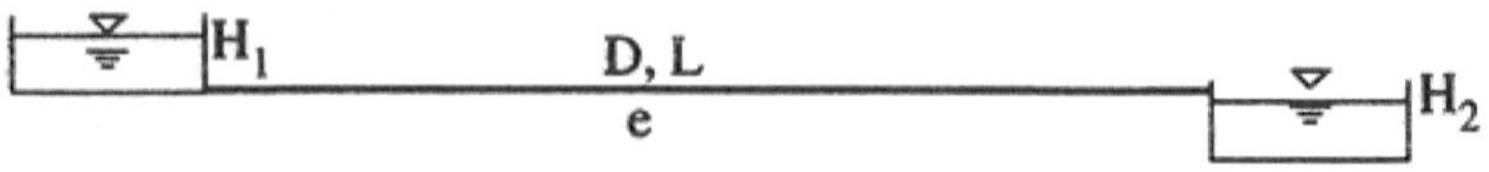

그림 5.1 2개 저수지로 구성된 관망설계

5.1.2 달시-바하식에 기초한 해석

본절에서 달시-바하식을 사용하여 다음과 같이 유량의 함수로서 배관 내 손실수두를 표현한다.

$$h_f = f\frac{L}{D}\frac{V^2}{2g} = f\frac{L}{D}\frac{Q^2}{2gA^2} \tag{5.1}$$

상기 식에서 h_f는 마찰에 의한 손실수두로서 단위 중량당 단위 에너지의 항으로 표현되며 배관길이 L, 레이놀즈수 Re와 배관의 상대 조도 e/D의 함수인 마찰계수 f로 구성된다. 대부분의 유동은 무디선도의 천이영역에 속하므로 다음과 같은 Colebrook-White 경험식으로 마찰계수 f의 거동을 정의할 수 있다.

$$\frac{1}{\sqrt{f}} = 1.14 - 2Log_{10}\left[\frac{e}{D} + \frac{9.35}{Re\sqrt{f}}\right] = 1.14 - 2Log_{10}\left[\frac{e}{D} + \frac{7.3434728\nu D}{Q\sqrt{f}}\right]$$
$$Re = \frac{VD}{\nu} = \frac{4Q}{\pi D^2 \nu} \tag{5.2}$$

식 5.2는 무디선도상 완전 발달된 거친 영역은 물론 수력적으로 매끄러운 유동을 기술하는 식과도 매우 잘 일치하므로 유동이 난류일 때 사용할 수 있다. 만일 유동이 $R_e < 2100$인 층류인 경우 다음 식을 사용하여야 한다.

$$f = \frac{64}{Re} = \frac{64\nu}{VD} = 81.487\frac{\nu D}{Q} \tag{5.3}$$

배관의 물리적 특성과 유량이 기저인 조건에서 직경을 결정하려면 식 5.1과 5.2를 동시에 풀어 미지수 f와 D를 구하여야 한다. 이러한 식의 동시 해를 얻기 위해서 여러 방법을 사용할 수 있다.

첫 번째 방법은 뉴튼법으로 달시-바하식과 Colebrook-White식을 동시에 해결하여 미지수 f와 D를 구하는 것이다. 뉴튼법으로 식 5.1과 5.2를 동시에 풀 때 당초 식을 아래와 같이 $F(f,D)$ 형태로 재작성하여야 한다.

$$F_1(f,D)= h_f - f\frac{L}{D}\frac{Q^2}{2gA^2}= 0 \tag{5.4}$$

$$F_2(f,D)= \frac{1}{\sqrt{f}} - 1.14 + 2Log_{10}\left[\frac{e}{D}+\frac{7.3434728\nu D}{Q\sqrt{f}}\right]= 0 \tag{5.5}$$

상기 식에 대한 자코비언행렬을 다음과 같은 2차원 정사각 행렬로 나타낼 수 있다.

$$J= \begin{bmatrix} \frac{\partial F_1}{\partial f} & \frac{\partial F_1}{\partial D} \\ \frac{\partial F_2}{\partial f} & \frac{\partial F_2}{\partial D} \end{bmatrix} \tag{5.6}$$

자코비언행렬의 F_1식의 각 요소와 관련된 미분식을 구하기 위해 식 5.4를 다음과 같이 변경하며 여기서 $C_1 = 8/(g\pi^2)$으로서 $0.0251985(ES)$, $0.0828(SI)$이다

$$F_1 = h_f - \frac{8}{g\pi^2}\frac{fLQ^2}{D^5}= h_f - C_1\frac{fLQ^2}{D^5} \tag{5.7}$$

F_1식을 f에 관해 미분하면 다음과 같다.

$$\frac{\partial F_1}{\partial f} =- C_1\frac{LQ^2}{D^5} \tag{5.8}$$

F_1식을 D에 관해 미분하면 다음과 같으며 여기서 $C_2 = 5C_1 = 0.1259925(ES)$, $0.4140(SI)$이다.

$$\frac{\partial F_1}{\partial D} = 5C_1\frac{fLQ^2}{D^6}= C_2\frac{fLQ^2}{D^6} \tag{5.9}$$

F_1식을 Q에 관해 미분하면 다음과 같으며 여기서 $C_3 = 2C_1 = 0.0504(ES)$, $0.1656(SI)$이다.

$$\frac{\partial F_1}{\partial Q} = -2C_1\frac{fLQ}{D^5} = -C_3\frac{fLQ}{D^5} \tag{5.10}$$

자코비언행렬 F_2식의 각 요소와 관련된 미분식을 구하기 위해 식 5.5를 다음과 같이 변경하며 여기서 $C_4 = 7.34347$이다.

$$F_2 = \frac{1}{\sqrt{f}} - 1.14 + 2Log_{10}\left(\frac{e}{D} + \frac{C_4\nu D}{Q\sqrt{f}}\right) \tag{5.11}$$

F_2식을 f에 관해 미분하면 다음과 같고, 여기서 $C_5 = 2/ln_{10} = 0.868589$이다.

$$\begin{aligned}\frac{\partial F_2}{\partial f} &= -\frac{1}{2}f^{-\frac{3}{2}} + \frac{2}{ln_{\ 10}}\left(\frac{0.5eQf^{-0.5}}{eQ\sqrt{f} + C_4\nu D^2} - \frac{0.5DQf^{-0.5}}{DQ\sqrt{f}}\right) \\ &= -\frac{1}{2}f^{-\frac{3}{2}} + C_5\left(\frac{0.5eQf^{-0.5}}{eQ\sqrt{f} + C_4\nu D^2} - \frac{0.5}{f}\right)\end{aligned} \tag{5.12}$$

F_2식을 D에 관해 미분하면 다음과 같고, 여기서 $C_6 = 2C_4 = 14.6869$이다.

$$\begin{aligned}\frac{\partial F_2}{\partial D} &= \frac{2}{ln_{\ 10}}\left[\frac{2C_4\nu D}{eQ\sqrt{f} + C_4\nu D^2} - \frac{Q\sqrt{f}}{DQ\sqrt{f}}\right] \\ &= C_5\left[\frac{C_6\nu D}{eQ\sqrt{f} + C_4\nu D^2} - \frac{1}{D}\right]\end{aligned} \tag{5.13}$$

F_2식을 Q에 관해 미분하면 다음과 같다.

$$\frac{\partial F_2}{\partial Q} = C_5\left[\frac{e\sqrt{f}}{eQ\sqrt{f} + C_4\nu D^2} - \frac{1}{Q}\right] \tag{5.14}$$

예제 5.1

뉴튼법을 이용하여 그림 5.1의 관망에서 수위 차이 $h_f = 40ft$, 배관길이 $L = 3000ft$, 조도 $e = 0.002in$인 배관을 통해 $Q = 2ft^3/s$를 수송하기 위한 배관 직경을 구하라. 단, 물의 동점성계수는 $\nu = 1.417E-5ft^2/s$이다.

해답

직경 $D = 0.6ft$와 $f = 0.015$로 추정하고 문제에서 주어진 자료를 식 5.7, 5.8, 5.9에 대입한다.

$$F_1 = 40 - 0.015\frac{0.015 \times 3000 \times 2^2}{0.6^5} = -18.3299$$

$$\frac{\partial F_1}{\partial f} = -0.0251985\frac{3000 \times 2^2}{0.6^5} = -3888.66$$

$$\frac{\partial F_1}{\partial D} = 0.1259925\frac{0.015 \times 3000 \times 2^2}{0.6^6} = 486.08$$

문제에서 주어진 자료를 식 5.11, 5.12, 5.13에 대입한다.

$$F_2 = \frac{1}{\sqrt{0.015}} - 1.14 + 2Log_{10}\left(\frac{0.0001667}{0.6} + \frac{7.34347 \times 1.417 \times 10^{-5} \times 0.6}{2 \times \sqrt{0.015}}\right) = 0.478$$

$$\frac{\partial F_2}{\partial f} = -0.5 \times 0.015^{-1.5} + 0.868589\left(\frac{0.5 \times 0.0001667 \times 2 \times 0.015^{-0.5}}{0.0001667 \times 2 \times \sqrt{0.015} + 7.34347 \times 1.417 \times 10^{-5} \times 0.6^2} - \frac{0.5}{0.015}\right) = -2869.0199$$

$$\frac{\partial F_2}{\partial D} = 0.868589\left[\frac{14.6869 \times 1.417 \times 10^{-5} \times 0.6}{0.0001667 \times 2 \times \sqrt{0.015} + 14.6869 \times 1.417 \times 10^{-5} \times 0.6^2} - \frac{1}{0.6}\right] = 0.0622$$

상기 계산결과를 행렬식으로 작성하면 다음과 같다.

$$\begin{bmatrix} 0.0622 & -2869.0199 \\ 486.08 & -3888.66 \end{bmatrix}\begin{pmatrix} z_1 \\ z_2 \end{pmatrix} = \begin{pmatrix} 0.478 \\ -18.3299 \end{pmatrix}$$

엑셀의 행렬식 도구를 이용하여 상기 행렬식의 z를 구하면 다음과 같고, 초기 추정치 $f=0.015$, $D=0.6ft$에서 이 z를 감하여 새로운 f와 D를 얻을 수 있다.

$$\begin{pmatrix} z_1 \\ z_2 \end{pmatrix} = \begin{pmatrix} -0.00166 \\ -0.05099 \end{pmatrix} \qquad \begin{bmatrix} f \\ D \end{bmatrix} = \begin{pmatrix} 0.016660 \\ 0.650990 \end{pmatrix}$$

이제 상기 과정을 다시 반복하는 2차 반복 뉴튼식은 다음과 같고

$$\begin{bmatrix} -2586.40 & 330.95 \\ -24.60 & 0.0164 \end{bmatrix} \begin{pmatrix} z_1 \\ z_2 \end{pmatrix} = \begin{pmatrix} 0.03700 \\ -3.08852 \end{pmatrix}$$

엑셀의 행렬식 도구를 사용하여 해를 구하면 다음과 같다.

$$\begin{pmatrix} z_1 \\ z_2 \end{pmatrix} = \begin{pmatrix} -0.00015 \\ -0.01051 \end{pmatrix} \qquad \begin{bmatrix} f \\ D \end{bmatrix} = \begin{pmatrix} 0.0168 \\ 0.6615 \end{pmatrix}$$

3차 반복 뉴튼식은

$$\begin{bmatrix} -2387.29 & 303.34 \\ -24.30 & 0.0342 \end{bmatrix} \begin{pmatrix} z_1 \\ z_2 \end{pmatrix} = \begin{pmatrix} 0.000327 \\ -0.13233 \end{pmatrix}$$

엑셀의 행렬식 도구를 사용하여 해를 구하면 다음과 같다.

$$\begin{pmatrix} z_1 \\ z_2 \end{pmatrix} = \begin{pmatrix} -0.00045 \\ -1.4E-6 \end{pmatrix} \qquad \begin{bmatrix} f \\ D \end{bmatrix} = \begin{pmatrix} 0.6619 \\ 0.0168 \end{pmatrix}$$

4차 반복 뉴튼식은

$$\begin{bmatrix} 302.14 & -2379.23 \\ 0.0351 & -24.30 \end{bmatrix} \begin{pmatrix} z_1 \\ z_2 \end{pmatrix} = \begin{pmatrix} -0.00026 \\ 2.02E-7 \end{pmatrix}$$

엑셀의 행렬식 도구를 사용하여 해를 구하면 다음과 같다.

$$\begin{pmatrix} z_1 \\ z_2 \end{pmatrix} = \begin{pmatrix} -8.8E-07 \\ 9.6E-10 \end{pmatrix} \qquad \begin{bmatrix} f \\ D \end{bmatrix} = \begin{pmatrix} 0.6619 \\ 0.0168 \end{pmatrix}$$

이제 z 행렬 요소가 거의 0에 가까우므로 엄밀해에 도달하였으므로 $f=0.0168$, $D=0.662ft$이 되며 상세한 계산과정은 엑셀파일 DIAPIP를 참조한다.

식 5.7과 5.11의 동시 해를 구하는 또 다른 방법은 Gauss-Seidel 반복법이며 이 반복법에서 식 5.11의 Colebrook-White식은 신속하게 수렴한다. 먼저 f와 D를 추정하고, D를 고정시킨 상태에서 Gauss-Seidel 반복법으로 식 5.11을 만족시키는 f를 구하여 이 f와 D를 식 5.7에 대입하여 F_1를 구한다. 이제 D를 약간 증가시켜 D'으로 변화시킨 후 상기 절차를 반복하여 구한 f와 D를 식 5.7에 대입하여 F_1'를 구한다.

f를 기저로 가정하면 상기 식에서 $F(D)$를 식 5.1로서 다음과 같이 작성할 수 있다.

이제 수치미분법으로 z를 구하여 개선된 해를 구하고 $\{D\}^{m+1} \approx \{D\}^m$이 될 때까지 상기 절차를 반복한다.

$$\{z\} = F_1 \frac{D_1^{'} - D_1}{F_1^{'} - F_1} \tag{5.15}$$

$$\{D\}^{m+1} = \{D\}^m - \{z\} \tag{5.16}$$

예제 5.2

Gauss-Seidel 반복법을 이용하여 예제 5.1를 해결하라.

해답

직경 $D = 0.5ft$와 $f = 0.0156$으로 추정하고 이를 식 5.11로부터 유도된 다음 식에 대입한다.

$$SF_1 = \frac{1}{\sqrt{0.0156}} = 8.0 \tag{1}$$

$$SF_2 = -1.14 + 2Log_{10}\left(\frac{\frac{0.002}{12}}{0.5} + \frac{7.34347 \times 0.00001417 \times 0.5 \times 8}{2} \right) \tag{2}$$

$$= 7.6728$$

$$\Delta SF = SF_1 - SF_2 = 8.0 - 7.6728 = 0.3271 \tag{3}$$

SF_2를 SF_1으로 대체하여 상기 과정을 5회 반복한 결과 다음과 같이 $SF_2 \approx SF_1$이 되므로 마찰계수 f는 다음과 같다.

$$f = \frac{1}{SF_1^2} = \frac{1}{7.686089^2} = 0.016927 \tag{4}$$

구분	1회	2회	3회	4회	5회
SF_1	8.000000	7.672888	7.686647	7.686064	7.686089
SF_2	7.672888	7.686647	7.686064	7.686089	7.686088
SF_2-SF_1	-0.327112	0.013759	-0.000583	0.000025	-0.000001

이제 $f=0.016927$과 $D=0.5ft$를 식 5.7에 대입하여 F_1를 구한다.

$$F_1=40-0.0251985\frac{0.016927\times 3000\times 2^2}{0.5^5}=-123.63 \tag{5}$$

이제 $D'=1.03D=1.03\times 0.5=0.515ft$로 변경시키고 앞에서 구한 $F_1=7.686088$을 상기 (1)~(5) 과정을 5회 반복한 결과는 다음과 같다.

구분	1회	2회	3회	4회	5회
SF_1	7.686088	7.692152	7.691885	7.691897	7.691897
SF_2	7.692152	7.691885	7.691897	7.691897	7.691897
SF_2-SF_1	0.006064	-0.000266	0.000012	-0.000001	0.000000

이제 $f=0.016902$과 $D'=0.515ft$를 식 5.7에 대입하여 F_1'를 구한다.

$$f=\frac{1}{SF_1^2}=\frac{1}{7.691897^2}=0.016902$$

$$F_1'=40-0.0251985\frac{0.016902\times 3000\times 2^2}{0.515^5}=-100.93 \tag{6}$$

이제 식 5.15과 5.16으로부터 다음과 같이 개선된 직경 $\{D\}^{m+1}$를 구한다.

$$\{z\}=-123.63\frac{0.515-0.50}{-100.93-(-123.62)}=-0.0817134 \tag{7}$$

$$\{D\}^{m+1}=0.50-(-0.0817134)=0.5817 \tag{8}$$

$\{D\}^m$과 $\{D\}^{m+1}$의 차이가 원하는 수준으로 감소할 때까지 상기 전체 과정을 반복하여 마찰계수 f와 직경 D를 결정할 수 있으며 본 예제에서는 5회 반복하면 예제 5.1과 동일한 엄밀해를 구할 수 있으며 상세한 계산과정은 엑셀파일 DIAPIP을 참조한다.

세 번째 방법은 Gauss-Seidel법으로 Colebrook-White식으로부터 마찰계수 f를 구하고 달시-바하식 5.7로부터 유도된 다음 식으로 직접 D를 구하는 것이다.

$$D=\left[\frac{C_1 f L Q^2}{h_f}\right]^{0.2} \tag{5.17}$$

예제 5.3

예제 5.1을 세 번째 방법으로 해결하라.

해답

직경 $D=0.5ft$와 $f=0.0156$으로 추정하고 이를 식 5.11로부터 유도된 다음 식에 대입한다.

$$SF_1=\frac{1}{\sqrt{0.0156}}=8.0 \tag{1}$$

$$SF_2=-1.14+2Log_{10}\left(\frac{0.0001667}{0.5}+\frac{7.34347\times 0.00001417\times 0.5\times 8}{2}\right)$$
$$=7.6963 \tag{2}$$

$$\triangle SF=SF_2-SF_1=8.0-7.6963=-0.3036 \tag{3}$$

SF_2를 SF_1으로 대체하여 상기 과정을 6회 반복한 결과 다음과 같이 $SF_2=SF_1$이 되므로 마찰계수 f는 다음과 같다.

$$f=\frac{1}{SF_1^2}=\frac{1}{7.686087^2}=0.016927 \tag{4}$$

구분	1회	2회	3회	4회	5회	6회
SF_1	8.000000	7.672888	7.686647	7.686064	7.686089	7.686087
SF_2	7.672888	7.686647	7.686064	7.686089	7.686087	7.686088
SF_2-SF_1	-0.327112	0.013759	-0.00058	0.000025	-0.000001	0.000000

식 5.17에 주어진 수치를 대입한다.

$$D=\left[\frac{0.0251985\times 0.016927\times 3000\times 2^2}{40}\right]^{0.2}=0.662853ft \tag{5}$$

상기 $D=0.662853ft$는 초기 추정한 $D=0.5ft$와 상당한 차이가 발생한다. 따라서 $f=0.016927$과 $D=0.662853ft$를 상기 식 (1)~(5)에 대입하여 반복계산하면 다음 표와 같다.

구분	1회	2회	3회	4회	5회	6회
SF_1	7.686088	7.713842	7.712234	7.712327	7.712321	7.712322
SF_2	7.713842	7.712234	7.712327	7.712321	7.712322	7.712322
SF_2-SF_1	0.027754	-0.001608	0.000093	-0.000005	0.000000	0.000000

$$f=\frac{1}{SF_1^2}=\frac{1}{7.712322^2}=0.016812$$

$$D=\left[\frac{0.0251985\times 0.016812\times 3000\times 2^2}{40}\right]^{0.2}=0.66195ft$$

4회 반복하면 직경 D가 변화하지 않으므로 f와 D에 대한 엄밀해를 구할 수 있으며 이 해는 예제 5.1과 동일하며 상세한 계산과정은 엑셀파일 DIAPIP를 참조한다.

네 번째 방법은 달시-바하식 5.7로부터 다음 식을 유도하여 마찰계수 $1/\sqrt{f}$를 구한다.

$$f=\frac{h_f D^5}{C_1 L Q^2} \quad \Rightarrow \quad \frac{1}{\sqrt{f}}=\sqrt{\frac{C_1 L Q^2}{h_f D^5}} \tag{5.18}$$

상기 $1/\sqrt{f}$를 Colebrook-White식에 대입하고, 초기 f와 D를 추정하여 이 식에 대입하여 F를 구한다

$$F=\sqrt{\frac{C_1 L Q^2}{h_f D^5}}-1.14+2Log_{10}\left(\frac{e}{D}+\frac{C_4 \nu D}{Q\sqrt{f}}\right) \tag{5.19}$$

수치미분하기 위해 D를 D'으로 증가시켜 상기 과정을 반복하여 F'를 구한다. 식 5.15와 5.16으로부터 $\{z\}$를 구하여 개선된 $\{D\}^{m+1}$를 구한다. $z\approx 0$이 될 때까지 상기 과정을 반복한다.

예제 5.7

예제 5.1을 네 번째 방법으로 해결하라.

해답

$D=0.5ft$로 추정하여 식 5.18과 5.19에 대입한다.

$$\frac{1}{\sqrt{f}}=\sqrt{\frac{0.025199\times 3000\times 2^2}{40\times 0.5^5}}=15.55$$

$$F=15.55-1.14+2Log_{10}\left(\frac{0.0001667}{0.5}+\frac{7.34347\times 1.417\times 10^{-5}\times 0.5\times 15.55}{2}\right)$$

$$=8.1493$$

다음과 같이 직경 D를 증가시킨다.

$$D^{'}=0.5\times 1.075=0.5375ft$$

$D^{'}=0.5375ft$를 식 5.18과 5.19에 대입한다.

$$\frac{1}{\sqrt{f}}=\sqrt{\frac{0.025199\times 3000\times 2^2}{40\times 0.5375^5}}=12.98$$

$$F^{'}=12.98-1.14+2Log_{10}\left(\frac{0.0001667}{0.5375}+\frac{7.34347\times 1.417\times 10^{-5}\times 0.5375\times 15.55}{2}\right)$$

$$=5.4969$$

식 5.15와 5.16으로부터

$$z=8.1496\frac{0.5375-0.5}{5.4969-8.1493}=-0.1152$$

$$D^{m+1}=0.5+0.1152=0.6152ft$$

상기 과정을 5회 반복하면 예제 5.1과 동일한 엄밀해를 얻을 수 있다.

구분	1회	2회	3회	4회	5회
D	0.5000	0.6152	0.6619	0.6619	0.6619
F	8.1493	1.6291	0.0021	-0.00027	0.000035
$D^{'}$	0.5375	0.6613	0.7115	0.7116	0.7116
$F^{'}$	5.4969	0.0182	-1.3526	-1.3546	-1.3544
z	-0.1152	-0.0466	7.8×10^{-5}	9.9×10^{-6}	-1.2×10^{-6}

5.1.3 하젠-윌리엄식에 기초한 해석

실험식인 하젠-윌리엄식은 만관 유동에서 유량과 손실수두의 상관관계를 다음과 같이 표현하며 여기서 $K = 1.318(ES)$, $K = 0.849(SI)$이다.

$$Q = KC_{HW}AR_h^{0.63}S^{0.54} \tag{5.20}$$

상기 식에서 C_{HW}는 하젠-윌리엄 조도계수로서 이 계수의 범위는 매끄러운 신관의 경우 150부터 거칠고 부식된 주철관 구관의 경우 80, R_h는 수력반경, $S = h_f/L$는 수력구배선이다. 또 다른 편리한 형태의 하젠-윌리엄식은 다음과 같고 여기서 $K_1 = 4.727(ES)$, $K_1 = 10.7(SI)$이다.

$$h_f = \frac{K_1 L}{C_{HW}^{1.852} D^{4.87}} Q^{1.852} \tag{5.21}$$

직경을 직접 구하기 위한 하젠-윌리엄식은 다음과 같고 여기서 $K_2 = 1.376(ES)$, $K_2 = 1.626(SI)$이다.

$$D = \left[\frac{QK_1^{-0.54}}{C_{HW}S^{0.54}}\right]^{0.380228} = K_2\left[\frac{Q}{C_{HW}S^{0.54}}\right]^{0.38} \tag{5.22}$$

식 5.22에서 볼 수 있듯이 유량 Q, 손실수두 h_f, 길이 L, 조도계수 C_{HW}가 기저이면 하젠-윌리엄식을 사용하여 배관 직경을 직접 구할 수 있어 광범위하게 사용되고 있다.

예제 5.5

하젠-윌리엄식을 사용하여 예제 5.1의 관망에서 $C_{HW} = 140$인 배관을 이용해 $Q = 2ft^3/s$를 수송하기 위한 직경을 구하라.

먼저 주어진 자료로부터

$$S = \frac{h_f}{L} = \frac{40}{3000} = 0.01333$$

상기 자료를 식 5.22에 입력하면 직경 D를 구할 수 있다.

$$D = 1.376\left[\frac{2}{140 \times 0.01333^{0.54}}\right]^{0.38} = 0.664ft$$

상대적으로 매끄러운 배관 내 레이놀즈수 $10^5 \sim 10^6$(대표적인 배관 설계 수치) 범위에서 하젠-윌리엄식으로 구한 결과는 달시-바하식으로 구한 결과와 잘 일치하지만 거친 배관 내 유동 조건의 범위에서는 일치하지 않는다. 거친 배관 내 유동 특히, 배관이 만관이 아닐 경우에는 매닝(Manning) 경험식이 하젠-윌리엄식보다 더 좋다.

5.1.4 분지관망

분지관망에서 모든 수요량이 명시되면 각 배관이 수송하여야 할 유량을 결정하는 것은 쉽다. 만일 압력, 수두 또는 HGL 고도가 기저이면 각 배관에서의 손실수두와 유량을 사전에 결정할 수 있기 때문에 전술한 방법으로 절차를 반복하여 관망 내 모든 배관의 직경을 구할 수 있다. 관망 내 변수에 대한 상세한 고찰은 후에 기술 하며 여기에서는 단순한 예제를 고찰한다.

컨설팅 기술자로서 강으로부터 5 마일 떨어진 첫 번째 농장인 절점 7에 관개용수를 공급하기 위해 $e = 0.000084$인치인 PVC 관로를 사전 조사한다. 배관은 1000ft 간격으로 20개 농장인 절점 7~26으로 분지되며 각 분기점의 수요량은 $0.5ft^3/s$이다. 강의 수위는 관개하고자 하는 마지막 농장의 고도보다 100ft 아래에 위치하며 마지막 분지점에서 $40lb/in^2$의 압력을 유지하여야 한다. 배관은 두 고도 사이에서 일정한 구배로 배치되고 강에 펌프를 설치한다. 단, $\nu = 1.217 \times 10^{-5}ft^2/s$이고, HGL 구배 $S = h_f/L = 1.2424 \times 10^{-3}$이다.

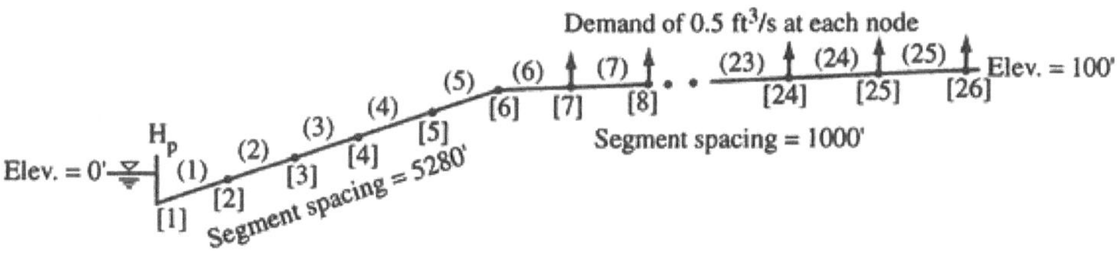

그림 5.2 단순 분지관망

관로 처음 5마일은 1마일씩(5280ft) 증가시켜 연산을 수행하고 그 후부터는 관로는 1000ft 간격으로 분지된다. 상기 관망설계로서 직경 D를 구하는 절차는 다음과 같다.

• 배관유량 Q 결정

1~6번 배관유량은 모든 절점 수요량의 합이므로 다음과 같고, 절점 7 이후 각 절점에서 수요량 $QJ = 0.5ft^3/s$씩 감소하므로 표 5.1의 8번째 칸과 같이 모든 배관유량을 구할 수 있다.

$$Q_1 \sim Q_6 = 0.5 \times 20 = 10ft^3/s$$

• 배관손실수두 h_f 결정

문제에서 $S = 0.001242$로 주어졌으므로 각 배관에서 발생하는 손실수두 h_f를 다음과 같이 구할 수 있으며 그 결과는 표 5.1의 마지막 칸과 같다.

$$h_{f1} = 0.001242 \times 5280 = 6.56ft$$

$$\vdots$$

$$h_{f25} = 0.001242 \times 1000 = 1.24ft$$

• 절점 HGL 결정

문제에서 명시된 절점 26에서 압력 $p = 40lb/in^2$를 유지하기 위한 HGL_{26}은 다음과 같다.

$$HGL_{26} = p_{26} + EL_{26} = 40 \times \frac{144}{62.4} + 100 = 192.35ft$$

이 절점 HGL에 상류측 배관손실수두 h_{f25}를 더하면 절점 25에서의 HGL를 구할 수 있으며 동일한 방법으로 모든 절점에서의 HGL를 구한 결과는 표 5.2의 마지막 칸과 같다.

$$HGL_{25} = HGL_{26} + h_{f25} = 192.35 + 1.24 = 193.59ft$$

이제 각 배관유량 Q, 손실수두 h_f, 배관 조도 e, 배관길이 L, 동점성계수 ν가 기저가 되므로 식 5.7과 5.11에서 오직 마찰계수 f와 배관 직경 D만이 미지수가 된다. 따라서 미지수가 2개이고 사용할 수 있는 식이 2개이기 때문에 5.1.1절에서 기술한 방법 중 하나를 사용하여 각 배관 직경을 구할 수 있으며 그 결과는 표 5.1의 4번째 간과 같으며 상세한 계산과정은 엑셀파일 FIG5_2를 참조한다.

표 5.1 설계 배관 직경

배관 번호	절점		설계 $D(in)$	$A(ft^2)$	표준 $D(in)$	$L(ft)$	$Q(ft^3/s)$	$h_f(ft)$
	From	To						
1	1	2	23.10	2.940	24.0	5280	10.0	6.56
2	2	3	23.10	2.940	24.0	5280	10.0	6.56
3	3	4	23.10	2.940	24.0	5280	10.0	6.56
4	4	5	23.10	2.940	24.0	5280	10.0	6.56
5	5	6	23.10	2.940	24.0	5280	10.0	6.56
6	6	7	23.10	2.940	24.0	1000	10.0	1.24
7	7	8	22.65	2.828	24.0	1000	9.5	1.24
8	8	9	22.19	2.715	24.0	1000	9.0	1.24
9	9	10	21.72	2.601	20.0	1000	8.5	1.24
10	10	11	21.23	2.484	20.0	1000	8.0	1.24
11	11	12	20.72	2.366	20.0	1000	7.5	1.24
12	12	13	20.19	2.246	20.0	1000	7.0	1.24
13	13	14	19.63	2.124	20.0	1000	6.5	1.24
14	14	15	19.05	2.000	20.0	1000	6.0	1.24
15	15	16	18.43	1.873	18.0	1000	5.5	1.24
16	16	17	17.78	1.743	18.0	1000	5.0	1.24
17	17	18	17.09	1.610	18.0	1000	4.5	1.24
18	18	19	16.35	1.474	15.0	1000	4.0	1.24
19	19	20	15.55	1.333	15.0	1000	3.5	1.24
20	20	21	14.67	1.187	15.0	1000	3.0	1.24
21	21	22	13.70	1.035	15.0	1000	2.5	1.24
22	22	23	12.60	0.875	12.0	1000	2.0	1.24
23	23	24	11.31	0.706	12.0	1000	1.5	1.24
24	24	25	9.71	0.521	10.0	1000	1.0	1.24
25	25	26	7.49	0.310	8.0	1000	0.5	1.24

표 5.2 설계배관을 사용할 경우 절점 자료

절점	$QJ(ft^3/s)$	$EL(ft)$	$HEAD(ft)$	$P(psi)$	$HGL(ft)$
1	-10.0	100.0	150.00	65.00	250.00
2	0.0	100.0	143.44	62.16	243.44
3	0.0	100.0	136.88	59.31	236.88
4	0.0	100.0	130.32	56.47	230.32
5	0.0	100.0	123.76	53.63	223.76
6	0.0	100.0	117.20	50.79	217.20
7	0.5	100.0	115.96	50.25	215.96
8	0.5	100.0	114.72	49.71	214.72
9	0.5	100.0	113.47	49.17	213.47
10	0.5	100.0	112.23	48.63	212.23
11	0.5	100.0	110.99	48.09	210.99
12	0.5	100.0	109.75	47.56	209.75
13	0.5	100.0	108.50	47.02	208.50
14	0.5	100.0	107.26	46.48	207.26
15	0.5	100.0	106.02	45.94	206.02
16	0.5	100.0	104.78	45.40	204.78
17	0.5	100.0	103.53	44.86	203.53
18	0.5	100.0	102.29	44.33	202.29
19	0.5	100.0	101.05	43.79	201.05
20	0.5	100.0	99.81	43.25	199.81
21	0.5	100.0	98.56	42.71	198.56
22	0.5	100.0	97.32	42.17	197.32
23	0.5	100.0	96.08	41.63	196.08
24	0.5	100.0	94.84	41.10	194.84
25	0.5	100.0	93.59	40.56	193.59
26	0.5	100.0	92.35	40.02	192.35

표 5.1의 4번째 칸의 배관 직경은 시중에서 판매되는 표준직경이 아니므로 설계직경을 표준직경에 가장 가까운 배관으로 대체하면 이제는 모든 배관유량과 손실수두가 기저가 되므

로 관망해석문제가 된다. 따라서 가장 근접한 표준 배관 직경으로 대체한 관망해석결과는 표 5.3 및 5.4와 같다.

표 5.3 표준 배관 직경

배관번호	절점		$L(ft)$	표준$D(in)$	$Q(ft^3/s)$	$h_f(ft)$	$h_f/1000$
	From	To					
1	1	2	5280	24.0	10.0	5.59	1.06
2	2	3	5280	24.0	10.0	5.59	1.06
3	3	4	5280	24.0	10.0	5.59	1.06
4	4	5	5280	24.0	10.0	5.59	1.06
5	5	6	5280	24.0	10.0	5.59	1.06
6	6	7	1000	24.0	10.0	1.06	1.06
7	7	8	1000	24.0	9.5	0.96	0.96
8	8	9	1000	24.0	9.0	0.87	0.87
9	9	10	1000	20.0	8.5	1.90	1.90
10	10	11	1000	20.0	8.0	1.70	1.70
11	11	12	1000	20.0	7.5	1.51	1.51
12	12	13	1000	20.0	7.0	1.33	1.33
13	13	14	1000	20.0	6.5	1.17	1.17
14	14	15	1000	20.0	6.0	1.01	1.01
15	15	16	1000	18.0	5.5	1.43	1.43
16	16	17	1000	18.0	5.0	1.20	1.20
17	17	18	1000	18.0	4.5	0.99	0.99
18	18	19	1000	15.0	4.0	1.93	1.93
19	19	20	1000	15.0	3.5	1.52	1.52
20	20	21	1000	15.0	3.0	1.15	1.15
21	21	22	1000	15.0	2.5	0.83	0.83
22	22	23	1000	12.0	2.0	0.61	1.61
23	23	24	1000	12.0	1.5	0.96	0.96
24	24	25	1000	10.0	1.0	1.11	1.11
25	25	26	1000	8.0	0.5	0.94	0.94

표 5.4 표준배관 직경을 사용할 경우 절점 자료

절점	수요량		$EL(ft)$	$HEAD(ft)$	$P(psi)$	$HGL(ft)$
	ft^3/s	gal/min				
1	-10.0	-4490.0	100.0	150.00	65.00	250.00
2	0.0	0.0	100.0	144.41	62.58	244.41
3	0.0	0.0	100.0	138.82	60.16	238.82
4	0.0	0.0	100.0	133.23	57.73	233.23
5	0.0	0.0	100.0	123.64	55.31	227.64
6	0.0	0.0	100.0	122.05	52.89	222.05
7	0.5	224.4	100.0	120.99	52.43	220.99
8	0.5	224.4	100.0	120.03	52.01	220.03
9	0.5	224.4	100.0	119.15	51.63	219.15
10	0.5	224.4	100.0	117.25	50.81	217.25
11	0.5	224.4	100.0	115.55	50.07	215.55
12	0.5	224.4	100.0	114.04	49.42	214.04
13	0.5	224.4	100.0	112.71	48.84	212.71
14	0.5	224.4	100.0	111.54	48.34	211.54
15	0.5	224.4	100.0	110.54	47.90	210.54
16	0.5	224.4	100.0	109.11	47.28	209.11
17	0.5	224.4	100.0	107.90	46.76	207.90
18	0.5	224.4	100.0	106.91	46.33	206.91
19	0.5	224.4	100.0	104.98	45.49	204.98
20	0.5	224.4	100.0	103.46	44.83	203.46
21	0.5	224.4	100.0	103.32	44.34	202.32
22	0.5	224.4	100.0	101.49	43.98	201.49
23	0.5	224.4	100.0	99.88	43.28	199.88
24	0.5	224.4	100.0	98.92	42.86	198.92
25	0.5	224.4	100.0	97.81	42.38	197.81
26	0.5	224.4	100.0	96.87	41.98	196.87

예제 5.6

아래 그림과 같은 관망의 수요량에서 하류 말단 절점 8에서 압력이 50Kpa이고, $S=1/500$인 분지관망을 설계하고자 한다. 전력단가 $\$0.09/Kwh$이고 조합 모터-펌프 효율 75%로 가정할 때 30일 주기의 펌핑 요금은 얼마인가?

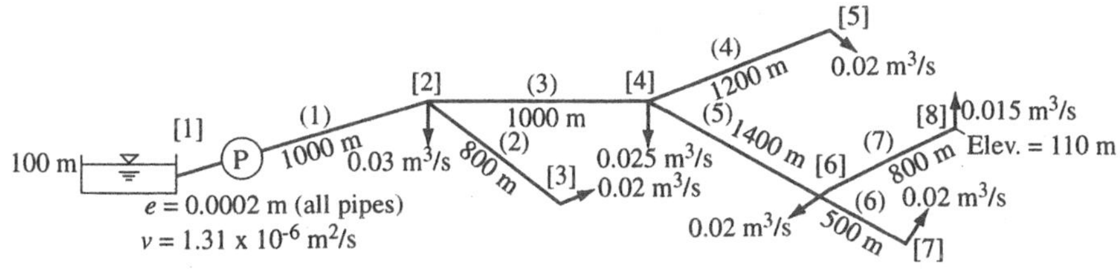

해답

해를 구하기 위해 먼저 하류측 절점에서 시작하여 각 절점에 연속법칙을 적용하여 각 배관유량 Q, 주어진 S로부터 각 배관 손실수두 h_f, h_f를 이용하여 각 절점에서 HGL를 구할 수 있다. 이제 미지수는 마찰계수 f와 직경 D이고 달시-바하식과 Colebrook-White식 2개 식을 사용할 수 있으므로 5.1.1에서 기술한 방법 중 하나를 사용하여 직경을 구할 수 있으며 결과는 아래 표와 같다.

펌프가 형성하여야 할 수두는 절점 8에서 시작하여 상류측 절전에서의 HGL 고도를 연속적으로 계산하여 결정할 수 있다.

$$HGL_8 = \frac{p_8}{\gamma} + EL = \frac{50\times10^3}{9.8\times10^3} + 110 = 115.1m$$

펌프가 상승시켜야 할 순수 상승수두는 절점 8에 이르는 배관 손실수두를 고려하면 다음과 같다.

$$\begin{aligned} h_p &= HGL_8 + (h_{f1} + h_{f3} + h_{f5} + h_{f7}) - HGL_1 \\ &= 115.1 + 2.0 + 2.0 + 2.8 + 1.6 - 100 \\ &= 23.5m \end{aligned}$$

월간절력비용은 Kwh 당 단가에 30일 중 가동 시간과 동력 kW를 곱하여 구한다.

$$\text{월간전력비용} = 0.09\frac{9.81\times0.095\times23.5}{0.75}30\times24 = \$1{,}892/month$$

배관번호	$Q(m^3/s)$	$h_f(m)$	$D(m)$	$L(m)$	절점번호	$HGL(m)$
1	0.095	2.0	0.370	1000	1	123.5
2	0.020	1.6	0.206	800	2	121.5
3	0.075	2.0	0.339	1000	3	119.9
4	0.020	2.4	0.206	1200	4	119.9
5	0.055	2.8	0.301	1400	5	117.5
6	0.020	1.0	0.206	500	6	116.7
7	0.015	1.6	0.184	800	7	115.7
					8	115.1

5.2 대규모 분지관망

5.1절에서 분지관망에서 배관 직경을 구하는 방법에 대해서 기술하였다. 요약하면 주어진 절점 수요량으로부터 모든 배관유량을 결정하면 모든 절점에서 HGL이 명시되므로 배관 손실수두 h_f를 구할 수 있으므로 달시-바하식과 Colvebrook-White식에서 미지수는 오직 f와 D이므로 5.1절에서 기술한 방법 중 한 방법을 사용하여 모든 배관의 직경을 계산한다. 분지관망에서는 접합부의 연속식을 만족시켜 모든 배관유량을 구할 수 있다. 분지관망에 물을 공급하는 관로의 절점에 번호를 부여할 때 그리고 이 절점에서 수요량이 (-)이면 통상적으로 절점 또는 접합부 숫자는 배관 숫자보다 하나 크다. 따라서 배관유량식의 숫자는 $NJ-1$이 되고, 절점 중 하나의 절점에 대한 연속식은 작성되지 않는다. 생략된 절점은 표면적으로는 독단적이지만 통상적으로 관로의 처음 또는 마지막 절점에서의 연속식이 생략된다.

체계적인 방법으로 유량을 구하기 위한 방법은 (1)관망배치법, (2)접합부 연속식으로 작성한 계수 행렬법, 또는 (3)표준 선형 대수학법이 있다.

5.2.1 관망배치법

관망배치법은 관망의 배치 또는 관망의 위상적 연결성(topological connectivity)에 기초를

둔다. 즉, 사수부 배관유량을 구한 후 이 배관의 상류측 절점에서의 수요량을 당초 수요량에 사수부 배관유량을 더한 것으로 수정한 후 관망에서 사수부 배관을 제거한다. 이와 같은 방법으로 축소된 관망은 다른 사수부 배관을 포함하게 되며 이 방법은 관망 내 모든 배관에서의 유량이 확립될 때까지 계속된다. 다음 단계로 이러한 절차를 진행한다.

1. 관망의 절점 중 오직 한 배관이 연결된 모든 절점을 찾고, 이 배관유량을 상류측 절점의 수요량에 더한다.
2. 관망으로부터 이 배관을 제거한다.
3. 분지관망 내 모든 배관의 유량이 결정될 때까지 상기 1단계와 2단계를 반복한다.

상기 절차를 수행하기 위해 그림 5.3과 같이 10-배관으로 구성된 관망을 고려한다. 1 단계에서 배관 1, 5, 9, 10은 사수부 배관인 것을 알 수 있으며, 이 배관유량은 절점에서의 수요량과 동일하여야 하므로 다음과 같이 나타낼 수 있다.

$$Q_1 = QJ_1 = 3.7ft^3/s\,,\ \ Q_5 = QJ_7 = 0.5ft^3/s\,,$$

$$Q_9 = QJ_{11} = 0.2ft^3/s,\ \ Q_{10} = QJ_{10} = 0.3ft^3/s$$

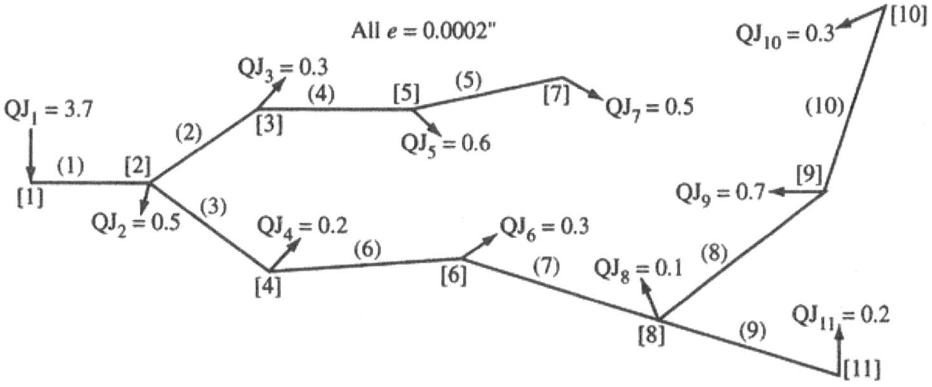

그림 5.3 10-배관으로 구성된 관망

2 단계에서는 상기 유량을 상류측 절점에 더한 후 그림 5.4와 같이 배관 1, 5, 9, 10을 제거하여 분지관망을 축소시킨다.

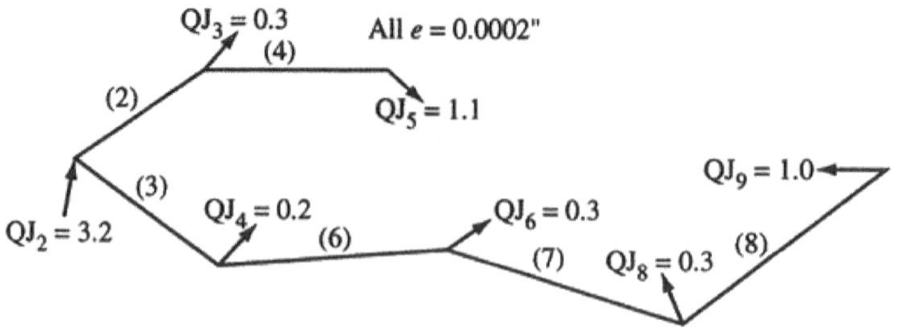

그림 5.4 축소된 관망

3 단계에서는 2 단계에서의 절차를 한 번 더 반복하면 그림 5.5의 왼쪽 그림, 한 번 더 반복하면 오른쪽 그림과 같이 두 관로만 남게 되며, 이 두 관로 모두 사수부 배관이 되며 모든 유량은 다음과 같이 된다.

$$Q_1 = 3.7ft^3/s,\ Q_2 = 1.4ft^3/s,\ Q_3 = 1.8ft^3/s,\ Q_4 = 1.1ft^3/s,\ Q_5 = 0.5ft^3/s,$$

$$Q_6 = 1.6ft^3/s,\ Q_7 = 1.3ft^3/s,\ Q_8 = 1.0ft^3/s,\ Q_9 = 0.2ft^3/s\quad Q_{10} = 0.3ft^3/s$$

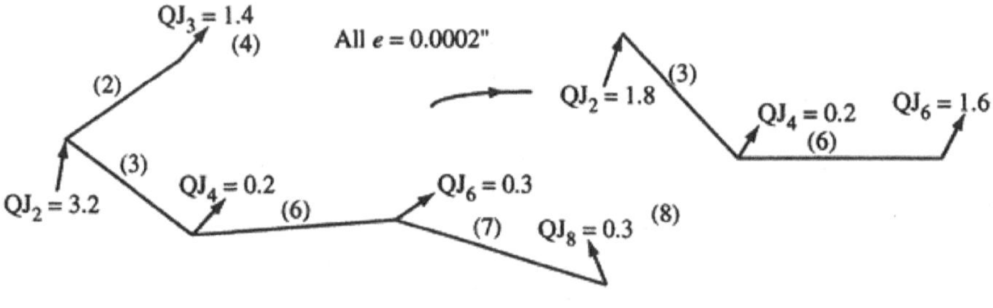

그림 5.5 최종 관망

표 5.5 10-배관, 11-절점 분지관망의 해답

배관번호	$L(ft)$	$e(\times 10^{-4})$ (in)	$D(in)$	$A(ft^2)$	$Q(ft^3/s)$	$h_f(ft)$
1	1000.0	2.0	16.71	1.52	3.7	1.00
2	1100.0	2.0	11.61	0.73	1.4	1.10
3	1200.0	2.0	12.75	0.89	1.8	1.20
4	1300.0	2.0	10.60	0.61	1.1	1.30
5	1400.0	2.0	7.89	0.34	0.5	1.40

배관번호	$L(ft)$	$e(\times 10^{-4})$ (in)	$D(in)$	$A(ft^2)$	$Q(ft^3/s)$	$h_f(ft)$
6	1500.0	2.0	12.20	0.81	1.6	1.50
7	1600.0	2.0	11.29	0.69	1.3	1.60
8	1700.0	2.0	10.23	0.57	1.0	1.70
9	1800.0	2.0	5.61	0.17	0.2	1.80
10	1900.0	2.0	6.53	0.23	0.3	1.90

이제 모든 배관의 유량을 구하였고, 수력구배 $S=0.001$로 주어졌으므로 각 배관 길이에 따른 손실수두를 계산할 수 있으며 여기에서는 배관 1의 손실수두를 구하고 나머지 배관은 독자가 직접 계산할 것을 권장하며 계산결과는 표 5.3의 마지막 칸과 같고 상세한 계산과정은 엑셀파일 FIG5_3을 참조한다.

$$h_{f1} = S \times L_1 = 0.001 \times 1000 = 1.00ft$$

이제 각 배관에 대한 미지수는 f와 D이므로 뉴튼법을 사용하여 달시바하식 5.7과 Colebrook-White 식 5.11을 동시에 해결하여 f와 D를 구할 수 있다. 여기에서는 배관 1의 직경을 구하고 나머지 배관 직경은 독자가 직접 구하길 권장하며 계산결과는 표 5.3의 4번째 칸과 같다.

$f=0.015$, $D=1.5ft$로 추정하고 이를 식 5.7, 5.8, 5.9, 5.11, 5.12, 5.13에 대입한다.

$$F_1 = 1.00 - 0.0251985 \frac{0.015 \times 1000 \times 3.7^2}{1.5^5} = 0.28996$$

$$\frac{\partial F_1}{\partial f} = -\frac{0.0251985 \times 1000 \times 3.7^2}{1.5^5} = -45.4278$$

$$\frac{\partial F_1}{\partial D} = \frac{0.1259925 \times 0.015 \times 1000 \times 3.7^2}{1.5^6} = 2.36679$$

$$F_2 = \frac{1}{\sqrt{0.015}} - 1.14 + 2Log_{10}\left(\frac{0.0002/12}{1.5} + \frac{7.34347 \times 1.41 \times 10^{-5} \times 1.5}{3.7\sqrt{0.015}}\right)$$

$$= -0.06094$$

$$\frac{\partial F_2}{\partial f} = -\frac{1}{2}0.015^{-\frac{3}{2}}$$

$$+0.868589\left(\frac{0.5\times 0.00001667\times 3.7\times 0.015^{-0.5}}{0.00001667\times 3.7\times\sqrt{0.015}+7.34347\times 1.41\times 10^{-5}\times 1.5^2}-\frac{0.5}{0.015}\right)$$

$$= -282.7731$$

$$\frac{\partial F_2}{\partial D} = 0.868589\left(\frac{14.6869\times 1.41\times 10^{-5}\times 1.5}{0.00001667\times 3.7\times\sqrt{(0.015)}+7.34347\times 1.41\times 10^{-5}\times 1.5^2}-\frac{1}{1.5}\right)$$

$$= 0.54196$$

상기 계산결과를 식 4.39의 행렬식으로 표현하면 다음과 같다.

$$\begin{bmatrix} -45.42783 & 2.36679 \\ -282.77308 & -0.541963 \end{bmatrix}\begin{pmatrix} z_1 \\ z_2 \end{pmatrix} = \begin{pmatrix} 0.28996 \\ -0.06094 \end{pmatrix}$$

엑셀의 행렬식 도구를 사용하여 (z)를 구하면 다음과 같다.

$$(z)^T = (0.00047 \quad 0.13149)$$

식 4.39로부터 초기 추정치 $f = 0.015$와 $D = 1.5ft$에서 상기 수치를 감하여 새로운 $f = 0.01547$와 $D = 1.36851ft$를 얻을 수 있다. 상기 과정을 3번 더 반복하면 표 5.3의 4번째 칸과 일치하는 결과를 얻을 수 있다.

5.2.2 계수행렬법

분지관망의 경우 배관 숫자와 절점 숫자가 동일하므로 각 절점에서 연속식을 $[C]\{Q\} = \{QJ\}$의 행렬 형태로 전개할 수 있으며 계수 행렬 $[C]$는 3개의 가능한 수치 0. 1, -1 중 하나로 구성되고, 미지수 벡터 $\{Q\}$는 배관유량, 기저 벡터 $\{QJ\}$는 절점에서의 수요량이다. 이 방법은 가우스 소거법 또는 가우스-조던 소거법과 같은 표준 방법보다 매우 효율적인 방법을 사용하여 선형 대수학 문제를 해결한다.

1. 0이 아닌 하나의 요소만을 포함하는 행(row)의 계수행렬을 조사한 후 이 식을 해결한다. 즉, 이 식의 해답은 이 계수 행렬 내 열에 의해 정의된 배관유량을 이 배관의 하류측 말단부에서의 수요량인 이 행(row)에서의 QJ으로 대체한다. 그 후 이 식을 해결된 것으로 마크한 후 현존하는 선형 공식시스템으로부터 이 행을 제거한다.

2. 이 요소의 열(column)에서 0이 아닌 계수 행렬 내 다른 행(row)을 찾는다. 계수 1 또는 -1를 1 단계에서 구한 유량과 곱하여 이 행(row) 내 기저 벡터 $\{QJ\}$를 수정하고, 이 행 내 현존하는 QJ의 수치로부터 수정된 수치를 1×1 만큼 감하여 계수 행렬의 크기를 감소시킨다.
3. 선형 대수학 문제의 모든 행과 열이 제거될 때까지 1과 2 단계를 반복하여 $\{Q\}$를 구한다.

엑셀의 행렬식 도수를 사용하면 상기 계수행렬을 쉽게 해결할 수 있으므로 이 방법으로 그림 5.3 관망의 배관유량을 구하는 방법에 대해 기술한다. 먼저 각 절점에서 접합부 연속식을 전개하면 다음과 같다.

$$F_2 = Q_1 - Q_2 - Q_3 - QJ_2 = 0$$

$$F_3 = Q_2 - Q_4 - QJ_3 = 0$$

$$F_4 = Q_3 - Q_6 - QJ_4 = 0$$

$$F_5 = Q_4 - Q_5 - QJ_5 = 0$$

$$F_6 = Q_6 - Q_7 - QJ_6 = 0$$

$$F_7 = Q_5 - QJ_7 = 0$$

$$F_8 = Q_7 - Q_8 - Q_9 - QJ_8 = 0$$

$$F_9 = Q_8 - Q_{10} - QJ_9 = 0$$

$$F_{10} = Q_{10} - QJ_{10} = 0$$

$$F_{11} = Q_9 - QJ_{11} = 0$$

상기 식에서 미지수는 $Q_1 \sim Q_{10}$ 10개이고 식도 10개 이므로 엑셀의 행렬식 도구로 쉽게 해결할 수 있다. 여기에서 F식은 선형이므로 1회 반복으로 Q를 구할 수 있다. F식을 $Q_1 \sim Q_{10}$에 대해 편미분하여 계수행렬 $[C]$를 작성하고 모든 초기배관유량을 0으로 추정하여 상기 식에 대입하여 행렬식으로 표현하면 다음과 같다.

$$
\begin{bmatrix}
1 & -1 & -1 & 0 & 0 & 0 & 0 & 0 & 0 & 0 \\
0 & 1 & 0 & -1 & 0 & 0 & 0 & 0 & 0 & 0 \\
0 & 0 & 1 & 0 & 0 & -1 & 0 & 0 & 0 & 0 \\
0 & 0 & 0 & 1 & -1 & 0 & 0 & 0 & 0 & 0 \\
0 & 0 & 0 & 0 & 0 & 1 & -1 & 0 & 0 & 0 \\
0 & 0 & 0 & 0 & 1 & 0 & 0 & 0 & 0 & 0 \\
0 & 0 & 0 & 0 & 0 & 0 & 1 & -1 & -1 & 0 \\
0 & 0 & 0 & 0 & 0 & 0 & 0 & 1 & 0 & -1 \\
0 & 0 & 0 & 0 & 0 & 0 & 0 & 0 & 0 &
\end{bmatrix}
$$

엑셀의 행렬식 도구를 사용하여 구한 결과는 다음과 같고, 이는 표 5.3과 동일하다.

$$\{Q\}^T = \{3.7,\ 1.4, 1.8,\ 1.1, 0.5,\ 1.6, 1.3,\ 1.0, 0.2,\ 0.3\}$$

이제 뉴튼법으로 달시-바하식과 Coolbrook-White식을 동시에 해결하여 표 5.3과 동일한 미지수 f와 D를 구할 수 있으며 상계한 계산과정은 엑셀파일 FIG5_3계수행렬을 참조한다.

5.2.3 표준 선형 대수학

이 방법에서는 접합부 연속식은 관망 내 미지 유량의 벡터를 곱하는 계수 행렬로서 작성되며 이에 따라 $NP = NJ - 1$ 관망에서 수요량으로 구성된 기저 벡터와 동일하다. 이 방법은 NP 행과 열로 구성된 정사각 행렬의 계수 행렬을 요구한다. 계수 행렬 요소는 수치 0, 1 또는 -1이 된다. 행 번호는 NP 접합부 연속식이 작성된 접합부 번호에 상응하고, 열 번호는 배관 번호에 해당된다. 계수 행렬과 기저 벡터를 적정히 정의한 후 표준 선형 대수학 해법인 가우스 소거법을 사용하여 선형 공식시스템을 해결한다.

예제 5.7

아래 그림과 같이 수위 3020ft의 저수지로부터 펌프와 배관을 통해 12개의 피봇 관개 스프링클러로 물을 공급한다. 각 피봇은 고도 3020ft에 설치되고 각 스프링클러는 유량 $1.5ft^3/s$ 공급되며, 배관은 1마일 간격으로 설치된다. 각 피봇 지점에서 압력은 $60lb/in^2$ 이상이 되어야 한다. $S = 0.001$, 배관조도 $e = 0.005$ 인치, 동점성계수 $\nu = 0.0000141ft^2/s$, 펌프 가격 \$100,000, 전력단가 \$0.0935/kWh, 펌프 효율 85%이다. 또한, 배관의 단위 길이당 가격은 아래 표와 같고, 모든 구성품의 내용년수는 50년이고 프로젝트 투자비용의 이자율은 10%일 때 관망을 설계하여 현존가치 기준으로 배관비용과 전력비를 구하고 향후 50년 매년 상환액을 구하라.

$D(in)$	10	12	15	18	20	24	30	36
가격(\$/ft)	10.67	16.67	24.00	43.33	56.67	80.00	100.00	120.00

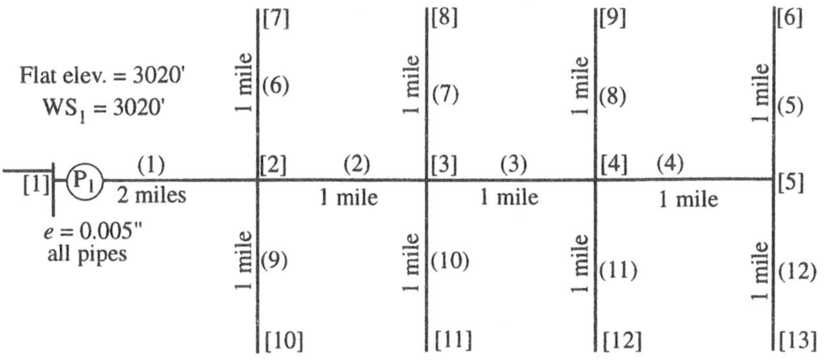

해답

배관 직경이 과도하게 작으면 펌핑 에너지가 커지기 때문에 관망비용이 과도하게 된다. 반대로 배관의 직경이 과도하게 크면 배관의 자산회수비용이 과도하게 된다. 전체 비용이 최소가 되는 점은 이러한 두 수치 사이가 되며 특히, 절점 6에서의 최소압력 $60lb/in^2$을 만족시키면서 절점 1부터 6까지의 주 배관에 따라 S가 변화하는 분지관망을 해결하여야 한다. 따라서 여러 시험 설계가 필요하며 각 설계에서 비용이 결정된다. 또한, 이러한 비용 계산시 표준 배관 규격을 사용하여야 하므로 가장 가까운 표준 배관직경을 결정하여야 한다. 이제 다음 절차로 본 예제를 해결한다.

1. 전술한 방법에 따라 다음과 같이 배관유량을 구하며 그 결과는 표 1의 3번째 칸과 같다.

$$Q_1 = q \times NJ = 1.5 \times 12 = 18ft^3/s$$

$$Q_2 = Q_1 - q \times NJ = 18 - 1.5 \times 3 = 13.5ft^3/s$$

$$Q_3 = Q_2 - q \times NJ = 13.5 - 1.5 \times 3 = 9.0ft^3/s$$

$$Q_4 = Q_3 - q \times NJ = 9.0 - 1.5 \times 3 = 4.5.0ft^3/s$$

$$Q_5 \sim Q_{12} = 1.5ft^3/s$$

2. 문제에서 주어진 $S = 0.001$을 사용하여 각 배관의 손실수두 h_f를 구하며 그 결과는 표 1의 4번째 칸과 같다.

$$h_{f1} = 0.001 \times 10560 = 10.56ft$$

$$h_{f2} - h_{f5} = 0.001 \times 5280 = 5.28ft$$

3. 문제에서 주어진 절점 6에서 압력 $60lb/in^2$에 상응하는 HGL를 구하고, 배관손실 h_f를 적용하여 각 절점의 HGL을 구하며 그 결과는 표 2의 3번째 칸과 같다.

$$HGL_6 = 60 \times 144/62.4 + 3020 = 3158.46ft$$

$$\vdots$$

$$HGL_1 = 3158.46 + (10.56 + 5.28 \times 4) = 3179.58ft$$

표 1 설계배관자료

배관	$L(ft)$	$Q(ft^3/s)$	$h_f(ft)$	f	$D(ft)$	$D(in)$	$A(ft^2)$
1	10560	18.0	10.56	0.01474	2.6068	31.3	5.33
2	5280	13.5	5.28	0.0152	2.3367	28.0	4.29
3	5280	9.0	5.28	0.01580	2.0032	24.0	3.15
4	5280	4.5	5.28	0.01699	1.5402	18.5	1.86
5	5280	1.5	5.28	0.01920	1.0171	12.2	0.81
6	5280	1.5	14.29	0.01920	0.8334	10.0	0.55
7	5280	1.5	14.29	0.01920	0.8334	10.0	0.55
8	5280	1.5	14.29	0.01920	0.8334	10.0	0.55
9	5280	1.5	14.29	0.01920	0.8334	10.0	0.55
10	5280	1.5	14.29	0.01920	0.8334	10.0	0.55
11	5280	1.5	14.29	0.01920	0.8334	10.0	0.55
12	5280	1.5	5.28	0.01921	1.0172	12.2	0.81

표 2 설계절점자료

절점	$Q(ft^3/s)$	$HGL(ft)$	$HEAD(ft)$	$P(psi)$
1	-18	3179.58	159.58	69.2
2	1.5	3169.02	149.02	64.6
3	1.5	3163.74	143.74	62.3
4	1.5	3158.46	138.46	60.0
5	1.5	3153.18	133.18	57.7
6	1.5	3158.46	138.46	60.0
7	1.5	3154.73	134.73	58.4
8	1.5	3149.45	129.45	56.1
9	1.5	3144.17	124.17	53.8
10	1.5	3154.73	134.73	58.4
11	1.5	3149.45	129.45	56.1
12	1.5	3144.17	124.17	53.8
13	1.5	3158.46	138.46	60.0

4. 뉴튼법을 사용하여 모든 배관의 f와 D를 구하며 그 결과는 표 1의 5, 6번째 칸과 같다.
5. 계산된 D에 가장 근접한 표 3의 5번째 칸의 표준 배관 규격을 선정한 후 관망해석을 하여 f와 Q를 구하여야 하지만 설계배관직경과 표준배관직경 차이가 크지 않기 때문에 표 1의 f를 그대로 사용하면 식 5.7 달시-바하식으로부터 다음과 같이 손실수두 h_f를 구할 수 있으며 그 결과는 표 3의 9번째 칸과 같다.

$$h_{f1} = C_1 \frac{fLQ^2}{D^5} = 0.0251985 \frac{0.01474 \times 10560 \times 18^2}{2.5^5} = 13.02ft$$

·
·
·

표 3 표준배관자료

배관 번호	절점		$L(ft)$	$D(in)$	$D(ft)$	$Q(ft^3/s)$	$h_f(ft)$
	From	To					
1	1	2	10560	30.0	2.50	18.0	13.02
2	2	3	5280	30.0	2.50	13.5	3.77
3	3	4	5280	24.0	2.00	9.0	5.32
4	4	5	5280	18.0	1.50	4.5	6.02
5	5	6	5280	12.0	1.00	1.5	5.75
6	2	7	5280	10.0	0.83	1.5	14.30
7	3	8	5280	10.0	0.83	1.5	14.30
8	4	9	5280	10.0	0.83	1.5	14.30
9	2	10	5280	10.0	0.83	1.5	14.30
10	3	11	5280	10.0	0.83	1.5	14.30
11	4	12	5280	10.0	0.83	1.5	14.30
12	5	13	5280	12.0	1.00	1.5	5.75

표 4 표준절점자료

절점	수요량		$EL(ft)$	$HEAD(ft)$	$P(psi)$	$HGL(ft)$
	ft^3/s	gpm				
1	-18.0	-8078.94	3020.0	172.34	73.7	3192.34
2	1.5	673.24	3020.0	159.32	69.0	3179.32
3	1.5	673.24	3020.0	155.56	67.4	3175.56
4	1.5	673.24	3020.0	150.24	65.1	3170.24

5	1.5	673.24	3020.0	144.21	62.5	3164.21
6	1.5	673.24	3020.0	138.46	60.0	3158.40
7	1.5	673.24	3020.0	145.12	62.8	3165.02
8	1.5	673.24	3020.0	141.26	61.2	3161.26
9	1.5	673.24	3020.0	135.94	58.9	3155.94
10	1.5	673.24	3020.0	145.02	62.8	3165.02
11	1.5	673.24	3020.0	141.26	61.2	3161.26
12	1.5	673.24	3020.0	135.94	58.9	3155.94
13	1.5	673.24	3020.0	138.46	60.0	3158.46

6. 이제 표준 배관 직경으로 구성된 관망을 해석하고, 펌프가 공급하여야 할 수두와 동력을 계산한 후 전력비를 계산한다. 배관 1, 2, 3, 4, 5에서 발생하는 손실수두합은 다음과 같다.

$$h_f = 13.02 + 3.77 + 5.32 + 6.03 + 5.75 = 33.88ft$$

절점 6에서의 압력조건을 고려하면 펌프의 HGL_1은 다음과 같다.

$$HGL_1 = HGL_{13} + h_f = 60 \times 144/62.4 + 3020 + 33.88 = 3192.34ft$$

펌프가 공급하여야 할 수두는 다음과 같다.

$$H_{pump} = HGL_1 - EL_1 = 3192.34 - 3020 = 172.34ft$$

펌프 소요동력은 다음과 같다.

$$P = \frac{\gamma Q H_p}{\eta_p} = \frac{9.8 \times (18 \times 0.028317)(172.34 \times 0.3048)}{0.85} = 308.70kW$$

년간 전력비는 다음과 같다.

$$M_{power} = 0.0935\$/kWh \times 308.70 \times 24 \times 365 = 252{,}842\$/year$$

7. 배관비용을 결정하고, 자산회수계수를 적용하여 배관비용을 등가 균등 년간비용으로 환산한다. 문제에 주어진 배관 단가표와 표 3의 표준배관자료로부터 다음과 같이 배관비용을 구한다.

$$M_{pipe} = 100(10560 + 5280) + 80 \times 5280 + 43.33 \times 5280 + 16.67(2 \times 5280)$$

$$= 10.67(6 \times 5280)$$

$$= 2{,}749{,}243\$\$$$

식 6.2로부터 자본회수계수 crf(capital recovery factor)는 다음과 같다.

$$crf = \frac{i}{1-\frac{1}{(1+i)^n}} = \frac{0.1}{1-\frac{1}{(1+0.1)^{50}}} = 0.10086$$

식 6.1로부터 crf의 역수인 현존가치계수 pwf(present worth factor)는 다음과 같다.

$$pwf = \frac{1}{crf} = \frac{1}{0.10086} = 9.915$$

향후 50년 동안 지불하여야 할 년간 전력비를 현존가치로 환산하면 다음과 같다.

$$M'^{power} = pwf \times M_{power} = 9.915 \times 252{,}842 = 2{,}506{,}879\$/year$$

상기에서 구한 현존가치 기준 전력비와 배관비용을 합하면 다음과 같다.

$$M'_{total} = M_{pipe} + M_{power} = 2{,}749{,}243 + 2{,}506{,}879 = 5{,}256{,}122\$$$

50년 동안 매년 상환하여야 할 금액은 다음과 같다.

$$배관비용\ 상환액 = 배관가격 \times crf = 2{,}749{,}243 \times 0.1009 = 277{,}286\$/year$$

$$전력비\ 상환액 = 252{,}842\$/year$$

$$합계 = 277{,}286 + 252{,}842 = 530{,}128\$/year$$

8. 이제 S 또는 D를 변화시켜 상기 1~7의 절차를 반복하여 그림 6.1과 같이 배관비용곡선과 전력비곡선이 교차되어 최소가 되는 M'_{total}을 구하며 상세한 계산과정은 엑셀파일 Exam5_7을 참조한다.

5.3 루프관망설계 해법 판단기준

본 절에서는 루프로 형성된 관망의 배관 직경을 결정하는 방법에 대해 기술한다. 제4장에서 기술한 루프 또는 분지관망의 해석에 적용되는 기본적인 상관관계로부터 관망에 존재하는 배관의 수량을 NP, 절점 또는 접합부의 수량을 NJ, 독립루프의 수량을 NL로 나타내면 아래와 같은 기본적인 식을 전개할 수 있다.

$NP = NJ + NL$ 공급원이 2개 이상인 관망

또는

$NP = (NJ - 1) + NL$ 공급원이 1개 이하인 관망

실제로 관망에는 공급원이 있어야 하지만 때로는 없을 때도 있으며 이 때 공급원은 단순히 (-) 수요량 또는 관망으로 유입되는 절점이 될 수 있다. 저수지 또는 공급펌프가 없는 관망에서 공급원이 오직 하나이면 관망 내 수요량의 합으로 관망으로 유입되는 공급원을 나타날 수 있으며 이러한 상관관계를 적용하기 위해 묵시적으로 공급원을 절점으로 간주하지 않는다.

두 기본식은 (1)접합부의 유입량은 유출량과 동일하여야 한다는 접합부 연속식과 (2)배관 손실수두와 유량의 상관관계를 나타내는 달시-바하식 또는 하젠-윌리엄식이다. 필요시 다른 식을 전개할 수 있지만 이 식을 기본식으로 간주하지 않는다. 예를 들어 배관 손실수두를 구하기 위해 달시-바하식을 사용할 때 Colebrook-White식을 사용해 f를 구하지만 이 식은 기본식이 아니라 보조식이다. 유사한 방법으로 배관 단면적을 변수로서 도입할 수 있고, 각 단면적에 대한 추가식을 사용할 수 있지만 이 식은 보조식이며 이러한 보조식은 후에 기술한다.

루프식이 추가적인 독립식으로 성립되는지 궁금할 수 있다. 그러나 모든 배관의 손실수두식이 작성되면 루프식은 독립식이 아니다. 배관 손실수두식과 관련된 관망의 연결성을 이용하여 가상루프식와 실제루프식을 얻을 수 있다. 이러한 상황을 증명하기 위해 그림 5.6과 같이 16-배관, 9-절점으로 구성된 관망을 고려한다.

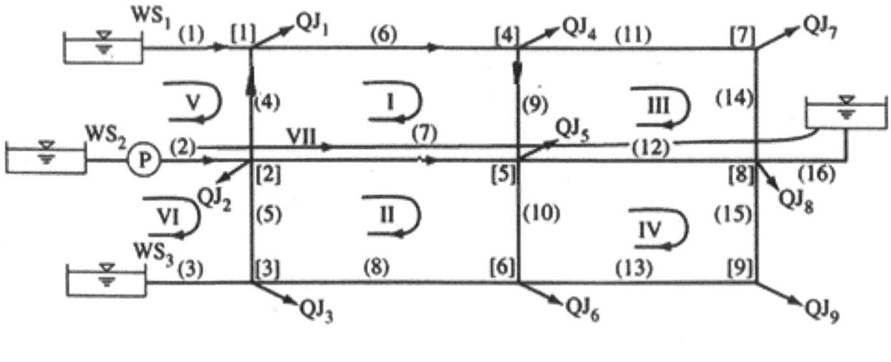

그림 5.6 16-배관, 9-절점으로 구성된 관망

작성할 수 있는 독립루프식 숫자는 $NL = NP - NJ = 16 - 9 = 7$이다. 이 7개 루프는 4개의 실제루프와 4개의 공급원에 연결되는 3개의 가상루프이다. 그러나 기본식의 총 숫자는 $NJ = 9$개 접합부 연속식과 $NP = 16$개 배관 손실수두식으로 구성되어 총 25개가 된다. 따라서 25개의 변수를 미지수로 간주할 수 있으며 문제의 다른 모든 변수가 기저이면 문제를 해결할 수 있다.

루프식이 추가적인 독립식이 될 수 없다는 사실을 증명하기 위해 루프 Ⅰ을 구성하는 배관 6, 9, 7, 4를 고려하여 각 배관 내 손실수두를 지수식으로 나타내면 다음과 같다.

$$H_1 - H_4 = K_6 Q_6^{n_6} \tag{5.23}$$

$$H_4 - H_5 = K_9 Q_9^{n_9} \tag{5.24}$$

$$H_2 - H_5 = K_7 Q_7^{n_7} \tag{5.25}$$

$$H_2 - H_1 = K_4 Q_4^{n_4} \tag{5.26}$$

식 5.23과 5.26을 더하면

$$H_2 - H_4 = K_4 Q_4^{n_4} + K_6 Q_6^{n_6} \tag{5.27}$$

식 5.25에서 식 5.24를 빼면

$$H_2 - H_4 = K_7 Q_7^{n_7} - K_9 Q_9^{n_9} \tag{5.28}$$

이제 식 5.27에서 5.28을 빼면 다음 식을 얻을 수 있고 이는 루프 Ⅰ 식과 동일하다.

$$K_4 Q_4^{n_4} + K_6 Q_6^{n_6} + K_9 Q_9^{n_9} - K_7 Q_7^{n_7} = 0 \tag{5.29}$$

유사한 방법으로 루프 Ⅴ를 구성하는 배관 1, 4, 2의 배관 손실수두식을 작성하면 다음과 같다.

$$WS_1 - H_1 = K_1 Q_1^{n_1} \tag{5.30}$$

$$H_2 - H_1 = K_4 Q_4^{n_4} \tag{5.31}$$

$$WS_2 + h_p - H_2 = K_2 Q_2^{n_2} \tag{5.32}$$

식 5.30에서 식 5.31을 빼면

$$WS_1 - H_2 = K_1 Q_1^{n_1} - K_4 Q_4^{n_4} \tag{5.33}$$

최종적으로 식 5.32에서 5.33을 빼면 H_2를 제거하면 다음과 같으며 이는 가상루프 V를 위한 루프식과 동일하다.

$$WS_1 - WS_2 - h_p + K_2 Q_2^{n_2} + K_4 Q_4^{n_4} - K_1 Q_1^{n_1} = 0 \tag{5.34}$$

관망 내 모든 배관 손실수두식을 작성하고 이 식으로부터 H를 제거하면 일련의 독립루프식을 얻을 수 있다. 따라서 루프식은 배관 손실수두식과 독립이 아니므로 손실수두식을 사용하면 루프식을 사용할 수 없다는 사실을 알 수 있다. 이와 같은 사실은 루프식이 배관 손실수두식을 대체하도록 허락하는 관망에서의 배관이 연결되는 방법을 의미하며 이러한 사실은 제4장의 관망해석을 위한 Q-공식의 전개를 위한 기초가 된다. 원하면 배관 손실수두식을 생략하고 그 자리에 루프식을 사용하는 것이 가능하지만 통상적으로 이 방법은 해를 얻기 위해서 더욱 많은 계산을 수행하여야 한다.

현시점에서 관망설계의 정의는 광범위한 의미를 갖고 있으나 배관 직경이외 다른 요소의 규격결정을 의미하지는 않는다. 관망설계는 (1)특별한 경우인 분지관망을 제외하고 관망 내 존재하는 절점 수량과 동일한 수량의 배관 직경을 결정하기 위한 것과 (2)명시된 압력을 만족시키기 위한 각 배관의 직경을 결정하는 두 범주로 나누어진다. 후자의 설계범주는 다음 절에서 기술한다. 첫 번째 범주에서는 미지수의 숫자가 유용한 식의 숫자보다 많기 때문에 절점숫자보다 많은 배관숫자의 직경을 구하는 것은 불가능하다. 관망설계시 절점 숫자와 동일한 배관 숫자의 직경을 구하여야 한다면, 관망의 모든 절점에서 HGL 고도 또는 수두 H(압력수두, 또는 압력)가 명시되는 것으로 가정한다. 따라서 기본식의 숫자는 $NP + NJ$(또는 공급원이 명시되지 않으면 $NP + NJ - 1$)가 되지만 통상적으로 이들 중 일부를 각 배관 유량과 같은 다른 변수를 결정하기 위해 사용하여야 한다. 따라서 첫 번째 관망설계범주와 관망해석 사이의 기본적인 차이는 절점에서 H는 미지수가 아닌(해석문제에서는 미지수) 기저이고, H 대신 미지수인 배관 직경 D를 구하는 것이다. 따라서 미지수 목록에서 직경 D는 H를 대신하며 구하고자 하는 D 수량은 명시된 H의 수량과 반드시 동일하여야 한다. 예를 들어 그림 5.6의 관망에서 모든 9개 절점에서 H가 주어지면 9개의 배관 직경을 결정할 수 있다. 이 경우 25개의 독립식(9개 접합부 연속식과 16개 배관 손실수두식)을 사용하여 9개의 배관직경과 16개의 유량을 결정할 수 있고, 문제에서 모든 절점에서 H가 주어지므로 나머지 7개 배관직경을 임으로 선정하면 이 배관의 손실수두를 알 수 있어 뉴튼법으로 달시-바하식과 Colebrook-White식을 동시에 해결하여 7개 배관유량을 구할 수 있다.

기저와 미지수가 서로 어떻게 변화하는지 그리고 어떤 것은 해결되고 어떤 것은 해결되지 않는지를 더욱 깊게 관찰하기 위해서 아래 그림과 같은 3-배관으로 루프가 형성된 관망을 고려한다. 단, $\nu = 1.3 \times 10^{-6} m^2/s$ 이다.

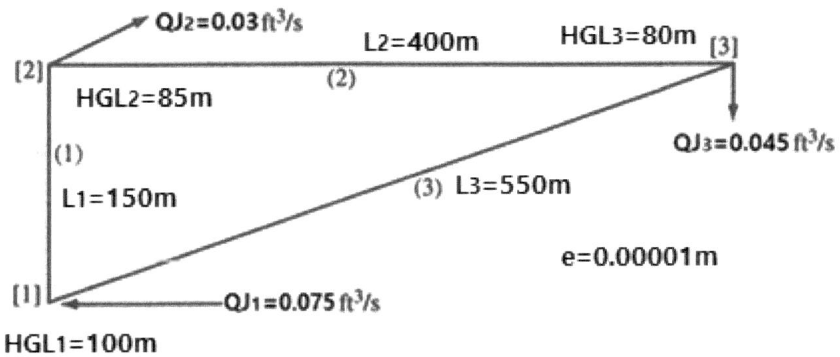

그림 5.7 3-배관으로 구성된 루프 관망

상기 그림에서 절점은 3개이지만 절점 1은 공급원이므로 절점으로 간주하지 않기 때문에 접합부 연속식은 $NJ-1=3-1=2$개가 된다. 따라서 2개의 접합부 연속식과 3개의 손실수두식이 존재한다. 관망해석의 경우 모든 배관의 직경. 길이, 조도가 주어지므로 구하고자 하는 5개의 미지수는 Q_1, Q_2, Q_3, H_2, H_3가 되지만 관망설계의 경우 H_1, H_2, H_3가 주어지므로 미지수는 Q_1, Q_2, Q_3와 두 배관의 직경이다. 두 배관 직경의 가능한 조합은 D_1과 D_2, D_1과 D_3, D_2와 D_3 3개이다. 첫 번째 조합에서 D_3, 두 번째 조합에서 D_2, 세 번째 조합에서 D_1이 반드시 명시되어야 하고, 배관의 직경과 배관 양 말단부에서 수두가 명시되므로서 손실수두식을 사용하여 나머지 배관의 유량을 결정할 수 있다. 상기 3개 배관 직경의 조합에 따라 그림 5.8과 같이 3개 조합에 대해 관망설계를 할 수 있다.

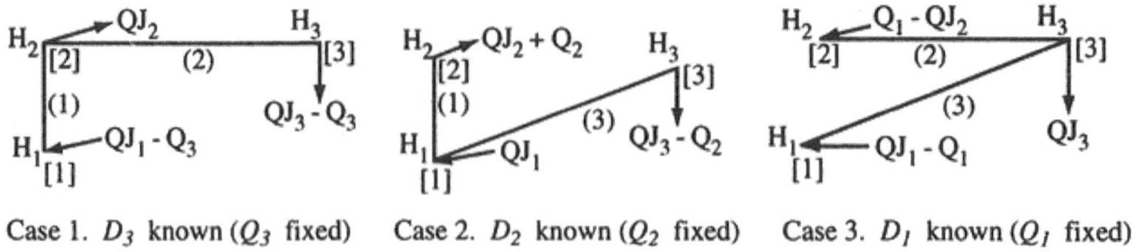

그림 5.8 배관 직경 3개 조합에 따른 관망설계

상기 3개 조합을 해결하기 위한 한 방법은 5개 기본식을 전개한 후 한 배관의 직경을 명시하고 미지수를 해결하는 것이다. 다시 말해 독립식을 동시에 풀어 식 숫자만큼의 미지수를 해결한다.

표 5.6 배관 직경 3개 조합에 대한 입력자료와 출력자료

조합 1			조합 2			조합 3		
변수 목록			변수 목록			변수 목록		
입력	변수명	출력	입력	변수명	출력	입력	변수명	출력
	D_1	0.1210		D_1	0.1212	0.12	D_1	
	D_2	0.1245	0.125	D_2			D_2	0.1215
0.125	D_3			D_3	0.12410		D_3	0.1259
	Q_1	0.0460		Q_1	0.04617		Q_1	0.0450
	Q_2	0.0160		Q_2	0.01617		Q_2	0.0150
	Q_3	0.0290		Q_3	0.02883		Q_3	0.0300
150	L_1		150	L_1		150	L_1	
400	L_2		400	L_2		400	L_2	
550	L_3		550	L_3		550	L_3	
0.045	QJ_3		0.045	QJ_3		0.045	QJ_3	
0.03	QJ_2		0.03	QJ_2		0.03	QJ_2	
100	H_1		100	H_1		100	H_1	
85	H_2		85	H_2		85	H_2	
80	H_3		80	H_3		80	H_3	
0.00001	e		0.00001	e		0.00001	e	
1.3E-6	ν		1.3E-6	ν		1.3E-6	ν	
19.62	$2G$		19.62	$2G$		19.62	$2G$	
	f_2	0.01764		f_2	0.01762		f_2	0.0178
	f_1	0.01480		f_1	0.01480		f_1	0.0148
	f_3	0.01589		f_3	0.01556		f_3	0.0154

그러나 상기 3개 조합을 더욱 효율적으로 해결할 수 있는 것을 알 수 있다. 먼저, 한 배관의 직경을 명시하고, 이 배관의 양쪽 절점에 명시된 H로부터 손실수두를 구하여 배관유량을 계산한다. 다음은 이 배관을 제거하고 축소된 관망에서의 수요량을 수정하고, 접합부 연속식을 만족시키도록 나머지 두 배관유량을 결정할 수 있다. 최종적으로 유량이 기저인 나머지 두 배관에 대한 손실수두식을 풀어 직경을 결정할 수 있다. 따라서 3개 사례 모두를 미지수가 1개인 3개의 별도 식의 해를 구하는 문제로 축소시킬 수 있다. 달시-바하식을 사용할 경우에는 f를 구하기 위하여 Colebrook-White식을 사용하여야 하므로 실제로 한 쌍의 식을 해결하여야 한다.

조합 1를 해결하기 위한 단계는 다음과 같으며 상세한 계산과정은 엑셀파일 FIG5_7을 참조한다.

(1) 배관 3의 직경이 $D_3 = 0.125m$로 명시되고, $h_{f3} = 20m$이므로 달시-바하식 5.7과 Colebrook-White식 5.11에서 미지수는 배관 3의 유량 Q_3와 마찰계수 f_3이므로 뉴튼법을 사용하여 두 식을 동시에 해결하여 $Q_3 = 0.029m^3/s$, $f_3 = 0.01589$를 구한다.

$$F_1 = 20 - 0.0828\frac{f_3 550 Q_3^2}{0.125^5}$$

$$F_2 = \frac{1}{\sqrt{f_3}} - 1.14 + 2\log_{10}\left(\frac{0.00001}{0.125} + \frac{7.34347 \times 1.3 \times 10^{-6} \times 0.125}{Q_3\sqrt{f_3}}\right)$$

연속법칙으로부터 다음과 같이 Q_1과 Q_2를 구할 수 있고, 이제 배관 1과 2의 미지수는 마찰계수 f와 직경 D이므로 관망설계 문제가 되므로 전술한 뉴튼법으로 f와 D를 구할 수 있다.

$$Q_1 = QJ_2 + Q_2 = 0.03 + 0.016 = 0.046m^3/s$$

$$f_1 = 0.0148,\ \ D_1 = 0.12096m$$

$$Q_2 = QJ_3 - Q_3 = 0.045 - 0.029 = 0.016m^3/s$$

$$f_2 = 0.01764,\ D_2 = 0.12450m$$

(b) 배관 2의 자료 $D_2 = 0.125m$, $L_2 = 400m$, $e_2 = 0.00001m$가 주어졌으므로 식 5.7과

5.11에서 미지수는 배관 2의 유량 Q_2와 마찰계수 f_2이므로 뉴튼법을 사용하여 다음 두 공식을 동시에 해결하여 $Q_2 = 0.01617m^3/s$, $f_2 = 0.01762$를 구한다.

$$F_1 = 5 - 0.0828\frac{f_2 \times 400 \times Q_1^2}{0.125^5}$$

$$F_2 = \frac{1}{\sqrt{f_2}} - 1.14 + 2\log_{10}\left(\frac{0.00001}{D_2} + \frac{7.34347 \times 1.3 \times 10^{-6} D_2}{0.016\sqrt{f_2}}\right)$$

연속법칙으로부터 다음과 같이 Q_1과 Q_3를 구할 수 있고, 이제 배관 1과 3의 미지수는 마찰계수 f와 직경 D이므로 관망설계 문제가 되므로 전술한 뉴튼법으로 f와 D를 구할 수 있다.

$$Q_1 = Q_2 + QJ_2 = 0.01617 + 0.03 = 0.04617m^3/s$$

$$f_1 = 0.0148,\ D_1 = 0.12117m$$

$$Q_3 = 0.075 - Q_1 = 0.075 - 0.04617 = 0.02883m^3/s$$

$$f_3 = 0.01556, D_3 = 0.12411m$$

(c) 배관 1의 자료 $D_1 = 0.12m$, $L_1 = 150m$, $e_1 = 0.00001m$가 주어졌으므로 5.7식과 5.11식에서 미지수는 배관 1의 유량 Q_1과 마찰계수 f_1이므로 뉴튼법을 사용하여 다음 두 공식을 동시에 해결하여 $Q_1 = 0.045m^3/s$, $f_1 = 0.0148$를 구한다.

$$F_1 = 15 - 0.0828\frac{f_1 \times 150 \times Q_1^2}{0.12}$$

$$F_2 = \frac{1}{\sqrt{f_1}} - 1.14 + 2\log_{10}\left(\frac{0.00001}{0.12} + \frac{7.34347 \times 1.3 \times 10^{-6} \times 0.12}{Q_1\sqrt{f_1}}\right)$$

연속법칙으로부터 다음과 같이 Q_2과 Q_3를 구할 수 있고, 이제 배관 2와 3의 미지수는 마찰계수 f와 직경 D이므로 관망설계 문제가 되므로 전술한 뉴튼법으로 f와 D를 구할 수 있다.

$$Q_2 = Q_1 - QJ_2 = 0.045 - 0.06 = 0.015m^3/s$$

$$f_2 = 0.01778, D_2 = 0.12152m$$

$$Q_3 = 0.075 - Q_1 = 0.075 - 0.045 = 0.030m^3/s$$

$$f_3 = 0.0154,\ D_3 = 0.1259m$$

지금까지 토론한 내용은 접합부 연속식의 숫자와 동일한 배관 숫자의 직경을 구할 수 있는 것으로 시사하므로 독자는 연속식을 동시에 해결하면 모든 미지의 직경을 구할 수 있을 것으로 추론할 수 있지만 이는 사실이 아니다. 앞에 조합 1에서와 같이 모든 절점의 HGL이 기저인 조건에서 임으로 직경을 명시한 배관에 대해서는 손실수두식과 Colebrook-White식을 동시에 해결하여 배관의 유량을 구하고, 직경이 미지수인 배관에 대해서는 연속식으로부터 유량을 결정한 후 달시-바하식과 Colebrook-White식을 이용하여 이 배관 직경을 결정할 수 있으므로 모든 식을 사용하여야 한다.

더욱 복잡한 관망으로 이동하기 전에 불가능한 상황을 초래할 수 있는 관망 조합 가능성에 대해 유의하여야 한다. 예를 들어 그림 5.8의 조합 1에서 배관 3의 직경을 과대하게 명시하면 손실수두 $H_1 - H_3$에 상응하는 유량 Q_3이 수요량 QJ_3를 초과하여 나머지 유량은 배관 2를 통해 절점 3으로부터 2로 유동이 형성되어야 하지만 $H_2 > H_3$이기 때문에 불가능한 문제가 된다. 반대로 조합 3에서 배관 직경을 $D_1 = 0.12m$로 너무 과소하게 명시하면 $H_1 = 100m, H_2 = 85m$조건에서 배관 1의 유량은 $Q_1 = 0.028m^3/s$이 되고 이는 수요량 QJ_2 보다 적어 배관 2의 유동은 절점 3에서 2로 형성되어야 하지만 $H_3 < H_2$이기 때문에 불가능한 문제가 된다. 따라서 배관 직경과 절점에서의 수두를 명시할 때는 접합부 연속식과 배관의 손실수두식을 만족시킬 수 있도록 유의하여야 한다.

그림 5.9와 같이 2개의 배관과 2개의 저수지로 구성된 단순한 관망의 한 절점에서 수두가 명시된 조건에서 배관 직경을 구하는 관망설계 관점을 검토한다. 단, 절대조도 $e = 0.0001$인치, $\nu = 1.217 \times 10^{-5} ft^2/s$이다.

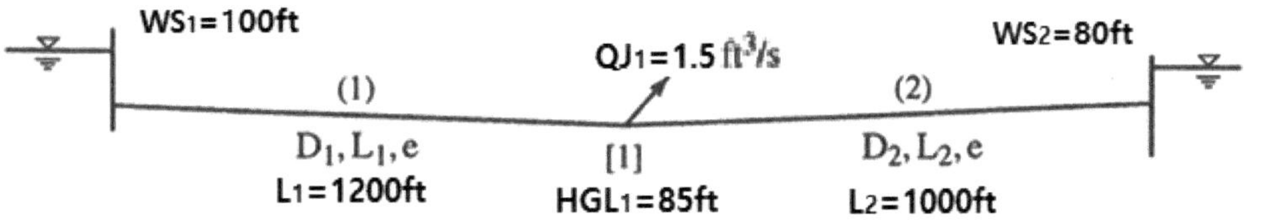

그림 5.9 2-저수지와 2-배관으로 구성된 관망

$NJ+NP=1+2=3$이므로 접합부 연속식 1개와 손실수두식 2개, 총 3개의 기본식을 전개할 수 있다. 첫 번째는 D_1을, 두 번째는 D_2를 미지수로 한 두 사례에 대한 입력자료와 출력자료는 다음과 같으며 상세한 계산과정은 엑셀파일 Fig5_9를 참조한다.

공급원이 2개이므로 가상루프가 1개인 그림 5.9의 단순한 관망을 2-공급원, 1-루프로 구성된 관망과 1-공급원, 1-루프로 구성된 관망에 동일한 원리를 적용하여 얼마나 많은 직경을 구할 수 있는지 검토한다. 분명하게 미지수로 간주할 수 있는 직경의 숫자는 접합부 연속식의 숫자와 동일하며 이러한 원리는 분지관망에도 적용된다.

표 5.7 그림 5.9 관망의 입력자료와 출력자료

사례 1			사례 2		
입력	변수명	출력	입력	변수명	출력
	D_1	0.6723	0.8	D_1	
0.5	D_2			D_2	0.7656
	Q_1	2.0782		Q_1	3.2990
	Q_2	0.5782		Q_2	1.7990
1200	L_1		1200	L_1	
1000	L_2		1000	L_2	
1.5	QJ_1		1.5	QJ_1	
85	H_1		85	H_1	
0.0001	e		0.0001	e	
1.217E-5	ν		1.217E-5	ν	
64.4	$2G$		64.4	$2G$	
	f_1	0.01578		f_1	0.0149
	f_2	0.01845		f_2	0.0161
100	WS_1		100	WS_1	
80	WS_2		80	WS_2	

상기 2-배관 관망 문제를 다른 각도에서 살펴보기 위해 그림 5.9를 그림 5.10과 같이 수정한다. 이제 하류측 말단부에서 원하는 압력을 구할 수 있으며 이 명시된 압력은 앞에서 명시된 저수지 수위로서 해석할 수 있다. 2개 배관의 직경이 명시되면 관망해석문제가 된다.

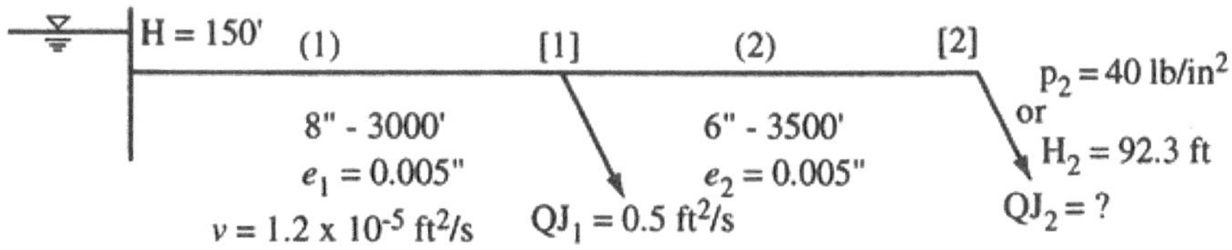

그림 5.10a 그림 5.9 관망의 대안적 관망

미지수는 Q_1, Q_2, QJ_2가 되고 아래 3개의 식을 사용하여 미지수를 구한다.

$$F_1 = Q_1 - Q_2 - QJ_1 = 0 \tag{5.35}$$

$$F_2 = Q_2 - QJ_2 = 0 \tag{5.36}$$

$$F_3 = K_1 Q_1^{n_1} + K_2 Q_2^{n_2} - (WS_1 - H_2) = 0 \tag{5.37}$$

이 문제에서 절점 2에서 수요량 대신 명시된 압력은 미지의 수요량을 계산할 수 있도록 해준다. 해를 구하기 위해 F_1식과 F_3을 동시에 풀어야 하며 만일 달시-바하식을 사용하면 반드시 Colebrook-White식으로 먼저 f를 구하여야 한다. 실제로 4개의 미지수 Q_1, Q_2. f_1, f_2를 구하기 위해 4개 식의 동시 해가 필요하다.

먼저 배관 1에 대해 유량 $Q_1 = 1.3778 ft^3/s$로 추정하고, 이 배관의 K와 n을 구하기 위해 다음과 같은 유량 범위를 사용한다.

$$Q_{11} = 1.3778 \times 0.8 = 1.1022, \quad Q_{12} = 1.3788 \times 1.2 = 1.6533$$

$$\frac{1}{\sqrt{f_{11}}} - 1.14 + 2Log10\left(\frac{e}{D} + \frac{\nu D}{Q_{11}\sqrt{f_{11}}}\right) = 0$$

$$\frac{1}{\sqrt{f_{12}}} - 1.14 + 2Log10\left(\frac{e}{D} + \frac{\nu D}{Q_{12}\sqrt{f_{12}}}\right) = 0$$

상기 식에서 각 유량 Q에서 미지수는 f 1개이므로 엑셀의 해찾기 도구를 이용하여 상기 식의 유일한 미지수 f_{11}과 f_{12}를 구하면 다음과 같다.

$$f_{11} = 0.017892, \qquad f_{12} = 0.017781$$

배관 2에 대해 유량 $Q_{21} = 0.7750 ft^3/s$로 추정하고, 이 배관의 K와 n을 구하기 위해 다음과 같은 유량 범위를 사용한다.

$$Q_{21}=0.7750\times 0.8=0.6200,\quad Q_{22}=0.7750\times 1.2=0.9300$$

$$\frac{1}{\sqrt{f_{21}}}-1.14+2Log10\left(\frac{e}{D}+\frac{\nu D}{Q_{21}\sqrt{f_{21}}}\right)=0$$

$$\frac{1}{\sqrt{f_{22}}}-1.14+2Log10\left(\frac{e}{D}+\frac{\nu D}{Q_{22}\sqrt{f_{22}}}\right)=0$$

엑셀의 해찾기 도구를 이용하여 상기 식의 유일한 미지수 f_{21}과 f_{22}를 구하면 다음과 같다.

$$f_{21}=0.019139,\qquad f_{22}=0.019020$$

식 2.21과 2.22를 해결하는 엑셀파일 PIPK_N을 사용하여 각 배관의 K와 n을 구하면 다음 표와 같다.

구분	$L(ft)$	$D(ft)$	$Q(ft^3/s)$	$Q_1(ft^3/s)$	$Q_2(ft^3/s)$	
배관 1	3000	0.6667	1.3778	1.1022	1.6533	
배관 2	3500	0.5000	0.7750	0.6200	0.9300	

구분	f_1	f_2	b	a	K	n
배관 1	0.017892	0.017781	0.0153	0.0179	10.2866	1.9847
배관 2	0.019139	0.019020	0.0154	0.0190	53.6194	1.9846

상기 수치를 식 5.35와 5.37에 대입하여 $\{F\}$행렬을 전개하고, 이 식을 Q_1과 Q_2에 대해 편미분하여 다음과 같은 자코비언행렬 $[D]$을 전개할 수 있다.

$$F_1=1.3778-0.7750-0.5=0.1028$$

$$F_2=10.2866\times 1.3778^{1.9847}+53.6194\times 0.7750^{1.9846}-(150-92.3)=-5.9375$$

$$\frac{\partial F_1}{\partial Q_1}=1\qquad \frac{\partial F_1}{\partial Q_2}=-1$$

$$\frac{\partial F_2}{\partial Q_1}=1.9847\times 10.2866\times 1.3778^{0.9847}=27.99$$

$$\frac{\partial F_2}{\partial Q_2}=1.9846\times 53.6194\times 0.7750^{0.9846}=82.79$$

$$\begin{bmatrix} 1.00 & -1.00 \\ 27.99 & 82.79 \end{bmatrix} \begin{bmatrix} z_1 \\ z_2 \end{bmatrix} = \begin{bmatrix} 0.1027 \\ -5.9375 \end{bmatrix}$$

엑셀 행렬식도구를 사용하여 $[z_1,\ z_2]^T$를 구하면 다음과 같다.

$$z_1 = 0.0232,\ \ z_2 = -0.0796$$

식 4.40으로부터 당초 추정한 $\{Q\}^m$에서 상기 $z_!,\ z_2$를 감하여 개선된 유량 $\{Q\}^{m+1}$을 얻을 수 있다.

$$Q_1 = 1.3778 - 0.0232 = 1.3576$$

$$Q_2 = 0.7750 + 0.1796 = 0.8546$$

상기 절차를 3회 반복한 결과 $[z_1,\ z_2]^T = 0$이 되어 다음과 같은 엄밀해를 구할 수 있으며 상세한 계산과정은 엑셀파일 FIG5_10을 참조한다.

$$Q_2 = QJ_2 = 0.851ft^3/s,\ \ Q_1 = 1.351ft^3/s,\ \ f_1 = 0.01783, f_2 = 0.01904$$

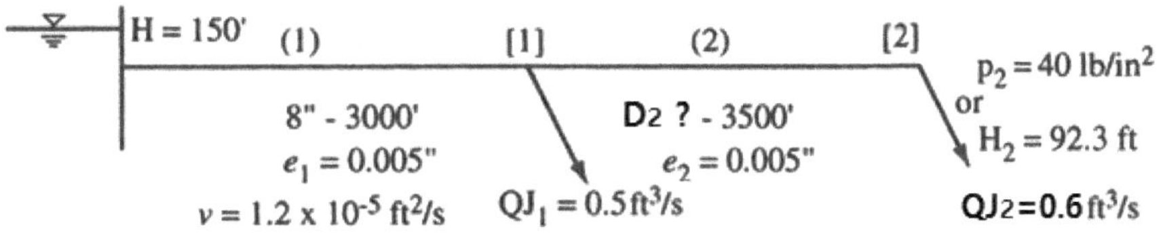

그림 5.10b 그림 5.9 관망의 대안적 관망

그림 5.10에서 절점 2에서 수요량 $QJ_2 = 0.6ft^3/s$, 압력 $p_2 = 40lb/in^2$이 되기 위해 필요한 배관 직경 D_2를 결정하여야 한다면 이는 관망설계가 된다. 식 5.35~5.37에서 QJ_2는 기저이고 미지수는 $Q_1,\ Q_2, D_2$이다. 이 문제를 해결하기 위한 순서는 먼저 $QJ_2 = Q_2$로 명시되었으므로 식 5.36으로부터 $Q_2 = 0.6ft^3/s$이고, 식 5.35로부터 $Q_1 = 1.1ft^3/s$을 구하고, 이제 Q_1과 D_1이 기저이므로 엑셀의 해찾기 도구를 사용하여 Colebrook-White식으로부터 $f = 0.019645$를 구할 수 있다. 식 5.7의 달시-바하식으로 $h_{f1} = 13.65ft$를 구할 수 있다.

$$h_{f1} = 0.0251985 \frac{0.019645 \times 3000 \times 1.1^2}{(8/12)^5} = 13.65ft$$

배관 2에서의 손실수두는 다음과 같이 구할 수 있으므로 $Q_2 = 0.6$와 $h_{f2} = 44.05$가 기저가 된다. 따라서 뉴튼법을 사용하여 달시-바하식과 Colebrook-White식을 동시에 해결하여 $f_2 = 0.02131$과 $D_2 = 5.21$인치를 구할 수 있으며 상세한 계산과정은 엑셀파일 FIG5_10을 참조한다.

$$h_{f2} = HGL_1 - H_2 = 136.35 - 92.3 = 44.05ft$$

$$HGL_1 = 150 - 13.65 = 136.35ft$$

절점 2에서 압력이 명시되면 두 배관의 직경을 구할 수 있다. 따라서 문제는 모든 절점에서 수요량이 기저이고, 또한 이 절점에서 수두가 기저인 분지관망으로 변화된다.

상기 예제는 관망설계 범주 2에 적용할 수 있는 원리를 보여주고 있다. 각 대안 명시는 다른 변수를 일련의 미지의 숫자로 간주할 수 있도록 해준다. 예를 들어 압력이 명시되고 직경이 명시되지 않으면 결과 식을 사용하여 이 직경을 결정할 수 있다. 그러나 배관 조도 계수가 미지수이면 반드시 직경이 명시되어야 한다. 요약하면 독립식의 숫자가 구하고자 하는 또는 명시되지 않은 미지수의 숫자와 동일하면 한 관망에서 임의 변수 대신 다른 변수가 명시되면 임의 변수는 명시되지 않을 수 있다.

단일 관로에서의 유동을 통해 이러한 원리를 증명하였다. 달시-바하식을 사용할 경우 변수는 L, D, e, Q, f, h_f 6개가 되는 반면 오직 2개의 독립식 달시-바하식과 Colebrook-White식만이 유용하므로 이 식을 사용하여 2개의 미지수를 구할 수 있다. 따라서 다른 4개의 변수가 기저가 되면 임의 한 쌍의 변수를 미지수로 선정할 수 있다. 이러한 해결 절차에서 $A = \pi D^2/4$, $Re = VD/\nu$, $V = Q/A$와 같은 식이 나타날 수 있지만 이 식은 단순한 보조식에 지나지 않는다. 배관이 2개인 경우 변수는 12개가 되고, 구할 수 있는 미지수 숫자는 4로 증가한다. 거의 대부분의 경우 변수의 조합을 미지수로 선택할 수 있다.

요약하면 (1)관망설계시 연속법칙(질량 보전법칙)과 에너지보존법칙 두 기본법칙을 적용한다. (2)연속법칙으로부터 관망 내 각 접합부(또는 절점)의 유입유량과 유출유량은 동일하여야 한다. 수학적으로는 $\sum Q_i = QJ_j = 0$으로 표현하고, 여기서 Q의 아래첨자 i는 접합부에 연결된 배관 번호를 나타내고, QJ_j의 아래첨자 J는 절점 번호이다. 배관유량 Q와 수요량 QJ는 접합부로부터 유출시 (-), 접합부로부터 유입시 (+)가 된다. (3)에너지보존법칙으로부터 배관에서 발생하는 손실수두는 $H_i - H_j = h_{fk}$이 되며, 여기서 k는 배관 번호를 나타내며 아래첨자 i와 j는 상류측 절점과 하류측 절점 번호를 나타낸다. 만일 모든 배관에 손실수두식을 적용하면, 관망 연속법칙으로부터 루프의 손실수두의 합은 0이 되고 가상루프를 통한 손실수두는 공급원 고도의 차이와 동일하게 된다. (4)이 두 법칙은 유용한 모든 기본식을 제공한다. (5)미지수와 독립식의 숫자는 존재하는 유일 해와 반드시 매치되어야 한다. (6)임의 변수를 미지수로 선정할 수 있으나 한번 미지수를 선정하면 반드시 나머지 변수가 명시되어야 한다. (7)물리적으로 불가능한 상황이 발생하면 기저 변수의 수치 명시가 가능하다.

현재까지 루프로 형성된 관망설계에 대한 절차는 확립되지 않았다. 정상적인 관망 운영시 고려하지 않았던 대규모 비상 수요량 발생 또는 일부 수요량이 폐쇄되는 경우를 고려하여 관망을 설계할 때 비용을 최소화하기 위해서는 전문가의 판단이 필요하다. 식은 오직 절점 숫자 NJ와 동일한 숫자의 배관 직경만을 결정할 수 있도록 허락하기 때문에 이를 해결하기 위해서 먼저 $NL = NP - NJ$ 배관을 선정하여 배관직경을 임의로 명시하고, 이 직경이 명시된 배관을 제거한 나머지 관망은 분지관망이 되어야 한다. 통상적으로 관망을 분지관망으로 감소시키기 위해서 여러 배관의 조합을 선정할 수 있고, 이 분지관망을 주 송수관로로 간주하여야 한다. NL 숫자와 동일한 숫자의 배관 직경을 임의로 명시할 때는 잘 판단하여야 한다. 첫 번째, 중요하지 않은 또는 송수비용이 크다고 판단되는 배관의 직경을 명시하고 이 직경은 이 관망에 허용되는 최소 규격이며 관망에서 제거한다. 두 번째, 명시된 이 배관의 말단부에서의 수두가 기저이므로 배관유량을 계산하고 두 배관 말단부에서의 수요량을 수정하여 분지관망 정의시 유량에 포함시킨다. 세 번째, 분지관망을 해결하여 직경을 구한 후 이 직경을 가장 근접한 표준 배관 규격으로 대체하거나 반올림하여 가장 근접한 큰 규격으로 결정한다. 네 번째, 예측 가능한 조건의 변화를 수용하여 해석을 수행하고 결과를 고찰한다. 만일 차이가 발생하면 배관 직경 또는 다른 관망 구성요소를 수정하여 이러한 차이가 발생하지 않도록 조치한다.

상기 방법을 증명하기 위해 그림 5.6의 16-배관으로 구성된 관망을 설계한다고 가정한다. 다른 공급원으로부터 물이 유입되는 WS_1과 WS_3로 표기된 공급원의 수두는 50m이고, 이 물의 가격은 고가이므로 수요량이 큰 경우에만 사용된다. 공급원 WS_2는 지표면으로부터 40m 밑에 있는 지하수이다. 마지막으로 WS_4는 직경 45m 저장 탱크로서 바닥 고도는 118m, 최대 수위는 3m이다. 설계시 평균 수요량은 표와 같으며, 설계에 기초한 시간당 최대 수요량은 평균 수요량의 두 배이다.

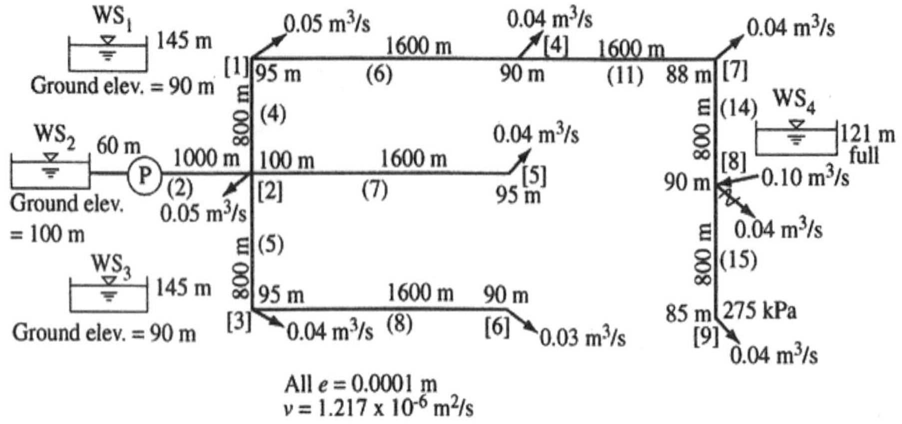

절점	1	2	3	4	5	6	7	8	9	계
$QJ(m^3/s)$	0.025	0.025	0.020	0.020	0.020	0.015	0.020	0.020	0.020	0.37

그림 5.11a 그림 5.6의 대안 관망 1

먼저 이 관망에서 가장 작은 직경으로 명시할 수 있는 배관 숫자는 루프숫자 NL과 동일한 $NP-NJ=16-9=7$개이다. 관망설계 동안 물을 공급하는데 비용이 많이 소요되는 배관 1, 3, 9, 10, 12, 13, 16의 직경을 150㎜로 선정한 후 제거한다. 펌프장의 모든 펌프가 가동할 때 유량은 $0.23m^3/s$이지만 수요량의 합은 $0.37m^3/s$이므로 저장탱크는 반드시 $0.14m^3/s$를 공급하여야 한다. 따라서 절점 8에서 수요량을 $0.04m^3/s$ 유출에서 $0.10m^3/s$ 유입으로 변경시키고 배관 16을 제거한다. 이러한 방법으로 배관을 제거하면 그림 5.6의 루프관망은 그림 5.11a의 분지관망으로 변경된다. 물론, 주 송수관망의 선택에 따라 여러 대안을 탐구할 수 있다. 이와 같은 분지관망에서 가장 먼 하류측 절점은 9이고, 이 절점에서의 최소 허용 압력을 275kPa로 설정하면 이에 상응하는 HGL 고도는 $H_9=85+275/9.8=113m$가 된다. 이제 표 5.8의 3번째 칸에 주어진 에너지구배 S_f와 경제적인 측면을 고려하여 이 분지관망 내 배관 유량 Q와 절점에서의 수두 H를 계산할 수 있으며 결과는 표 5.4의 2번째와 마지막 칸과 같다. 주어진 배관길이 L과 S_f를 이용하여 모든 배관의 h_f를 구한다. 공급원으로부터 가장 먼 절점 9에서 명시된 $H_3=113m$를 기준으로 계산하여 다른 절점에서의 수두 H를 구하면 각 배관의 손실수두 h_f를 구할 수 있다. 이제 분지관망의 9개 배관의 미지수는 오직 f와 D가 되므로 뉴튼반복법으로 달시-바하식과 Colebrook-White식을 동시에 풀어 9개 배관의 직경 D와 마찰계수 f를 구할 수 있다. 표 5.8의 5 번째 칸의 설계 배관 직경을 표준 배관 직경으로 대체한 후 최종 단계로서 수요량의 변화, 저장탱크의 수위, 소방용수 등의 다양한 조건에서 전체 관망을 해석하여야 하며 상세한 계산과정은 엑셀파일 Fig5_11_case1을 참조한다.

표 5.8의 배관 직경은 임의로 직경을 명시하여 제거한 배관의 영향을 무시하였으며 이러한 방법은 제거된 배관유량은 유동조건이 변화하여도 관망이 충분히 성능을 발휘할 수 있도록 도와준다. 또한 분지관망 설계시 제거된 배관 없이도 필요한 수요량을 공급할 수 있다고 가정한다. 어떤 측면에서 이 방법은 제거하였던 배관이 수송하는 유량은 다른 배관을 통한 유량과 비교하여 작다고 가정한다.

표 5.8 그림 5.11a 관망 설계 결과

배관	$Q(m^3/s)$	S_f	$h_f(m)$	D(㎜)	절점	$H(m)$
2	0.23	0.005	5.0	423.7	1	125.0
4	0.07	0.006	4.8	260.1	2	129.8
5	0.07	0.005	4.0	269.7	3	125.8
6	0.02	0.010	16.0	146.3	4	109.0
7	0.04	0.0025	4.0	250.6	5	125.8
8	0.03	0.005	8.0	195.7	6	117.8
11	0.02	0.0025	4.0	192.8	7	113.0
14	0.06	0.005	4.0	254.4	8	117.0
15	0.04	0.005	4.0	218.2	9	113.0

다음은 분지관망으로 만들기 위해 제거하였던 1, 3, 9, 10, 12, 13 배관유동을 고려하는 관망설계 과정을 더 깊게 고찰한다. 제거하였던 모든 배관의 직경을 150㎜로 가정하고 고가의 물을 수송하는 배관 1과 3이 관망에 연결된 것으로 가정한다.

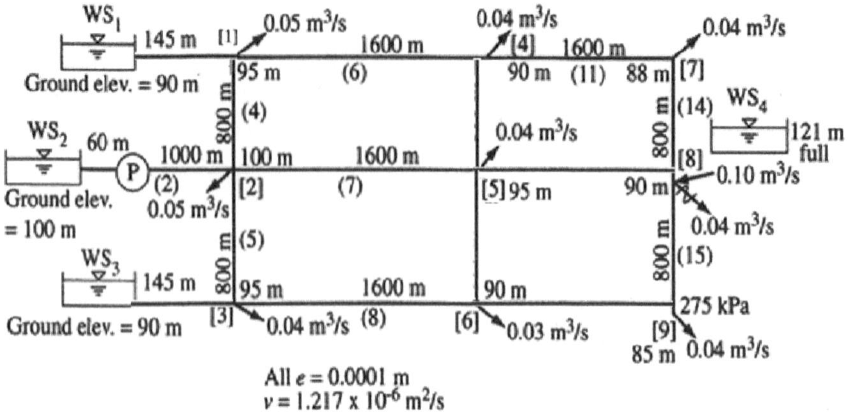

그림 5.11b 그림 5.6의 대안 관망

이 두 배관으로부터 추가로 유량이 유입되지만 배관 16을 통한 저장 탱크로 유입 또는 유출되는 유량은 없고, 배관 내부에서 손실수두는 표 5.9의 2번째 칸과 9번째 칸에 명시된 것과 같다고 가정하면 설계 1에서 $H_8 > H_7 > H_4$이었으나 이제는 $H_4 > H_7 > H_8$이 되어 배관 11과 14의 유동방향이 바뀌게 된다. 이제 배관 내 손실수두를 고려하여 모든 절점에서 H를 구한 후 뉴튼반복법으로 달시-바하식과 Colebrook-White식을 동시에 해결하여 직경이 150 ㎜로 명시된 배관의 유량을 구한다. 마지막으로 연속법칙으로부터 직경이 명시되지 않은 9개 배관의 유량을 구한 후 달시-바하식과 Colebrook-White식을 동시에 해결하여 직경을 구한 결과는 표 5.9와 같으며 상세한 계산과정은 엑셀파일 Fig5_11_case2을 참조한다.

표 5.9 그림 5.11b 루프관망 배관 설계 결과

배관	$h_f(m)$	$L(m)$	D(㎜)	$Q(m^3/s)$	절점	$H(m)$	배관	$h_f(m)$	$Q(m^3/s)$	D(㎜)
1	16.0	800	150	0.0306	1	129.0	2	5.0	0.309	474.1
3	15.8	800	150	0.0304	2	133.8	4	4.8	0.128	327.5
9	4.8	800	150	0.0163	3	129.8	5	4.0	0.034	204.9
10	8.0	800	150	0.0213	4	125.0	6	4.0	0.109	366.3
12	12.8	1600	150	0.0190	5	129.8	7	4.0	0.097	349.8
13	8.8	1600	150	0.0156	6	121.8	8	8.0	0.024	179.9
					7	121.0	11	4.0	0.085	333.9
					8	117.0	14	4.0	0.045	290.0
					9	113.0	15	4.0	0.024	181.0

앞의 사례와 동일한 각 저수지의 HGL 고도에서 배관 1과 3을 통해 물이 공급되는 상황에서 저장탱크는 배관 16을 통해 물을 $0.14m^3/s$을 공급하는 것으로 가정하여 구한 결과는 표 5.10과 같다.

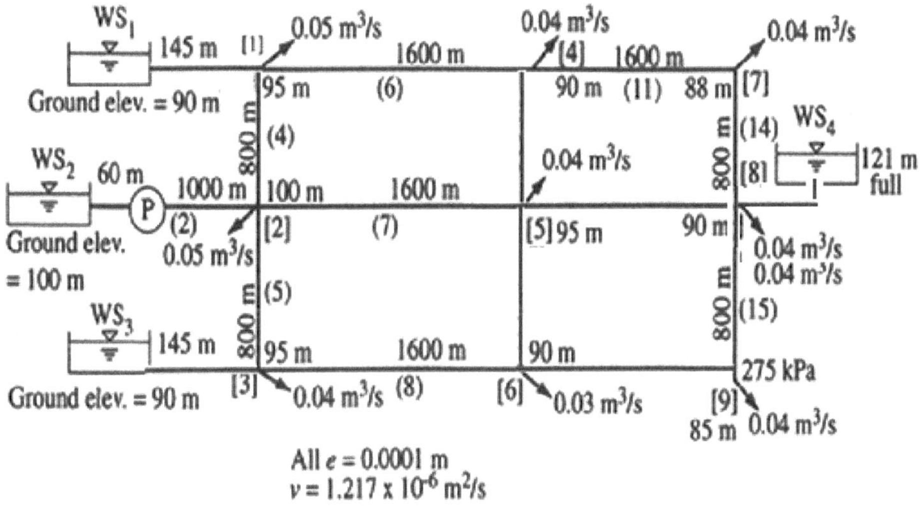

그림 5.11c 그림 5.6의 대안 관망

표 5.10 그림 5.11c 관망 설계 결과

배관	$h_f(m)$	$L(m)$	D(㎜)	$Q(m^3/s)$	절점	$H(m)$	배관	$h_f(m)$	$Q(m^3/s)$	D(㎜)
1	20.0	800	150	0.034	1	125.0	2	5.0	0.162	370.9
3	19.2	800	150	0.034	2	129.8	4	4.8	-0.014	*
9	8.8	800	150	0.022	3	125.8	5	4.0	0.026	186.2
10	8.0	800	150	0.021	4	117.4	6	8.0	-0.029	*
12	8.8	1600	150	0.016	5	125.8	7	4.0	0.099	353.5
13	4.0	1600	150	0.011	6	117.8	8	8.0	0.020	167.9
16	4.0	1200	384	0.140	7	121.0	11	4.0	0.047	266.0
					8	117.0	14	4.0	-0.087	275.1
					9	113.0	15	4.0	0.029	192.6

* 수두는 (-) 유량을 허용하지 않는다.

모든 배관에서의 손실수두는 표 5.10과 같고, 이를 이용하여 모든 절점에서 H를 구할 수 있다. 여기에서는 Q_{16}이 기저이므로 뉴튼반복법으로 달시-바하식과 Colebrook-White식을 동시에 해결하여 f_{16}과 D_{16}을 구한다. 또한 달시-바하식과 Colebrook-White식을 동시에 해결하여 직경이 150㎜로 명시된 6개 배관의 유량을 구한 후 연속법칙으로부터 나머지 9개 배관의 유량을 구한다. 마지막으로 뉴튼반복법으로 달시-바하식과 Colebrook-White식을 동시에 해결하여 9개 배관의 직경 D를 구할 수 있으며 상세한 계산과정은 엑셀파일 Fig5_11_case3을 참조한다.

표 5.10에서 새로운 일련의 가정에서는 배관 4와 6에서의 유동은 이 배관의 말단부에서 요구되는 수두로부터 반대 방향이 되는 불가능한 상황을 초래한다. 저장 탱크로부터 명시된 유량 Q_{16}은 명시된 배관 직경 및 수두와 양립하기에 너무 크게 된다. 저장 탱크로부터 유동을 차단하였을 때는 이와 같은 불가능한 상황을 피할 수 있었다. 따라서 다양하게 명시되는 변수의 조합은 임의 절점에서의 수두와 유동방향이 불일치하는 결과를 초래할 수 있으므로 주의하여야 한다.

그림 5.12는 배관 직경이 부적절하게 명시된 단순한 예를 보여준다. 이 관망은 2개의 배관이 절점 2에서 연결되며 절점 2에서의 HGL은 두 배관의 반대쪽 말단부에서 HGL 보다 작아 각 배관 유동은 반드시 절점 [2]로 향하게 된다. 만일 두 배관 중 한 배관의 직경이 크게 명시되어 수요량 QJ_2를 초과하게 되면, 다른 배관 내 유동 방향은 HGL에 의한 유동방향과 반대가 되기 때문에 불가능한 상황이 발생하게 된다. 예를 들어 그림의 관망 조건에서 $D_1 = 8.0$인치면 $Q_1 = 1.15ft^3/s$이 되어 접합부 연속식을 만족시키기 위해서 $Q_2 = -0.15ft^3/s$가 되어야 하지만 이는 명시된 $H_3 > H_2$에서는 성립되지 않는다. 배관 1에서 유량 $Q_1 = 1.0ft^3/s$이하로 유지하려면 배관 1의 직경은 $D_1 = 7.60$인치 이하가 되어야 한다.

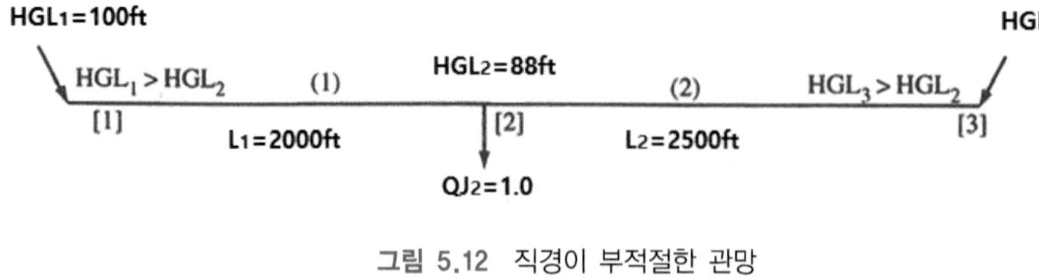

그림 5.12 직경이 부적절한 관망

상기 예제는 설계시 가정과 설제 설계 결과는 직접 관련된다는 중요한 사실을 보여준다. 아직은 설계시 비용을 고려하지 않았지만 통상적인 설계목적은 명시된 수요량을 만족시키면서 전체 비용을 최소화하는 것이다. 본 장의 후반에 비용을 고려한 관망설계에 대해서 기술한다.

이제 그림 5.13의 30-배관, 16-절점으로 구성된 대규모 관망을 검토한다. 공급원이 3개인 이 관망에서는 16개의 접합부 연속식이 존재하므로 16개 절점 모두에서 수두가 주어지면 16개 배관의 직경을 결정하는 것이 가능하다. 이 관망 문제는 수계산으로 해결하기에는 상당히 크지만 관망의 해를 구하는 방법을 정확히 따를 수 있다. 예를 들어 공급펌프에 연결된 배관 1과 2의 직경을 18인치와 15인치, 배관 10, 11, 12, 17, 18, 19, 24, 25, 26, 27, 28, 29의 직경을 6인치로 명시한 후 제거하여 분지관망으로 만든다. 모든 절점에서의 H가 명시되므로 이 배관의 손실수두를 구할 수 있다. 이제 직경이 명시된 14개 모든 배관의 미지수는 f와 Q이므로 각 배관의 말단부 절점 사이에서의 수두차와 손실수두가 일치하도록 뉴튼법으로 달시-바하식과 Colebrook-White식을 동시에 해결하여 상기 14개 배관유량 Q을 계산한다. 집합부 연속식으로부터 지경 D가 명시되지 않은 분지관망 내 16개 배관의 유량을 구한 후 달시-바하식과 Colebrook-White식을 이용하여 16개 배관의 직경 D를 구한다.

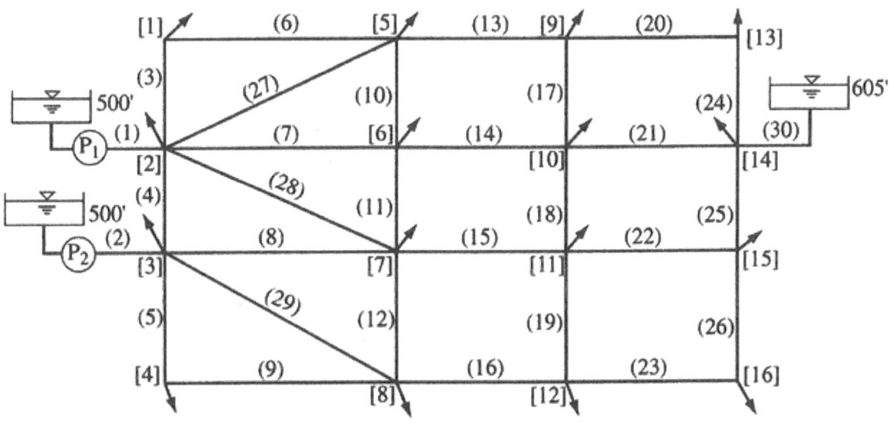

배관	펌프 1			펌프 2		
$Q(ft^3/s)$	8	15	22	6	12	18
$h_p(ft)$	157	152	144	152	147	139

그림 5.13 30-배관, 16-절점 관망

관망설계 문제를 해결할 때 명시된 일련의 수두가 불가능해질 수 있기 때문에 관망 성능 또는 명시된 배관직경에 대해 상당한 이해가 필요하다. 이미 그림 5.12의 관망에서 어떻게 이런 불가능한 상황이 발생하는지를 살펴보았다. 따라서 모든 배관의 직경을 독단적으로 선정할 수 없다. 관망에서 직경이 명시된 배관은 고정된 유량을 수송하므로 이 배관이 제거되어 축소된 관망문제가 된다. 이와 같이 축소된 관망은 절점에서 명시된 모든 수요량을 만족시킬 수 있지만 잘못된 조합은 수요량을 만족시킬 수 없는 불가능한 상황을 만들 수 있다. 이를 방지하기 위해 첫 번째, 관망 축소시 당초 관망이 2개 이상의 관망으로 분리되면 각 분리된 관망은 최소한 하나의 공급원을 갖아야 한다. 두 번째, 축소된 관망에서 명시된 수두는 수요량에 의해 지시된 방향으로 유동이 이동하도록 허락하여야 한다. 더욱이 사수부 절점에서의 수두와 배관 직경이 모두 명시되면 계산으로 구한 유량은 통상적으로 관망 내 전체 수요량의 합과 일치하지 않으므로 관망 내 모든 공급배관의 직경 명시는 불가능하다는 것을 알 수 있다.

그림 5.13의 관망에서 공급펌프에 연결된 두 배관의 직경을 명시하였으나 저수지에 연결된 배관 직경은 명시하지 않았다. 만일 D_{30}을 명시하면 반드시 D_1 또는 D_2를 명시하지 않아야 한다. 만일 $D_{30} = D_2 = 18$인치로 명시하고 D_1을 명시하지 않으면 수두는 변화하지 않는다. 그러나 $D_1 = 18$인치, $D_{30} = 6$인치로 명시하고 D_2를 명시하지 않으면 연속식의 해에서 배관 4에서 유동이 (-)가 되지만 이는 그 배관의 말단부에 주어진 수두를 고려할 때 불가능하기 때문에 D_1은 18인치 이상이 되어야 한다.

공급펌프에 연결되는 배관 직경을 명시하면 펌프가 공급할 수 있는 유량이 고정된다. 따라서 저수지로부터 배관을 통한 유량은 반드시 관망의 전체 수요량의 합계와 두 공급펌프로부터 공급되는 유량과의 차이와 동일하여야 한다. 이러한 제한으로 인해 축소된 관망 내 하나의 루프가 형성되는 것이 어렵다. 따라서 관망으로부터 직경이 명시된 배관을 제거하면 반드시 분지관망이 되는 것을 확인하여야 하고, 이러한 배관의 제거가 당초 관망을 2개 이상의 작은 관망으로 분리하면 이 새로운 각 관망은 하나의 공급원을 갖아야 한다. 관로 말단부의 배관 직경이 명시되고 이 배관의 양 쪽 끝에서 한 쌍의 수두가 명시되면 통상적으로 계산된 유량은 관로의 말단부에서 명시된 수요량과 일치하지 않기 때문에 관로 말단부 배관의 직경을 명시할 수 없다.

다소 불명확한 불가능한 상황이 전개될 수 있다. 예를 들어 공급펌프에 연결된 배관 직경을 너무 과대하게 명시하면 이 배관으로 유입되는 유량은 관망 수요량의 합계를 초과하고, 더욱이 저수지 수위가 H_{14} 이상으로 명시되면 공급펌프로부터 관망으로 유입되는 잉여 유량이 관망을 빠져나갈 방법이 없다. 배관 직경과 이 배관 말단부에서의 수두를 동시에 명시하면 유량이 고정되므로 이 고정된 유량은 배관 말단부의 수요량과 일치할 수 없다. 예를 들어 그림 5.13의 관망에서 배관 1의 직경 D_1을 18인치가 아닌 24인치로 설정하면 이와 같은 불가능한 상황이 발생한다. 반면 D_{30}의 직경을 명시하고 D_2의 직경을 명시하지 않으면 $D_1 = 18$인치가 되면 불가능한 상황이 발생하지만 $D_1 = 24$인치가 되면 불가능한 상황이 발생하지 않는다. 한 접합부에 2개 이상의 배관이 연결되면 불가능한 상황이 발생할 확률이 더 커지고 더욱 복잡하게 된다. 직경과 수두의 명시에 대한 경험을 바탕으로 충분히 고찰하지 않으면 빈번하게 발생하는 이런 불가능한 상황에서는 원인을 조심스럽게 검토하여야 하고, 명시된 직경과 수두 수치를 조정하거나, 일련의 배관 직경 명시에 대한 대안을 선정한다. 이러한 조정을 할 때 직경이 명시된 배관을 제거한 후 축소된 관망을 스케치하고 이러한 관망설계를 얻기 위한 후속 절차를 준수하면 도움이 된다.

예제 5.8

아래 표에 열거된 것과 같이 절점수두가 주어진 루프로 형성된 관망을 설계하고자 한다. 이 관망에서는 2개의 실제루프와 1개의 가상루프, 총 3개의 독립루프가 존재하므로 반드시 3개 배관 직경을 명시하고, 나머지 6개 배관 직경을 구하여야 한다. 명시된 배관의 직경은 모두 6인치이다. 아래 표와 같이 직경이 6인치로 명시된 3개 배관의 조합에서 분지관망의 나머지 배관의 해를 구할 수 있는지를 결정하라. 불가능한 상황이 발생하면 이유를 설명하고 가능한 상황이 발생하면 분지관망을 해석하라. 단 $e = 0.001$ 인치, $\nu = 1.27 \times 10^{-5} ft^2/s$ 이다.

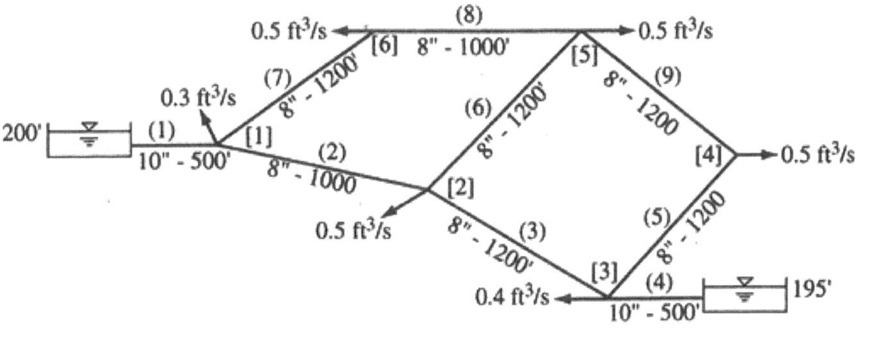

절점	$EL(ft)$	$H(ft)$	조합	직경이 명시된 배관
1	100	197	1	2, 4, 9
2	98	194	2	4, 6, 9
3	100	194.5	3	4, 8, 9
4	95	190	4	3, 8, 9
5	95	191	5	2, 8, 9
6	90	188	6	2, 6, 9

해답

먼저 직경이 명시된 배관유량을 결정하고 관망을 분지관망으로 축소시킬 수 있는 사례는 상기 표와 같다.

조합 1 : $H_3 > H_2$이므로 절점 2 하류측 수요량을 만족시키기 위해 유량은 배관 3을 통과할 수 없으므로 불가능한 상황이 발생한다.

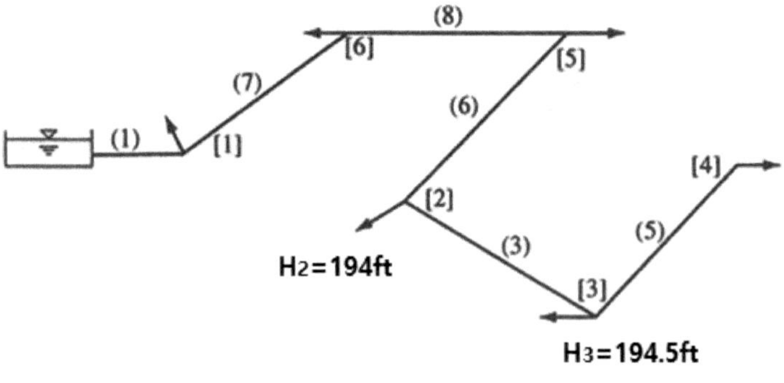

조합 2 : 조합 1과 동일한 이유로 불가능한 상황이 발생한다.

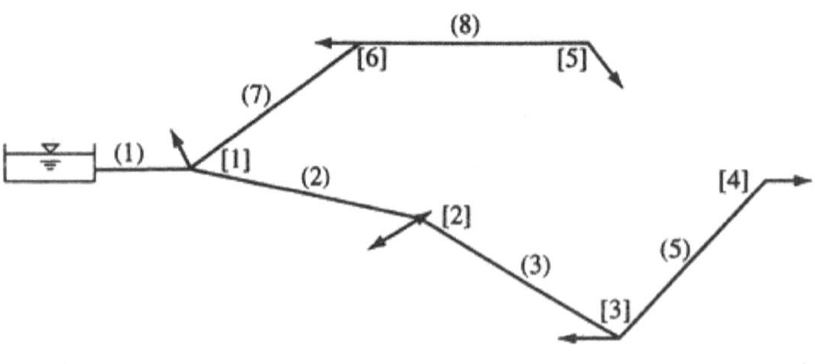

조합 3 : 조합 1과 동일한 이유로 불가능한 상황이 발생한다.

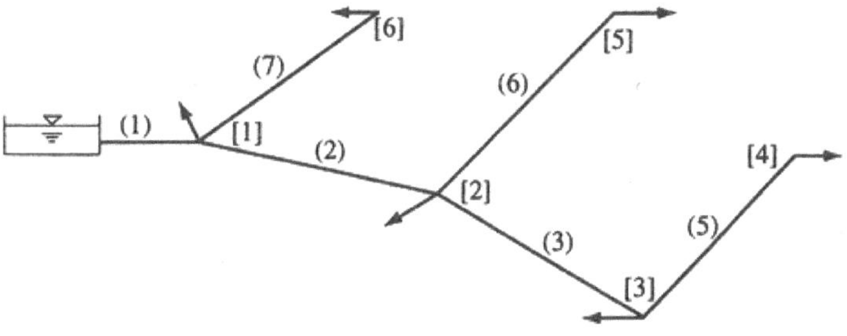

조합 4 : 이 관망은 가능하다. 먼저 직경이 6인치로 명시된 3, 8, 9번 배관유량 및 축소된 분지관망에서의 각 배관유량과 배관 직경을 구한 결과는 다음 표와 같으며 상세한 계산과정은 엑셀파일 Exam5_8_case4를 참조한다.

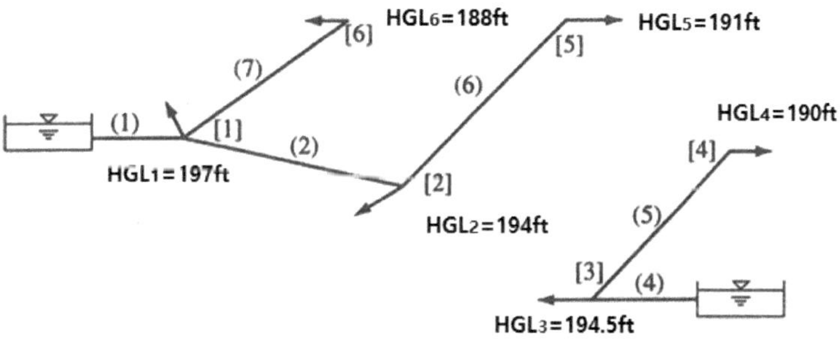

배관	$Q(ft^3/s)$	f	변경된 $QJ\ (ft^3/s)$
3	0.1466	0.0240	$QJ_3=0.545,\ QJ_2=0.355$
8	0.4393	0.0193	$QJ_5=0.935,\ QJ_6=0.065$
9	0.2161	0.0221	$QJ_5=1.149,\ QJ_4=0.286$

배관	$Q(ft^3/s)$	$D(in)$
1	1.8695	8.89
2	1.5088	9.54
4	0.8305	9.55
5	0.2839	4.87
6	1.1554	8.95
7	0.0607	2.37

조합 5 : 이 관망은 유효하며 관망설계에 필요한 입력자료와 출력자료는 다음 표와 같으며 상세한 계산과정은 엑셀파일 Exam5_8_case5을 참조한다.

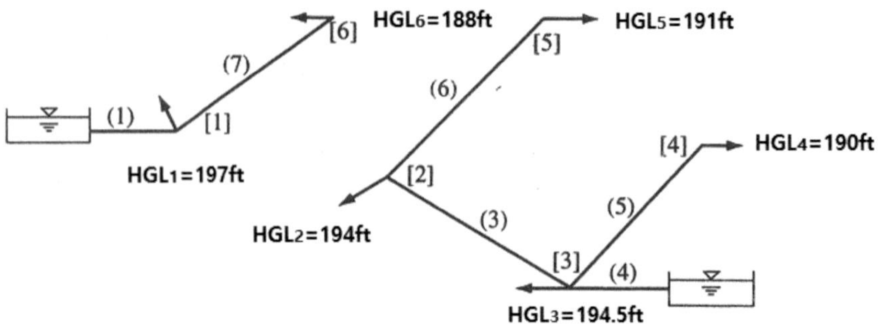

배관자료

배관 번호	절점		$L(ft)$	$D(in)$	$e(\times 10^{-3})$ in	$Q(ft^3/s)$	$h_f(ft)$
	From	To					
1	0	1	500	6.518	1.0	0.800	3.00
2	1	2	1000	6.000	1.0	0.4393	3.00
3	3	2	1200	13.205	1.0	1.2161	0.50
4	0	3	500	13.032	1.0	1.9000	0.50
5	3	4	1200	4.867	1.0	0.2839	4.50
6	2	5	1200	8.954	1.0	1.1554	3.00
7	1	6	1200	2.347	1.0	0.0607	9.27
8	5	6	1000	6.000	1.0	0.4393	3.00
9	5	4	1200	6.000	1.0	0.2161	1.00

절점자료

절점	$QJ(ft^3/s)$	$EL(ft)$	$HEAD(ft)$	$P(psi)$	$HGL(ft)$
1	0.300	100	97.0	42.0	197.0
2	0.500	98	96.0	41.6	194.0
3	0.400	100	94.5	41.0	194.5
4	0.500	95	95.0	41.2	190.0
5	0.500	95	96.0	41.6	191.0
6	0.500	90	98.0	42.5	188.0

조합 6 : 이 관망은 조합 1과 동일한 이유로 불가능한 상황이 발생한다.

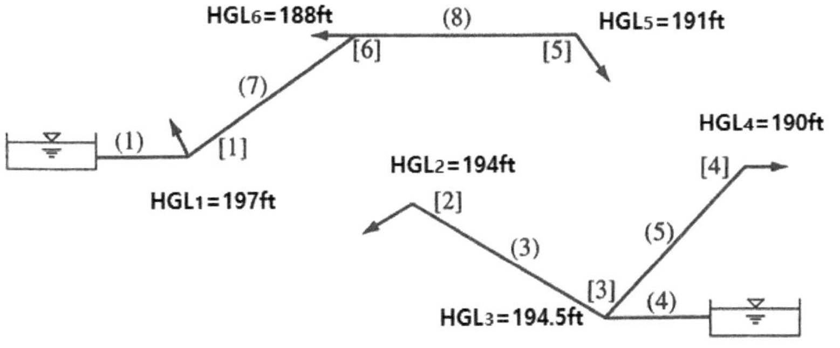

5.4 특별 요소 설계

5.3절에서 관망에서의 절점 숫자만큼 배관 숫자의 직경을 구하는 문제 그리고 절점에서 압력이 명시된 것과 같이 일부 명시된 조건을 만족시키기 위한 배관 직경을 구하는 두 관망설계 범주에 대해 기술하였다. 5.3절에서는 첫 번째 설계형식을 검토하였고 본 절에서는 두 번째 설계형식에 대해 검토한다. 첫 번째 설계범주의 문제를 해결하기 위해 기저와 미지수를 교환한다. 예를 들어 어느 절점에서 압력이 명시되면 그 절점에서의 수요량 또는 배관 직경 또는 길이 중 하나가 미지수가 된다. 그러나 두 번째 설계범주의 문제를 해결하기 위해서는 기저와 미지수를 교환하지 않고 새로운 미지수와 식이 추가된다. 따라서 독립식의 숫자와 미지수의 숫자가 반드시 일치되어야 하는 필요조건을 만족시킨다.

새로운 독립식의 도입방법에 대해 기술한다. 전술한 것과 같이 기본 관망 상관관계는 다음과 같다.

$NP = NJ + NL$　　공급원이 2개 이상인 관망

또는

$NP = (NJ - 1) + NL$　공급원이 1개 이하인 관망

상기 상관관계는 분지관망과 루프관망에 모두 적용되며 분지관망에서는 $NL = 0$이 된다. 하나의 미지수를 추가로 도입시 중요한 점은 또 다른 하나의 독립식을 전개하는 것이다. 통상적으로 이 추가 식은 절점에서의 필요한 HGL 또는 압력과 같은 다른 조건을 강요한다. 이 미지수를 "수두차장치(differential head device)"라 부르고, 수학식에서 ΔH 기호로 나타내며 이는 가압 펌프, 감압밸브, 밸브, 직경이 미지수인 배관, 또는 배관 벽 조도와 같은 다양한 요소를 포함한다. "수두차장치"는 배관의 양 말단부 사이에서 이 배관의 당초 마찰손실수두보다 크거나 작은 수두차를 발생시키는 장치이다. 만일 배관 직경 또는 조도가 미지수인 경우 새로운 배관은 당초 배관의 마찰손실수두와 계산된 새로운 배관 수두와의 차이와 동일한 손실수두를 발생시킨다. 공식시스템에 추가 할 미지수 ΔH에 대한 식은 에너지식으로서 관망에서 압력(또는 수두 또는 HGL)이 명시된 한 절점과 수두가 기저인 다른 절점 사이에서 작성된다. 수두가 기저인 다른 절점은 통상적으로 저수지 또는 공급펌프와 같은 공급원이다. 그러나 "수두차장치"가 2개 이상 도입되어도 압력이 명시된 두 절점 사이에서 하나의 에너지식이 추가된다. 통상적으로 이 추가식은 관망 임의 배관에서 유체마찰 단독으로 야기되는 수두차이보다 크거나 작은 수두차이를 추가적으로 부과하므로 다른 루프와는 독립적인 하나의 특별한 가상루프가 된다. 나중에 기술하겠지만 부적절한 명시는 추가식이 독립적이지 않을 수 있으므로 "독립적" 용어를 사용한다. 통상적인 가상루프는 두 공급원 사이 배관의 순서에 따라 형성되는 반면 HGL이 명시된 이 독립적인 특별 가상루프는 배관 한 쪽 말단부인 내부 배관으로부터 공급원까지의 관로에 따라 연속적인 통로로 구성되기 때문에 "특별 루프"로 불린다. 따라서 이 특별 루프는 감압밸브PRV의 하류측 말단부 또는 배압밸브 BPV의 상류측 말단부와 HGL이 명시된 공급원 또는 다른 PRV 또는 BPV로 연결되는 가상루프와 유사하다.

"수두차장치"의 동작과 개념을 이해하기 위해서 그림 5.14의 7-배관과 5-절점으로 구성된 작은 관망을 검토한다.

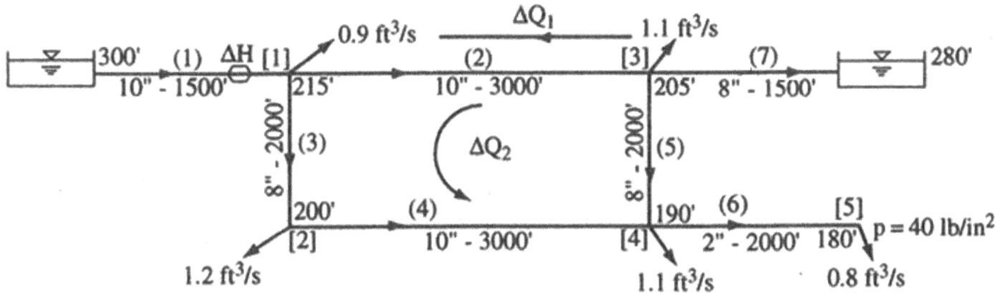

배관 번호	1	2	3	4	5	6	7
K	1.70	2.55	7.34	3.70	7.46	31.8	5.51
n	1.957	1.931	1.932	1.873	1.865	1.905	1.918

그림 5.14 수두차장치가 설치된 소규모 관망

이 관망의 절점 5에서의 압력이 $40lb/in^2$이 되도록 배관 1에서 필요한 수두차 $\triangle H$의 크기를 결정한다. 또한 이 관망에서의 문제는 절점 5에서 압력이 명시되었으므로 이 압력을 제외한 4개 내부 절점에서 HGL 고도 또는 압력 그리고 $\triangle H$ 이외에 7개 배관유량을 결정하는 것이다. 이 문제에서 배관 1의 $\triangle H$가 (+)이면 수두차장치는 기압펌프, (-)이면 밸브가 될 수 있다. 한번 $\triangle H$가 기저가 되면 이에 상응하는 손실수두를 추가로 발생시키도록 PRV의 압력 설정치를 결정하는 것은 간단하다. 또는 $\triangle H$가 (+) 이지만 그 크기가 차압장치가 설치된 배관 내 마찰손실수두보다 작으면 현재의 마찰손실수두에 $\triangle H$을 더한 것과 동일한 손실수두를 발생시키는“등가(equivalent)” 배관 직경으로 계산할 수 있다. 따라서 $\triangle H$는 해석결과에 따라 그리고 “수두차장치”의 형식에 따라 다양한 설비 중 하나가 될 수 있다. $\triangle Q$-공식으로 그림 5.14의 관망을 모델하면 다음과 같다.

$$F_1 = -K_7(Q_{o7} - \triangle Q_1)^{n_7} - K_2(Q_{o2} - \triangle Q_1 - \triangle Q_2)^{n_2} - K_1(Q_{o1} - \triangle Q_1)^{n_1} + \triangle H + 20 = 0 \quad (5.38)$$

$$F_2 = K_3(Q_{o3} + \triangle Q_2)^{n_3} + K_4(Q_{o4} + \triangle Q_2)^{n_4} - K_5(Q_{o5} - \triangle Q_2)^{n_5} - K_2(Q_{o2} - \triangle Q_1 - \triangle Q_2)^{n_2} = 0 \quad (5.39)$$

$$F_3 = -K_7(Q_{o7} - \triangle Q_1)^{n_7} + K_5(Q_{o5} - \triangle Q_2)^{n_5} + K_6 Q_{o6}^{n_6} + (40 \times 144/62.4 + 180) - 280 = 0 \quad (5.40)$$

다음과 같이 초기유량벡터를 추정하면 상기 식에서의 모든 접합부 연속식을 만족시킬 수 있다.

$$\{Q_o\}=\begin{pmatrix}Q_{o1}\\Q_{o2}\\Q_{o3}\\Q_{o4}\\Q_{o5}\\Q_{o6}\\Q_{o7}\end{pmatrix}=\begin{pmatrix}7.00\\3.10\\3.00\\1.80\\0.12\\0.80\\1.88\end{pmatrix} \tag{5.41}$$

$\triangle Q_1$, $\triangle Q_2$, $\triangle H$가 미지수이며 $\triangle Q_1=\triangle Q_2=\triangle H=0$으로 추정하고 뉴튼법으로 상기 행렬식을 해결한 결과는 다음과 같다.

$$\begin{pmatrix}\triangle Q_{o1}\\\triangle Q_{o2}\\\triangle H\end{pmatrix}=\begin{pmatrix}-0.01\\-0.73\\109.73\end{pmatrix} \tag{5.42}$$

이제 각 배관의 유량을 구하기 위해 다음과 같이 각 배관의 당초 유량과 수정유량식을 사용한다.

$$Q_1=Q_1-\triangle Q_1=7.00+0.01=7.01ft^3/s$$

$$Q_2=Q_2-\triangle Q_1-\triangle Q_2=3.10+0.01+0.73=3.84ft^3/s$$

$$Q_3=Q_3+\triangle Q_2=3.00-0.73=2.27ft^3/s$$

$$Q_4=Q_4+\triangle Q_2=1.80-0.73=1.07ft^3/s$$

$$Q_5=Q_5-\triangle Q_2=0.12+0.73=0.85ft^3/s$$

$$Q_6=0.8ft^3/s$$

$$Q_7=Q_7-\triangle Q_1=1.88+0.01=-1.89ft^3/s$$

이제 해의 검증차원에서 상기에서 구한 $Q_1\sim Q_7$을 이용하여 각 절점에서의 압력과 HGL를 구한 결과는 표 5.11과 같으며 상세한 계산과정은 엑셀파일 FIG5_14를 참조한다.

표 5.11 배관자료와 절점자료

배관번호	절점		$L(ft)$	$D(in)$	$e(in)$	$Q(ft^3/s)$	$V(ft/s)$	$h_f(ft)$	$h_f/1000$
	From	To							
1	0	1	1500	10	4.0	7.01	12.86	76.8	51.2
2	1	3	3000	10	4.0	3.84	7.05	34.3	11.4
3	1	2	2000	8	4.0	2.27	6.50	35.7	17.8
4	2	4	3000	10	4.0	1.07	1.96	4.2	1.4
5	3	4	2000	8	4.0	0.85	2.45	5.6	2.8
6	4	5	2000	6	4.0	0.80	4.08	20.8	10.4
7	3	0	1500	8	4.0	1.89	5.51	18.6	12.4

절점	QJ		$EL(ft)$	$HEAD(ft)$	$P(psi)$	$HGL(ft)$
	ft^3/s	gal/min				
1	0.9	404	215	117.9	51.1	332.9
2	1.2	539	200	97.3	42.2	297.3
3	1.1	494	205	93.6	40.6	298.6
4	1.1	494	190	103.1	44.7	293.1
5	0.8	359	180	92.3	40.0	272.3

"수두차장치"를 배관 3에 설치하고 절점 2에서의 압력을 $40lb/in^2$으로 명시하여 문제를 변경시킬 수 있다.

상기 예제는 관망 내 임의 위치에 압력을 명시하고 임의 배관 내부에 "수두차장치"를 설치하는 것이 가능한 것처럼 믿게 만든다. 그러나 직경이 명시된 배관 6에 "수두차장치"를 설치하지 않고 절점 4와 5에서의 압력을 명시하면 해가 존재하지 않을 수 있다. 배관 6의 유량은 명시된 하류측 수요량을 만족시키기 위해 반드시 $0.8ft^3/s$가 되어야 하고 이 유량은 배관 6 내부에서 손실수두를 유발한다. 따라서 배관 6에 "차이수장치"를 설치하지 않고 배관 6의 양쪽 말단부에 명시된 압력을 만족시키는 해는 존재하지 않는다.

배관의 양쪽 말단부에서 압력이 명시된 사수부 이외 부적절한 문제를 초래할 수 있는 다른 조건에 대해서 고찰한다. 상류측 절점 HGL보다 하류측 절점 HGL을 크게 명시하려면 이 두 절점 사이 배관에 반드시 “수두차장치”를 설치하여야 한다. 또는 관망의 모든 공급원이 하부영역(subregion)에 위치하거나 관망의 말단부에 위치하면 일부 중간 배관에 수두차장치를 설치하여야 하며 그렇지 않으면 HGL 고도를 관망 전체를 통해 하류측으로 지속적으로 감소하도록 명시하여야 한다. 만일 HGL 고도가 배관의 마찰손실로 인한 것보다 더욱 급속하게 하류측 유동방향으로 감소되면 이 배관 내부에 (-) 수두를 발생시키는 “수두차장치”가 필요하다. 경험적으로 모든 “수두차장치”가 공급원 근방에 위치하면 불가능한 상황을 피하기 어렵다. 통상적으로 여러 절점에서 HGL 고도를 명시하려면 “수두차장치”를 포함하는 배관도 반드시 이 절점 인근에 있어야 한다.

그림 5.15의 관망은 불가능한 상황을 발생시키는 명시를 쉽게 확인할 수 없다는 것을 보여준다. 독자가 지금까지 기술한 내용을 이해하기 위해서 이 관망에 대한 입력자료를 준비하고 이후에서 기술하겠지만 해를 구할 것을 권장한다. 이 관망은 소규모 도시에 용수를 공급하기 위한 개략도이다. 공급원은 도시 외곽에서 단독으로 관망에 물을 공급한다. 도시의 구 도심지에 하나의 저장탱크가 설치되어 평균수요량 이상 기간 동안 일부 수요량을 공급하고 수요량이 적을 때 펌프로부터 물을 공급받는다. 특히, 저장탱크의 서쪽 도시지역이 확장되어 고도가 약간 상승되면 현재 펌프 용량은 충분하기 않다. 따라서 우선 저장탱크가 물을 공급하지도 받지도 않을 때 그림 5.15의 수요량을 만족시키는 펌프 수두를 결정한다. 문제를 설정하기 위해 배관 1에 “수두차장치”를 설치하고 절점 3의 HGL 고도를 저장탱크 내 수위 580ft와 정확하게 일치시킨다.

관망의 전체 수요량을 더하여 Q_1을 구한 후 공급펌프를 제거한 후 이를 (-) 수요량의 절점 10으로 대체할 수 있다. 이 새로운 절점의 유량은 수요량을 정확하게 만족시키고 저수지와 관망이 연결되어 관망 전체에 걸쳐 HGL 고도가 형성되기 때문에 이 문제는 타당한 것처럼 보인다. 그러나 앞에서 기술한 것과 같이 이 관망은 오직 공급원이 하나이기 때문에 해가 존재하지 않는 문제가 된다. 수두차장치가 명시된 관망의 해를 구할 때 필요한 하나의 추가식을 정의하기 위해 유량이 미지수인 저수지 또는 탱크가 반드시 존재하여야 한다. 그러나 여기에서는 저장탱크의 유량은 0으로 명시되었다.

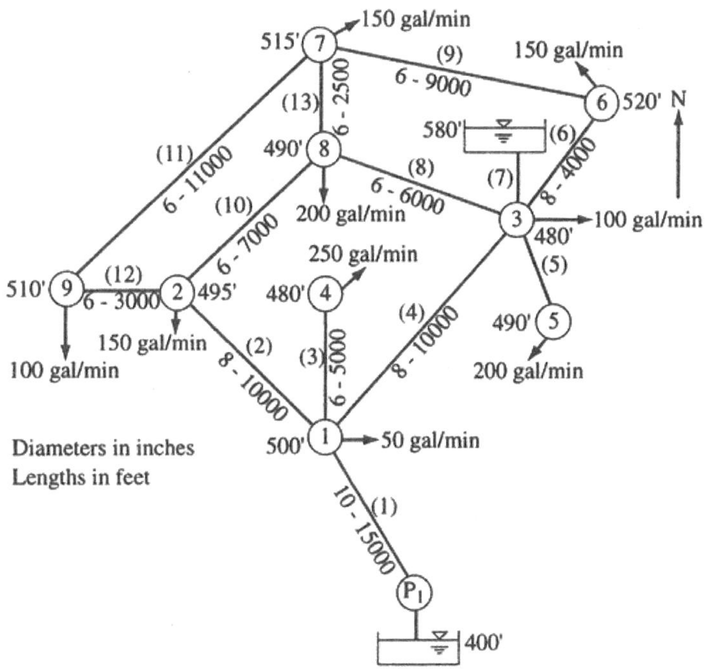

그림 5.15 소규모 도시를 위한 관망 개략도

이 문제에서 미지수는 3개 루프관망에서의 3개의 수정유량 $\triangle Q_1$, $\triangle Q_2$, $\triangle Q_3$과 배관 1에서 증가된 수두 $\triangle H$이다. 따라서 4개의 독립식이 필요하며 이중 3개는 에너지루프식이다. 네 번째 식은 배관 7 내부에서 손실수두는 탱크 수위와 절점 3에서 명시된 HGL과의 차이와 동등할 것으로 규정하지만 배관 7 내부에서 유량이 기저가 아니기 때문에 이 식은 유효하지 않다. 이 문제로부터 하나의 관망 내에서 하나의 "수두차장치"를 사용하려면 최소 2개 이상의 공급원이 존재해야 한다는 것을 알 수 있고 이를 위해 펌프를 두 번째 공급원으로 취급하여 불가능한 명시를 피할 수 있다. 즉, 두 번째 공급원을 수위가 적정하게 설정된 저수지로 변경시키거나 또는 당초의 펌프를 보유하는 것으로 명시한다. 만일 선택사항으로 저수지를 선택하면 수두차이는 펌프가 가압하여야 할 수두가 된다. 만일 현재 펌프를 유지하면 수두차는 현재 펌프의 수두에 새로운 펌프가 추가하여야 할 수두가 된다. 표 5.12는 이 문제 해결을 위한 배관과 절점자료를 보여준다.

표 5.12 축소된 관망해석을 위한 배관 및 절점자료

배관번호	절점		$L(ft)$	$D(in)$	$e(in)$	절점번호	$QJ(gpm)$	$EL(ft)$
	From	To						
1	0	1	15000	10	0.005	19	50	500
2	1	2	10000	8	0.005	22	150	495
3	1	4	5000	6	0.005	3	100	480
4	1	3	10000	8	0.005	4	250	480
5	3	5	4000	6	0.005	5	200	490
6	3	6	4000	8	0.005	6	150	520
7	0	3	2000	8	0.005	7	150	513
8	3	8	6000	8	0.005	8	200	490
9	6	7	9000	6	0.005	9	100	510
10	2	8	7000	6	0.005			
11	9	7	11000	6	0.005			
12	2	9	3000	6	0.005			
13	8	7	2500	6	0.005			

그림 5.15에서는 당초 수위가 580ft인 저장 탱크와 공급펌프가 설치된 수위 400ft인 저수지 총 2개의 저수지가 주어졌다. 그림 5.15에서 (1)펌프는 배관 (1)에 설치되고 (2)펌프가 반드시 가압하여야 할 추정 수두 약 250ft, (3) HGL이 명시된 절점 3, (4)"수두차장치"가 포함된 배관 7, (5)배관 7의 공급원의 HGL이 명시되었다. "수두차장치"의 모델링 경험을 얻기 위해 다음과 같은 실습을 권장한다.

(1) 그림 5.15와 표 5.12의 자료를 이용하여 해를 구한다.

(2) 공급원을 절점으로 지정하기 위해 이 자료를 수정한다.

(3) 이제 문제 명시에서 당초 펌프를 사용할 수 있도록 (1) 또는 (2)의 자료를 수정한다. 당초 펌프의 특성은 다음과 같다.

유량(gal/min)	700	1200	1500
수두(ft)	370	350	280

(4) 절점 9에서 $HGL_9 = 605ft$이 형성되도록 배관 9 내부에 두 번째 "수두차장치"를 추가한다. 이 해석에서 (1)에서 펌프가 모든 수료량을 만족시켜야 하는 것과 같은 요구사항을 만족시켜야 한다.

상기 절차에 따른 결과를 고찰하면 다음과 같은 사실을 알 수 있다. (1)모든 유량을 공급하기 위해 펌프는 수두 391ft를 형성하여야 한다. (2)현재 펌프가 가압하는 수두에 추가적으로 70.2ft의 수두가 필요하지만 배관 1의 직경을 11.64인치로 대체하면 당초 펌프는 요구사항을 만족시킬 수 있다. (3)절점 9에서 수두 20ft를 증가시켜 HGL 고도를 605ft로 증가시키기 위해 배관 9에서 수두 78.5ft와 유량 $3.01 ft^3/s$을 형성하는 가압펌프가 필요하다. (4)배관 9의 가압펌프는 압력이 낮은 여러 절점에서 압력을 증가시키는 반면 절점 6에서의 압력을 $16 lb/in^2$ 보다 약간 낮게 감소시킨다. 기술자는 이 결과로부터 이 관망에 대해 어떤 개선사항을 제안할 것인지를 결정하여야 한다. 적정한 해석으로 더욱 심도있게 제안사항을 고찰할 수 있다.

이제 직경을 명시하여야 할 배관 선정 방법과 이 명시된 직경에 수치를 할당하는 방법에 대해 기술하기 위해 그림 5.16의 9-배관, 6-절점 루프관망을 고찰한다. 이 관망은 6개 절점으로 구성되기 때문에 모든 절점에서의 수요량과 HGL 고도가 주어지면 3개 배관의 직경을 명시하여야만 한다. 설계 수요량은 그림과 같고 절점에서의 목표 HGL 고도는 아래 표와 같고, 절대조도 $e = 0.002in = 0.0001667ft$, 동점성계수 $\nu = 0.0000127ft/s^2$이다.

표 5.12 배관 및 절점 자료

절점 번호	$HGL(ft)$	배관 번호	$L(ft)$	펌프특성	$Q(ft^3/s)$	$h_p(ft)$
1	482	1	2000	운전점 1	3.0	50.0
2	463	2	2000	운전점 2	5.0	47.5
3	481	3	1200	운전점 3	8.0	40.0
4	466	4	1800			
5	470	5	1200			
6	463	6	2000			
		7	1300			
		8	2000			
		9	1300			

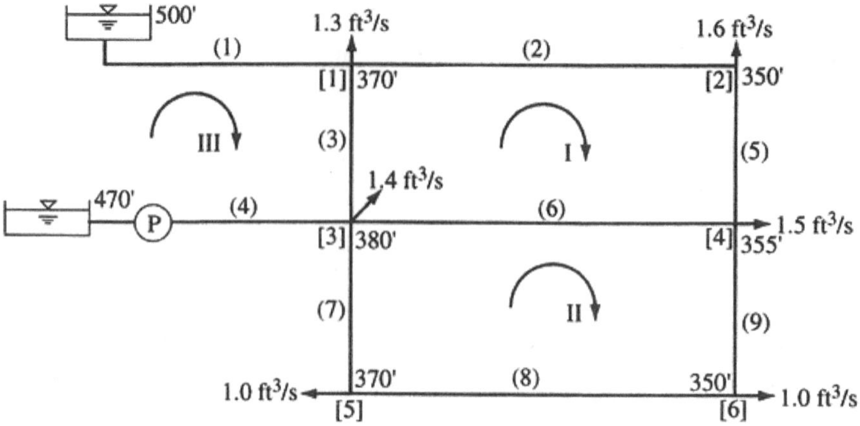

그림 5.16 9-배관과 6-절점 관망

이 관망 검토시 루프 Ⅰ, Ⅱ, Ⅲ이 형성되지 않도록 직경을 명시하거나 또는 제거 할 배관을 선정하여야 한다. 3개 배관의 직경을 명시하면 관망은 분지관망으로 축소된다. 만일 배관 5와 9의 직경을 명시하면 축소된 관망 내 루프 Ⅰ과 Ⅱ가 형성되지 않고, 추가로 배관 3의 직경을 명시하면 가상루프 Ⅲ이 제거되고 효과는 분명하지 않지만 실제로 2개의 분지관망으로 나누어지고 각 관망은 하나의 공급원을 가지므로 이 단계는 허용할 수 있다. 따라서 배관 3, 5, 9의 직경을 명시할 수 있다. 또한, 다른 많은 조합도 허용할 수 있으며 만약 배관 3과 함께 배관 6과 9, 5와 8, 5와 7, 또는 5와 6의 직경을 명시하면 루프 Ⅰ과 Ⅱ가 형성되는 것을 방지할 수 있고, 추가로 가상루프 Ⅲ를 방지하는 유일한 배관은 배관 3뿐만 아니라 배관 1 또는 4도 될 수 있지만 이 두 대안에서는 축소된 관망은 더 이상 2개의 분지관망으로 나누어지지 않는다. 공급원과 관망을 연결하는 배관 1과 4의 직경을 명시하면 관망으로 유입되는 유량이 고정되므로 절점 1 또는 절점 3으로 유입되는 유량의 명시가 필요하다. 더욱 깊게 고찰하면 해결 가능한 관망문제를 만들기 위해서는 배관 1 또는 3 또는 4를 선정할 경우 5쌍의 배관 조합이 존재하며 선정된 3개 배관의 직경을 적정하게 명시할 수 있다. 표 5.13은 이러한 15개 배관조합 및 적정하게 명시된 배관 직경을 보여준다.

표 5.13 직경 명시가 가능한 배관 조합

배관 번호	규격(인치)	배관 번호	규격(인치)	배관 번호	규격(인치)
3, 5, 9	8, 6, 8	1, 5, 9	10, 6, 8	4, 5, 9	10, 6, 8
3, 6, 9	8, 10, 8	1, 6, 9	10, 10, 8	4, 6, 9	10, 10, 8
3, 5, 8	8, 6, 7	1, 5, 8	10, 6, 7	4, 5, 8	10, 6, 7
3, 5, 7	8, 6, 8	1, 5, 7	10, 6, 8	4, 5, 7	10, 6, 8
3, 5, 6	8, 6, 10	1, 5, 6	10, 6, 10	4, 5, 6	10, 6, 10

여기에서는 뉴튼법으로 이 조합 중 3, 6, 9 배관 조합의 해를 구하는 것을 보여주며 상세한 계산과정은 엑셀파일 FIG5_16을 참조하고 입력자료는 다음 표와 같다.

표 5.14 관망설계 결과와 관련된 배관자료

배관번호	절점		$L(ft)$	$D(in)$	f	$Q(ft^3/s)$	$V(ft/s)$	$h_f(ft)$
	From	To						
1	0	1	2000	9.94	0.01595	2.9515	5.48	18.00
2	1	2	2000	6.94	0.01760	1.1769	4.48	19.00
3	1	3	1200	8.00	0.01933	0.4755	1.36	1.00
4	0	3	1800	10.18	0.01522	4.8464	8.57	36.86
5	4	2	1200	6.19	0.02018	0.4231	2.03	3.00
6	3	4	2000	10.00	0.01609	2.7266	5.00	15.00
7	3	5	1300	7.15	0.01758	1.1965	4.30	11.00
8	5	6	2000	4.33	0.02212	0.1965	1.92	7.00
9	4	6	1300	8.00	0.01868	0.8035	2.30	3.00

표 5.15 관망설계 결과와 관련된 절점 자료

절점	$QJ(ft^3/s)$	$EL(ft)$	$HEAD(ft)$	$P(psi)$	$HGL(ft)$
1	1.300	370	112	48.53	482.00
2	1.60	350	113	48.97	463.00
3	1.40	380	101	43.77	481.00
4	1.50	355	111	48.10	466.00
5	1.00	370	100	43.33	470.00
6	1.00	350	113	48.97	463.00

(1) 배관손실수두 h_f 결정

6개 절점에서의 HGL이 표 5.15에 주어지므로 각 배관에서 발생하는 손실수두 h_f를 다음과 같이 계산할 수 있으며 결과는 표 5.14의 마지막 칸과 같다. 여기에서 주의하여야 할 사항은 배관 4에는 펌프가 설치되었으므로 관망 내 각 절점에서의 수요량을 감안하여 배관 4의 유량 Q_4을 구하고, 펌프의 특성곡선으로부터 Q_4에서의 수두를 구하여 h_{f4}를 결정하여야 하며 이에 대한 계산과정은 후에 기술한다.

$$h_{f1} = WS_1 - HGL_1 = 500 - 482 = 18ft$$

$$h_{f2} = HGL_1 - HGL_2 = 482 - 463 = 19ft$$

$$\cdot$$

$$\cdot$$

$$h_{f_9} = HGL_4 - HGL_6 = 466 - 463 = 3.0ft$$

표 5.14로부터 배관 3, 6, 9의 직경이 8, 10, 8인치로 명시되고, 각 배관의 $e = 0.002$인치, 배관 3, 6, 9에서의 손실수두를 다음과 같이 구한다.

$$h_{f3} = HGL_1 - HGL_3 = 482 - 184 = 1ft$$

$$h_{f6} = HGL_3 - HGL_4 = 481 - 466 = 15ft$$

$$h_{f9} = HGL_4 - HGL_6 = 466 - 463 = 3ft$$

(2) 직경이 명시된 배관유량 결정

배관 3에 대한 초기 $Q = 0.5ft^3/s$와 $f = 0.016$으로 추정하고 이를 식 5.7, 5.8, 5.10에 대입하면

$$F_1 = 1 - 0.0251985\frac{0.016 \times 1200 \times 0.5^2}{(8/12)^5} = 0.0848$$

$$\frac{\partial F_1}{\partial f_1} = -\ 0.0251985\frac{1200 \times 0.5^2}{(8/12)^5} = -\ 57.4053$$

$$\frac{\partial F_1}{\partial Q_1} = -\ 0.0504\frac{0.016 \times 1200 \times 0.5}{(8/12)^5} = -\ 3.6742$$

식 5.11, 5.12, 5.13으로부터

$$F_2 = \frac{1}{\sqrt{0.016}} - 1.14 + 2Log_{10}\left(\frac{0.002}{8} + \frac{7.34347 \times 1.27 \times 10^{-5} \times \frac{8}{12}}{0.5\sqrt{0.016}}\right) = 0.9477$$

$$\frac{\partial F_2}{\partial f_2} = -0.5 \times 0.016^{-1.5} +$$

$$0.868589\left(\frac{0.5 \times 0.0001667 \times 0.5 \times 0.016^{-0.5}}{0.0001667 \times 0.5\sqrt{0.016} + 7.34347 \times 1.24 \times 10^{-5}\left(\frac{8}{12}\right)^2} - \frac{0.5}{0.016}\right)$$

$$= -268.6931$$

$$\frac{\partial F_2}{\partial Q_2} = 0.868589\left[\frac{0.0001667\sqrt{0.016}}{0.0001667 \times 0.5\sqrt{0.016} + 7.34347(8/12)^2} - \frac{1}{0.5}\right] = -1.3850$$

상기 수치를 행렬식 형태로 대입하면 다음 결과를 얻을 수 있다.

$$\begin{bmatrix} -57.4053 & -3.6742 \\ -268.6931 & -1.3850 \end{bmatrix}\begin{bmatrix} z_1 \\ z_2 \end{bmatrix} = \begin{bmatrix} 0.0848 \\ 0.9477 \end{bmatrix}$$

엑셀의 행렬식 도구를 사용하여 z_1과 z_2를 구하면 다음과 같다.

$$\begin{bmatrix} 1 & 0 \\ 0 & 1 \end{bmatrix}\begin{bmatrix} z_1 \\ z_2 \end{bmatrix} = \begin{bmatrix} -0.0037 \\ 0.0348 \end{bmatrix}$$

식 4.39로부터 개선된 유량과 마찰계수는 다음과 같다.

$$f = f - z_2 = 0.016 + 0.0037 = 0.0197$$

$$Q = Q - z_1 = 0.5 - 0.0348 = 0.4652 ft^3/s$$

상기 개선된 수치를 이용하여 상기 절차를 2차 반복한 결과는 다음과 같다.

$$\begin{bmatrix} -49.6856 & -4.2100 \\ -198.20 & -1.4789 \end{bmatrix}\begin{bmatrix} z_1 \\ z_2 \end{bmatrix} = \begin{bmatrix} 0.0241 \\ -0.0591 \end{bmatrix}$$

$$\begin{bmatrix} 1 & 0 \\ 0 & 1 \end{bmatrix}\begin{bmatrix} z_1 \\ z_2 \end{bmatrix} = \begin{bmatrix} 0.0004 \\ -0.0101 \end{bmatrix}$$

동일한 방법으로 3차 반복한 결과는 다음과 같다.

$$f = f - z_2 = 0.0197 - 0.0004 = 0.0193$$

$$Q = Q - z_1 = 0.4652 + 0.0101 = 0.4753 ft^3/s$$

$$\begin{bmatrix} -51.8768 & -4.2203 \\ -203.7600 & -1.4437 \end{bmatrix} \begin{bmatrix} z_1 \\ z_2 \end{bmatrix} = \begin{bmatrix} 0.0004 \\ -0.0010 \end{bmatrix}$$

$$\begin{bmatrix} 1 & 0 \\ 0 & 1 \end{bmatrix} \begin{bmatrix} z_1 \\ z_2 \end{bmatrix} = \begin{bmatrix} -0.0002 \\ 0.0000 \end{bmatrix}$$

4차 반복한 결과는 다음과 같다.

$$f = f - z_2 = 0.0193$$

$$Q = Q - z_1 = 0.4753 + 0.0002 = 0.4755 ft^3/s$$

$$\begin{bmatrix} -51.9109 & -4.2204 \\ -203.8400 & -1.4432 \end{bmatrix} \begin{bmatrix} z_1 \\ z_2 \end{bmatrix} = \begin{bmatrix} 0.0000 \\ 0.0000 \end{bmatrix}$$

$$\begin{bmatrix} 1 & 0 \\ 1 & 1 \end{bmatrix} \begin{bmatrix} z_1 \\ z_2 \end{bmatrix} = \begin{bmatrix} 0.0000 \\ 0.0000 \end{bmatrix}$$

4회 반복하면 z_1과 z_2가 0이 되어 더 이상 개선되지 않으므로 $Q_3 = 0.4755 ft^3/s$, $f_3 = 0.0193$로 결정할 수 있다. 배관 6과 9에 대해서도 동일한 과정을 반복하면 Q_6, Q_9, f_6, f_9를 구할 수 있으며 결과는 표 5.14의 7번째 칸과 같다.

(3) 직경이 명시되지 않은 배관유량 결정

이제 각 접합부 연속식에 각 절점에서 주어진 수요량과 상기 과정으로 구한 유량을 대입하여 직경이 명시되지 않은 배관유량을 구할 수 있다.

$$F_6 = Q_8 + Q_9 - QJ_6 = 0$$
$$\Rightarrow \quad Q_8 = QJ_6 - Q_9 = 1.0 - 0.8035 = 0.1965 ft^3/s$$

$$F_5 = Q_7 - Q_8 - QJ_5 = 0$$
$$\Rightarrow \quad Q_7 = 0.1965 + 1.0 = 1.1965 ft^3/s$$

$$F_4 = Q_6 - Q_9 - Q_5 - QJ_4 = 0$$
$$\Rightarrow \quad Q_5 = 2.7266 - 0.8035 - 1.5 = 0.4231 ft^3/s$$

$$F_3 = Q_4 + Q_3 - Q_6 - Q_7 - QJ_3 = 0$$
$$\Rightarrow \quad Q_4 = -0.4755 + 2.7266 + 1.1965 + 1.4 = 4.8464 ft^3/s$$

$$F_2 = Q_5 + Q_2 - QJ_2 = 0$$
$$\Rightarrow \quad Q_2 = 1.6 - 0.4231 = 1.1769 ft^3/s$$

$$F_1 = Q_1 - Q_2 - Q_3 - QJ_1 = 0$$
$$\Rightarrow \quad Q_1 = 1.1769 + 0.4755 + 1.3 = 2.9515 ft^3/s$$

(4) 펌핑수두 결정

이제 $Q_4 = 4.8464 ft^3/s$를 구하였으므로 배관 4에 설치된 펌프의 수두를 구하여야 하며 표 5.12에 주어진 펌프특성자료를 2차식으로 표현하면 다음과 같으며 이 식에 Q_4를 대입하면 $h_P = 47.86 ft$가 된다.

$$h_P = -1.667 Q_4^2 - 1.667 Q_4 + 52$$

펌프의 취수원 수위 $WS_2 = 470 ft$를 감안하면 펌프 토출측 수두 HGL_{pump}는 다음과 같아야 하지만 $HGL_3 = 481 ft$로 명시되었으므로 이 수두의 차이는 배관 4에서의 마찰손실이 된다.

$$HGL_{pump} = 470 + 47.86 = 517.86 ft$$

$$h_{f4} = 517.86 - 481 = 36.86 ft$$

(5) 직경이 명시되지 않은 배관 직경 결정

이제 배관 3, 6, 9를 제외한 배관에서의 유량과 손실수두 등이 기저이므로 식 5.8, 5.9, 5.11, 5.12와 행렬식을 사용하여 다른 배관의 직경과 마찰손실수두를 구할 수 있으며 배관 1의 f와 D를 구하는 과정은 다음과 같다.

초기 $f = 0.015$와 $D = 0.8 ft$로 추정하고 주어진 수치를 식 5.7, 5.8, 5.9에 대입하면 다음 결과를 얻을 수 있다.

$$F_1 = 18 - 0.0251985 \frac{0.015 \times 2000 \times 0.8^2}{0.8^5} = -2.100$$

$$\frac{\partial F_1}{\partial f_1} = -0.0251985 \frac{2000 \times 0.8^2}{0.8^5} = -1339.80$$

$$\frac{\partial F_1}{\partial D_1} = 0.1259925 \frac{0.015 \times 2000 \times 0.8^2}{0.8^6} = 125.61$$

식 5.11, 5.12, 5.13으로부터

$$F_2 = \frac{1}{\sqrt{0.015}} - 1.14 + 2Log_{10}\left(\frac{0.0001667}{0.8} + \frac{7.34347 \times 1.27 \times 10^{-5} \times 0.8}{2.9515\sqrt{0.015}}\right) = 0.261$$

$$\frac{\partial F_2}{\partial f_2} = -0.5 \times 0.015^{-1.5} +$$

$$0.868589\left(\frac{0.5 \times 0.0001667 \times 2.9515 \times 0.015^{-0.5}}{0.0001667 \times 2.9515\sqrt{0.015} + 7.34347 \times 1.27 \times 10^{-5} \times 0.8^2} - \frac{0.5}{0.015}\right)$$

$$= -286.57$$

$$\frac{\partial F_2}{\partial D_2} = 0.868589\left[\frac{14.6869 \times 1.27^{-5} \times 0.8}{0.0001667 \times 2.9515\sqrt{0.015} + 7.34347 \times 1.27 \times 19^{-5} \times 0.8^2} - \frac{1}{0.8}\right]$$

$$= -0.0051$$

상기 수치를 행렬식 형태로 대입하면 다음 결과를 얻을 수 있다.

$$\begin{bmatrix} -0.0051 & -286.57 \\ 125.61 & -1339.80 \end{bmatrix} \begin{bmatrix} z_1 \\ z_2 \end{bmatrix} = \begin{bmatrix} 0.261 \\ -2.100 \end{bmatrix}$$

$$\begin{bmatrix} 1 & 0 \\ 0 & 1 \end{bmatrix} \begin{bmatrix} z_1 \\ z_2 \end{bmatrix} = \begin{bmatrix} -0.0009 \\ -0.0264 \end{bmatrix}$$

동일한 방법으로 2차 반복계산한 결과는 다음과 같다.

$$f = f - z_2 = 0.015 + 0.0009 = 0.01591$$

$$D = D - z_1 = 0.8 + 0.0264 = 0.8264ft$$

$$\begin{bmatrix} 0.01375 & -293.01 \\ -109.65 & -1139.13 \end{bmatrix} \begin{bmatrix} z_1 \\ z_2 \end{bmatrix} = \begin{bmatrix} -0.120 \\ 0.011 \end{bmatrix}$$

$$\begin{bmatrix} 1 & 0 \\ 0 & 1 \end{bmatrix} \begin{bmatrix} z_1 \\ z_2 \end{bmatrix} = \begin{bmatrix} 0.0000 \\ -0.0016 \end{bmatrix}$$

동일한 방법으로 3차 반복계산한 결과는 다음과 같다.

$$f = f - z_2 = 0.0159$$

$$D = D - z_1 = 0.8264 + 0.0016 = 0.8279 ft$$

$$\begin{bmatrix} 0.01499 & -261.99 \\ 108.71 & 1128.47 \end{bmatrix} \begin{bmatrix} z_1 \\ z_2 \end{bmatrix} = \begin{bmatrix} 0.0000 \\ 0.0000 \end{bmatrix}$$

$$\begin{bmatrix} 1 & 0 \\ 0 & 1 \end{bmatrix} \begin{bmatrix} z_1 \\ z_2 \end{bmatrix} = \begin{bmatrix} 0.0000 \\ 0.0000 \end{bmatrix}$$

3회 반복을 하면 z_1과 z_2가 0이 되어 더 이상 개선되지 않으므로 다음과 같이 직경과 마찰손실계수를 결정할 수 있으며 나머지 배관에 대해서도 동일한 과정을 반복하면 D와 f를 구할 수 있으며 결과는 표 5.14의 5번째 칸과 같다.

$$f_1 = 0.0159,\ D_1 = 0.8798 ft (9.94\text{인치})$$

(6) 표준배관으로 대체 후 관망해석

상기 과정으로 구한 직경의 배관은 시중에서 구매할 수 없는 규격이므로 표 5.16과 같이 표준규격의 배관으로 대체한다. 이제는 관로의 모든 물리적 자료(직경, 길이, 조도 등)가 기지이므로 각 절점에 명시된 HGL를 무시(즉, 관로의 마찰손실수두가 미지수)하고 저수지 $WS_1 = 500 ft$와 $WS_2 = 470 ft$ 수위로 관망에 물을 공급하는 조건에서 제4장에서 기술한 관망해석을 수행하면 표 5.16과 5.17의 결과를 얻을 수 있다.

표 5.16 표준규격으로 변경 후 배관자료

배관번호	절점		$L(ft)$	$D(in)$	$e(in)$	$Q(ft^3/s)$	$V(ft/s)$	$h_f(ft)$	$h_f/1000$
	From	To							
1	0	1	2000	10	0.002	3.04	5.58	18.67	9.34
2	1	2	2000	6	0.002	0.97	4.91	27.31	13.66
3	1	3	1200	8	0.002	0.78	2.23	2.66	2.22
4	0	3	1800	10	0.002	4.76	8.72	39.24	21.80
5	4	2	1200	6	0.002	0.63	3.23	7.49	6.25
6	3	4	2000	10	0.002	2.91	5.34	17.16	8.58
7	3	5	1300	8	0.002	1.22	3.51	6.64	5.11
8	5	6	2000	4	0.002	0.22	2.56	13.38	6.69
9	4	6	1300	8	0.002	0.78	2.22	2.86	2.20

표 5.17 표준규격으로 변경 후 절점자료

절점	수요량		$EL(ft)$	$HEAD(ft)$	$P(lb/in^2)$	$HGL(ft)$
	ft^3/s	gal/min				
1	1.300	583.48	370	111.33	48.24	481.33
2	1.60	718.13	350	104.02	45.07	454.02
3	1.40	628.36	380	98.67	42.76	478.67
4	1.50	673.24	355	106.51	46.15	461.51
5	1.00	448.83	370	102.03	44.21	472.03
6	1.00	448.83	350	108.65	47.08	458.65

직경 수치의 적정성을 검토하기 위해 상기 배관조합에서 배관 6의 직경을 10인치가 아니라 8인치로 명시된 것으로 가정한다. 표 5.14에서 배관 6에서의 손실수두는 15ft로 규정되었기 때문에 유량은 $Q = 2.7266ft^3/s$이 아니라 $Q = 1.503ft^3/s$가 된다. 또한, 계산으로 구한 배관 5의 직경과 유량은 표 5.14로부터 $D_5 = 6.19$인치, $Q_5 = 0.4231ft^3/s$이다. 절점 4의 $HGL_4 = 466ft$부터 절점 6의 $HGL_6 = 463ft$ 에너지선구배로 인해 배관 9의 유동은 절점 4로부터 절점 6으로 이동한다. 배관 5 유량과 절점 4의 수요량의 합은 표 5.14와 5.15로부터 $0.4231 + 1.5 = 1.912ft^3/s$가 되어야 하므로 배관 6을 통해 절점 4로 유입되는 유량은

$1.912ft^3/s$ 이상이 되어야 한다. 그러나 앞에서 배관 6의 직경이 $D_6 = 8$인치인 경우 $Q_6 = 1.503ft^3/s$가 되므로 일관된 해를 구하는 것이 불가능하게 된다. 일관된 해를 구하기 위해 배관 6의 손실수두 $h_L = 15ft$로 그리고 유량 $Q_6 = 1.912ft^3/s$로 설정하여 최소직경을 구하면 $D_6 = 8.765$인치가 된다. 만일 이 경우 배관 5의 직경이 규정된 수치와 다르면 배관 6의 최소 직경이 다르게 계산된다. 배관 직경을 명시할 때 배관의 양쪽 말단부에서 접합부 연속식을 만족시켜야 한다는 점을 고려하여야 하지만 대규모 관망에서 직경이 명시된 모든 배관의 말단부에서 이러한 조건을 만족시키는 것은 쉽지 않다.

5.5 임의 변수를 구하기 위한 해(Solution) 전개

본 절에서는 관망과 관련된 임의 변수 선정 방법에 대해서 기술한다. 선정할 수 있는 미지수는 (1)배관 직경 D, (2)배관 길이 L, (3)배관 조도 e, (4)배관유량 Q, (5)절점에서의 수요량 QJ, (6)절점에서의 수력구배선 HGL과 용수 공급원의 수위 WS가 될 수 있다. 미지수 선정시 미지수의 숫자는 반드시 기본식 숫지 $NJ+NP$와 동일하여야 하고, 기저는 불가능한 유동 상황이 발생하지 않도록 하여야 한다. 두 번째 제한은 구하고자 하는 미지수의 해가 존재하도록 변수를 적정하게 선정하고 수치를 명시하여야 한다는 것을 의미한다.

미지수 숫자가 기본식 숫자와 동일하면 각기 다른 6가지 형태의 미지수와 기저 변수를 수용할 수 있다. 예를 들어 모든 배관 직경 D, 길이 L, 조도 e 그리고 모든 절점 수요량 QJ가 명시되면 배관유량 Q와 절점에서 HGL 고도를 결정하는 관망해석문제가 된다.

5.5.1 미지수가 될 수 없는 조합

$NP+NJ$ 기본식이 존재하면 이 식 숫자만큼의 변수를 미지수로 간주할 수 있다. 그러나 이 변수조합 중 일부를 미지수로 선정하면 해가 존재하지 않을 수 있다. 만일 불가능한 문제가 명시되면 해가 수렴하지 않거나 뉴튼법을 실행하는 자코비언행렬은 특이행렬이 된다. 해를 구하는 것이 불가능한 문제로 만드는 요소를 더욱 깊게 관찰한다. 단일 관로에서는 배관의 직경 D, 길이 L, 조도 e, 유량 Q 그리고 이 배관 양쪽 절점에서의 수두 H 모두를 명시하는 것은 불가능하다는 것이 명백해진다. D, L, e, Q, H_i와 H_j을 명시하면 유량과 손실수

두의 상관관계를 완전하게 정의할 수 있어 손실수두식은 필요 없게 된다. 이 변수 모두를 명시하면 해가 없는 문제가 되고 식은 일관성이 없게 된다. 따라서 관망문제에서 임의 배관의 D, L, e, Q가 주어지고, 이 배관의 양쪽 말단부에서 수두 H가 기저로 선정되면 문제에 대한 해답은 존재하지 않으므로 이 변수 중 하나는 반드시 미지수이어야 한다.

해결이 불가능한 문제가 발생할 수 있는 명확한 기저와 미지수의 조합은 많지 않다. 그러나 이러한 가능성 중 일부를 증명하기 위해 그림 5.17의 3-배관 1-루프로 형성된 관망을 고려한다. 이 관망에서는 2개의 접합부 연속식과 3개의 배관 손실수두식 총 5개의 기본식이 존재한다. 모든 수요량을 기저로 가정하고 배관 1에서 유량 Q_1을 명시하면 Q_2 또는 Q_3를 미지수로 간주할 수 있다고 오인할 수 있지만 이 경우 Q_1이 명시되면 Q_2와 Q_3가 고정되므로 배관 2 또는 3의 직경과 조도 그리고 이 배관의 양쪽 절점에서의 수두를 명시하는 것이 불가능하게 된다.

$$Q_2 = Q_1 - QJ_2,\ \ Q_3 = QJ_3 - Q_2 = QJ_3 + QJ_2 - Q_1$$

어느 유량이 명시되든 상관없이 세 수요량 중 두 수요량이 명시된다면 다른 두 배관에서의 유량도 또한 고정된다. 표 5.18은 그림 5.17의 관망에서 길이 L, 조도 e, $H_1 = 200ft$로 고정된 조건에서 20개의 기저와 미지수의 조합과 해를 보여준다.

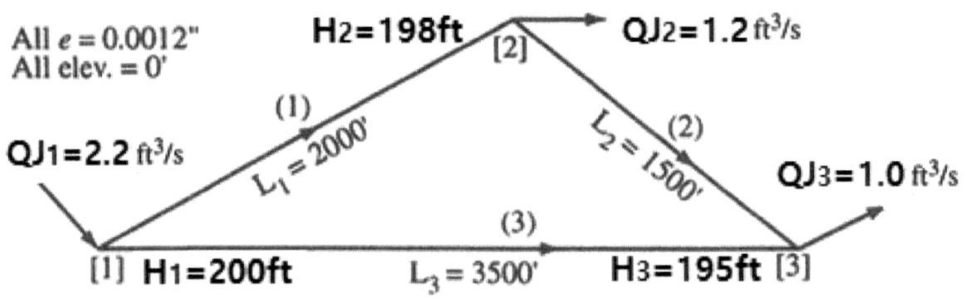

그림 5.17 3-배관, 1-루프관망

조합 10, 13, 14는 세 배관 중 ***한 배관의 직경과 유량 그리고 그 배관의 양쪽 말단부에서 수두가 동시에 명시되면 일관되지 않는 조합이 발생하는 것을 보여준다.*** 즉, 조합 10에서는 $H_1 = 200ft$로 명시되었고, 유량 Q_3와 직경 D_3 그리고 손실수두 $h_{f3} = H_1 - H_3$로부터 H_1이 결정된다. 따라서 배관 3의 D_3와 Q_3 그리고 이 배관의 양쪽 절점 H_1과 H_3가 명시되므로 과도명시가 된다. 조합 13에서는 Q_2, D_2 H_2, H_3가 모두 기저가 되므로 과도명시가 분명하다. 조합 14에서는 Q_1, D_1, 그리고 $H_1 = 200ft$와 $H_2 = 195ft$가 명시되어 과도명시가 된다.

표 5.18 명시된 변수와 미지 변수의 조합

조합	미지 변수					명시된 변수				
1	H_2	H_3	Q_1	Q_2	Q_3	D_1	D_2	D_3	QJ_2	QJ_3
	196.55	196.43	1.257	0.057	0.943	10	6	10	1.2	1.0
2	QJ_2	H_3	Q_1	Q_2	Q_3	D_1	D_2	D_3	H_2	QJ_3
	1.636	195.30	1.537	-0.096	1.097	10	6	10	195	1.0
3	H_2	QJ_3	Q_1	Q_2	Q_3	D_1	D_2	D_3	QJ_2	H_3
	195.91	1.315	1.380	0.180	1.135	10	6	10	1.2	195
4	H_3	QJ_3	Q_1	Q_2	Q_3	D_1	D_2	D_3	QJ_2	H_2
	192.15	1.797	1.539	0.339	1.792	10	6	10	1.2	195
5	QJ_2	QJ_3	Q_1	Q_2	Q_3	D_1	D_2	D_3	H_2	H_3
	0.584	1.484	0.933	0.0491	1.135	10	6	10	198	195
6	QJ_2	QJ_3	D_1	Q_2	Q_3	Q_1	D_2	D_3	H_2	H_3
	0.651	1.135	0.855	0.349	1.135	1.0	6	10	198	195
7	QJ_2	QJ_3	Q_2	D_2	Q_3	D_1	Q_2	D_3	H_2	H_3
	0.433	1.635	0.933	6.863	1.135	10	0.5	10	198	195
8	QJ_2	QJ_3	Q_1	Q_2	Q_3	D_1	D_2	Q_3	H_2	H_3
	1.349	0.584	0.933	0.349	0.795	10	6	1.0	198	195
9	QJ_2	QJ_3	D_1	D_2	Q_3	Q_1	Q_2	D_3	H_2	H_3
	1.635	0.5	10.26	6.86	1.135	1.0	0.5	10	198	195
10	QJ_2	QJ_3	D_1	Q_2	D_2	Q_1	Q_3	D_3	H_2	H_3
	일관성 있는 해가 없음					1.0	1.0	10	198	195
11	QJ_2	QJ_3	D_1	Q_2	D_3	Q_1	Q_3	D_2	H_2	H_3
	0.651	1.349	10.26	0.349	9.54	1.0	1.0	6	198	195
12	QJ_2	QJ_3	D_1	D_2	D_3	Q_1	Q_2	Q_3	H_2	H_3
	1.5	0.5	10.26	6.86	9.54	1.0	0.5	1.0	198	195
13	QJ_2	QJ_3	D_1	D_3	Q_3	Q_1	Q_2	D_2	H_2	H_3
	일관성 있는 해가 없음					1.0	0.5	10	198	195
14	QJ_2	QJ_3	D_2	D_3	Q_3	Q_1	Q_2	D_1	H_2	H_3
	일관성 있는 해가 없음					1.0	0.5	10	198	195

15	H_2	H_3	D_1	Q_2	Q_3	Q_1	D_2	D_3	QJ_2	QJ_3
	198.45	197.35	12.28	0.2	0.8	1.4	6	10	1.2	1.0
16	H_2	H_3	Q_1	D_2	Q_3	D_1	Q_2	D_3	QJ_2	QJ_3
	198.27	197.35	1.4	6.23	0.8	12	0.2	10	1.2	1.0
17	H_2	H_3	Q_1	Q_2	D_3	D_1	D_2	Q_3	QJ_2	QJ_3
	198.27	197.17	1.4	0.2	9.87	12	6	0.8	1.2	1.0
18	H_2	H_3	D_1	D_2	Q_3	Q_1	Q_2	D_3	QJ_2	QJ_3
	일관성 있는 해가 없음					1.2	0.2	10	1.2	1.0
19	H_2	H_3	Q_1	D_2	D_3	Q_2	Q_3	D_1	QJ_2	QJ_3
	일관성 있는 해가 없음					0.2	1.0	12	1.2	1.0
20	H_2	H_3	D_1	Q_2	D_3	Q_1	Q_3	D_2	QJ_2	QJ_3
	일관성 있는 해가 없음					1.2	1.0	10	1.2	1.0

모든 배관유량과 절점 수요량이 직·간접적으로 명시되면 문제가 필요 이상으로 복잡해진다. 조합 15, 16, 17의 경우 임의 배관유량과 수요량 QJ_2와 QJ_3를 명시하면 다른 두 유량은 간접적으로 명시된다. 즉, Q_1을 명시하면 절점 2의 연속식으로부터 $Q_2 = Q_1 - QJ_2$ 또는 Q_2를 명시하면 $Q_1 = Q_2 + QJ_2$가 되고 절점 3에서의 연속식으로부터 $Q_2 + Q_3 = QJ_3$가 되므로 $Q_3 = QJ_3 - Q_2$가 되기 때문에 비록 Q_1 하나만 명시하였지만 Q_2와 Q_3도 간접적으로 명시된다. 접합부 연속식은 공식시스템의 일부이기 때문에 QJ_2와 QJ_3가 기저인 조건에서 어느 한 배관의 유량을 명시하면 다른 두 배관의 유량이 고정된다는 사실 자체는 본질적으로 일관되지 않은 문제를 초래하지는 않지만 계산측면에서 필요 이상으로 문제를 더욱 복잡하게 만든다. 조합 15에서 연속식의 계산 결과 $Q_2 = 0.2ft^3/s$와 $Q_3 = 0.8ft^3/s$가 되고, 배관 2와 3에서의 손실수두를 계산하여 H_2와 H_3을 결정한 후 최종적으로 D_1를 구할 수 있다. 유사한 방법으로 조합 16과 17을 해결할 수 있다.

표 5.18에서 그 외 다른 조합에 대한 해를 구하는 과정에서 2개의 단순화가 존재한다. 일관된 사례를 하나의 $NP + NJ$ 공식시스템으로 동시 처리하면 해를 구할 수 있지만 필요 이상의 계산을 수행하여야 한다.

수요량이 명시된 한 절점에 연결되는 모든 배관의 유량을 기저 변수로 선정하면 일관되지

않는 조합이 발생한다. 이 경우 그 접합부 연속식은 배관유량과 수요량 사이의 상관관계를 더 이상 정의할 수 없게 되며 주어진 유량은 접합부 연속식을 만족시킬 수 없는 불일치가 발생한다. 조합 18, 19, 20은 한 절점에 연결된 배관의 유량이 모두 명시되기 때문에 문제에 대한 해가 존재하지 않는다. 조합 18에서 Q_1, Q_2, QJ_2 모두 기저이고, 이 3개 변수는 절점 2에서의 연속식 $Q_1 - Q_2 = QJ_2$의 변수로 구성되기 때문에 명백한 과도명시가 되며 이는 실제로 관망을 하나의 배관으로 축소시킨 결과가 된다. 조합 19에서는 절점 3 연속식에서의 모든 변수가 주어지므로 과도명시가 명백하다. 그러나 조합 20에서는 과도명시가 그리 명백하지 나타나지 않는다. 절점 1의 유입량은 반드시 $QJ_2 + QJ_3$와 동일하여야 하므로 QJ_2과 QJ_3 그리고 Q_1과 Q_3을 명시하면 절점 1에서 연속식의 모든 변수가 명시된다.

상기 조합에서는 항상 해를 구하는 것이 불가능하지만 해를 구할 수 없는 또 다른 명시가 존재할 수 있다. 이 명시 중 일부는 (1)저수지의 수위가 저수지에 연결된 배관의 다른 쪽 말단부에서의 수두보다 낮은 상태에서 저수지가 관망으로 물을 공급하여야 하여야 하는 경우, (2)수요량을 만족시키기 위해 두 배관이 연결되는 한 접합부로 유량이 유입되어야 하지만 빈대로 유출되도록 배관의 반대쪽 말단부에서 수두가 명시되는 경우이다. 따라서 기저 수치를 사려 깊게 명시하지 않으면 해가 존재하지 않는 문제가 발생할 수 있고 이와 같이 해가 존재하지 않는 상황을 확인하기 위한 어려움은 관망의 크기에 비례하여 증가한다.

예제 5.9

아래와 같은 소규모 관망에 대해 다음을 수행하라. 단, 모든 절점의 $EL = 0ft$, $e = 0.0001667ft$, $\nu = 1.27 \times 10^{-5} ft^2/s$ 이다.

(1) 관망을 기술하는 식을 전개하라

(2) 관망과 관련된 자료인 배관의 직경, 길이, 조도 등이 아래 그림과 같이 명시된 경우 각 배관유량과 모든 절점수두를 구하라.

(3) 배관 5를 통해 저수지로 유입되는 유량이 $Q_5 = 0.5ft^3/s$가 되도록 배관 1의 직경을 결정하라.

(4) (2)의 관망조건에서 배관 1에 설치된 펌프특성이 다음과 같을 때 배관 5를 통해 하류측 저수지로 $Q_5 = 1.0ft^3/s$를 송수하기 위한 펌핑수두를 구하라.

유량(ft^3/s)	4.5	4.0	3.5
펌핑수두(ft)	54	50	44

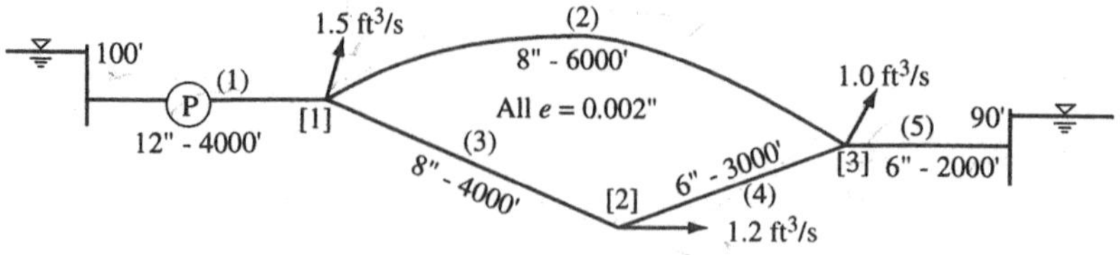

(1) 다음과 같이 5개 배관의 손실수두식 h_f와 3개 접합부 연속식으로 관망식을 전개할 수 있다.

$$F_1 = 100 + h_p - H_1 - f_1(L_1/D_1)(Q_1/A_1)^2/(2g) = 0 \quad (1)$$

$$F_2 = H_1 - H_3 - f_2(L_2/D_2)(Q_2/A_2)^2/(2g) = 0$$

$$F_3 = H_1 - H_2 - f_3(L_3/D_3)(Q_3/A_3)^2/(2g) = 0$$

$$F_4 = H_2 - H_3 - f_4(L_4/D_4)(Q_4/A_4)^2/(2g) = 0$$

$$F_5 = H_3 - 90 - f_5(L_5/D_5)(Q_5/A_5)^2/(2g) = 0$$

$$F_6 = Q_1 - Q_2 - Q_3 - QJ_1 = 0$$

$$F_7 = Q_2 + Q_4 - Q_5 - QJ_3 = 0$$

$$F_8 = Q_3 - Q_4 - QJ_2 = 0$$

문제에 주어진 펌프자료로부터 다음과 같이 펌핑수두를 유도할 수 있다.

$$h_p = -4Q_1^2 + 42Q_1 - 54$$

(2) 상기 식에서 미지수는 $Q_1 \sim Q_5$, $H_1 \sim H_3$ 8개 이고, 식이 8개 이므로 뉴튼반복법으로 모든 미지수를 구할 수 있으며 그 결과는 표 1 및 2와 같다.

표 1 배관 자료

배관 번호	절점		$L(ft)$	$D(in)$	$e(in)$	$Q(ft^3/s)$	$h_f(ft)$
	From	To					
1	-1	1	4000	1.000	1.67	4.102	26.44
2	1	3	6000	0.667	1.67	1.191	29.17
3	1	2	4000	0.667	1.67	1.411	26.67
4	2	3	3000	0.500	1.67	0.211	2.49
5	-2	3	2000	0.500	1.67	-0.400	-5.37

표 2 절점 자료

절점	$QJ(ft^3/s)$	$EL(ft)$	$HEAD(ft)$	$p(lb/in^2)$	$HGL(ft)$
1	1.500	0	124.5	54.0	124.5
2	1.200	0	97.9	42.4	97.9
3	1.000	0	95.4	41.3	95.4

상기 결과는 관망의 모든 물리적 특징이 기저이기 때문에 관망해석문제로 간주될 수 있으며, 이 해답은 명시된 수요량에 따른 현재 관망의 성능을 나타내고 있다.

(3) 이 경우 $Q_5 = 0.5ft^3/s$로 기저가 되고 D_1이 미지수가 되므로 식 (1)의 F_5와 F_7식의 $Q_5 = 0.5ft^3/s$로 대체하고 F_1식 D_1를 미지수로 하면 8개 미지수와 8개 식이 되므로 뉴튼법으로 해를 구할 수 있으며 계산 결과는 표 3 및 표 4와 같다.

표 3 배관 자료

배관 번호	절점		$L(ft)$	$D(in)$	$e(in)$	$Q(ft^3/s)$	$h_f(ft)$
	From	To					
1	-1	1	4000	1.041	1.67	4.200	22.09
2	1	3	6000	0.667	1.67	1.246	31.72
3	1	2	4000	0.667	1.67	1.454	28.23
4	2	3	3000	0.500	1.67	0.254	3.50
5	-2	3	2000	0.500	1.67	-0.500	-8.03

표 4 절점 자료

절점	$QJ(ft^3/s)$	$EL(ft)$	$HEAD(ft)$	$p(lb/in^2)$	$HGL(ft)$
1	1.500	0	129.8	56.2	129.8
2	1.200	0	101.5	44.0	101.5
3	1.000	0	98.0	42.5	98.0

(4) $Q_5 = 1.0ft^3/s$이 되기 위해 필요한 펌핑수두를 결정하는 방법 중 하나는 다음 그림과 같이 펌프와 펌프의 상류측 저수지를 수요량 $-4.7ft^3/s$인 새로운 절점 4로 대체하여 하류측 저수지 유입 유량이 $1.0ft^3/s$이 되도록 하는 것이다.

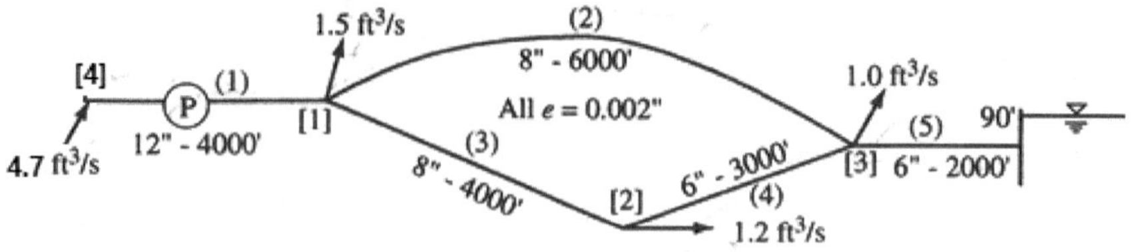

이와 같이 수정된 관망을 해석하기 위해 식 (1)의 F_1식을 다음과 같이 수정한다.

$$F_1 = H_4 - H_1 - f_1 \frac{L_1}{D_1} \frac{(Q_1/A_1)^2}{2g}$$

이제 $Q_1 = 4.7ft^3/s$로 기저가 되고 H_4가 새로운 미지수가 된다. 따라서 미지수는 $Q_2 \sim Q_5$ 4개, $H_1 \sim H_4$ 4개, 총 8개이고 식도 8개이므로 뉴튼반복법으로 해를 구할 수 있으며 그 결과는 표 5 및 6과 같다.

표 5 배관 자료

배관 번호	절점		$L(ft)$	$D(in)$	$e(in)$	$Q(ft^3/s)$	$h_f(ft)$
	From	To					
1	4	1	4000	1.000	1.67	4.700	34.21
2	1	3	6000	0.667	1.67	1.536	46.90
3	1	2	4000	0.667	1.67	1.664	36.38
4	2	3	3000	0.500	1.67	0.464	10.52
5	-1	3	2000	0.500	1.67	-0.995	-29.22

표 6 절점 자료

절점	$QJ(ft^3/s)$	$EL(ft)$	$HEAD(ft)$	$p(lb/in^2)$	$HGL(ft)$
1	1.500	0	166.1	72.0	166.1
2	1.200	0	129.7	56.2	129.7
3	1.000	0	119.2	51.7	119.2
4	-4.700	0	200.3	86.8	200.3

예제 5.10

다음 그림과 같이 2-저수지, 14-배관, 9-절점으로 구성된 관망에서 다음 사례에 대한 해를 구하라.

1. 모든 배관유량과 모든 절점수두를 미지수로 간주한다.
2. 절점 5에서의 수요량 QJ_5를 미지수로 간주하고 수두 $H_5 = 2504.3ft$로 명시한다.
3. 모든 절점 HGL이 주어진 경우 모든 수요량과 유량을 구하라.
4. 모든 절점에서는 수두와 모든 배관에서의 직경을 미지수로 간주한다.
5. 모든 절점에서의 수두는 미지수이고, 배관 2, 7, 10에서의 유량은 명시되지만 직경은 미지수이다.

배관 14에 연결된 저수지의 수위 2450ft이고, 다음과 같은 특성을 갖는 펌프 1대가 이 배관에 설치될 경우 상기 5개 사례에 대한 해를 구하라.

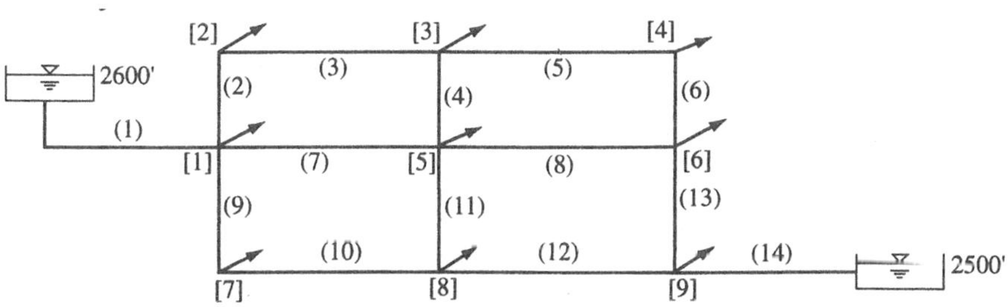

유량(ft^3/s)	1.0	2.0	3.0
펌핑수두(ft)	55	50	43

본 예제에 대한 상세한 계산과정은 엑셀파일 Exam5_10을 참조하며 사례 1에 대한 관망해석 결과는 다음 표와 같다.

배관 자료

배관 번호	절점		$L(ft)$	$D(in)$	$e(in)$	$Q(ft^3/s)$	$V(ft/s)$	$h_f(ft)$	$h_f/1000$
	From	To							
1	0	1	1500	12	0.002	9.71	12.37	51.41	34.27
2	1	2	1000	8	0.002	2.89	8.27	25.81	25.81
3	2	3	2000	8	0.002	1.69	4.83	18.64	9.32
4	5	3	1000	8	0.002	0.19	0.56	0.18	0.18
5	3	4	2000	6	0.002	0.88	4.49	23.01	11.50
6	6	4	1000	6	0.002	0.52	2.64	4.30	4.30
7	1	5	2000	8	0.002	2.66	7.63	44.27	22.13
8	5	6	2000	6	0.002	0.79	4.04	18.88	9.44
9	1	7	1200	8	0.002	2.86	8.20	30.50	25.42
10	7	8	2000	8	0.002	1.66	4.77	18.17	9.08
11	5	8	2000	8	0.002	0.78	2.23	4.40	2.20
12	8	9	1200	8	0.002	1.44	4.13	8.32	6.93
13	9	6	1200	8	0.002	1.23	3.51	6.16	5.13
14	0	9	1500	8	0.002	1.29	3.68	8.40	5.60

절점 자료

절점	QJ		$EL(ft)$	$HEAD(ft)$	$P(psi)$	$HGL(ft)$
	ft^3/s	gpm				
1	1.30	583.48	2410	138.59	60.05	2548.59
2	1.20	538.60	2405	117.78	51.04	2522.78
3	1.00	448.83	2400	104.14	45.13	2504.14
4	1.40	628.36	2340	141.14	61.16	2481.14
5	0.90	403.95	2405	99.32	43.04	2504.32
6	1.50	673.24	2350	135.44	58.69	2485.44
7	1.20	538.60	2405	113.09	49.00	2518.09
8	1.00	448.83	2400	99.92	43.30	2499.92
9	1.50	673.24	2370	121.60	52.69	2491.60

5.6 민감도분석(sensitivity analysis)

본절에서는 세 번째 관망설계범주인 민감도분석에 대해 기술한다. 지금까지 두 관망설계범주에 대해서 기술하였다. 첫 번째 범주에서는 절점 숫자 NJ와 동일한 숫자의 배관 규격을 결정하였고, 두 번째 범주에서는 관망 내부에 설치되어 수두 차이를 발생시키는 요소의 규격을 결정하였다. 새로운 관망을 설계할 때는 첫 번째 관망설계범주와 마주치게 된다. 두 번째 관망설계범주는 현존하는 관망과 더욱 관련이 있으며, 예를 들어 명시된 수요량에 따라 임의 지점에서 원하는 압력을 얻기 위한 펌핑 수두와 유량을 결정하여야 하여야 하는 경우가 이에 해당된다. 세 번째 설계범주는 관망의 성능을 가장 효율적으로 향상시키기 위해 개선 또는 대체하여야 할 요소를 찾는 것이다. 실제 규격 결정은 두 번째 설계범주에서 사용된 절차에 따라 나중에 수행된다. 어느 측면에서 본 절은 관망 성능 개선에 가장 중요한 요소가 어느 것인지를 결정하는 방법에 대해 기술한다. 예를 들어 특정 도시의 물 사용량이 증가하면서 피크 수요기간 동안에 압력이 상당히 저하하는 문제를 해결하기 위해 여러 대의 펌프 중 어느 펌프를 대체할 것인지를 결정하기 위한 가장 우수한 방법은 관련 민감도해석을 수행하여 민감도가 가장 큰 펌프를 대체하는 것이다. 본 절은 관망에서의 다른 변수와 관련하여 임의 변수의 민감도의 크기를 결정하는 방법에 대해 기술한다.

하나 또는 여러 변수의 변화에 반응하여 다른 하나의 변수가 얼마나 크게 변화하는지를 나타내는 민감도를 정량화하면 설계자는 관망 성능에 대해 깊게 이해할 수 있다. 통상적으로 현재 관망에서의 부족한 성능을 해결하기 위한 최적 요소를 찾기 위해 민감도해석을 수행한다. 어떻게 이와 같이 부족한 성능을 최상 또는 가장 경제적으로 개선할 수 있는지 의문이 생길 수 있으며 이에 대한 대답은 하나 또는 여러 배관 직경의 변경, 현존하는 펌프가 가압하는 수두의 증가, 저장 탱크의 고도 증가, 펌프 또는 감압밸브의 추가 등이 될 수 있다. 통상적으로 많은 방법으로 불충분한 성능을 수정할 수 있으며 본 절에서는 이 방법 중 몇 가지에 대해 기술한다. 다른 변수에 대한 한 변수의 민감도를 두 번째 변수에 대한 첫 번째 변수의 편미분항으로 표현할 수 있다. 관망 성능 개선을 위해 변경하고자 하는 변수는 독립변수이고, 독립변수의 변화에 따라 변화하는 변수 즉, 민감도를 구하고자 하는 변수는 종속변수이다. 통상적으로 독립변수는 많이 존재하는 반면 종속변수는 하나 이상이 될 수 있지만 빈번하게 하나의 변수로 선정된다.

일반적으로 관망을 취급할 때 독립변수에 대한 특정 종속변수의 편미분식을 대수학으로 정의하는 것이 불가능하지만 수치 해석으로 이 편미분식을 다음과 같이 정의할 수 있다.

$$\frac{\partial f}{\partial x} = \lim_{h \to 0} \frac{f(x+h,y,z) - f(x,y,z)}{h} \tag{5.43}$$

더욱 실용적인 측면에서 $h = \Delta x$, $\partial f/\partial x \approx \Delta f/\Delta x$로 나타낼 수 있다. 따라서 x의 미소 변화량 Δx에 따른 종속변수의 변화량 Δf를 구하여 Δf를 독립변수 Δx로 나누면 도함수의 근사치가 된다. 다른 모든 매개변수는 일정하다고 가정하면 종속변수의 민감도는 평가하는 f 인근의 조건에서 상기 식의 도함수로 정량화된다.

이 도함수가 클수록 종속변수 f는 독립변수 x에 의해 더욱 크게 영향을 받거나 또는 f가 x에 더욱 민감하게 된다. (-) 도함수는 독립 변수가 증가하면 종속 변수가 감소하거나 또는 독립변수가 감소하면 종속변수가 증가하는 것을 의미한다. 관망에서는 많은 도함수 또는 민감도가 존재하고 이들의 크기를 결정할 수 있으며 이 크기는 관망 성능을 변화시키기 위한 가장 효과적인 방법에 대한 유용한 정보를 제공하며 이 정보 중 일부는 다음과 같다. (1) $\partial p/\partial D$가 가장 큰 배관의 직경을 확대하면 낮은 압력을 가장 효과적으로 개선시킬 수 있다. (2)$\partial p/\partial h_p$가 가장 큰 펌핑 수두를 증가시키면 압력을 가장 효과적으로 증가시킬 수 있다. (3)$\partial Q_{res}/\partial P$가 가장 큰 펌프장의 동력을 증가시키면 저장탱크로 유입되는 유량을 가장 효과적으로 개선시킬 수 있다. (4)$\partial QJ/\partial Q_p$가 가장 큰 펌프의 유량을 증가시키면 임의 절점에서 소방용수를 가장 효과적으로 증대시킬 수 있다. (5)$-\partial p/\partial H$가 가장 큰 배관에 PRV를 설치하면 이 밸브의 하류측 과도하게 큰 압력을 가장 효과적으로 개선할 수 있다.

통상적으로 이러한 민감도의 크기는 일정하지 않고 관망의 첨두계수에 따라 변화한다. 민감도는 독립변수인 전체 수요량 또는 수요량 패턴의 변화 또는 관망 성능의 변화시 가장 크게 변화한다. 통상적으로 구하고자 하는 민감도의 선택은 각 관망의 특정 성능 고찰의 초점에 따라 결정되며 여러 다른 민감도도 거의 동일한 정보를 제공한다.

상기 내용의 일부를 이해하기 위해 그림 5.18의 관망을 고려한다. 대표적인 1일 운영 패턴에서 소요되는 모든 물은 두 펌프장으로부터 공급된다. 배관 11의 말단부에 있는 탱크 또는 저수지의 용량은 수요량이 적을 때 물이 유입되어 저장되고 수요량이 클 때는 물을 공급할 수 있도록 충분히 크다. 해석을 단순화하기 위해 저장탱크 내 수위를 200m로 고정한다. 각 절점에서의 수요량은 하루 중 수요량이 큰 기간 동안에 발생하는 대표적인 수치이다. 이 수요량은 당초 관망이 설계되었을 때의 수요량보다 커져서 탱크는 수요량이 적은 기간 동안에도 충분히 채워지지 않는다. 이러한 문제를 해결하기 위해 두 펌프장 중 한 펌프장의 동력을 증가시키고자 할 때 어느 펌프장의 동력을 증가시키는 것이 최상인지를 검토한다.

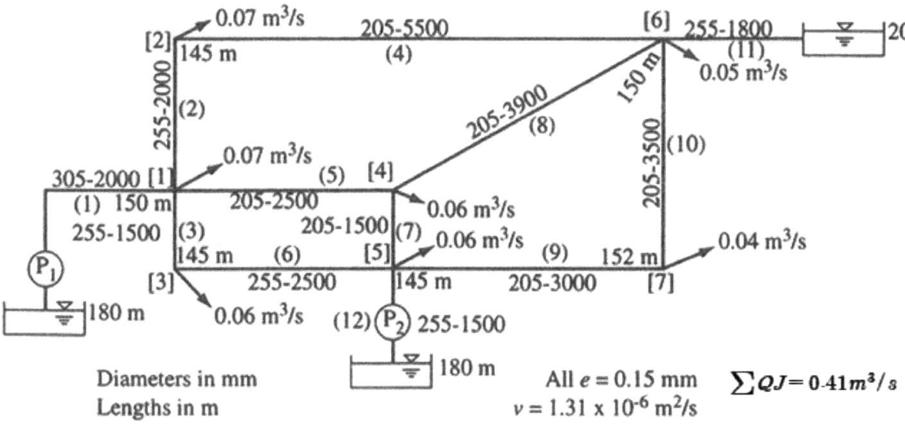

구 분	핌프 1			펌프 2		
$Q(m^3/s)$	0.15	0.25	0.35	0.10	0.15	0.25
$HEAD(m)$	50	43	35	48	43.25	33.00

그림 5.18 12-배관, 7-절점으로 구성된 관망

관망 성능에 대한 더욱 많은 정보를 얻기 위해 첨두계수 0.5~1.2에서 일련의 해를 구한다. 첨두계수 0.5~1.2에 대한 일련의 해를 구하기 위한 입력자료는 표 5.19와 같으며 펌프장에 연결된 두 배관 그리고 저장탱크와 관망을 연결하는 배관유량은 첨두계수의 함수로서 그림 5.19와 같다. 이 그림에서 배관 11에서의 (-) 유량은 탱크 내로 물이 유입되고, (+) 유량은 유출되는 것을 의미하므로 이 그림으로부터 이 탱크는 첨두계수가 0.58 이상일 때 물을 공급하는 것으로 보인다.

표 5.19 배관 및 절점자료

배관 번호	$L(m)$	$D(mm)$	절점번호	$QJ(m^3/s)$	$EL(m)$
1	2000	305	1	0.07	150
2	2000	255	2	0.07	145
3	1500	255	3	0.06	145
4	5500	205	4	0.06	140
5	2500	205	5	0.05	145
6	2500	255	6	0.05	150
7	1500	205	7	0.04	152
8	3900	205			
9	3000	205			
10	3500	205			
11	1800	255			
12	1500	255			

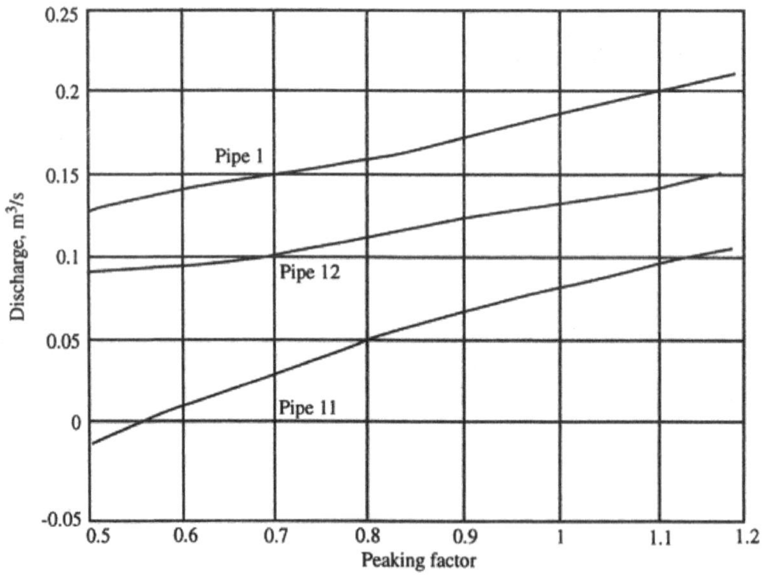

그림 5.19 3-배관 첨두계수의 함수로서 유량

배관유량 Q_{11}을 증가시키기 위해 개선할 펌프장을 선정하기 위해 각 펌프장 동력과 배관 11의 유량의 변화비를 나타내는 $\partial Q_{11}/\partial P_1$와 $\partial Q_{11}/\partial P_2$ 식으로 두 펌프장으로부터 탱크 또는 저수지로 유입 또는 유출되는 유량의 민감도를 결정할 수 있다. 전력비는 펌프 소비동력에 따라 선형적으로 변화하므로 적정하게 선정된 각 민감도 수치는 비용당 저수지 유입 유량을 제시한다. 민감도가 큰 펌프장을 개선하면 소요되는 전력비가 적게 되며 이는 동력에 대해 유량의 민감도가 최대인 것은 최소 전력비로 유량을 최대로 증가시킬 수 있다는 것을 의미한다.

표 5.19의 입력자료와 EPANET를 이용하여 $PF=0.5$와 $PF=0.557$일 때 관망해석한 결과는 표 5.20과 같다고 가정한다. 표 5.20의 첫 번째 줄은 첨두계수 $PF=0.5$인 경우이고, 두 번째 줄은 $PF=0.557$인 경우이다. 5번째 칸은 $PF=0.5$와 $PF=0.557$인 경우 배관 11의 유량 차이, 6번째 칸은 펌프장 1에서의 동력 $P=\gamma Q h_p$ 차이, 7번째 칸은 펌프장 2에서 동력 차이를 보여준다. 8번째와 9번째 칸은 펌프장의 동력에 대한 탱크 유량의 민감도를 보여준다. 관망의 $PF=0.5$에서 $PF=0.557$로 증가하면 $\partial Q_{11}/\partial P_1=0.0042$보다 $\partial Q_{11}/\partial P_2=0.0062$가 크므로 펌프장 2의 용량을 증가시키는 것이 좋다.

표 5.20 $PF=0.5$와 $PF=0.557$에서 탱크유입배관유량–펌프장 동력의 민감도

PF	$Q_{11}(m^3/s)$	$P_1(kW)$	$P_2(kW)$	ΔQ_{11}	ΔP_1	ΔP_2	$\Delta Q_{11}/\Delta P_1$	$\Delta Q_{11}/\Delta P_2$
0.50	-0.0154	64.74	42.35	0.0102	2.41	1.64	0.0042	0.0062
0.55	-0.0053	67.15	43.99					

전체 첨두계수에 대한 민감도는 표 5.21과 같다고 가정하면 전체 첨두계수 범위에서 민감도는 $\Delta Q_{11}/\Delta P_2 > \Delta Q_{11}/\Delta P_1$이 되므로 펌프장 2의 동력을 증가시키는 것이 좋다.

표 5.21 다양한 PF에서 탱크유입배관유량–펌프장 동력의 민감도

PF	0.50~0.55	0.550~0.605	0.605~0.666	0.666~0.732	0.732~0.805	0.805~0.886	0.886~0.974	0.974~1.072	1.072~1.179
$\Delta Q_{11}/\Delta P_1 \times 10^3$	4.2	5.7	5.3	4.8	4.1	3.6	3.3	3.1	3.0
$\Delta Q_{11}/\Delta P_2 \times 10^3$	6.2	8.6	7.9	6.9	5.8	5.3	4.9	4.5	4.4

앞에서는 다른 독립변수를 변화시키지 않고 첨두계수만을 변화시켜 펌프 동력에 대한 탱크 또는 저수지로 유입되는 유량 Q_{11}의 민감도를 구하였다. 이에 대한 대안은 P_1과 P_2를 각각 변화시켜 각기 다른 일련의 해를 구하는 것이지만 이는 더욱 많은 노력을 요구한다. 하나의 변수를 변화시키면 관망성능에 관련된 다른 모든 변수가 변화하므로 일련의 해로부터 많은 민감도를 얻을 수 있다. 표 5.22는 PF와 선형적인 관계인 절점 1에서 수요량 QJ_1을 독립변수로, 탱크유입배관유량 Q_{11}을 종속변수로 하여 10회 해석한 결과를 보여준다.

표 5.22 그림 5.18 관망의 민감도해석 결과 2

Sol.	PF	독립변수		종속변수		$\Delta Q_{11}/\Delta QJ_1$
		QJ_1	ΔQJ_1	Q_{11}	ΔQ_{11}	
1	0.5000	0.03500		-0.0154		
2	0.5570	0.03850	0.00350	-0.0053	0.0101	2.89
3	0.6050	0.04235	0.00385	0.0075	0.0128	3.32
4	0.6655	0.04659	0.00424	0.0210	0.0135	3.18
5	0.7321	0.05124	0.00465	0.0349	0.0139	2.99
6	0.8053	0.05637	0.00513	0.0488	0.0139	2.71
7	0.8858	0.06200	0.00563	0.0629	0.0141	2.50
8	0.9744	0.06821	0.00621	0.0773	0.0144	2.32
9	1.0718	0.07503	0.00682	0.0918	0.0145	2.13
10	1.1790	0.08253	0.00750	0.1068	0.0150	2.00

표 5.23은 첫 번째 독립변수 P_1과 두 번째 독립변수 P_2를 1.1배씩 10회 증가시켰을 때 탱크 또는 저수지로 유입되는 유량의 변화 즉, 민감도 $\Delta Q_{11}/\Delta P_1$와 $\Delta Q_{11}/\Delta P_2$를 보여준다.

표 5.23 탱크(저수지)로 유입되는 유량-펌프장 동력의 민감도 비교

해답	1–2	2–3	3–4	4–5	5–6	6–7	7–8	8–9	9–10
$\Delta Q_{11}/\Delta P_1$	0.004	0.006	0.005	0.005	0.004	0.004	0.003	0.003	0.003
$\Delta Q_{11}/\Delta P_2$	0.006	0.009	0.008	0.007	0.006	0.005	0.005	0.005	0.004

아래 관망의 절점 7에서 압력은 원하는 압력보다 낮아 아래 표와 같이 특성이 다른 펌프 3

대 중 용량을 증가시켜야 할 펌프를 결정하고 이 관망의 성능을 더욱 완벽하게 이해하기 위한 민감도해석에 대해 기술한다.

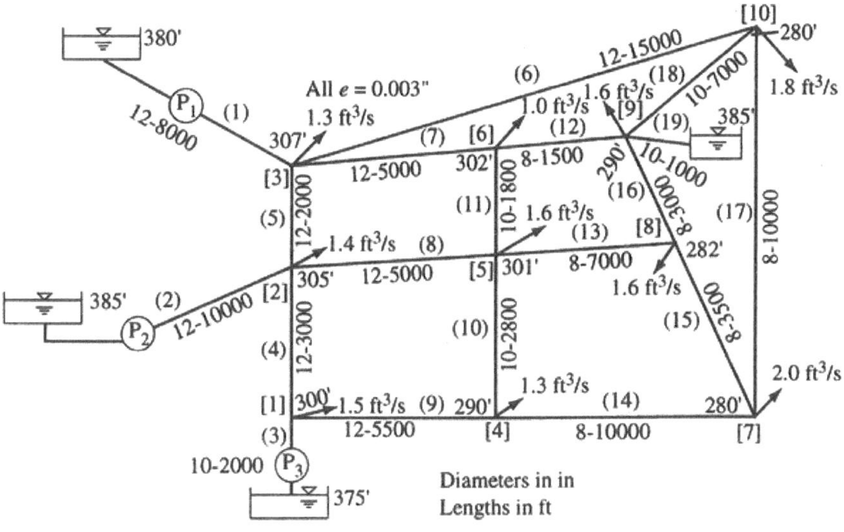

펌프 1		펌프 2		펌프 3	
$Q_1(ft^3/s)$	$h_{p1}(ft)$	$Q_2(ft^3/s)$	$h_{p2}(ft)$	$Q_3(ft^3/s)$	$h_{p3}(ft)$
3.0	80	3.0	80	3.0	83
5.0	75	5.0	75	5.0	78
8.0	65	8.0	65	8.0	68

그림 5.20 19-배관, 10-절점, 3-공급원으로 구성된 관망

그림 5.20의 펌프특성자료를 사용하여 절점 7에서의 압력을 가장 크게 증가시키는 펌프를 결정할 경우 펌프 3대 모두가 압력이 부족한 절점 7로부터 멀리 위치하므로 어느 펌프가 절점 7에 가장 큰 영향을 미치는지 추정하는 것은 어렵다. 표 5.25는 표 5.19의 입력자료와 EPANET를 사용하여 얻은 해답 중 일부를 요약한 것이며 여기서 $\nu = 1.27 \times 10^{-5} ft^2/s$이다.

표 5.24 배관 및 절점자료

배관번호	$L(ft)$	$D(in)$	$e(in)$	절점번호	$QJ(ft^3/s)$	$EL(ft)$
1	8000	12	0.003	1	1.5	300
2	10000	12	0.003	2	1.4	305
3	2000	10	0.003	3	1.3	307
4	3000	12	0.003	4	1.3	290
5	2000	12	0.003	5	1.6	301
6	15000	10	0.003	6	1.0	302
7	5000	12	0.003	7	2.0	280
8	5000	12	0.003	8	1.6	282
9	5500	12	0.003	9	1.6	290
10	2800	10	0.003			
11	1800	10	0.003			
12	1500	8	0.003			
13	7000	8	0.003			
14	10000	8	0.003			
15	3500	8	0.003			
16	3000	8	0.003			
17	10000	8	0.003			
18	7000	10	0.003			
19	1000	10	0.003			

설계결과인 표 5.25에서 Sol 1은 당초 관망과 펌프특성곡선을 이용하여 구한 5개 절점에서의 HGL, Sol 2는 펌프 1의 수두를 10ft 증가시켜 구한 HGL, Sol 3은 펌프 1의 수두를 당초 수두로 변경하고 펌프 2의 수두를 10ft 상승시켜 구한 HGL, Sol 4는 펌프 3의 수두를 10ft 상승시켜 구한 HGL, 마지막으로 Sol 5는 탱크 또는 저수지의 수두를 3ft 상승시켜 구한 HGL를 보여준다. Sol 5에서 저수지 수위가 3ft 증가되어 펌프의 수두가 변경되므로 탱크(저수지)를 채우기 위해 펌프가 물을 공급하여야 하는 측면에서 다른 해의 범주와 다르다. Sol 4에서와 같이 다른 두 펌프에 비해 펌프 3의 수두를 증가시키면 도함수 $\Delta H/\Delta h_{p3}$가 가장 크기 때문에 이는 모든 절점에서의 수두를 가장 효과적으로 증가시키는 방법이다. 그

러나 모든 $\Delta H/\Delta h_p$ 수치가 상당한 차이를 보이지 않고 특히, 펌핑수두가 작을 때는 세 펌프의 수두 모두를 증가시키는 것이 더욱 효과적이다.

표 5.25 펌프와 저수지 수위 변경시 절점 7의 H 변화($D_3 = 10$인치)

절점	Sol. 1	Sol 2 Pump1, $\Delta h_p = 10'$		Sol 3 Pump2, $\Delta h_p = 10'$		Sol 4 Pump3, $\Delta h_p = 10'$		Sol 5 Res.1, $\Delta H = 3'$	
	수두 ft	수두 ft	$\Delta H/\Delta h_p$	수두 ft	$\Delta H/\Delta h_p$	수두 ft	$\Delta H/\Delta h_p$	수두 ft	$\Delta H/\Delta h_p$
7	360.2	361.4	0.112	361.2	0.096	361.6	0.138	362.1	0.633
10	371.2	372.2	0.104	372.0	0.084	372.3	0.115	373.2	0.680
4	390.5	392.2	0.168	392.0	0.148	392.7	0.224	391.8	0.447
5	390.2	391.9	0.168	391.7	0.147	392.4	0.212	391.6	0.460
6	390.2	391.9	0.167	391.7	0.145	392.3	0.206	391.6	0.467

다른 관망 요소도 독립변수의 변화에 대한 종속변수의 민감도에 영향을 미친다. 일련의 해를 구하기 전에 배관 3의 직경을 10인치에서 8인치를 변경시킨 관망에 대한 민감도해석결과는 표 5.26과 같다. 표 5.25에서는 펌프 3이 가장 크게 수두를 증가시키지만, 여기에서는 수두 증가가 가장 작다.

펌프 3의 하류측 절점에서의 수두를 충분히 증가시키기에는 펌프 3이 설치된 배관 3의 직경 8인치가 너무 작기 때문에 표 5.26에서 펌프 3의 수두변화가 작게 나타난다. 즉, 펌핑수두를 증가시키기 위해서는 배관 3의 유량을 증가시켜야 하지만 펌프 3의 공급 유량이 증가하면 8인치 배관 내 손실수두가 과도하게 증가하기 때문에 수두증가가 가장 작게 나타난다. 이와 같이 관망 요소의 상호 작용은 매우 복잡하고 내부적으로 엉킬 수 있다. 따라서 다른 변수와 관련하여 선정된 변수의 민감도를 효과적으로 결정하는 유일한 수단은 이러한 민감도를 추정할 수 있도록 적합한 일련의 해를 전개하는 것이라는 사실을 알 수 있다. 이러한 해는 수요량 등과 같이 결정하여야 할 민감도를 반드시 고려하여야 한다.

표 5.26 펌프와 저수지 수위 변경시 절점 7의 H 변화($D_3 = 8$인치)

절점	Sol. 1	Sol 2 Pump1, $\triangle h_p = 10'$		Sol 3 Pump2, $\triangle h_p = 10'$		Sol 4 Pump3, $\triangle h_p = 10'$		Sol 5 Res.1, $\triangle H = 3'$	
	수두 ft	수두 ft	$\triangle H/\triangle h_p$	수두 ft	$\triangle H/\triangle h_p$	수두 ft	$\triangle H/\triangle h_p$	수두 ft	$\triangle H/\triangle h_p$
7	352.1	353.5	0.137	353.3	0.119	353.1	0.099	354.0	0.633
10	364.0	365.3	0.128	365.1	0.110	364.9	0.089	366.0	0.657
4	378.8	380.6	0.182	380.4	0.159	380.1	0.133	380.3	0.513
5	378.8	380.6	0.181	380.4	0.159	380.1	0.132	380.4	0.633
6	379.1	380.8	0.175	380.6	0.152	380.3	0.125	380.7	0.657

다른 관점에서 민감도의 사용을 고려한다. 최소 비용으로 특정 절점에서의 수두를 명시된 크기만큼 증가시키기 위해 어느 펌프를 확장하여야 할 것인지를 자문하게 되지만 이 질문에 대한 대답은 이미 앞에서 기술하였다. 이 경우 독립변수는 펌프가 증가시켜야 할 수두가 아니고 펌프가 관망에 공급하여야 할 동력이 된다. 여기서 비용은 단위 동력당 금액이므로 민감도의 크기를 비교할 때 동력을 비용으로 대체할 수 있다. 각 펌프의 소요동력을 독립변수로 계산한 결과는 표 5.27과 같다. 표 5.26에서는 민감도를 절점수두/펌핑수두로 나타내었으나 여기에서는 절점수두/펌프동력으로 나타냈다. 표 5.27에서 sol. 2, sol.3, sol. 4의 $\triangle P$는 sol. 1을 기준으로 한 동력차이다. 표 5.28에서 $\triangle H$는 sol. 1의 수두를 기준으로 각 sol.에서의 수두와의 차이이고, $\triangle H/\triangle P_i$는 $\triangle H$를 표 5.27에서의 $\triangle P$로 나눈 것으로 i는 펌프 번호이고 P는 동력으로서 단위는 ㎾이다. 해답 중 변화된 동력이 (-)가 되면 즉, 펌프가 소비한 동력이 당초 동력보다 적게 되면 민감도의 부호는 (-)가 될 수 있으며 이러한 결과는 다른 펌프의 수두가 증가되었을 때 나타날 수 있다. 만일 (-) 도함수를 무시하면 결론은 변화가 없다. 즉, 펌프 3이 설치된 배관의 직경이 10인치이면 펌프 1 또는 펌프 2가 공급하는 것보다 펌프 3은 적은 비용으로 절점에서의 수두를 더 크게 증가시킨다. $\triangle H/\triangle P_3$의 (+) 수치가 $\triangle H/\triangle P_1$ 또는 $\triangle H/\triangle P_2$보다 크기 때문에 이러한 상황이 발생한다. 그러나 펌프 3이 설치된 배관의 직경이 8인치이면 비용측면에서 열거된 절점에서의 수두를 증가시키기 위한 가장 효과적인 펌프는 $\triangle H/\triangle P_1$ 수치가 $\triangle H/\triangle P_2$ 또는 $\triangle H/\triangle P_3$ 보다 크기 때문에 펌프 1이 된다.

표 5.27 절점 7 H변화에 따른 펌프 동력변화($D_3 = 10$인치)

펌프	Sol. 1	Sol 2		Sol 3		Sol 4	
	P	P	$\triangle P$	P	$\triangle P$	P	$\triangle P$
1	26.84	28.34	1.50	26.49	-0.35	26.39	-0.45
2	25.19	24.83	-0.36	26.59	1.40	24.75	-0.44
3	32.44	32.00	-0.44	32.03	-0.41	34.08	1.64
소계			0.70		0.64		0.75

표 5.28 절점 7의 H변화와 펌프 동력변화 민감도($D_3 = 10$인치)

절점	Sol. 1	Sol. 2			
	수두 ft	$\triangle H$	$\triangle H/\triangle P_1$	$\triangle H/\triangle P_2$	$\triangle H/\triangle P_3$
7	360.23	1.12	0.75	-3.11	-2.55
10	371.15	1.03	0.69	-2.86	-2.34
4	390.48	1.68	1.12	-4.64	-3.85
5	390.24	1.68	1.12	-4.67	-3.82
6	390.22	1.67	1.11	-4.64	-3.80
절점	Sol. 3				
7		0.96	-2.74	0.69	-2.34
10		0.84	-2.40	0.60	-2.05
4		1.48	-4.23	1.06	-3.61
5		1.47	-4.23	1.05	-3.59
6		1.45	-4.14	1.04	-3.54
절점	Sol. 4				
7		1.38	-3.07	-3.14	0.84
10		1.15	-2.56	-2.56	0.70
4		2.24	-4.98	-5.09	1.37
5		2.12	-4.71	-4.82	1.29
6		2.06	-4.58	-4.68	1.26

앞에서는 (-) 민감도를 무시하였으나 관망 성능과 관련된 특히, 전체 동력(또는 비용)을 고려할 때 (-) 민감도는 소중한 정보를 제공한다. (-) 수치를 무시하는 것은 잠재적인 절감요소를 무시하는 것이다. 예를 들어 배관 3의 직경이 10인치일 때 표 5.27의 sol. 2에서 펌프 1의

동력이 1.50㎾ 증가하는 반면 펌프 2와 3의 동력이 -0.36㎾와 -0.44㎾으로 감소되는 것을 알 수 있다. 따라서 순수동력 변화는 1.50-0.36-0.44=0.70㎾가 된다. 유사하게 표 5.29의 sol. 3 참조하면 펌프 2를 통해 수두 10ft를 증가시키면 동력의 순수 증가는 0.66㎾가 된다.

표 5.29 절점 7 H변화에 따른 펌프 동력변화($D_3 = 8$인치)

펌프	Sol. 1	Sol 2		Sol 3		Sol 4	
	P	P	ΔP	P	ΔP	P	ΔP
1	29.23	30.55	1.32	28.90	-0.33	28.96	-0.27
2	27.46	27.12	-0.34	28.70	1.24	27.22	-0.24
3	22.59	22.28	-0.31	22.31	-0.28	23.78	1.94
소계			0.67		0.63		1.43

표 5.30 절점 7의 H변화와 펌프 동력변화 민감도($D_3 = 8$인치)

절점	Sol. 1	Sol. 2			
	수두 ft	ΔH	$\Delta H/\Delta P_1$	$\Delta H/\Delta P_2$	$\Delta H/\Delta P_3$
7	352.14	1.37	1.04	-4.03	-4.42
10	364.00	1.28	0.97	-3.97	-4.13
4	378.80	1.82	1.38	-5.35	-5.87
5	378.81	1.81	1.37	-5.32	-3.61
6	379.08	1.75	1.33	-5.15	-5.65
절점	Sol. 3				
7		1.19	-3.61	0.96	-4.25
10		1.10	-3.33	0.89	-3.93
4		1.59	-4.82	1.28	-5.68
5		1.59	-4.82	1.28	-5.68
6		1.52	-4.68	1.17	-5.18
절점	Sol. 4				
7		0.99	-3.67	-4.13	0.83
10		0.89	-3.23	-3.74	0.75
4		1.33	-4.93	-5.59	1.11
5		1.32	-4.89	-5.50	1.11
6		1.25	-4.63	-5.21	1.05

때로는 처음 정의한 민감도의 개별적인 차이보다는 전체 차이를 고찰하는 것이 좋을 수 있다. 이 전체 민감도는 전체 동력 P_t 또는 전체비용의 변화에 의해 발생된 수두 변화를 나타낸다. 만일 전체 민감도가 중요하면 다음 표의 수치를 사용하여 비용측면에서 가장 효과적인 대안을 결정하여야 한다.

결정을 책임지는 기술자의 입장에서 살펴보면 목적에 따라 최선의 대안이 많이 존재하는 것을 알 수 있다. 각 민감도의 크기는 일정하지 않고, 수요량이 변화하면서 상당히 다르게 나타날 수 있다는 점을 주의하여야 한다.

표 5.31 두 배관 직경에서 절점 7 H변화와 펌프 동력변화 민감도

절점	배관 3, 직경=10인치			배관 3, 직경=8인치		
	Sol. 2	Sol. 3	Sol. 4	Sol. 2	Sol. 3	Sol. 4
	$\Delta H/\Delta P_t$	$\Delta H/\Delta P_t$	$\Delta H/\Delta P_t$	$\Delta H/\Delta P_t$	$\Delta H/\Delta P_t$	$\Delta H/\Delta P_t$
7	1.60	1.50	1.84	2.04	1.89	0.69
10	1.47	1.31	1.53	1.91	1.75	0.69
4	1.43	2.31	2.99	2.72	2.52	0.93
5	2.40	2.30	2.83	2.70	2.52	0.92
6	2.39	2.26	2.75	2.61	2.30	0.87

본 관망에 대한 민감도해석의 또 다른 목표는 저장 탱크(저수지)에 가능한 많은 물량을 유지하는 것이다. 이 경우 관망과 저수지를 연결하는 배관 19 내부 유량의 차이를 소요펌프동력의 합계로 나눈 민감도를 검토하여야 한다. 앞에서 가장 큰 수치의 민감도를 구하였지만 여기에서는 가장 작은 수치의 민감도 즉, (-) 수치가 가장 큰 민감도를 구하는 것이다. 그 이유는 분모인 전체 펌프 동력 소모 ΔP_t를 최소화하면서 분자인 유입유량 $|\Delta Q_{19}|$ 을 최대화하기를 원하기 때문이다. 이러한 민감도의 수치는 표 5.32와 같다.

표 5.32 배관 19 유량변화-펌프동력변화 민감도

구 분	배관 3 $D=10in$	배관 3 $D=8in$
Q_{19} (Sol. 1, 당초 조건으로부터)	$2.30 ft^3/s$	$3.13 ft^3/s$
Q_{19} (Sol. 2, 펌프 1에서 $\Delta h_p = 10ft$로부터)	$2.17 ft^3/s$	$3.00 ft^3/s$
ΔQ_{19}	$-0.13 ft^3/s$	$-0.13 ft^3/s$
$\Delta Q_{19}/\Delta P_t$	$-0.19 ft^3/s/kW$	$-0.19 ft^3/s/kW$
Q_{19} (Sol. 3, 펌프 2에서 $\Delta h_p = 10ft$로부터)	$2.19 ft^3/s$	$3.01 ft^3/s$
ΔQ_{19}	$-0.11 ft^3/s$	$-0.12 ft^3/s$
$\Delta Q_{19}/\Delta P_t$	$-0.172 ft^3/s/kW$	$-0.190 ft^3/s/kW$
Q_{19} (Sol. 4, 펌프 3에서 $\Delta h_p = 10ft$로부터)	$2.15 ft^3/s$	$3.04 ft^3/s$
ΔQ_{19}	$-0.15 ft^3/s$	$-0.09 ft^3/s$
$\Delta Q_{19}/\Delta P_t$	$-0.20 ft^3/s/kW$	$-0.063 ft^3/s/kW$

지금까지 민감도를 계산하기 위해서 종속변수 변화 Δf를 독립변수 Δx로 나눈 $\partial f/\partial x \approx \Delta f/\Delta x$ 수치를 구하였다. 앞에서는 EPANET를 사용하여 이와 같이 짝지어진 해를 구하였다. 일부 관망의 경우 시간확장모의 ETS(Extended Time Simulation)는 이와 같은 일련의 해를 더욱 효과적으로 구할 수 있다. ETS에서는 긴 시간에 걸쳐 유량이 변화하므로 유체의 부정류 효과를 무시하는 유사정상유동상태에서 해를 구한다. 다음 장에서 더욱 자세히 기술하겠지만 ETS는 변화하는 수요량, 저수지 수위, 수요량의 함수에 의해 결정되는 펌프의 수두-유량 상관관계 등을 이용하여 유사정상상태에서 일련의 해를 구한다. 또한, ETS는 시간의 함수로서 저수지 수위를 나타내는 대안적 표를 사용할 수 있다. 특히 ETS에서 명시된 요소가 시간과 선형적인 관계를 갖는 다른 변수를 사용한다면 가장 큰 민감도를 구하기 위해 이 표를 사용할 수 있다.

예제 5.11

EPANET의 "Extended Time Simulation Capability"를 사용하여 그림 5.18 관망의 각 절점의 수요량 변화를 나타내는 *PF*가 표 1의 2번째 칸과 같을 때 일련의 정상유동을 해석하고, 시간의 선형 함수로서 *PF*를 표현하고, 정상유동해석결과로부터 (1)*PF*에 따른 펌프 1, 2 및 배수지 유량의 민감도, (2)*PF*에 따른 펌프 1과 2의 동력 민감도를 구하라. 구한 민감도 중 일부를 증명한 후 시간 $t=0(PF=0.5$일때)일 때 탱크의 수위가 198m가 되도록 설정하고 시간에 따라 탱크 수위가 변화하도록 허락하라. 이 탱크는 직경 30m 원통으로서 바닥 고도는 195m이고 이 수위에서는 모든 물이 탱크로부터 유출된다. 첨두계수의 함수로서 두 펌프장으로부터 유량과 탱크(저수지)로의 유입량과 유출량을 작도하라.

해결

이 문제에 대한 해를 구하기 위해 프로그램 EPANET에 입력할 자료는 아래 표와 같다. 모든 절점에 적용되는 수요량은 PF와 시간과의 선형적 상관관계를 나타낸다. EPANET으로 정상유동 해석한 결과 중 일부는 표 1, 2, 3과 같다. 이 표의 수치와 엑셀을 사용하여 민감도를 작성할 수 있다.

직경 30m 원통형 탱크의 바닥 고도는 195m이고 면적은 $A=\pi D^2/4=707m^2$인 탱크는 $PF=0.5$일 때 수위 198m부터 시작하며 시간에 따른 첨두계수 PF는 다음과 같다.

$$PF=0.5\left[1+1.385\left(\frac{t}{24}\right)\right]$$

표 2로부터 배관 11에서 (−) 유량은 저장탱크로 유입되는 것을 나타내고, 시각 2와 3 사이에서 첨두계수 PF가 0.557과 0.585일 때 탱크로 물이 유입되고 이후 관망으로 물을 공급하는 것을 알 수 있다.

시각 22 직후 첨두계수 $PF=1.122$ 보다 약간 커지면 탱크는 비게 되어 바닥고도 195m인 탱크 내 물량은 0m³이 된다. 이후 PF가 증가하여 표 1의 마지막에서 2번째 줄로부터 모든 절점에서 (−) 압력이 되며 빈 탱크는 더 이상 관망의 수요량을 만족시킬 수 없으므로 펌프가 모든 수요량을 공급하여야 한다.

표 1 시간 함수로서 지정된 절점에서의 압력(kPa)

Time (hr)	PF	절점 번호						
		1	2	3	4	5	6	7
0.0	0.500	620.79	599.96	658.84	661.46	662.26	497.17	487.94
1.0	0.528	609.88	587.35	647.43	649.93	651.75	493.83	481.35
2.0	0.557	599.55	575.78	636.57	639.30	641.86	491.76	475.94
3.0	0.585	590.05	565.61	626.55	629.88	632.93	491.03	472.67
4.0	0.613	580.08	554.89	616.02	619.76	623.56	488.25	468.68
.	.	.	.	.	.	.	.	.
21.0	1.094	311.87	247.25	323.15	328.72	353.57	235.90	178.93
22.0	1.122	287.71	217.97	297.98	302.10	330.01	217.86	151.05
23.0	1.151	-56.82	-287.95	-47.95	-175.37	-20.87	-442.91	-453.93
24.0	1.179	-98.43	-343.07	-91.34	-227.28	-62.87	-502.91	-513.54

표 2 시간 함수로서 지정된 배관유량(m^3/s)

Time (hr)	PF	배관 번호											
		1	2	3	4	5	6	7	8	9	10	11	12
0.0	0.500	.127	.049	.021	.014	.022	.009	.027	.019	.028	.008	-.015	.088
1.0	0.528	.130	.050	.022	.013	.022	.010	.027	.018	.027	.006	-.010	.090
2.0	0.557	.134	.050	.023	.011	.022	.011	.027	.016	.027	.004	-.004	.093
3.0	0.585	.136	.050	.023	.009	.022	.012	.027	.015	.026	.002	.003	.094
4.0	0.613	.139	.051	.024	.008	.022	.013	.028	.013	.025	.000	.010	.098
·	·	·	·	·	·	·	·	·	·	·	·	·	·
21.0	1.094	.202	.063	.038	-.013	.025	.028	.033	-.008	.028	-.016	.092	.143
22.0	1.122	.207	.065	.039	-.014	.026	.029	.034	-.008	.028	-.017	.095	.147
23.0	1.151	.268	.101	.043	.020	.044	.026	.056	.031	.053	.007	.000	.192
24.0	1.179	.275	.103	.044	.021	.045	.027	.057	.032	.054	.007	.000	.197

표 3 시간 함수로서 탱크(또는 저수지) 수위

Time(hr)	0.0	1.0	2.0	3.0	·	21.0	22.0	23.0	24.0
$EL(ft)$	200.00	200.08	200.13	200.15	·	195.60	195.13	195.00	195.00

엑셀을 사용하여 두 펌프장과 한 저장탱크 또는 저수지로부터의 유량을 그래프로 나타내면 그림 1과 같다. 이 그림은 첨두계수의 함수로서 펌프와 탱크에 연결된 배관 1, 11, 12에서의 유량을 보여준다. 탱크(저수지)는 $PF < 0.58$일 때 충수되고, $PF = 1.13$일 때 비게 되어 더 이상 유량을 공급할 수 없으므로 수요량을 만족시키기 위해 각 펌프장으로부터 공급되는 유량을 급격하게 증가시켜야 한다.

다음과 같이 두 펌프장에서의 동력식을 사용하고 탱크로의 유입량과 두 펌프장의 민감도 $\Delta Q_{11}/\Delta P_1$와 $\Delta Q_{11}/\Delta P_2$를 구하여 이를 표로 작성할 수 있다.

$$P_1 = 9.806\,Q_1 h_{p1} = 9.806\,Q_1\left(58.6 - 50Q_1 - 50Q_1^2\right)$$

$$P_2 = 9.806\,Q_{12} h_{P2} = 9.806\,Q_{12}\left(56.8 - 82.5Q_{12} - 50Q_{12}^2\right)$$

펌프 동력에 대한 탱크 유량의 민감도를 구하기 위해 유량 Q_{11}의 차이를 동력 P_1과 P_2의 차이로 나눈 결과는 표 3 및 그림 2와 같다. 민감도는 아주 작은 수치로 표현되어 배관 11의 유량 계산시 정밀도가 제한되어 곡선은 전반적으로 부드럽지 못하다. 그러나 탱크 수위를 200m로 일정하게 유지하면 결과는 그림 2와 같으므로 펌프장 2의 동력을 증가시키는 것이 좋다.

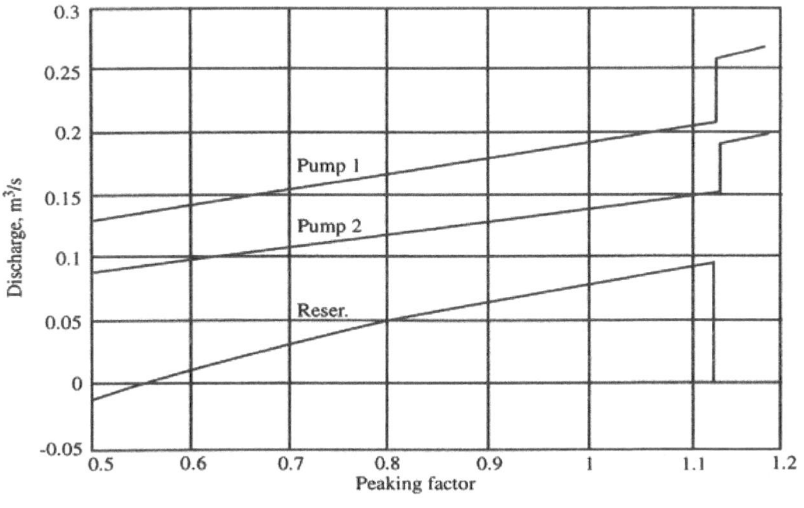

그림 1 PF에 따른 펌프 1, 2 및 저수지의 유량 변화

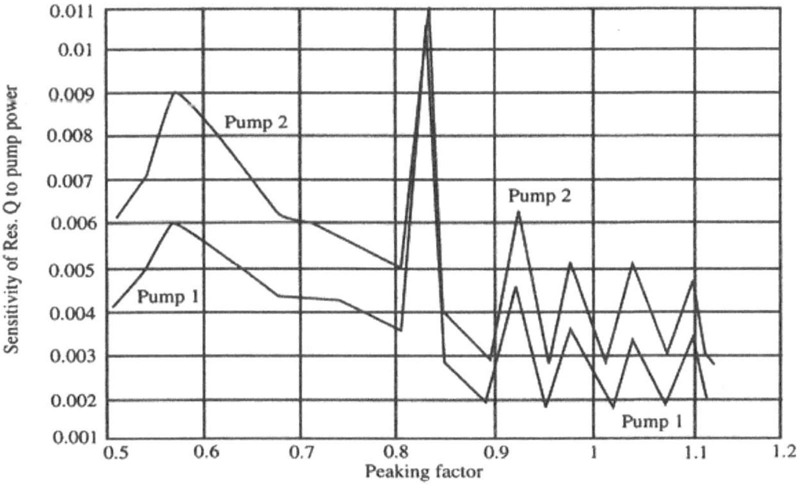

그림 2 PF에 따른 펌프 1, 2 동력의 민감도 변화

CHAPTER 06

경제적 관망설계와 ETS

6.1 소개

본 장에서는 대도시의 많은 수요자에게 물을 공급하는 관망을 포함한 루프로 형성된 관망 설계시 정상유동상태로 운영되지 않는 중요한 두 주제에 대해 기술한다. 첫 번째 주제로서 시간변화에 따른 수요량변화에 대응하기 위해 때로는 펌프가 기동 및 정지되는 관망의 성능을 모의하기 위한 시간확장모의 ETS(Extended Time Simulation)에 대해 기술한다. 두 번째 주제인 경제성 분석에 대해 기술한 후 대규모 루프로 형성된 관망설계시 이 두 주제를 적용한다.

ETS는 시간 경과에 따른 수요량, 저수지 수위, 펌프 운영 대수의 변화에 기초하여 정상유동 상태에서 구한 일련의 해로 구성된다. 이러한 시간 종속 형식의 해는 제4장과 제5장에서 기술한 비선형 대수학 공식시스템을 동시에 해결하여 구할 수 있다. 관성력을 무시하면 공식의 각 항은 시간에 따라 변화하여도 운동량식은 정상유동 상태의 형태이기 때문에 이러한 비정상유동상태를 "유사정상유동(quasi- steady)"이라고도 한다.

관성력을 설명하는 정상유동의 시간종속해석은 조합된 상미분 공식시스템과 대수학식의 동시 해를 요구한다. 그러나 부정류에서는 시간뿐만 아니라 배관의 위치에 따라서도 각 배관 내 압력과 유속이 변화하므로 탄성효과를 포함하는 부정류해석은 상미분식 대신 편미분식을 사용하여야 한다. 이는 해를 구하기 위해 전산해석 노력이 상당히 증가하는 것은 물론 관망 내 각 배관에서 연속적인 시간 증분에 따른 수력적 부정류를 기술하기 위해 여러 지점에서 압력과 유속을 나타낼 필요가 있기 때문에 관망 거동을 기술하기 위해 필요한 정보의 양도 이에 상응하여 증가하는 것을 의미한다. 예를 들어 100개 배관, 80개 절점으로 구성된 관망에서 각 절점에서 *HGL* 또는 압력 그리고 각 배관에서 유량 또는 유속 2개의 미지수를 나타내려면 각 시간 단계마다 기술하여야 할 숫자는 360개가 된다. ETS로 1 시간 시간증분을 사용 24-시간 주기로 모의할 경우 한다면 해석자는 각 시간단계에서 360개 수치를 고찰하여야 한다. 그러나 부정류해석시에는 시간 증분은 매우 짧으며 건물 내 소방용 스프링클러와 같이 배관이 상대적으로 짧으면 시간 증분은 더욱 짧아진다. 예를 들어 관성력을 포함한 해를 1/100 배의 시간증분을 사용하여 구하면 해는 36000개의 수치로 구성된다. 탄성효과를 고려한 부정류 해석의 경우 각 배관의 2개의 수치(유량과 유속) 대신 각 배관 증분(이 공간 증분은 시간 증분과 반드시 호환이 되어야 한다)에서 2개의 수치가 존재한다. 따라서 각 배관길이를 20 등분으로 나누면 관망 기술을 위한 수치의 숫자는 416,000으로 증가하게 된다. 이와 같이 관망해석의 해를 충분히 표현하기 위해 필요한 정보의 양은 급격히 증가하므로 절충이 필요하다.

ETS 수행시 탄성효과의 고려여부에 대한 해답은 상당히 주관적이다. 대부분의 도시 용수 공급관망 운영시 통상적으로 수요량은 충분히 완만하게 변화하여 관성효과가 상대적으로 미소하므로 탄성효과를 무시할 수 있다. 그러나 단일 배관에 설치된 밸브의 급속한 폐쇄에 따른 배관 내 급속한 유량 변화의 영향은 대규모 관망 내부에서 신속히 전파된다. 따라서 높은 압력의 부정류파는 배관을 통해 전파되어 이 배관에 연결된 다른 배관에게 영향을 미칠 수 있다. 많은 용수공급관망과 액체 공급관망의 운영시 관성력을 무시한 모의 결과와 실제 발생하는 결과와 커다란 차이를 보여주는 경우가 종종 발생할 수 있다. 큰 유량 변화가 수 초 내에 발생할 때는 이와 같은 조건이 발생할 수 있다. 그러나 배관이 짧으면 관성효과로 인한 압력과 유량의 변화가 발생하지 않는다.

6.2 시간확장모의 ETS

본 절에서는 ETS(Extended Time Simulation)로 알려진 시간 종속 해의 형태에 대해서 기술한다. 이 해는 단일 배관보다는 관망에 대한 것이다. 이러한 형태의 해는 탄성효과와 관성효과를 무시하므로 실제로 전 단계에서 구한 해를 새로운 시간단계에서 시간 종속 매개변수의 변화에 상응한 시간 증분에 걸쳐 업데이트하여 새로운 해를 구하는 일련의 정상유동 상태의 해가 된다. 따라서 시간 종속 해는 유사정상유동상태 해가 된다. 시간확장모의시 공통적으로 다음 6개 항목이 변화한다.

1. 절점 수요량. 절점 수요량은 모든 ETS 동안 변화하고, 시간의 함수로서 첨두계수를 사용하여 절점에서의 수요량 변화를 나타낼 수 있다. 이와 같은 시간에 걸친 수요량 패턴 변화를 수요량 스케줄로 간주할 수 있다.
2. 저장탱크용량-수위 상관관계. 일부 저장탱크 또는 저수지는 일정한 수위를 유지하지만 대부분의 탱크는 배수와 충수시 시간에 따라 수위가 변화한다. 대표적으로 저장탱크용량과 수위의 함수를 전개하여 탱크(저수지) 수위 변화를 기술한다. 수위와 저장 체적 자료의 쌍으로 이 함수를 표현하면 탱크(저수지) 바닥 고도는 탱크의 최저 운영 수위가 되고 탱크(저수지)의 상부 고도는 최고 운영수위가 된다.
3. 펌프 스케줄. 펌프 스케줄은 임의 시간에 특정 펌프장에서 몇 대의 펌프가 병렬 또는 직렬로 운영되어야 하는지를 기술한다. 다시 말해 펌프 스케줄은 각 시간 단계에서 가동되어야 할 펌프 대수를 명시한다. 대안으로 시간의 함수로서 펌프의 회전속도를 명시할 수도 있다.
4. 펌프규칙(Pump Rule). 펌프규칙은 선정된 절점에서의 압력(또는 HGL) 또는 탱크(저수지)에서의 수위와 운영할 펌프의 숫자를 관련시킨다. 펌프 스케줄은 명시된 시간에 펌프를 기동 또는 정지시키는 반면 펌프규칙은 조건에 따라 운영할 펌프의 대수를 결정한다. 펌프 운영 숫자를 명시하는 대신 펌프의 회전속도를 명시할 수 있다.
5. 유량규칙(Flow rule). 유량규칙과 수요량(스케줄)과의 차이는 펌프규칙과 펌프 스케줄의 차이와 동일하다. 즉, 선정된 절점에서 수요량은 특정 절점에서의 압력 또는 탱크(저수지) 수위에 의해 결정된다. 유량규칙은 대표적으로 수요량이 (-)로 주어지고 이는 외부에서 관망 내부로 유량이 유입되는 것을 의미한다.
6. 유출량규칙(Discharge rule). 선정된 관망의 내부 배관에서 반드시 유지하여야 할 유량을 명시한다. 내부 배관은 사수부와 공급원으로부터 관망을 연결하는 배관과는 다르다.

상기 6개 항목 이외에도 아래와 같이 다른 많은 항목이 시간에 따라 변화할 수 있다.

7. 밸브 스케줄. 이 스케줄은 시간의 함수로 밸브 설정치(개도)를 명시할 수 있으며 이는 밸

브가 어떻게 유동에 영향을 미치는지 결정하기 위해 또는 밸브의 손실계수를 시간의 함수로 명시하기 위해 밸브 개도와 손실수두와의 상관관계를 명시한다.

8. 밸브규칙(Valve rule). 이 규칙은 한 절점의 압력함수로서 밸브 설정치(개도)를 또는 이 설정치에서의 손실계수를 기술한다. 밸브규칙은 절점압력 대신 탱크(저수지)의 수위에 기초할 수 있다.
9. "수두차장치(differential head device)". 이 장치는 선정된 배관 내부에서 시간의 함수로서 수두차의 크기를 명시할 수 있다. 즉, 배관 내부에서 손실수두 스케줄 또는 선정된 절점에서 명시된 HGL(또는 압력)을 달성할 수 있도록 수두차의 크기를 계산할 수 있고 HGL은 시간에 따라 변화할 수 있다.
10. 탱크 수위 또는 압력 제어 알고리즘. 이 알고리즘은 관망 내부로의 유입량을 변화시키거나 밸브의 설정치를 조정하여 탱크 또는 저수지의 압력 또는 수위를 사전 설정된 수치 또는 명시된 범위로 유지하기 위해 밸브를 작동시키는 제어기를 모의한다.

통상적으로 현재 시간에서의 해로부터 취한 수치로 상기 항목을 실행하며 상기 항목들은 다음 시간 단계에 걸쳐 관망의 거동변화를 규정하고 압력 또는 수위에 기초한다.

이러한 규칙의 상세한 실행절차에 대해서는 기술하지 않지만 이러한 규칙은 통상적으로 각 시간 단계 동안 관망 거동을 변화시키므로 하나의 새로운 관망 문제를 해결하는 것과 같이 문제를 지배하는 수학식을 다시 정의할 필요는 없고, 단순하게 존재하는 식을 수정하여 새로운 시간 단계에 적용할 조건을 반영한다. 예를 들어 절점 수요량을 변화시키기 위해 단순히 이 수요량의 수치를 변경시킨다. 그러나 펌프가 정지되거나 감압밸브가 완전개방되면 관망을 기술하는 식의 형식과 숫자도 반드시 변경되어야 한다.

예제 6.1

그림 5.13의 30-배관, 16-절점 관망 설계시 구한 배관의 직경 D와 조도 $e = 0.004$인치를 사용하여 ETS를 실행하라. 다음과 같이 명시된 자료가 ETS를 제어한다. (1)배관 30에 의해 관망에 연결되는 저장 탱크는 직경 115ft의 원통형으로 탱크의 바닥고는 590ft이고 모의 시작시 수위는 605ft이다. (2)두 수요량 스케줄은 그림 2 및 표 4와 같고, PF_1은 관망의 북쪽 부분의 절점 1, 2, 5, 6, 9, 10, 13, 14에 적용되며, PF_2는 절점 3, 4, 7, 8, 11, 12, 15, 16에 적용된다. (3)초기에 각 펌프장은 펌프 3대가 병렬로 운전되고, 이 펌프에 적용할 수 있는 펌프특성표는 그림 5.13과 같으며 펌프의 운전대수는 표 1의 펌프 스케줄에 의해 주어지며 표 2의 수요량은 시간 0일 때 수치이다.

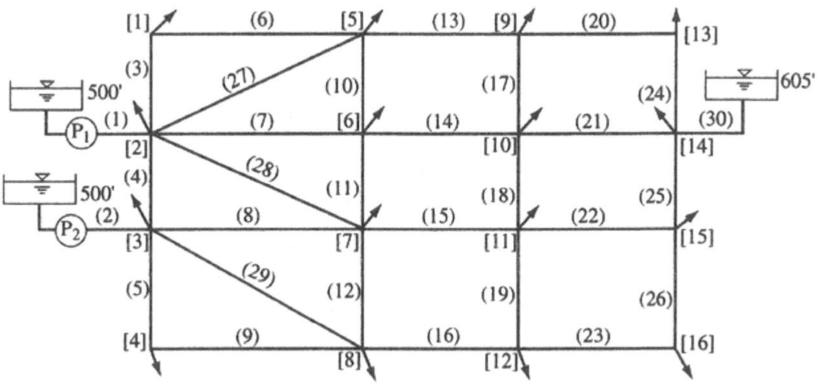

그림 1 30-배관, 16-절점 관망

표 1 펌프 스케줄

구 분	펌프장 1					펌프장 2				
Time (hr)	0~8	8~10	10~15	15~17	17~24	0~5	5~8	8~15	15~20	20~24
운전 대수	3	2	1	2	3	3	2	1	2	3

표 2 절점 자료

No.	$QJ(ft^3/s)$	$EL(ft)$	No.	$QJ(ft^3/s)$	$EL(ft)$
1	1.2	500	9	2.0	493
2	1.2	490	10	2.0	492
3	0.8	485	11	3.6	488
4	1.6	480	12	2.8	484
5	1.4	495	13	4.0	480
6	1.2	494	14	2.0	478
7	1.0	490	15	1.8	475
8	0.8	483	16	2.0	470

표 3 배관 자료

No.	$L(ft)$	$D(in)$	No.	$L(ft)$	$D(in)$	No.	$L(ft)$	$D(in)$
1	500	18	11	800	6	21	1600	8
2	500	15	12	800	6	22	1600	10
3	800	12	13	1600	12	23	1600	6
4	800	6	14	1600	12	24	800	6
5	800	12	15	1600	12	25	800	6
6	1800	12	16	1600	12	26	800	6
7	1800	12	17	800	6	27	2500	6
8	1800	12	18	800	6	28	2500	6
9	1800	10	19	800	6	29	2500	6
10	800	6	20	1600	12	30	1000	10

표 4 첨두계수 PF

hour	0	2	3.5	6.5	10	11.5	14	17	19	20	22	24
PF_1	1.0	0.95	0.875	0.625	0.30	0.25	0.50	1.10	1.23	1.25	1.10	1.0
PF_2	1.0	1.05	1.06	1.00	0.80	0.68	0.50	0.20	0.30	0.50	0.85	1.0

이 문제에서 매 시각마다 해를 구하기 위해 표 4의 자료를 이용하여 그림 2와 같이 선도를 작성하거나 또는 표 4의 자료를 라그랑지보간법 등으로 보간하여 매 시각마다 PF 수치를 구한다.

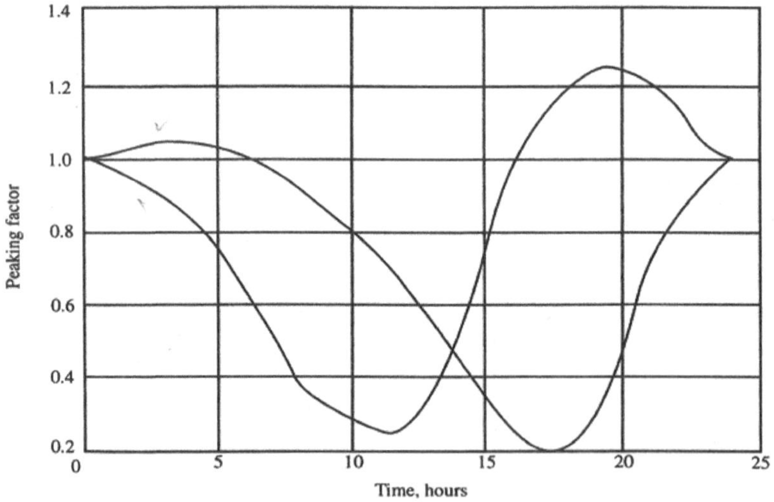

그림 2 PF선도

제4장에서 기술한 관망해석방법을 사용하여 그림 1 관망을 해석할 수 있으나 지면이 한정되어 지금부터는 개방된 프로그램인 EPANET을 이용하여 관망을 해석하며 해석결과 배관 1, 2, 4, 18, 25, 30에서 유량변화는 그림 3과 같고 절점 1, 2, 16에서 압력과 저장 탱크 내 수위변화는 그림 4와 같다. 그림 4에서 저장탱크의 수위는 초기에 605ft이고 24시에는 603ft로 종료되는 것을 알 수 있다. 다시 말해 탱크는 다음 날 시작 시점에서도 만수위가 되지 않는다. 따라서 펌프 1대 또는 2대의 용량을 증가시키거나 펌프의 운전시간을 증가시켜야 한다. 유동방향은 저장탱크와 관망을 연결하는 배관 30을 포함하여 여러 배관에서 반전된다. 저장 탱크는 처음 7시간 동안 관망에 물을 공급하고 그 후부터 18시까지 충수되고, 그 후 다시 물을 공급한다. 만일 펌프 곡선을 정의하기 위해 사용한 중간 점이 설계용량이면 펌프장 1의 운전 개시점에서 펌프의 최대 효율점에서 펌핑유량은 $15ft^3/s$이고, 펌프장 2의 유량은 $12ft^3/s$가 된다. 그림 3에서 볼 수 있듯이 수요량이 적은 기간인 9~15시 동안 펌프의 운영대수가 3대, 2대, 1대로 감소하면 펌프장 설계 용량선과 비교하여 펌핑유량이 과대해져 각 펌프는 설계용량을 상당히 초과하여 운전되므로 효율이 감소한다.

표 5a 시간 함수로서 각 절점에서의 압력(lb/in^2)

시간	절점 번호								
	1	2	3	4	5	6	7	8	9
1	57.67	67.26	66.95	65.71	52.12	53.53	54.89	55.53	46.51
2	57.79	67.29	66.81	65.47	52.31	53.53	54.62	55.09	46.79
3	57.91	67.33	66.67	65.23	52.49	53.55	54.34	54.63	47.06
4	58.36	67.54	66.74	65.29	53.21	54.08	54.54	54.75	48.00
5	58.98	67.85	66.93	65.56	54.17	54.90	55.05	55.25	49.22
6	59.40	67.97	65.09	63.99	54.85	55.39	54.41	54.56	50.11
7	60.16	68.37	65.47	64.50	56.02	56.47	55.20	55.40	51.60
8	61.04	68.84	66.03	65.27	57.40	57.82	56.34	56.66	53.41
9	59.10	66.38	59.94	59.75	56.19	56.41	52.59	52.92	52.92
10	60.49	67.32	61.46	61.53	58.21	58.34	54.67	55.25	55.40
11	55.80	61.76	60.70	60.94	55.04	55.27	53.84	54.97	53.46
12	57.17	62.97	62.36	62.88	56.65	56.90	56.05	57.46	55.23
13	57.32	63.16	63.24	63.95	56.79	57.16	57.17	58.85	55.32
14	56.44	62.49	63.48	64.35	55.71	56.20	57.40	59.47	53.96
15	55.70	61.99	63.64	64.65	54.75	55.68	57.46	59.97	52.66
16	60.64	68.04	69.64	70.75	58.12	60.18	62.97	65.93	54.38
17	59.26	67.45	69.76	71.06	55.91	58.91	63.47	66.61	51.55

18	59.30	68.68	70.70	72.23	54.48	58.75	64.99	68.40	48.84
19	58.46	68.27	70.23	71.62	53.12	57.74	63.98	67.31	47.06
20	57.54	67.82	69.72	70.94	51.61	56.61	62.86	66.13	45.05
21	56.84	67.40	69.36	69.90	50.48	55.22	60.18	63.20	43.64
22	57.06	67.29	68.45	68.38	51.03	54.66	57.83	60.34	44.59
23	57.19	67.17	67.60	66.92	51.29	53.86	56.03	57.71	45.12
24	57.37	67.18	67.24	66.28	51.61	53.59	55.35	56.55	45.65

표 5b 시간 함수로서 각 절점에서의 압력(lb/in^2)

시간	절점 번호							저수지 수위 고도(ft)
	10	11	12	13	14	15	16	
1	49.07	48.63	50.56	48.83	52.34	50.69	46.73	605.00
2	49.06	48.14	50.00	49.17	52.19	50.12	45.80	604.18
3	49.07	47.62	49.43	49.49	52.05	49.52	44.84	603.40
4	49.70	47.79	49.57	50.53	52.30	49.67	44.88	602.65
5	50.66	48.42	50.17	51.77	52.77	50.31	45.61	602.00
6	51.33	48.19	49.89	52.62	53.15	50.36	45.84	601.53
7	52.56	49.18	50.88	54.16	53.39	51.30	47.09	601.24
8	54.09	50.67	52.39	56.16	53.61	52.68	49.06	601.19
9	53.38	48.18	49.51	56.30	53.64	51.17	47.83	601.41
10	55.65	50.70	52.12	59.01	54.45	53.60	51.07	601.59
11	53.69	50.47	52.06	57.75	54.44	53.75	51.83	602.05
12	55.43	53.13	54.84	59.57	55.41	56.26	55.32	602.45
13	55.71	54.58	56.39	59.58	56.01	57.40	57.34	603.04
14	54.63	55.08	57.16	57.92	55.85	57.90	58.55	603.71
15	53.99	55.45	57.85	56.34	55.65	58.49	59.69	604.28
16	57.65	60.61	63.90	56.84	56.49	63.40	65.37	604.75
17	56.11	61.46	64.93	53.95	55.48	64.67	66.83	605.36
18	55.41	63.44	67.04	50.65	55.30	67.04	69.39	605.61
19	54.25	62.07	65.76	48.71	55.09	65.51	67.74	605.60
20	52.93	60.56	64.36	46.47	54.59	63.81	65.98	605.39
21	51.22	56.41	60.45	44.98	53.65	58.86	60.54	605.02

22	50.49	53.10	56.71	46.24	53.07	55.19	55.58	604.44
23	49.25	50.74	53.37	47.03	52.11	52.93	51.14	603.80
24	48.93	49.62	51.88	47.72	51.79	51.70	48.88	603.03

표 6a 시간 함수로서 각 배관에서의 유량(ft^3/s)

시간	배관 번호									
	1	2	3	4	5	6	7	8	9	10
1	15.71	11.33	6.05	0.66	4.83	4.85	6.10	5.52	3.23	0.40
2	15.66	11.46	6.00	0.68	4.91	4.83	6.11	5.56	3.27	0.36
3	15.62	11.59	5.95	0.70	4.99	4.81	6.11	5.60	3.31	0.31
4	15.33	11.53	5.80	0.72	4.99	4.72	6.03	5.56	3.30	0.26
5	14.90	11.35	5.61	0.74	4.93	4.61	5.89	5.47	3.25	0.21
6	14.73	10.52	5.42	0.95	4.73	4.52	5.79	5.11	3.09	0.12
7	14.15	10.26	5.17	0.96	4.64	4.37	5.60	4.98	3.02	0.04
8	13.43	9.86	4.88	0.95	4.47	4.19	5.34	4.79	2.92	-0.04
9	12.91	8.07	4.49	1.26	3.99	3.90	5.02	3.95	2.53	-0.18
10	11.98	7.58	4.12	1.22	3.76	3.65	4.70	3.72	2.39	-0.21
11	9.33	7.83	3.29	0.75	3.59	2.93	3.77	3.74	2.31	-0.17
12	8.82	7.27	3.12	0.70	3.31	2.80	3.60	3.51	2.16	-0.16
13	8.74	6.96	3.16	0.60	3.10	2.80	3.57	3.40	2.07	-0.09
14	9.03	6.86	3.39	0.44	2.93	2.91	3.69	3.41	2.01	0.09
15	9.24	6.81	3.63	0.29	2.75	3.03	3.70	3.45	1.95	0.28
16	11.21	6.82	4.58	0.30	2.63	3.74	4.31	3.67	1.99	0.52
17	11.84	6.70	5.16	-0.14	2.36	4.08	4.55	3.50	1.88	0.67
18	13.68	5.65	5.93	0.14	2.00	4.61	5.01	3.23	1.68	0.83
19	14.29	6.20	6.18	0.17	2.23	4.79	5.20	3.49	1.83	0.86
20	14.94	6.75	6.45	0.20	2.47	4.98	5.40	3.74	1.99	0.91
21	15.52	8.77	6.61	0.17	3.29	5.11	5.68	4.62	2.49	0.88
22	15.67	9.82	6.42	0.41	3.88	5.01	5.80	5.09	2.80	0.75
23	15.82	10.70	6.29	0.54	4.40	4.97	5.99	5.38	3.04	0.61
24	15.81	11.05	6.18	0.60	4.63	4.92	6.06	5.47	3.15	0.51

표 6b 시간 함수로서 각 배관에서의 유량(ft^3/s)

시간	배관 번호									
	11	12	13	14	15	16	17	18	19	20
1	0.24	0.64	4.72	4.26	4.95	3.91	0.61	0.61	-0.17	3.32
2	0.32	0.67	4.68	4.26	5.03	3.97	0.56	0.68	-0.13	3.29
3	0.39	0.69	4.65	4.26	5.11	4.02	0.52	0.75	-0.10	3.26
4	0.46	0.70	4.56	4.23	5.12	4.01	0.46	0.80	-0.07	3.22
5	0.52	0.70	4.46	4.16	5.08	3.97	0.41	0.84	-0.04	3.20
6	0.69	0.71	4.37	4.09	4.94	3.78	0.35	0.94	0.06	3.22
7	0.73	0.70	4.24	4.03	4.86	3.71	0.29	0.96	0.06	3.19
8	0.75	0.69	4.06	3.94	4.73	3.59	0.19	0.96	0.05	3.09
9	1.00	0.69	3.72	3.61	4.24	3.14	-0.01	1.13	0.25	2.73
10	0.99	0.65	3.51	3.45	4.05	2.98	-0.16	1.10	0.21	2.56
11	0.75	0.57	2.83	2.84	3.78	2.85	-0.17	0.95	0.14	2.06
12	0.67	0.52	2.74	2.77	3.56	2.67	-0.18	0.85	0.05	2.02
13	0.54	0.48	2.77	2.76	3.40	2.57	-0.08	0.71	-0.10	2.09
14	0.29	0.40	2.94	2.83	3.26	2.46	0.18	0.46	-0.23	2.32
15	-0.08	0.29	3.13	2.90	3.08	2.33	0.38	0.20	-0.33	2.51
16	-0.42	0.10	3.95	3.36	3.28	2.26	0.70	-0.45	-0.51	3.25
17	-0.70	-0.12	4.22	3.50	3.08	1.98	0.86	-0.80	-0.54	3.28
18	-0.90	-0.24	4.72	3.76	2.81	1.69	1.06	-1.07	-0.56	3.58
19	-0.90	-0.21	4.88	3.83	3.03	1.87	1.11	-1.05	-0.58	3.66
20	-0.90	-0.18	5.06	3.92	3.25	2.06	1.17	-1.03	-0.60	3.77
21	-0.76	0.04	5.16	4.06	3.96	2.76	1.14	-0.78	-0.63	3.80
22	-0.49	0.29	5.02	4.13	4.37	3.26	0.99	-0.38	-0.57	3.66
23	-0.26	0.48	4.92	4.32	4.59	3.62	0.81	0.19	-0.38	3.53
24	-0.05	0.56	4.84	4.34	4.76	3.78	0.71	0.42	-0.29	3.45

표 6c 시간 함수로서 각 배관에서의 유량(ft^3/s)

시간	배관 번호									
	21	22	23	24	25	26	27	28	29	30
1	1.04	2.14	0.94	0.68	0.72	1.06	0.86	0.84	0.84	2.36
2	1.07	2.16	0.96	0.61	0.77	1.09	0.86	0.85	0.85	2.26
3	1.10	2.18	0.98	0.54	0.83	1.12	0.85	0.86	0.86	2.16
4	1.16	2.19	0.99	0.38	0.84	1.13	0.83	0.86	0.86	1.86
5	1.25	2.19	0.98	0.13	0.82	1.12	0.81	0.86	0.85	1.37
6	1.30	2.10	0.96	-0.22	0.85	1.10	0.79	0.88	0.80	0.83
7	1.45	2.12	0.94	-0.53	0.77	1.08	0.76	0.87	0.79	0.13
8	1.63	2.15	0.92	-0.78	0.62	1.02	0.72	0.84	0.76	-0.63
9	1.53	1.82	0.83	-0.79	0.82	1.00	0.67	0.89	0.66	-0.53
10	1.72	1.85	0.79	-0.99	0.61	0.92	0.62	0.85	0.63	-1.32
11	1.46	1.71	0.75	-0.86	0.58	0.85	0.50	0.66	0.60	-1.14
12	1.57	1.77	0.70	-0.95	0.26	0.74	0.47	0.62	0.56	-1.72
13	1.52	1.89	0.67	-0.89	-0.11	0.62	0.47	0.57	0.53	-1.92
14	1.39	1.88	0.64	-0.72	-0.35	0.51	0.50	0.53	0.51	-1.66
15	1.32	1.81	0.60	-0.51	-0.51	0.40	0.53	0.49	0.49	-1.34
16	1.71	1.90	0.63	-0.45	-1.01	0.17	0.66	0.52	0.50	-1.77
17	1.65	1.74	0.60	0.32	-1.20	0.00	0.73	0.46	0.46	-0.72
18	1.58	1.59	0.56	0.82	-1.39	-0.16	0.83	0.44	0.41	0.05
19	1.45	1.65	0.59	1.00	-1.30	-0.09	0.86	0.48	0.45	0.59
20	1.32	1.73	0.62	1.15	-1.21	-0.02	0.90	0.52	0.49	1.08
21	1.20	2.01	0.72	1.20	-0.83	0.28	0.92	0.63	0.62	1.67
22	1.17	2.13	0.80	1.04	-0.36	0.55	0.90	0.73	0.71	1.86
23	1.12	2.10	0.86	0.87	0.27	0.84	0.89	0.80	0.78	2.22
24	1.12	2.13	0.90	0.75	0.48	0.95	0.88	0.82	0.81	2.21

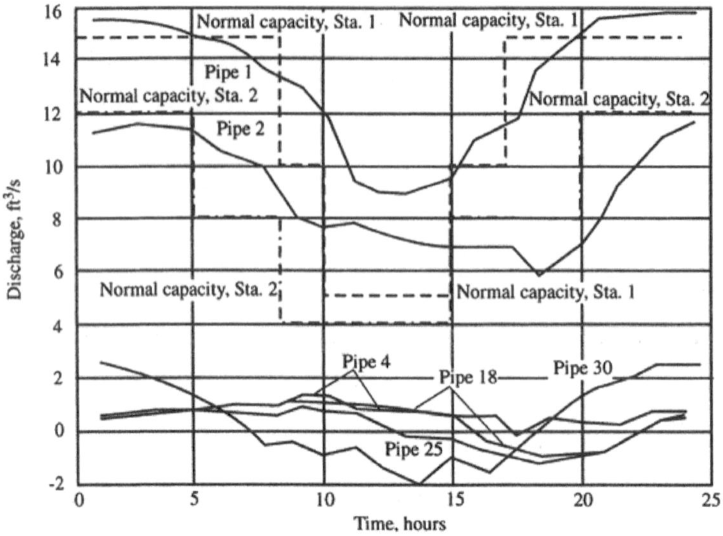

그림 3 펌프장 1, 2에 설치된 펌프 3대 24시간 운영시 배관유량

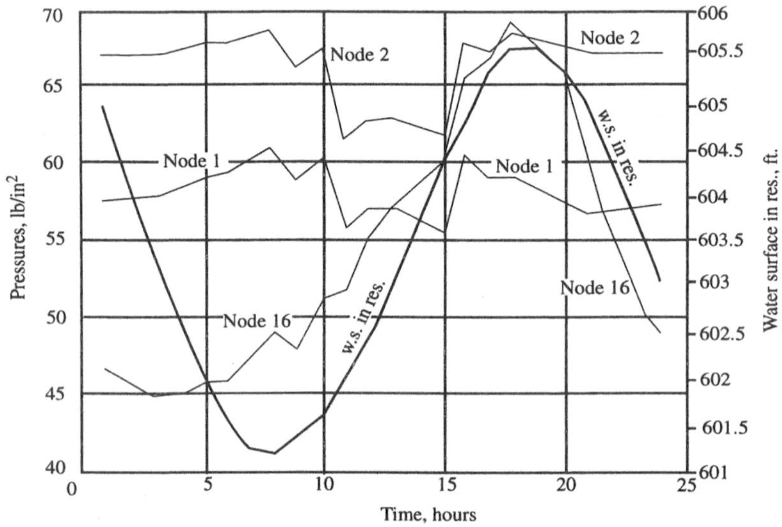

그림 4 펌프장 1, 2에 설치된 펌프 3대 24시간 운영시 절점압력과 탱크수위

표 7과 같이 두 펌프장의 펌프 운영 숫자를 변경시키면 그림 5와 같이 탱크는 24시간 주기의 종료시점에서 만수위가 된다.

표 7 펌프 스케줄

구 분	펌프장 1			펌프장 2		
Time(hr)	0～8	8～17	17～24	0～5	5～20	20～24
운전 대수	3	2	3	3	2	3

배관 1과 2에서의 유량은 그림 5와 같이 설계용량에서 더욱 선형적으로 나타나고, 그림 6에서 모의 종료시 탱크의 수위는 604.03ft가 된다.

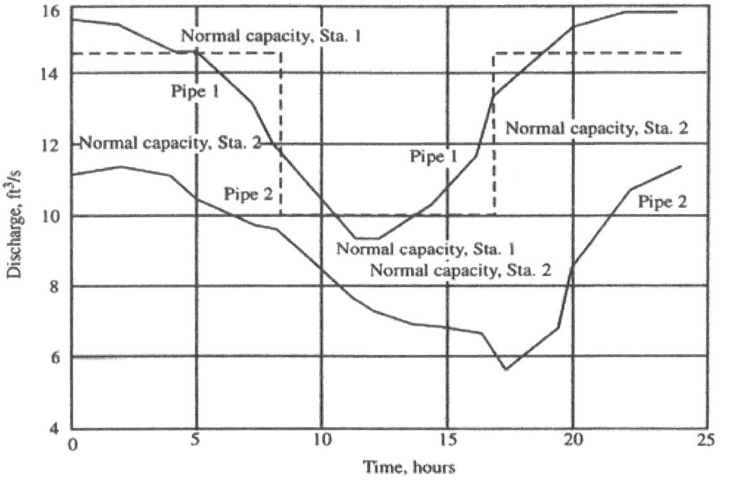

그림 5 펌프장 1, 2에 설치된 펌프 3-2대 24시간 운영시 배관유량

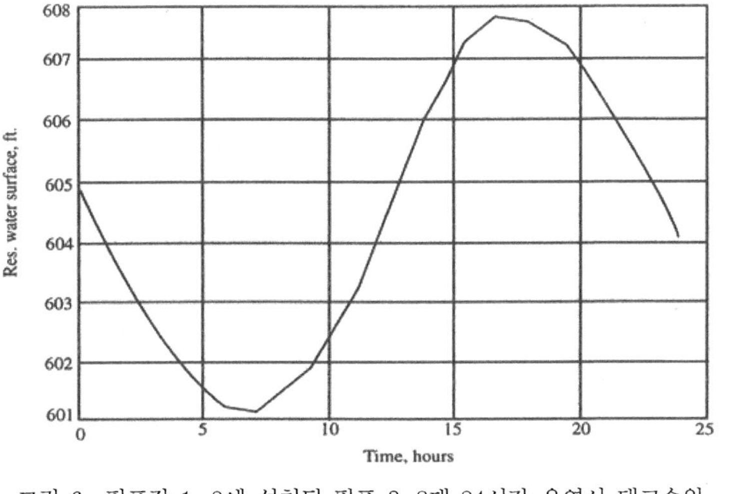

그림 6 펌프장 1, 2에 설치된 펌프 3-2대 24시간 운영시 탱크수위

6.3 경제공학 요소(Elements of Engineering Economics)

용수공급관망의 설계절차는 주어진 상황에서 선택적 해답을 구하고 이 해답을 해석한 후 최상의 해답을 선정하기 위해 기술자의 경험과 판단에 의존한다. 이러한 최상의 해를 선정하는 과정에서 고려하여야 할 중요한 요소는 필요한 유량과 압력으로 물을 공급하기 위해 소요되는 전체 비용을 검토하는 경제성 검토이다. 여기에서는 배관과 펌프 규격 선정시 고려하여야 할 경제공학에 대해 간략히 기술하며 이 내용은 경제학의 기본 과정의 일부일 수 있다.

경제공학에서는 시간의 가치를 고려하여 설비의 예상 수명에 걸친 전체비용이 최소가 되는 최소비용의 해를 구한다. 비용은 크게 관망을 구축하여 운영을 시작하기 위해 필요한 건설비용과 관망을 운영하기 위해 매년 반복되는 년간 운영비용 두 범주로 나눌 수 있다. 통상적으로 첫 번째 범주를 자본투자비라 부르며 두 번째 범주는 운영비용이라 부른다. 년간 수익을 고려하여 이 두 비용 범주를 검토하는 방법은 특정 시간 간격에 걸친 출자금의 현존가치를 자본투자비로, 년간 출자금을 운영비로 간주하는 것이다. 전체비용을 산출하기 위해 이 두 비용을 조합하여야 한다면 현금 사용과 관련된 이자를 고려하여 이 두 비용을 대등하게 평가하여야 한다. 이 두 비용을 대등하게 평가하기 위해 현존가치와 년간상환액(또는 연속 상환액) 용어를 사용한다. 전체 현존가치를 계산하기 위해 자본투자비용을 현존가치에 포함시키고, 운영비를 자본투자비에 포함시키기 위해 현존가치계수 pwf로 곱하여야 한다. 다시 말해 두 대안은 다음 중 하나가 된다. (1)미래에 소요될 년간 운영비용 또는 반복비용을 pwf(present worth factor)로 곱하여 현 시점에서의 등가 자본투자로 환산하거나, (2)현 시점에서의 자본투자를 crf(capital recovery factor)로 곱하여 미래 년간 상환액으로 환산한다. 균등한 년간 상환액으로 처리하기 위해 각 상환액을 일정한 양으로 가정한다. 현존가치계수 pwf는 다음과 같다.

$$pwf = \frac{1}{i}\left[1 - \frac{1}{(1+i)^n}\right] = \frac{(1+i)^n - 1}{i(1+i)^n} \tag{6.1}$$

자본회수계수 crf는 상기 식의 역수이므로

$$crf = \frac{1}{pwf} = \frac{i}{1 - \dfrac{1}{(1+i)^n}} = \frac{i(1+i)^n}{(1+i)^n - 1} \tag{6.2}$$

상기 식에서 i는 기간 당 이율이고 n은 반복 지불 횟수(recurring payment) 또는 기간 횟수이다. 통상적으로 년간 상환액은 1년에 1회와 같이 시간 간격을 1년을 기초로 하며 이 때 n은 프로젝트의 수명이다.

상기 식의 사용법을 설명하기 위해 물공급시스템을 건설하고 운영을 시작하기 위해 백만달러가 소요된다고 가정하자. 특정 이율로 백만달러를 대출받고 이 대출금은 프로젝트의 수명 15년에 걸쳐 년 단위로 일정하게 상환되면 $n = 15$가 된다. 표 6.1은 $n = 15$에서 이율이 $i = 0.06$과 $i = 0.10$인 경우 년간 상환액을 보여준다. 백만달러을 crf로 곱하여 표 6.1의 "상환액"을 구한다. 예를 들어 $i = 0.06$인 경우 자본회수계수와 현존가치계수는 다음과 같다.

$$crf = \frac{0.06}{1 - \frac{1}{1.06^{15}}} = 0.102962 \qquad pwf = \frac{1}{0.102962} = 9.712321$$

$i = 0.10$인 경우 자본회수계수와 현존가치계수는 다음과 같다.

$$crf = \frac{0.1}{1 - \frac{1}{1.1^{15}}} = 0.131474 \qquad pwf = \frac{1}{0.131474} = 7.606067$$

표 6.1에서 "Payment"는 년간 상환액, "Accum."은 년간 상환액의 누적 또는 합, "Interest"는 그 기간 동안 발생된 이자로 대출액에 이자율을 곱하여 구하고, "Owing"은 아직 남아 있는 대출잔액으로서 대출금에 이자를 더한 후 상환액을 감하여 구한다. 예를 들어 대출 1년 후 대출잔액은 다음과 같다.

$$1,000,000 + 60,000 - 102,963 = 957,037\$$$

이 표에서 15년 종료 시점에서 상환액은 대출잔액에 최종 년도에서 발생한 이자를 더한 것으로 다음과 같다.

$$97,135 + 5,828 = 102,963\$ \qquad i = 0.06$$

$$119,521 + 11,952 = 131,474\$ \qquad i = 0.10$$

따라서 이자율이 6%인 경우 15년 동안 매년 상환액 $102,963은 $1,000,000의 현존가치와 동등하고, 이자율이 10%인 경우 매년 상환액 $131,474는 $1,000,000의 현존가치와 동등하다. 다시 말해, 이 년간 상환액에 pwf를 곱하면 원금액인 $1,000,000이 된다.

표 6.1 대출금 $1,000,000에 대한 상환액, 이자, 잔액

년	이자율=6%				이자율=10%			
	Payment	Accum.	Interest	Owing	Payment	Accum.	Interest	Owing
1	102,963	102,962	60,000	1,000,000	131,474	131,473	100,00	1,000,000
2	102,963	205,925	57,422	957,037	131,474	262,947	96,852	968,526
3	102,963	308,888	54,689	911,497	131,474	394,421	93,390	933,905
4	102,963	411,851	51,793	863,224	131,474	525,895	89,582	895,822
5	102,963	514,813	48,723	812,054	131,474	657,368	85,393	853,930
6	102,963	617,776	45,468	757,815	131,474	788,842	80,784	807,849
7	102,963	720,739	42,019	700,321	131,474	920,316	75,716	757,161
8	102,963	823,702	38,362	639,378	131,474	1,051,790	70,140	701,403
9	102,963	926,664	34,486	574,777	131,474	1,183,264	64,006	640,069
10	102,963	1,029,627	30,378	506,301	131,474	1,314,737	57,260	572,603
11	102,963	1,132,590	26,022	433,717	131,474	1,446,211	49,838	498,389
12	102,963	1,235,553	21,406	356,777	131,474	1,577,685	41,675	416,754
13	102,963	1,338,515	16,513	275,221	131,474	1,709,159	32,695	326,956
14	102,963	1,441,478	11,326	188,771	131,474	1,840,632	22,817	228,178
15	102,963	1,544,441	5,828	97,135	131,474	1,972,106	11,952	119,521
				0				0

이 예증 문제를 더욱 상세히 분석하기 위해서 펌프장 건설을 위한 자본투자비가 $1,000,000, 펌프 운영을 위한 년간 전력비용 $120,000, 관망의 운영 및 유지보수를 위해 매년 평균 $50,000이 필요하다고 가정하면 년간 운영유지비용은 $170,000가 된다. 자본투자비용과 운영유지비용을 비교하기 위한 2개의 대안은 다음과 같다. (1)pwf와 년간운영유지비용을 곱한 것을 자본투자비용에 더한다. (2)crf와 자본투자비용을 곱한 것을 년간 운영유지비용에 더한다. 이 두 대안에 대한 계산결과는 표 6.2와 같다. 표 6.2에서 이자율이 증가하면 전체 현존가치 비용은 감소하지만 전체 년간 상환액은 증가한다. pwf는 이자율과 반비례하나 crf는 이자율에 비례하기 때문에 이런 차이가 발생한다.

표 6.2 전체비용

현존가치	년간 상환액
$i=0.06$ 1. 자본투자비용 =1,000,000 2. 년운영유지비 170,000×pwf=1,651,040 $2,651,040	$i=0.06$ 1. 자본투자비용 1,000,000×crf =102,963 2. 년운영유지비 =170,000 $272,963
$i=0.10$인 경우 1. 자본투자비용 =1,000,000 2. 년운영유지비 170,000×pwf=1,293,020 $2,293,020	$i=0.10$인 경우 1. 자본투자비용 1,000,000×crf =131,474 2. 년운영유지비 =170,000 $301,474

예제 6.2

조도 $e=0.005in$, 길이 $L=4000ft$ 단일관로를 이용하여 고도 1500ft의 지하수를 고도 1550ft에 위치한 절점에 압력 $p=50lb/in^2$, 유량 $Q=1.5ft^3/s$을 송수하기 위해 직경이 6인치, 8인치, 10인치 배관을 각각 사용할 때 현존가치와 년간 상환액을 구하라. 단, 전력단가는 $0.11/kWh, 흡수정과 펌프의 자본투자비용은 $50,000, 펌프·모터의 조합 효율은 $\eta=0.70$, 이자율 $i=0.10$, 프로젝트 수명은 30년, 용수공급시스템은 200일/년 운영되고, 물의 동점성계수는 $\nu=1.217\times10^{-5}ft^2/s$, 배관 가격은 표 1과 같다.

표 1 배관 직경에 따른 단위 길이당 배관비용

직경 $D(in)$	6	8	10
직경 $D(ft)$	0.5	0.667	0.833
배관비 $/ft	35	45	55

해답

상기 문제에 대한 자본회수계수 crf는 다음과 같다.

$$crf=\frac{0.1}{1-\frac{1}{1.1^{30}}}=0.10608$$

현존가치계수는 pwf는 다음과 같다.

$$pwf=\frac{1}{0.10608}=9.4268$$

$D=0.5ft$인 경우 Colbebrook–White 식 5.11에서 미지수는 오직 f 1개이므로 엑셀의 해찾기 도구 또는 5.1.1절에서 기술한 방법 중 하나를 사용하여 f를 구할 수 있으며 여기에서는 $f=0.02$로 추정하여 Gauss–Seidel방법을 사용한 결과는 표 2와 같으며 엄밀해 $f=1/SF^2=0.01983$이다.

표 2 Gauss–Seidel방법으로 구한 마찰계수 $f(D=0.5ft)$

SF_1	7.07106	7.10261	7.10183	7.10185	7.10185	7.10185	7.10185
SF	7.102615	7.10183	7.10185	7.10185	7.10185	7.10185	7.10185
$SF-SF_1$	0.031547	-0.0007	0.00002	0.00000	0.00000	0.00000	0.00000

식 5.1 달시–바하식으로부터 다음과 같이 배관 마찰에 의해 발생하는 손실수두 h_f를 구한다.

$$h_f=0.0251985\frac{0.01983\times4000\times1.5^2}{0.5^5}=143.89ft$$

펌프는 다음과 같이 마찰손실수두, 고도 차이, 송수 압력수두의 합인 수두를 형성시켜야 한다.

$$h_p=h_f+\triangle EL+p\times\frac{144}{62.4}=h_f+50+50\times\frac{144}{32.4}=143.89+165.38=309.27ft$$

펌프동력은 다음과 같다.

$$P=\frac{\gamma Qh_p}{115.86\eta}=\frac{9.8\times1.5\times309.27}{115.86\times0.7}=56.06kW$$

년간 전력비는 다음과 같다.

$$C_E=56.06\times24\times200\times0.11=29{,}597\$/year$$

자본투자비는 배관비용과 펌프장 건설비의 합이므로 다음과 같다.

$$C_C=30\times4{,}000+50{,}000=170{,}000\$$$

자본투자비를 연간 상환액으로 환산하면 다음과 같다.

$$C_{CC}=C_C\times crf=170{,}000\times0.10608=18{,}033\$$$

따라서 매년 상환하여야 할 전체 상환액은 다음과 같다.

$$C_{TC}=C_E+C_{CC}=29{,}597+18{,}033=47{,}631\$/year$$

전력비를 현존가치액으로 환산하면 다음과 같다.

$$C_{EP}=C_E\times pwf=29{,}597\times9.42691=279{,}013\$$$

이 용수공급시스템의 전체 현존가치액은 다음과 같다.

$$C_{TP} = C_{EP} + C_C = 279{,}013 + 170{,}000 = 449{,}013\$$$

상기와 같은 방법으로 $D = 0.667ft$, $0.8335ft$일 때 계산한 결과는 표 3 및 4와 같으며 프로젝트의 수명 30년에 걸친 8인치 관로의 년간 상환액 $43,411은 대안 중 최소비용이 된다. 6인치 배관을 사용할 경우 에너지 비용이 증가하여 전체 비용이 증가하고, 10인치 배관을 사용할 경우 에너지 비용이 감소하지만 배관 비용이 증가하여 전체 비용이 증가한다.

표 3 년간 상환액

직경(in)	$h_f(ft)$	$h_p(ft)$	$P(kW)$	$C_E(\$/yr)$	$C_C(\$)$	$C_{CC}(\$)$	$C_{TC}(\$)$
6	144.46	309.90	56.194	29,670	170,000	18,033	47,703
8	33.17	198.55	36.009	19,013	230,000	24,398	43,411
10	10.72	176.10	31.938	16,863	270,000	28,641	45,504

현존가치를 기준으로 한 계산결과는 다음 표와 같다. 전체 비용은 현존가치이고, 여기서 년간 에너지비용을 자본투자비용에 더하기 전에 pwf를 곱하여 에너지 비용을 현존가치로 전환시켜야 한다.

표 4 현존가치액

직경(in)	$h_f(ft)$	$h_p(ft)$	$P(kW)$	$C_E(\$/yr)$	$C_{EP}(\$)$	$C_C(\$)$	$C_{TP}(\$)$
6	144.46	309.90	56.194	29,670	279,013	170,000	449,013
8	33.17	198.55	36.009	19,013	179,004	230,000	409,004
10	10.72	176.10	31.938	16,863	158,834	270,000	428,834

6.3.1 관망의 경제공학 적용

관망평가에 경제공학을 적용하기 위해서 각 관망을 (1)수요량이 일정한지 또는 변화하는지, (2)물이 자연유하 또는 펌핑으로 공급되는지, (3)분지관로 또는 루프관망으로 구분하는 것이 효율적이다. 수요량이 일정하면 각 배관에서 유량은 고정되고 관망의 수명에 걸친 전체 비용을 최소화하여 최적으로 설계할 수 있다. 수요량이 변화하면 이 변화는 하나 이상의 무작위 요소를 갖게 되어 실제 상황에서 시간에 따라 동일한 변화 패턴이 반복하지 않으므로 최적 관망설계 여부는 관망해석문제가 된다. 중력을 이용한 관망은 손실수두와 요구되는 압력이 변화하여도 에너지 비용이 소요되지 않는다. 또한, 수요량이 고정되면 최적 설계는 단순히 필요한 압력과 유량을 만족시킬 수 있는 직경이 가장 작은 일련의 배관을 선정하는 과정이 된다. 루프관망에서 유량은 모든 배관 직경은 물론 절점 수요량에 종속되는 반면 분지관망에서는 배관 직경과 관계없이 각 배관 내부에서의 유량은 고정된다.

관개용수시스템과 같이 수요량이 일정한 분지관망은 가장 단순한 해석 형식에 속하며 도시의 급수시스템은 통상적으로 가장 복잡한 해석 형식에 속한다. 도시 급수시스템은 루프로 형성되어 개별 요소가 정상적으로 운전되지 않을 경우를 대비하여 여유 유량을 갖추어야 한다. 즉, 도시급수시스템은 반드시 비상 유량에도 대응할 수 있어야 하고, 수요량이 변화할 수 있고, 수요량 중 일부는 펌프로 가압될 수 있다. 물이 탱크(저수지)로부터 관망에 유입될 때에도 물은 빈번하게 사전에 펌프로 가압되어 탱크로 유입된다. 이와 같이 복합적인 급수시스템의 경우 수학식을 적용하고 전산 프로그램을 사용하여도 공식적인 최적 설계를 완성할 수 없다. 최적에 가까운 설계는 고사하고 양호한 설계를 하기 위해 경험을 바탕으로 한 확고한 기술적 판단력과 급수시스템의 중요한 요소의 이해가 필요하다. 급수시스템을 복잡하게 만드는 요소는 다음과 같다.

1. 현실 고려: 예비 전력, 수동-자동 제어, 물의 저장 형태, 운전상태 감시의 정도와 형태.
2. 수요량: 공간 및 시간에 따른 물 사용량 변화, 사용자 형태, 수송 불가능에 대비한 비용, 소방용수량, 미래 경향.
3. 필요 저장량: 펌프가 설치된 지상 탱크-vs- 타워 탱크, 예비수요량과 첨두 수요량에 대한 탱크 체적 및 수위 변화.
4. 필요 최대압력과 최소압력: 주거 지역, 고부가 가치 사업 구역, 산업 구역, 미래에 공급하여야 할 구역.
5. 인구밀도 분포와 미래 인구 경향.
6. 지형 변화: 압력제어(PRV, BPV, 밸브)-vs-독립 관망(separate system)
7. 관개용수, 소방용수와 기타 용수공급을 위한 독립 관망-vs-단일 관망 등.

본 장에서는 상기 모든 요소와 최적화기법에 대해서 기술하지는 않지만 비용측면에서 효율적인 관망을 보장하기 위해 기본적으로 고려하여야 할 요소에 대해서 기술한다.

6.3.2 최소 비용

관망설계시 투자비용과 년간 운영비용 모두를 고려하여 전체 비용이 최소가 되는 배관 규격을 선정하여야 하며 이 두 비용을 합계하기 전에 공통적인 기준으로 평가하여야 한다. 이렇게 하기 위한 한 방법은 배관 규격을 달리해서 문제를 해결하고, 각 배관 규격의 비용을 계산하여 배관 규격의 함수로서 비용 곡선을 작성하는 것이다. 만일 펌프로 물을 공급하는 경우 비용 그래프는 그림 6.1과 같이 나타난다. 이 그래프에서 배관과 다른 시설의 년간 투자비용은 배관 직경에 따라 비례하나 펌핑과 관련된 운영비용은 반비례한다. 이와 같이 반대되는 두 경향을 갖는 비용을 합계한 전체비용은 배관 직경의 증가에 따라 감소되어 최소가 된 후 다시 증가하며 이 전체비용의 최소점에 가장 근접한 표준배관직경을 선정하여야 한다.

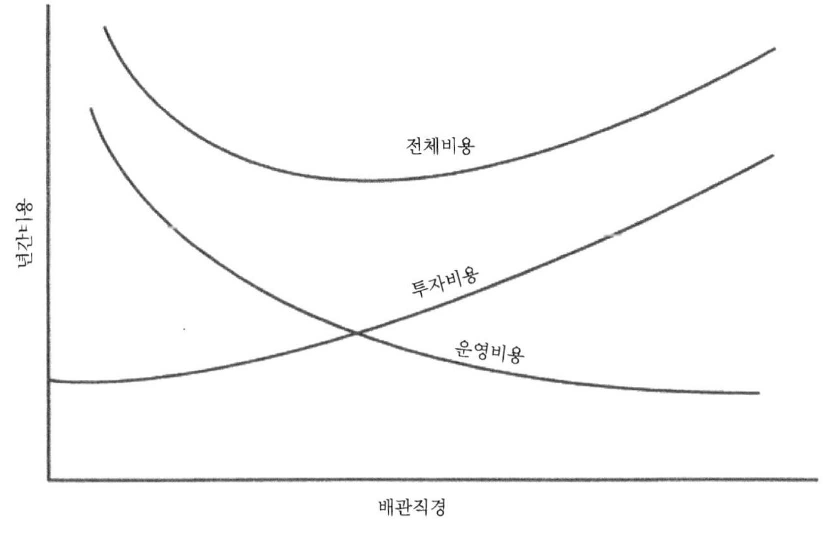

그림 6.1 배관 직경의 함수로서 시스템 비용

통상적으로 관망에서의 유량은 각 배관마다 다르고, 관망을 구성하는 모든 배관의 직경을 동일하게 설계하는 것은 무의미하므로 전체 비용이 최소가 되는 배관 규격을 선정하기 위해 그림 6.1과 같은 그래프를 작성한다. 그러나 유의미한 대안은 독립변수인 배관 직경을 S로 대체하는 것이다. S는 관로에서 발생하는 손실수두를 배관길이로 나눈 것이기 때문에 S를 가로좌표로 단위 배관길이당 비용을 세로자표로 작성하는 것은 유의미하다. 식 5.7로부터 다음과 같이 직경을 구하는 식을 유도할 수 있다.

$$D = \left\{ \frac{C_1 f Q^2}{S} \right\}^{0.2} \tag{6.3}$$

상기 식에서 $S = h_f/L$, f는 Colebrook-White식에 의해 주어진다. 다음 방법으로 비용을 연산한다. (1)S를 임의로 설정하고 이에 따른 배관 직경을 구하기 위해 달시-바하식과 Colebrook-White식을 푼다. (2)(1)에서 구한 설계배관직경을 표준직경의 배관 비용표로부터 라그랑지 또는 스플라인 보간법으로 배관 단위 길이당 비용 C_p를 결정한다. (3)다음 식으로부터 단위 배관 길이당 펌프의 에너지 비용을 계산한다.

$$C_E = \frac{\gamma Q(S + \Delta H/L)tR}{\eta C} \tag{6.4}$$

여기서 γ : 유체 비중량

Q : 유량

R : 전력단가($/kWh),

ΔH : 배관 양 말단부 사이에서 수두의 차이(고도차+요구압력),

t : 펌프 운전시간

η : 펌프·모터 조합 효율

C : 단위 상수.

동일한 시간을 기준으로 에너지비용 C_E을 나타내는 것은 중요하다. 예를 들어 t가 1 일 단위이면 ES 단위$(Q = ft^3/s,\ h = ft)$의 경우 C는

$$C = \frac{550}{0.746 \times 24} = 30.72$$

SI 단위$(Q = m^3/s,\ h = m)$의 경우 C는 다음과 같다.

$$C = \frac{1000}{24} = 41.7$$

예제 6.3

다음과 같이 여러 S와 Q의 함수로서 전체비용을 나타내기 위한 그래프를 작성하고 단일 직경의 수평 관로 길이 L=2000ft를 통해 유량을 압력 $40 lb/in^2$으로 수송하기 위한 비용이 최소가 되는 배관 직경을 결정하라.

물은 배관 고도보다 1ft 아래에 위치한 저수지 수위로부터 취수되어 펌프로 가압된다. 아래 표는 직경이 다른 배관설치에 소요되는 단위 길이당 비용이다. 전력단가 $0.10/kWh, 프로젝트 수명 30년, 운전 기간 1년 365일, 배관 벽 조도 $e=0.005ft$, 펌프·모터 조합효율 70%, 이자율 $i=0.10$ 단, 물의 동점성계수 $\nu=1.217\times10^{-5}ft^2/s$이다.

$$S=0.0001,\ 0.00025,\ 0.0005,\ 0.001,\ 0.002,\ 0.003,\ 0.004,\ 0.005,\ 0.006,\ 0.007,\ 0.008,\ 0.009,\ 0.010$$

$$Q=1.0,\ 1.5,\ 2.0,\ 2.5,\ 3.0,\ 3.5,\ 4.0, 5.0ft^3/s$$

표 1 배관 직경에 따른 길이당 비용

직경(in)	4	6	8	10	12	15	18	20	24	30	36	42	48	54
$/ft	3.67	5.33	7.67	10.67	16.67	24.00	43.33	56.67	80	100	120	145	170	200

해답

5.1.1절에서 기술한 방법을 사용하여 상기 과정을 증명할 수 있으며 여기에서는 $S=0.0001$과 $Q=1.0ft^3/s$인 경우 배관 직경 D를 구한 후 배관비용과 에너지비용을 구하는 과정을 기술하며 나머지 조건에서는 독자가 직접 계산하길 권장하며 상세한 계산과정은 엑셀파일 Exam6_3을 참조한다.

먼저 저수지 수위와 배관 말단부에서 전체 수두차를 계산한다.

$$\triangle H=\frac{40\times144}{62.4}+1.0=93.3ft$$

$$\frac{\triangle H}{L}=\frac{93.3}{2000}=0.04665$$

관로 손실수두는 다음과 같다.

$$h_f=S\times L=0.0001\times2000=0.2ft$$

식 6.2로부터 자본회수계수는 다음과 같다.

$$crf=\frac{0.1}{1-\frac{1}{1.1^{30}}}=0.10608$$

식 6.4로부터 1일 관로 단위 길이당 펌프 동력은 다음과 같다.

$$P=\frac{62.2\times1.0\left(0.0001+\frac{93.3}{2000}\right)}{0.7\times30.72}=0.1352kW/ft$$

$$C_E = 0.1352 \times 0.1 \times 365 = 4.9357\$/ft$$

식 5.7과 5.11에서 미지수 f와 D를 제외하고 나머지 자료가 기저이므로 뉴튼법으로 구하면 $f = 0.028689$, $D = 1.48ft = 17.82in$이다.

펌프 동력은 다음과 같다.

$$P = \frac{9.8 \times 1.0 \times 93.51}{115.86 \times 0.7} = 11.30kW$$

단위 길이당 년간 에너지비용은 다음과 같다.

$$C_E = \frac{11.30 \times 0.1 \times 24 \times 365}{2000} = 4.9490\$/ft$$

선형보간으로 $D = 17.82in$ 배관 단위 길이당 배관비용을 구하면 다음과 같다.

$$C_P = 24 + (43.33 - 24)\frac{17.82 - 15}{18 - 15} = 42.19\$/ft$$

배관비용을 년간 상환액으로 환산하면 다음과 같다.

$$C_{PC} = C_P \times crf = 42.19 \times 0.1061 = 4.4760\$/ft$$

총 년간 상환액은 다음과 같다.

$$C_{TC} = C_E + C_{PC} = 4.9490 + 4.4760 = 9.4250\$/ft$$

상기 절차를 반복하여 $S = 0.0001 \sim 0.0010$에 걸쳐 계산한 결과는 다음 표와 같다.

표 2 $Q = 1.0ft^3/s$, $S = 0.0001 \sim 0.010$에 따른 년간 상환액

S	$D(ft)$	$C_P(\$/ft)$	$C_{PC}(\$/ft)$	$C_E(\$/ft)$	$C_{TC}(\$/ft)$	비고
0.00010	1.49	42.19	4.4760	4.9490	9.4250	
0.00025	1.25	23.86	2.5309	4.9649	7.4957	
0.00050	1.09	19.32	2.0496	4.9913	7.0409	
0.00100	0.96	15.06	1.5981	5.0442	6.6423	
0.00200	0.84	10.82	1.1478	5.1501	6.2979	
0.00300	0.78	6.63	0.7033	5.2560	5.9592	
0.00400	0.73	5.89	0.6248	5.3618	5.9866	

0.00500	0.70	5.34	0.5668	5.4677	6.0345	
0.00600	0.68	4.91	0.5213	5.5735	6.0948	
0.00700	0.66	2.91	0.3083	5.6794	5.9877	*Min. Cost
0.00800	0.64	2.68	0.2838	5.7852	6.0691	
0.00900	0.63	2.48	0.2628	5.8911	6.1538	
0.01000	0.62	2.30	0.2443	5.9969	6.2412	
0.00400	0.73	5.89	0.6248	5.3618	5.9866	
0.00500	0.70	5.34	0.5668	5.4677	6.0345	

유사한 방법으로 $Q = 2.5 ft^3/s \sim Q = 5.0 ft^3/s$에서 구한 비용 그래프는 그림 1과 같다. 여러 유량에서 전체 비용이 최소가 되는 S, 전체비용, 배관 직경 D는 표 3과 같다.

표 3 유량 Q에 따라 최소비용이 되는 S와 D

$Q(ft^3/s)$	1.0	1.5	2.0	2.5	3.0	3.5	4.0	5.0
Cost	6.12	8.97	11.88	14.84	17.69	20.47	23.31	29.02
S	0.003	0.003	0.003	0.002	0.002	0.002	0.002	0.003
$D(ft)$	0.698	0.814	0.908	0.988	1.147	1.216	1.279	1.285
$D(in)$	8.38	9.77	10.89	11.85	13.76	14.59	15.35	15.42

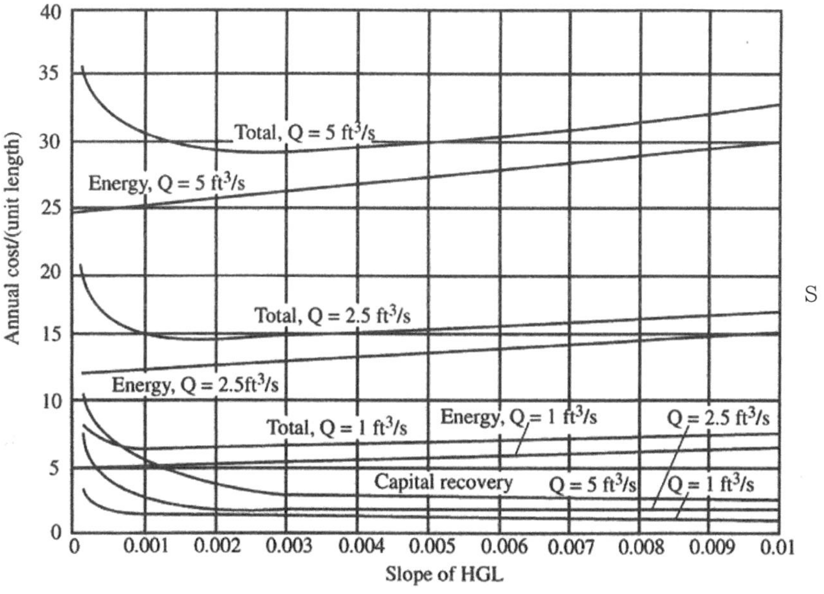

그림 1 유량 Q에 따른 S와 C_{TC} 관계

표 3으로부터 유량이 증가하면서 전체 비용이 최소가 되는 배관 규격은 증가하지만 구배 S는 거의 상수에 가깝고, 유량 $Q = 2.5 \sim 4.0 ft^3/s$ 범위에서 전체 비용이 최소가 되는 구배는 $S = 0.002$이지만 그 외 유량에서는 $S = 0.003$인 것을 알 수 있다.

6.4 경제적 관망설계

6.4.1 주 공급원이 하나인 경우

6.3절에서 언급한 방법을 사용하여 단일 직경의 관로에 대한 최소비용을 결정할 수 있지만 단일관로가 아닌 관망에서는 이 방법을 수정하여야 한다. 실제 급수시스템의 관로 설치와 관련된 자본비용은 배관 규격이 동일하여도 위치에 따라 광범위하게 변화할 수 있다. 미개발 지역에서는 배관 구매 이외 추가 비용은 굴착기 또는 백호의 운전과 관련된 비용이 되는 반면 고도로 발달된 상업지역에서는 대체도로, 시설물의 재설치, 우회 도로 등과 관련하여 추가비용이 발생할 수 있으며 이 비용은 배관 비용과 비교하여 상당히 클 수 있다. 따라서 이 지역에서는 직경에 따른 배관비용은 자본비용에 큰 영향을 미치지 않는다. 물이 중력으로 공급되는지, 펌프로부터 직접 공급되는지, 펌프를 통해 공급받는 탱크로부터 공급되는지에 따라 년간 운영비용은 상당히 변화할 수 있다. 후자의 경우 펌핑 에너지 비용과는 별도로 저장시설과 관련된 자본비용이 발생한다. 비용은 급수시스템의 위치에 따라 변화하지만 여기에서는 최소비용에 근접한 관망 설계절차를 기술하기 위해 자본비용 또는 운영비용이 변화하지 않는 가장 단순한 경우만을 고려한다. 실제로 더욱 복잡한 급수시스템에도 동일한 원리를 적용할 수 있지만 참고 자료로만 사용하여야 한다.

공급원이 포함된 관망에서 배관의 위치와 길이가 변경되는 것은 물론 일부 배관은 나중에 제거될 수도 있다. 설계시 수요량은 기저로서 고정되고 관망의 배치는 확정된 것으로 가정한다. 이 설계 수요량은 화재시 비상용수를 고려하지 않으면 최대 예상수요량이 될 수 있다. 예제 6.3에서 유량이 변화하여도 최소 전체 비용이 크게 변화하지 않는 S를 고찰하였다. 관망의 수명과 유량의 변화에 따른 비용의 불확실성을 고려할 때 각 배관의 비용이 최소가 되는 S를 구하는 것보다는 관망 내 모든 배관에 적용할 수 있는 하나의 S를 사용할 수 있다. 현실적인 경제적 관망 설계방법은 일반적으로 다음과 같은 8단계 절차를 따른다.

1. 적은 유량을 수송하는 배관을 제거하여 분지관망을 생성한다.
2. 설계하고자 하는 관망의 수요량을 만족시키는 배관유량 Q를 구한다. 통상적으로 이 설계 수요량은 첨두 시간 수요량이지만 소방용수 또는 다른 비상용수을 포함하지 않는다.
3. 관망의 필요압력을 만족시키기 위해 선정된 S에 기초하여 배관 손실수두 h_f와 절점 HGL을 구한다.
4. 2 단계와 3단계에서 구한 Q와 h_f 그리고 식 5.7과 5.11을 사용하여 배관 직경을 계산한다. 배관 직경을 구한 후 가장 근접한 표준 배관 직경(또는 한 단계 큰 직경)으로 대체·해석하여 배관 직경을 결정하고 펌핑수두와 전력비를 구한다.
5. 4 단계에서 구한 배관 규격에 따른 배관비용, 전력비용 및 기타 운영비용을 계산한다.
6. 최소 비용을 구할 때까지 일련의 S를 사용하여 4단계와 5단계를 반복한다.
7. 1 단계에서 제거한 각 배관을 최소 직경의 배관으로 다시 설치한다. 그러나 이 배관의 위치가 소방용수에 큰 영향을 미치거나, 관망의 다른 주요 요소가 작동하지 않아 반드시 이 배관을 사용하여야 할 때는 한 단계 큰 직경의 배관으로 설치하여야 한다. 이제 수요량과 소방용수량을 달리하여 이 관망을 해석한 후 관망성능의 결점을 찾아내도록 시도한다. 만일 결점이 발견되면 최적으로 이 결점을 수정하기 위한 방법을 결정하기 위한 판단연습을 하여야 한다.
8. 7 단계에서 얻은 관망 성능에 기초하여 관망 운영을 위한 논리적인 스케줄 또는 규칙을 공식화한다. 예상되는 수요량 변화를 완전 만족시키고 과도한 압력을 생성하지 않으면서 최소 압력 이상으로 압력을 유지하는 양호한 1일 운전이 가능한 저장 탱크의 높이, 규격, 고도를 설정한다. 이와 같이 제안된 관망의 ETS와 관망운영으로 이러한 선정 요소를 시험한다. 시간변화에 따른 결과를 검토하여 관망과 관망 운영을 적정하게 변화시키고, 특히 연산의 기초인 수요량과 일부 자료의 불확실성 관점에서 비용이 더 이상 크게 감소하지 않는다는 결론에 도달할 때까지 ETS를 반복한다.

예제 6.4

성장하는 신도시에 물을 공급하기 위한 급수시스템을 설계하려고 한다. 이 신도시의 고도는 1100ft, 펌프장 취수원 수위는 1000ft이다. 이 관망의 설계조건과 운영조건은 다음과 같다.

1. 전체 수요량은 최근에 개발된 관정으로부터 공급되며 펌프설비를 포함한 모든 설비는 향후 20년 동안 도시에 충분한 용수를 공급하여야 한다.
2. 설계시 개략적인 관로는 각 측면이 5280ft인 정사각형 격자로 구성된 주 도로에 따라 설치된다. 따라서 관정으로부터의 공급 관로를 제외한 모든 각 배관의 길이는 1320ft가 된다. 개별 블록 내부에 있는 부설 도로와 빌딩에 연결되는 개별 접합부가 있지만 개략화된 관망배치에서는 이를 생략하였으며 모든 배관의 조도는 $e = 0.005$ 인치이다.
3. 조사결과 도로 교차로의 각 절점에서의 향후 첨두 시간 수요량 $QJ = 240gpm$ 인 것으로 나타났다.
4. 이 지역의 첨두시간 수요량은 1일 평균 수요량의 2.3배로 예상된다.
5. 미국소방관련규정 NBFU(National Bureau of Fire Underwriters)에 따라 산업화가 예측되는 이 규모의 도시에 대한 관망은 임의 절점에서 최소 압력 $20lb/in^2$ 으로 비상소방용수 2000gal/min을 공급할 수 있어야 한다.

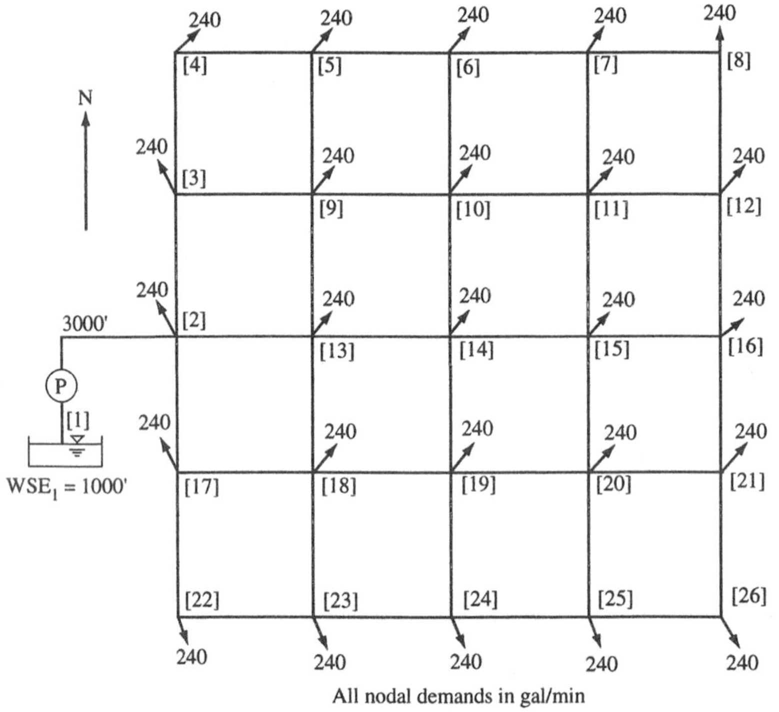

그림 1 41-배관, 26-절점으로 구성된 관망

상기 프로젝트의 비용 추정시 경제관련 자료는 이자율 9%, 프로젝트 수명 20년, 펌프 운영일 365일/년, 펌프·모터조합효율 70%, 전력단가 $0.090/kWh, 펌프 구매·설치 및 관정 개발 비용 $180,000, 저장 탱크의 건설비용 $C = \$15000\,V^{0.5}$이고 여기서 V는 탱크 용량으로 단위는 $10^3 ft^3$, 배관 비용은 아래 표와 같이 배관 자재비와 설치비로 나누어진다.

표 1 배관 직경별 자재비와 설치비

배관 직경 $D(in)$	6	8	10	12	15	18	24	36
자재비($)	4.00	6.00	12.00	18.00	22.00	45.00	60.00	100.00
설치비($)	8.00	8.20	8.40	8.60	9.00	9.20	9.40	9.60

해답

급수시스템의 설계를 책임지는 수리학 기술자로서 (1)급수시스템 내 각 배관의 규격을 명시하고, (2)설치하여야 할 펌프의 특성을 포함한 펌프규격을 명시하고, (3)저장 탱크의 설치 위치, 고도, 용량을 명시하고, (4)급수시스템의 경제적 분석을 실시하여 급수시스템의 건설 및 유지관리와 관련된 비용을 회수하기 위한 용수요금을 결정하여야 하며 이에 대한 해결 단계는 다음과 같다.

1 단계

제안된 관망으로부터 펌프에 가장 근접한 배관을 제외하고 남-북 도로에 따라 설치된 배관을 제거하여 그림 2와 같은 분지관망을 형성하며 이 분지관망에서는 펌프에 가장 인접한 남-북 도로에 따라 설치된 배관 2, 3, 16, 21을 주 송수관로로 가정한다. 또 다른 대안은 배관 2, 3, 16, 21을 제거하고 절점의 쌍 6과 10, 10과 14, 14와 19, 그리고 19와 24를 연결하는 배관을 남-북 방향의 주된 송수관로로 대체하여 이 배관을 관망의 중심부에 위치시킬 수 있다.

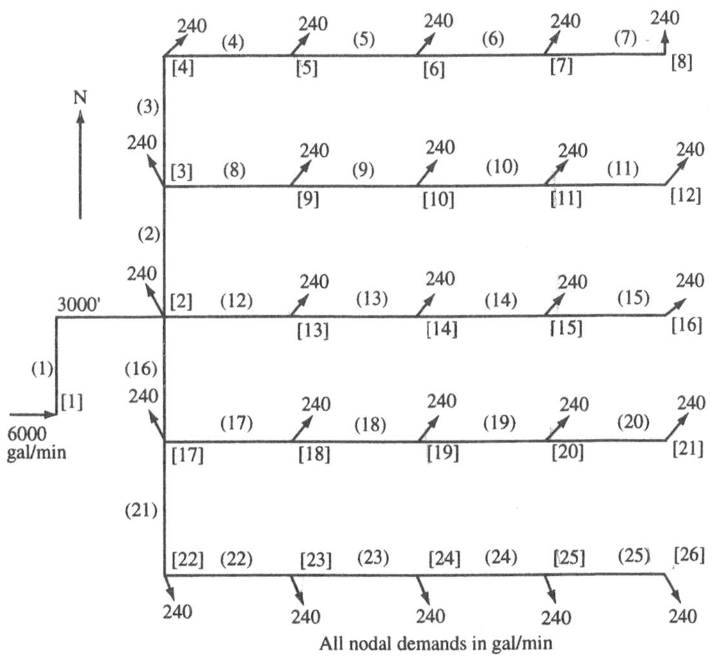

그림 2 분지관망

2 단계

관망의 각 절점에서의 수요량 $QJ = 240gpm = 0.535ft^3/s$를 만족시켜야 한다. 실제로 이러한 설계 수요량을 정확하게 예측하기 위해서는 해당 지역에서 현재 수요량의 고찰과 관망의 수명에 걸친 미래 수요량 변화 경향을 철저하게 검토하여야 한다. 그림 2의 분지관망의 사수부 절점 수요량을 그 절점에 연결된 배관에 할당하여 구한 각 배관유량은 표 2의 2번째 칸과 같다.

표 2 배관자료

배관	$Q(ft^3/s)$	$L(ft)$	S	$h_f(ft)$	f	$D(in)$
1	13.368	3000	0.00146	4.386	0.015216	25.90
2	5.347	1320	0.00343	4.523	0.016802	15.45
3	2.674	1320	0.00150	1.979	0.017983	14.00
4	2.139	1320	0.00305	4.028	0.018477	11.17
5	1.604	1320	0.00385	5.076	0.019097	9.57
6	1.069	1320	0.00331	4.363	0.019962	8.46
7	0.535	1320	0.00225	2.966	0.021639	7.04
8	2.139	1320	0.00305	4.028	0.018477	11.17
9	1.604	1320	0.00385	5.076	0.019097	9.57
10	1.069	1320	0.00331	4.363	0.019962	8.46
11	0.535	1320	0.00225	2.966	0.021637	7.03
12	2.139	1320	0.00305	4.028	0.022358	11.60
13	1.604	1320	0.00385	5.076	0.018629	9.52
14	1.069	1320	0.00331	4.363	0.019230	8.40
15	0.535	1320	0.00225	2.966	0.020146	6.94
16	5.347	1320	0.00343	4.523	0.016802	15.45
17	2.139	1320	0.00305	4.028	0.022358	11.60
18	1.604	1320	0.00385	5.076	0.019097	9.57
19	1.069	1320	0.00331	4.363	0.019230	8.40
20	0.535	1320	0.00225	2.966	0.021639	7.04
21	2.674	1320	0.00150	1.979	0.017983	14.00
22	2.139	1320	0.00305	4.028	0.018477	11.17
23	1.604	1320	0.00385	5.076	0.019097	9.57
24	1.069	1320	0.00331	4.363	0.019962	8.46
25	0.535	1320	0.00225	2.966	0.021639	7.04

3 단계

표 2에 주어진 S와 L을 이용하여 각 배관에서 발생하는 손실수두 h_f, 이를 이용하여 각 절점에서 HGL을 구한 결과는 표 2의 5번째 칸 및 표 3의 4번째 칸과 같다.

$$h_{f1} = S_1 \times L_1 = 0.00146 \times 3000 = 4.386 ft$$

$$\vdots$$

$$h_{f25} = S_{25} \times L_{25} = 0.00225 \times 1320 = 2.966 ft$$

$$HGL_8 = EL + p = 1100 + \frac{40 \times 144}{62.4} = 1192.31 ft$$

$$HGL_7 = HGL_8 + h_{f7} = 1192.31 + 2.966 = 1195.27 ft$$

$$\vdots$$

$$HGL_1 = HGL_2 + h_{f1} = 1215.24 + 4.386 = 1219.63 ft$$

표 3 절점자료

절점	$QJ(gpm)$	$QJ(ft^3/s)$	HGL	비고
1	6000	13.36809	1219.63	
2	240	0.534724	1215.24	
3	240	0.534724	1210.72	
4	240	0.534724	1208.74	
5	240	0.534724	1204.71	
6	240	0.534724	1199.64	
7	240	0.534724	1195.27	
8	240	0.534724	1192.31	
9	240	0.534724	1206.69	
10	240	0.534724	1201.61	
11	240	0.534724	1197.25	
12	240	0.534724	1194.29	
13	240	0.534724	1211.21	
14	240	0.534724	1206.14	
15	240	0.534724	1201.78	
16	240	0.534724	1198.81	

17	240	0.534724	1210.72	
18	240	0.534724	1206.69	
19	240	0.534724	1201.62	
20	240	0.534724	1197.25	
21	240	0.534724	1194.29	
22	240	0.534724	1208.74	
23	240	0.534724	1204.71	
24	240	0.534724	1199.64	
25	240	0.534724	1195.27	
26	240	0.534724	1192.31	

4 단계

이제 식 5.7과 5.11에서 미지수는 마찰계수 f와 직경 D이며 뉴튼법으로 구한 결과는 표 2의 6 및 7번째 칸과 같다. 설계배관으로 운영시 펌핑 수두를 구하면 다음과 같다.

$$h_p = HGL_1 - WS = 1219.63 - 1000 = 219.63 ft$$

5 단계

이제 표 2의 설계배관직경을 표 4와 같이 표준배관직경으로 대체하고 표 2의 배관마다 다른 S를 $S = 0.002$로 대체하여 배관 손실수두 h_f, 이를 이용하여 각 절점에서 HGL을 구한 결과는 표 5의 4번째 칸과 같다.

표 4 표준배관으로 변경 후 배관자료($S = 0.002$)

배관	$Q(ft^3/s)$	$h_f(ft)$	$D(in)$	자재비	설치비	배관공사비
1	13.368	6.000	24	180,000	28,200	208,200
2	5.347	2.640	15	29,040	11,880	40,920
3	2.674	2.640	15	29,040	11,880	40,920
4	2.139	2.640	12	23,760	11,352	35,112
5	1.604	2.640	10	15,840	11,088	26,928
6	1.069	2.640	8	7,920	10,824	18,744
7	0.535	2.640	8	7,920	10,824	18,744
8	2.139	2.640	12	23,760	11,352	35,112
9	1.604	2.640	10	15,840	11,088	26,928

10	1.069	2.640	8	7,920	10,824	18,744
11	0.535	2.640	8	7,920	10,824	18,744
12	2.139	2.640	12	23,760	11,352	35,112
13	1.604	2.640	10	15,840	11,088	26,928
14	1.069	2.640	8	7,920	10,824	18,744
15	0.535	2.640	8	7,920	10,824	18,744
16	5.347	2.640	15	29,040	11,880	40,920
17	2.139	2.640	12	23,760	11,352	35,112
18	1.604	2.640	10	15,840	11,088	26,928
19	1.069	2.640	8	7,920	10,824	18,744
20	0.535	2.640	8	7,920	10,824	18,744
21	2.674	2.640	15	29,040	11,880	40,920
22	2.139	2.640	12	23,760	11,352	35,112
23	1.604	2.640	10	15,840	11,088	26,928
24	1.069	2.640	8	7,920	10,824	18,744
25	0.535	2.640	8	7,920	10,824	18,744
합계				573,360	296,160	869,520

표 5 표준배관으로 변경 후 절점자료($S=0.002$)

절점	$QJ(gpm)$	$QJ(ft^3/s)$	$HGL(ft)$	
1	6000	13.368	1214.15	
2	240	0.535	1208.15	
3	240	0.535	1205.51	
4	240	0.535	1202.87	
5	240	0.535	1200.23	
6	240	0.535	1197.59	
7	240	0.535	1194.95	
8	240	0.535	1192.31	
9	240	0.535	1202.87	
10	240	0.535	1200.23	
11	240	0.535	1197.59	
12	240	0.535	1194.95	

13	240	0.535	1205.51	
14	240	0.535	1202.87	
15	240	0.535	1200.23	
16	240	0.535	1197.59	
17	240	0.535	1205.51	
18	240	0.535	1202.87	
19	240	0.535	1200.23	
20	240	0.535	1197.59	
21	240	0.535	1194.95	
22	240	0.535	1202.87	
23	240	0.535	1200.23	
24	240	0.535	1197.59	
25	240	0.535	1194.95	
26	240	0.535	1192.31	

표준배관으로 운영시 펌핑 수두를 구하면 다음과 같다.

$$h_p = HGL_1 - WS = 1214.15 - 1000 = 214.15ft$$

6 단계

설계배관자료를 이용하여 이 용수공급시스템의 현존가치와 상환액을 계산한다. 표 4로부터 배관자재비와 설치비의 합인 배관공사비는 869,520$, 펌프장 건설비 180,000$이고, 식 6.4로부터 년간 전력비는 다음과 같다.

$$C_E = \frac{62.2 \times 13.368 \times 214.15 \times 0.09 \times 365}{0.7 \times 30.72} = 272,724\$/yr$$

식 6.1과 6.2로부터

$$crf = \frac{0.09}{1 - \frac{1}{(1+0.09)^{20}}} = 0.10955$$

$$pwf = \frac{1}{0.10955} = 9.12855$$

표 6 현존가치와 상환액($i=0.09,\ n=20,\ S=0.002$)

현존가치	상환액
1. 자본투자비용 배관공사비 869,520 펌프장 건설비 180,000 1,049,520$	1. 자본투자비용 건설비×crf 1,049,520×0.10955=114,971$/yr
2. 년운영유지비 년간 전력비×pwf 272,724×9.12855=2,489,577$	2. 년간운영유지비 년간 전력비 272,724$/yr
3. 합계 3,539,097$	3. 합계 $387,696$/yr

유사한 방법으로 $S=0.0003$, 0.0005, 0.00075, 0.001, 0.003, 0.004, 0.005인 경우 해석한 결과의 상환액은 표 7과 같다.

표 7 S에 따른 상환액

S	0.0003	0.0005	0.00075	0.001	0.002	0.003	0.004	0.005
년간 상환액($)	430,927	405,135	396,590	393,539	387,696	397,424	410,013	410,014

상환액은 $S=0.00075 \sim 0.003$에서 약간 변화하지만 $S=0.002$에서 최소가 되며 이 때 가장 가까운 표준 배관 규격은 표 8과 같다.

표 8 상환액이 최소가 되는 배관직경

배관 번호	1	2	3	4	5	6	7	8	9	10	11	12	13
$D(in)$	30	20	15	15	12	10	8	15	12	10	8	15	12
배관 번호	14	15	16	17	18	19	20	21	22	23	24	25	
$D(in)$	10	8	20	15	12	10	8	15	15	12	10	8	

$S=0.001$인 경우 펌프가 반드시 가압하여야 할 다음 수두는 $S=0.002$일 때 구한 수두보다 10.9ft가 적다.

$$HGL_1 = 1100 + 40 \times \frac{144}{62.4} + 0.001 \times 10920 = 1203.2ft$$

$$h_p = 100 + 0.001 \times 10920 \times \frac{144}{62.4} = 203.2ft$$

일부 배관은 개별 배관에 대한 최적의 HGL 구배를 구할 때 얻은 배관 규격보다 한 단계 크다. $S=0.001$인 경우 년간 상환액 \$393,539은 $S=0.002$인 경우 년간 상환액 \$387,696 보다 \$5,843이 많다.

7 단계

비상 용수를 공급함에 있어 배관 1은 매우 중요하므로 두 번째 해석한 결과에 따라 배관 1의 직경을 30인치로 선정한다. 절점 16과 저장탱크를 직경 24인치 길이 200ft 배관으로 연결하고 앞에서 제거한 배관의 직경을 6인치로 대체하고, 표 9와 같은 특성을 갖는 두 대의 병렬 펌프를 사전 선정한다.

표 9 펌프 운전 특성

$Q(gpm)$	1500	3000	4500
$h_p(ft)$	234.0	219.2	197.0

각 절점 수요량이 $Q=0.8\times 240gpm$일 때 두 대의 펌프가 운전되지만 물은 탱크로부터 유출 또는 유입되지 않는 것으로 설정하고 EPANET으로 관망해석한 결과 펌프는 필요 이상의 펌핑수두 $h_p=274.2ft$, 유량 $Q=0.8\times 6000=4800gpm$을 공급하고, 절점 16에서의 수두는 109.8ft가 된다. 따라서 저장 탱크의 중간 수위는 이 고도 근처가 되어야 한다. 사전 설계 절차로서 관망에 물을 1일 동안 공급할 수 있도록 저장 탱크의 체적을 선정한다. 이제 1일 평균 수요량을 1일 공급할 수 있는 탱크 규격으로 환산하면 다음과 같다.

$$1\text{일 평균 수요량 } 6000/2.3=2610gpm=5.81ft^3/s$$

$$\text{탱크 규격 } 5.81\times 3600\times 24=502{,}000ft^3$$

이 탱크의 규격을 높이 10ft의 원통형으로 가정하면 직경은 253ft가 된다. 탱크 직경을 250ft(체적 $490{,}874ft^3$)로 하고 중간 수위 고도를 1200ft로 명시하면 탱크의 바닥고도는 1195ft가 되고 상부고도는 1205ft가 된다.

이제 운전 조건이 변화해도 관망 성능이 충분한 것을 증명하기 위해 반드시 여러 시나리오에서 정상유동 해를 구하여야 한다.

시나리오 1

소방용수시험을 위해 절점 6, 8, 9, 20에서 수요량 $2000gpm$을 추가로 부여한다. 표 10은 펌프 두 대가 운전 중이고 저장 탱크의 중간 수위 1200ft와 첨두 1일 수요량에서 화재가 발생한다는 가정 아래 펌프와 탱크가 공급하는 최소 압력과 유량을 보여준다.

표 10 절점에서 소방용수 해석결과(제거된 배관 직경을 6인치로 대체)

절점	최소압력(psi)	펌프 Q		탱크 Q	
		gpm	ft^3/s	gpm	ft^3/s
6	31.4	6420	14.3	1580	3.52
8	2.5	6290	14.0	1710	3.82
9	39.3	6470	14.4	1530	3.41
20	29.5	6250	13.9	1750	3.91

EPANET으로 관망해석결과 절점 8에서 소방용수량 2000gpm을 공급할 수 있지만 최소압력 20lb/in^2를 만족시킬 수 없다. 이러한 문제는 초기에 제거하였된 배관을 최소 직경 6인치로 할당하여 남-북 방향으로 유동이 형성되어 발생하므로 일부 배관의 직경을 8인치로 증가시켜 이 문제를 완벽하게 개선할 수 있다. 38, 39, 40, 41 배관의 직경을 8인치로 증가시켜 해석한 결과인 표 11로부터 모든 절점에서의 압력은 최소압력 20lb/in^2 이상을 유지하는 것을 알 수 있다.

표 11 절점에서 소방용수 해석결과(제거된 배관을 직경 8인치로 대체)

절점	최소압력(psi)	펌프 Q		탱크 Q	
		gpm	ft^3/s	gpm	ft^3/s
6	35.0	6070	13.5	1930	4.29
8	22.0	5860	13.1	2140	4.76
9	42.0	6150	13.7	1850	4.13
20	34.5	5870	13.1	2160	4.74

시나리오 2

탱크의 최저 수위와 펌프 두 대가 운전 중 화재가 발생하여 소방용수를 공급하는 조건에서 해석한 결과의 압력과 유량은 표 12와 같다. 탱크 수위가 중간 수위일 때 요구되는 최소압력보다는 약간 높지만 탱크 바닥 수위에서 절점 8에서의 압력은 17.9lb/in^2가 된다.

표 12 탱크 수위 1195ft, 펌프 2대 운전중 소방용수 해석결과(제거된 배관을 직경 8인치로 대체)

절점	최소압력(psi)	펌프 Q		탱크 Q	
		gpm	ft^3/s	gpm	ft^3/s
6	31.5	6700	14.9	1300	2.89
8	17.9	6460	14.4	1540	3.43
9	38.5	6820	15.2	1180	2.64
20	30.5	6460	14.4	1540	3.42

시나리오 3

탱크가 거의 비워져 있는 상태에서 2대 펌프가 병렬 운전 중 한 대만이 운전 중인 것으로 모의한 결과는 표 13과 같다.

표 13 탱크 수위 1195ft, 펌프 2대 중 1대 운전일 때 소방용수 해석결과(제거된 배관을 직경 8인치로 대체)

절점	최소압력(psi)	펌프 Q		탱크 Q	
		gpm	ft^3/s	gpm	ft^3/s
6	22.8	5130	11.4	2870	6.40
8	11.2	5020	11.2	2990	6.65
9	29.4	5170	11.5	2840	6.32
20	23.5	5030	11.2	2970	6.63

예상한 것과 같이 절점 8에서의 압력은 소방용수의 요구조건에 상당히 부족하며 이 문제를 해결하기 위한 조치를 취하여야 한다. 절점 8에서 소방용수를 구하기 위한 해로부터 배관 15, 34, 35에서의 손실수두가 15.1ft, 15.1ft, 15.3ft가 되는 것을 알 수 있다. 따라서 해결책으로 배관 15의 직경을 8인치에서 10인치로, 배관 34, 35, 36, 37의 직경을 당초 6인치에서 8인치로 대체한다. 배관의 직경을 대체한 후 탱크가 거의 비워진 조건에서 펌프 2대 중 1대를 운전할 때의 압력과 유량은 표 14와 같다.

표 14 탱크 수위 1195ft, 펌프 2대 중 1대 운전일 때 절점에서 소방용수 해석결과

절점	최소압력(psi)	펌프 Q		탱크 Q	
		gpm	ft^3/s	gpm	ft^3/s
6	25.9	4930	11.0	3070	6.84
8	15.5	4820	10.7	3180	7.09
9	31.5	4970	11.1	3030	6.76
20	28.8	4830	10.8	3170	7.06

절점 8에서의 압력 $15.5lb/in^2$는 소방용수 요구압력 $20lb/in^2$을 만족시키지 못하지만 앞의 예보다는 상당히 개선되었다. 탱크가 거의 비워지고 펌프 1대만이 운전되는 두 경우가 동시에 발생할 확률은 매우 적기 때문에 임시적으로 이 배관의 직경을 수용하고 단계 8로 진행하여 ETS로 이 관망을 더욱 심도 있게 검토한다.

8 단계

ETS 사용의 주 목적은 탱크가 비게 되거나 월류하는지 여부 그리고 24시간 모의 후에도 탱크

수위의 변화 여부를 결정하기 위해 탱크의 용량을 검토하는 것이다. 이를 위해 평균 수요량에서 모의를 시작하며 표 15와 같은 수요량 함수를 모든 절점에 적용하는 것으로 가정한다.

표 15 수요량 함수

시간	0	2	4	5	6	8	12	15	17	20	22	24
첨두계수	1.00	1.13	1.70	2.20	2.30	2.30	0.80	0.30	0.10	0.10	0.30	1.00

펌프 2대 운전 중 탱크수위가 1201ft에 도달하면 펌프 1대가 정지되고, 수위가 1201ft 이하로 저하되면 두 번째 펌프가 기동되도록 탱크 수위 스위치로 펌프를 제어한다고 가정하고 EPANET로 모의한 결과는 그림 3과 같이 14시에 수위는 탱크 상단부로부터 0.7ft 아래까지 상승하고 이 후 수요량을 만족시키기 위해 탱크수위는 고도 1202.5ft까지 저하하지만 이 수위는 초기 탱크 중간수위보다 2.5ft 높다. 이 결과로부터 펌프용량은 필요 이상이 되어 그 다음 날에도 동일한 수요패턴이 지속되면 탱크가 월류되므로 탱크의 직경을 감소시켜야 한다.

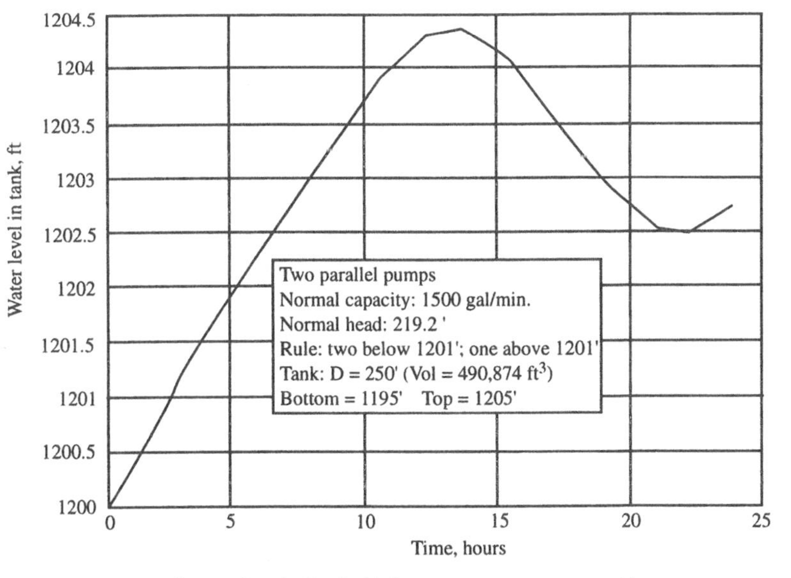

그림 3 탱크수위 변화(탱크 $D=250ft, H=10ft$)

EPANET 모의시 동일한 조건에서 탱크의 바닥과 상단부 고도를 1195ft와 1205ft로 고정시키고 직경을 150ft로 감소시키면 탱크 체적은 $176,700ft^3$으로 감소한다. 이 조건에서의 모의 결과는 그림 4 및 5와 같다. 그림 4와 5로부터 모의시작 6시간 후 탱크는 완전히 채워지므로 펌프는 6~16시까지 수요량을 정확하게 만족시켜야 하지만 펌프의 과대유량은 13시까지 탱크를 충수하므로 이는 양호한 탱크-펌프 조합 운전이 아니다. 따라서 모의 결과로부터 (1)24시간 모의 종료 시점에서 탱크 수위가 중간 수위에 인접하도록 펌핑 유량을 감소시키고, (2)탱크 상부 고도를 증가시킬 필요가 있다.

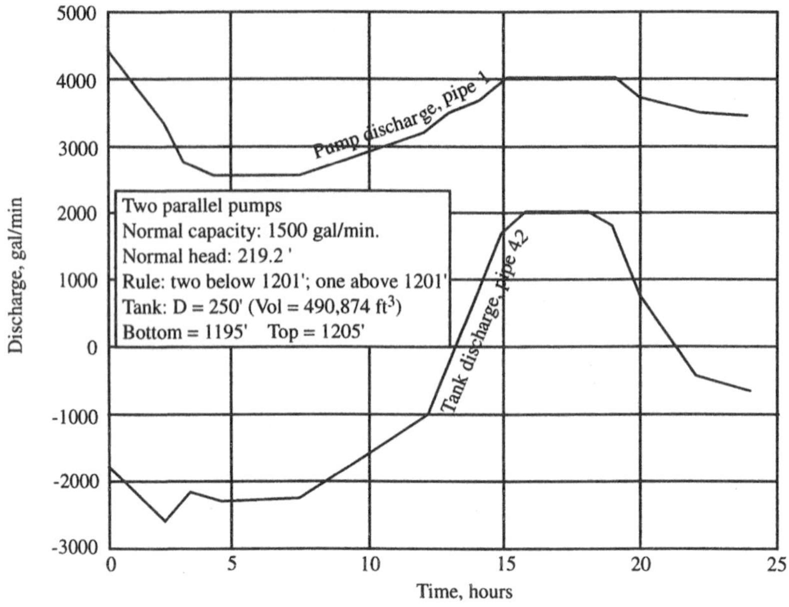

그림 4 탱크 $D=150ft$, $H=10ft$일 때 펌프와 탱크에 연결된 배관유량

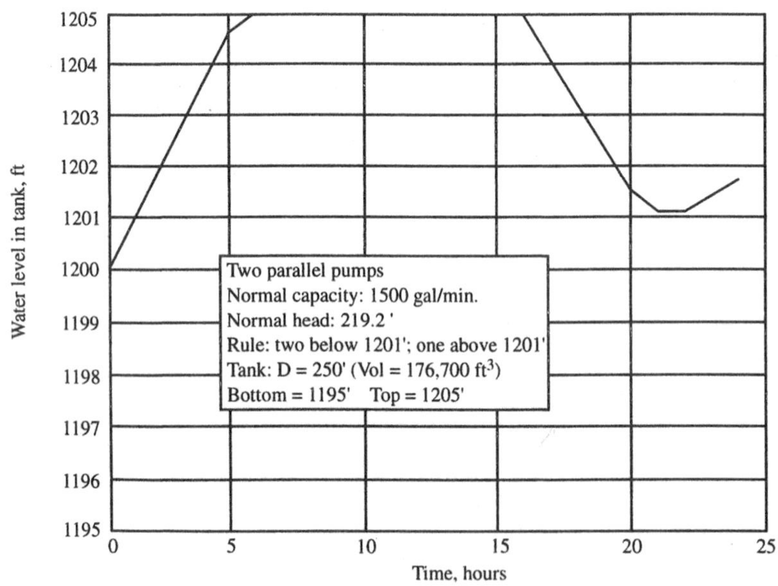

그림 5 탱크 $D=150ft$, $H=10ft$일 때 탱크 수위 변화

따라서 3번째 모의에서는 각 펌프의 용량을 줄이고 대수를 증가시킨다. 즉, 펌프 3대를 병렬로 운전하고 각 펌프의 정격유량 $1000gal/min$, 정격수두는 앞에서 펌프 2대를 사용할 때의 수두보다 5ft 작은 214.5ft로 설정한다. 탱크의 직경을 150ft로 설정하고 탱크의 높이를 5ft 증가시키

면 상부고도는 1210ft가 된다. 따라서 이제 탱크의 높이는 10ft가 아닌 15ft가 되고 체적은 265,100ft^3이 된다. 새로운 펌프운영계획은 펌프 2대를 운전하고, 탱크 수위가 1204ft 이상이 되면 펌프 1대만을 운전하고, 수위가 1197ft 이하로 저하하면 펌프 3대 모두를 운전하는 것으로 모의한 결과는 그림 6 및 7과 같다.

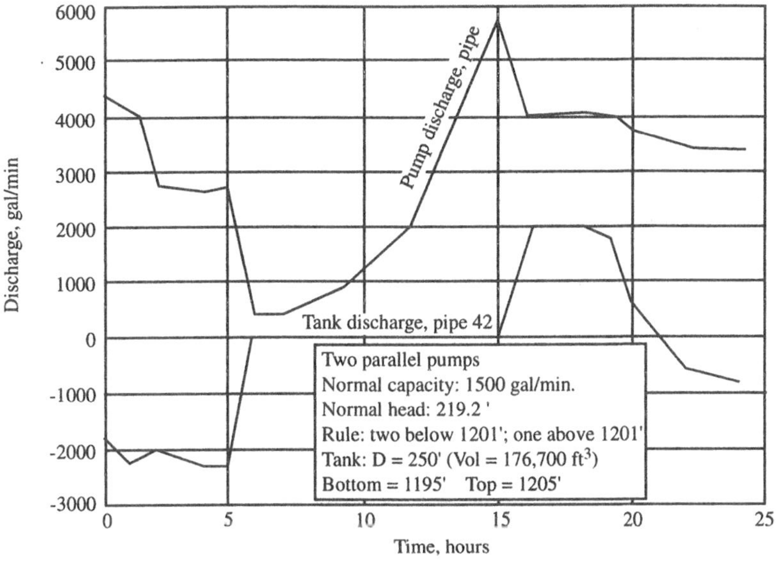

그림 6 탱크 $D=150ft$, $H=10ft$, 펌프용량 변경시 펌프와 탱크에 연결된 배관유량

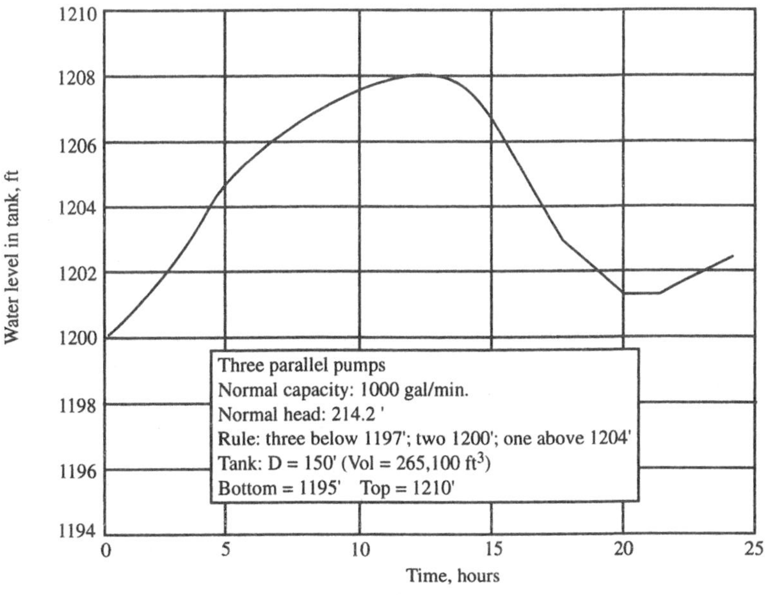

그림 7 그림 6 탱크 $D=150ft$, $H=10ft$, 펌프용량 변경시 탱크 수위 변화

24시 모의 종료 시점에서 탱크 수위는 초기 수위보다 약 2ft 상승하고 13시에서 수위는 탱크 상단부로부터 2ft 아래가 된다. 비상 용수의 발생 가능성을 고려할 때 이 운전은 상당히 만족스럽다.

6.4.2 복합 관망의 설계지침

주 공급원이 1개이고 당초 관망을 분지관망으로 변경이 가능한 경우는 전술한 8 단계 절차를 따라 관망설계를 할 수 있다. 공급원이 여러 개일 경우 후에 형성되는 각 분지관망에 하나 이상의 공급원이 있으면 동일한 기본 절차를 따를 수 있다. 그러나 이러한 절차에서는 분지관망이 하나의 공급원을 포함하도록 관망의 어느 부분을 분지할지를 사전에 추정하기 위한 지침으로서 다음 단계를 따를 수 있다.

1. 관망에 대해 2개의 주 공급원을 명시한다. 주 공급원 선정시 판단기준은 가장 큰 전체 수두를 제공하는 공급원을 찾는 것이다. 주 공급원을 가장 짧은 경로를 통해 관망으로 연결하며 이 경로를 "지배경로(dominant path)"라 부른다. 분지관망에서 정의한 것과 같이 다른 모든 경로는 궁극적으로 이 지배경로에 따른 절점 중 하나에서 종료된다. 공급원이 하나이면 이 지배경로는 정의되지 않는다.
2. 지배경로의 절점 중 하나를 가장 짧은 경로를 통해 각기 다른 공급원에 연결하며 이 경로를 "주경로(primary path)"라 부른다. 주경로를 연결하는 지배경로상의 절점 선정기준은 지배 공급원 인근 절점에서 전체 수두가 가장 큰 절점을 찾는 것이다. 유용한 전체 수두 크기가 큰 순서로 주경로를 결정한다. 공급원이 2개일 경우 이 공급원은 지배 공급원이고 이 단계는 생략된다.
3. 지배경로 또는 주경로에 포함되지 않은 관망의 나머지 절점을 관로의 최단거리 경로를 통해 지배경로의 절점 중 하나에 연결한다. 이 경로는 앞의 경로에서 하나의 절점과 교차할 때마다 종료되며 이 경로를 "부경로(secondary path)"라 부른다. 이러한 부 경로가 형성되는 순서는 먼저 사수부 말단부 배관과 같이 1개의 배관이 연결되는 절점(1등급 절점)이 먼저이고 다음은 2개의 배관이 연결되는 절점(2등급) 순서이다. 등급이 동일한 경우에는 고도의 내림차순으로 절점을 선정한다.

상기 3단계 절차를 완성하면 분지관망이 형성된다. 분지관망은 관망의 모든 절점을 포함하고, 공급원으로부터 관망을 통해 여러 수요 지점까지 상당한 유량을 공급하는 배관을 포함한다. 이 분지관망에 포함되지 않은 배관을 "추가 루프형성배관(additional loop forming pipes)"이라 부른다. 임의적으로 이 배관의 직경을 명시할 수 있지만 다른 판단기준에 근거하지 않으면 허용된 최소 직경이 된다.

4. 경로 형성의 역 순서로 관망의 각 절점에서의 수두를 적절하게 설정한다. "추가 루프형성배관"의 수송유량을 무시하고 분지관망의 각 배관 유량을 결정한다. 각 경로의 시작 절점에서 전체 수두는 최소 허용 압력수두에 절점의 고도를 더한 것과 동일하다. 이 절점으로부터 경로상 연속되는 절점으로 진행하면 전술한 것과 같이 최적 S를 사용하여 이 유량과 관련된 전체 수두를 설정할 수 있다. 만일 이 절점에서의 수두가 사전에 할당되면 현재 연산된 수두와 사전 할당된 수두를 비교하여 큰 것을 유지한다. 만일 압력수두 연산결과 최소 허용 압력수두보다 적으면 경로에 따라 사전에 할당된 모든 HGL 수치를 증가시킨다. 만일 압력수두가 명시된 최대 수치를 초과하여 이 배관에 가압펌프를 설치하는 것을 고려한다. 가압 펌프를 설치하여야 할 배관의 상류측 절점에서의 전체 수두는 펌프가 형성하는 수두의 크기만큼 감소되어야 한다.

   주 경로까지 HGL 고도를 설정하기 위해 이러한 절차를 진행하려면 주경로 상에 있는 배관의 유량을 결정하기 위해 탱크가 공급하거나 유입하여야 할 유량을 알 필요가 있다. 전체 수요량 (+) 또는 (-) 중 일부를 각 공급원에게 할당하기 위해 규칙을 사용할 수 있다. 이러한 수요량 이외에도 부차적 경로에 따른 것과 동일한 방법으로 주된 경로에 따른 절점에서의 전체 수두를 계산한다.

5. 마지막으로 최적 또는 최적에 가까운 배관 규격 결정은 물론 2개의 "지배 공급원"에서 요구되는 최소 수두를 결정하기 위해 사전에 할당하지 않았던 지배경로상 절점에서의 전체 수두를 결정한다.

이러한 수두 결정방법을 이해하기 위해 그림 6.2와 같이 2개의 "지배 공급원"과 1개의 지배경로상에 3개의 절점이$(N_d = 3)$ 존재한다고 가정한다. 각 절점 N_d에서의 수두가 모두 다른 사례에 대해서 검토하고 각 사례에서는 양 절점에서 하나의 절점으로 유동이 형성된다고 가정한다.

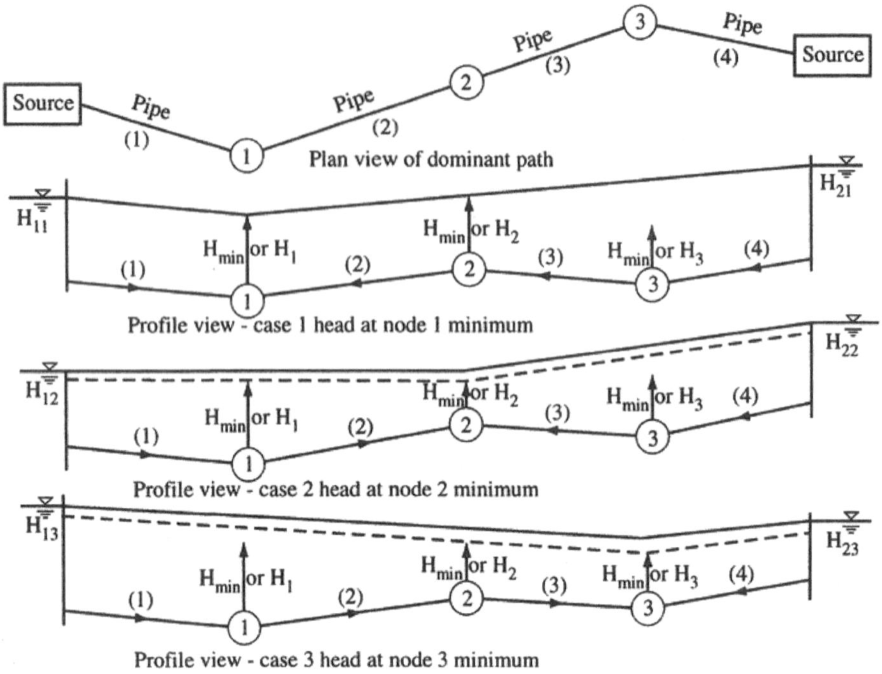

그림 6.2 지배경로 사례

사례 1에서는 양쪽 공급원으로부터 절점 1로 유동이 향하도록 *HGL* 구배가 형성되고 절점 1은 지배 공급원 중 하나와 가장 인접하게 된다. 사례 2에서는 양쪽 공급원으로부터 절점 2로 유동이 향하도록 *HGL* 구배가 형성되며, 사례 3에서는 양쪽 공급원으로부터 절점 3으로 유동이 향하도록 *HGL* 구배가 형성된다. 각 사례에서 *HGL* 고도는 절점 고도 상부의 최소수두 H_{min} 또는 4단계 동안 설정되었던 H에서 시작한다. *HGL* 구배는 배관이 수송하는 유량에서의 최적 구배이다. 단계 4가 완성되면 지배경로상 각 절점에서 유출되는 유량 또는 수요량은 기저가 되므로 배관유량을 결정할 수 있다. 각 사례에서 시작 절점의 수요량은 지배 공급원으로부터 공급받고 공급원으로부터 멀어지는 절점 N_d+1로 향한다. *HGL* 또는 단계 4에서 필요한 전체수두 H가 최소수두 H_{min} 이하로 저하되면 전체 *HGL*를 상승시켜 임의 지점에서 필요한 최소수두 이하로 저하되지 않도록 하여야 하며 이 *HGL* 상승을 그림 6.2의 사례 2와 3에서 예증하였다. 각 사례 i에서 2개의 지배 공급원의 전체 수두 H_{1i}, H_{2i}를 계산하여 이 공급원 수두의 합이 가장 작은 사례를 선정한다. 다시 말해 $H_{1i}+H_{2i}$ 수치가 가장 작은 사례를 사용하여 지배경로에 따른 모든 절점에 대해 전체 수두를 설정한다. 만일 지배 공급원이 탱크(저수지)이면 중간 수위를 설정하고,

공급원이 펌프이면 펌프가 공급하여야 할 수두를 결정한다.

이러한 절차는 지배 공급원의 수두를 설정할 뿐만 아니라 "주경로(primary paths)" 시작 시 다른 공급원에서의 수두 또는 수위를 결정한다.

6. 단계1부터 5까지에서 분지관망 내 각 배관의 전체 수두와 유량이 기저가 되므로 달시-바하 또는 하젠-윌리엄 또는 다른 식을 사용하여 모든 배관의 직경을 계산할 수 있다.

CHAPTER 07

관망운영

본장에서는 저자가 K-water에 30여년간 근무하면서 관망 운영과 관련하여 현장에서 제기되었던 의구심 또는 발생하였던 현상을 이론으로 증명하고, 수자원 이용의 최적화 및 경제적인 펌프운영기법 그리고 마지막으로 관망에서 발생할 수 있는 이상현상인 공동화현상, 서지현상 등에 대해 기술한다. 현재 관망운영이라 함은 전용 프로그램으로 관망을 구축하고, 수요가 추가되거나 수요량의 변동이 생길 때 밸브 조작 또는 펌프 댓수 변경 등으로 특정 절점에서 원하는 유량과 압력이 형성되는지 여부를 확인하기 위해 모의를 반복하는 수준에 머무르고 있는데 이를 더욱 향상시키기 위해 모의하기 전에 고려하여야 할 중요한 내용에 대해서도 기술한다.

7.1 에너지 측면에서 수자원 이용의 최적화

댐에 담겨져 있는 물은 항상 유량 Q와 위치수두 H를 갖는다. 수력발전소에서는 댐에 담겨져 있는 Q와 H를 이용하여 전력을 생산하며 이때 생산 가능한 발전량, 그리고 취수장에서는 댐 내 물을 송수하기 위해 소요되는 전력은 다음 식으로 표현된다.

$$P_T = \gamma Q H_T \eta_T \eta_G (kW) \tag{7.1}$$

$$P_P = \frac{\gamma Q H_D}{\eta_P \eta_M} (kW) \tag{7.2}$$

여기서 γ : 물의 비중량$(9.8kN/m^3)$

Q : 유량(m^3/s)

H_T : 수차유효수두(m)

H_D : 펌프설계수두(m)

η_T : 수차효율(%)

η_P : 펌프효율(%)

η_G : 발전기효율(%)

η_M : 전동기효율(%)

통상적으로 η_G와 η_M는 용량에 따라 결정되는 상수로서 큰 차이가 없고, γ는 수온에 따라 결정되는 상수이다. 따라서 상기 식에서 P_T와 P_P를 결정하는 변수는 오직 Q와 H_T 또는 H_D다. 관로 내 유량에 따라 수차가 이용할 수 있는 낙차 H_T 또는 펌프가 가압하여야 할 수두 H_D를 다음과 같이 표현할 수 있다.

$$H_T = H_A - H_L \tag{7.3}$$

$$H_D = H_A + H_L \tag{7.4}$$

여기서 H_A : 실수두

H_L : 손실수두

달시-바하식을 이용하면 관로에 설치된 곡관, 밸브 등과 같은 부차적손실계수의 합인 K_i와 관 마찰계수 f에 의해 발생하는 마찰손실수두의 합인 H_L을 다음과 같이 표현할 수 있다.

$$H_L = (K_i + f)\frac{L}{D}\frac{V^2}{2g}$$

상기 식의 유속 V를 유량 Q로 대체하면

$$H_L = (K_i + f)\frac{L}{D}\frac{Q^2}{2gA^2} \tag{7.5}$$

상기 식에서 관로 길이 L, 관의 직경 D, 관의 단면적 A, 중력가속도 g는 상수이고, 마찰계수 f는 유량 Q에 따라 약간 변화하지만 난류유동에서는 상수로 취급할 수 있으므로 상기 식을 다음과 같이 표현할 수 있다.

$$H_L = KQ^2 \tag{7.6}$$

식 7.6을 식 7.3과 7.4에 대입한 결과를 식 7.1과 7.2에 대입하고, 비중량 γ는 상수이므로 이를 생략하여 정리하면 다음과 같이 표현할 수 있다.

$$P_T = Q(H_A - KQ^2) \tag{7.7}$$

$$P_P = Q(H_A + KQ^2) \tag{7.8}$$

상기 식에서 수력발전소의 경우 발전량 P_T을 최대화하거나 펌프장의 경우 소비전력량 P_P을 최소화하기 위해 유량에 대해 미분하면

$$\frac{dP_T}{dQ} = H_A - 3KQ^2 = 0 \tag{7.9}$$

$$\frac{dP_P}{dQ} = H_A + 3KQ^2 = 0 \tag{7.10}$$

상기 식에 식 7.6을 대입하여 정리하면 식 7.11과 같다. 수차발전기의 경우 손실수두 H_L이 실수두 H_A의 1/3일 때 댐 내 담겨져 있는 물을 이용하여 발전량을 최대화할 수 있지만 펌프의 경우 손실수두가 (-)가 되어야 하지만 이는 비현실적이고 손실수두가 적을수록 펌핑에 소요되는 전력량이 최소가 된다는 것을 의미한다.

$$H_A = \pm 3H_L \quad \Rightarrow \quad H_L = \pm \frac{1}{3} H_A \tag{7.11}$$

예제 7.1 발전량 최대화

수력발전소에서 수차가 사용할 수 있는 실수두 $H_A = 100m$ 이고, 배관 직경 $D = 1.0m$, 관로길이 $L = 1000m$, 절대조도 $e = 0.4mm$ 일 때 유량변화에 따른 발전량을 계산하여 식 7.11을 증명하라. 단 모든 설비 요소의 효율은 동일한 것으로 가정하여 계산에서는 무시하며 동점성계수 $\nu = 1.31 \times 10^{-6} m^2/s$ 이다.

해답

문제에서 직경이 주어졌기 때문에

$$A = 3.14 \times 1^2/4 = 0.785m^2$$

$0.5m^3/s$ 증분으로 유량범위를 $1.5 \sim 6.5m^3/s$ 으로 설정하면 다음 Colebrook-White식에서 미지수는 오직 마찰계수 f가 되므로 반복법 또는 엑셀 해찾기 기능으로 f를 구할 수 있다.

$$\frac{1}{\sqrt{f}}=1.14-2\log_{10}\left(\frac{e}{D}+\frac{7.3434728\nu D}{Q\sqrt{f}}\right)$$

이제 각 유량에서 발생하는 손실수두를 구하기 위해 식 7.5을 사용한다.

$$H_L=(K_i+f)\frac{L}{D}\frac{V^2}{2g}$$

이제 수차에 작용하는 낙차는 다음과 같다.

$$H_T=H_A-H_L$$

수력발전기가 생산할 수 있는 발전량은 다음과 같다.

$$P_T=\gamma QH_T\eta_T\eta_G$$

계산의 단순화를 위해 수차와 발전기의 효율을 100%로 가정하여 $\eta_T=1$, $\eta_G=1$, 물의 비중량은 $\gamma=9.8kN/m^3$이므로 발전량은 다음과 같다.

$$P_T=9.8QH_T$$

상기 과정에 따라 계산할 결과는 표 1 및 그림 1과 같이 $H_L/H_A=1/3$에서 발전량이 최대가 되는 것을 알 수 있으며 상세한 계산과정은 엑셀파일 Exam 7_1을 참조한다.

표 1 발전량을 최대화하기 위한 유량

no	$Q(m^3/s)$	$V(m/s)$	f	H_L	$H_L/H_A(\%)$	H_T	$P_T(kW)$
1	1.50	1.91	0.016298	3.0	3.0	96.96	1,425
2	2.00	2.55	0.016197	5.4	5.4	94.64	1,855
3	2.50	3.18	0.016135	8.3	8.3	91.65	2,245
4	3.00	3.82	0.016094	12.0	12.0	88.01	2,587
5	3.50	4.46	0.016064	16.3	16.3	83.71	2,871
6	4.00	5.10	0.016041	21.2	21.2	78.75	3,087
7	4.50	5.73	0.016023	26.9	26.9	73.14	3,225
8	4.75	6.05	0.016016	29.9	29.9	70.08	3,262
9	5.00	6.37	0.016009	33.1	33.1	66.86	3,276
10	5.50	7.01	0.016009	40.1	40.1	59.90	3,229
11	6.00	7.64	0.015988	47.7	47.7	52.35	3,078
12	6.50	8.28	0.015979	55.9	55.9	44.10	2,809

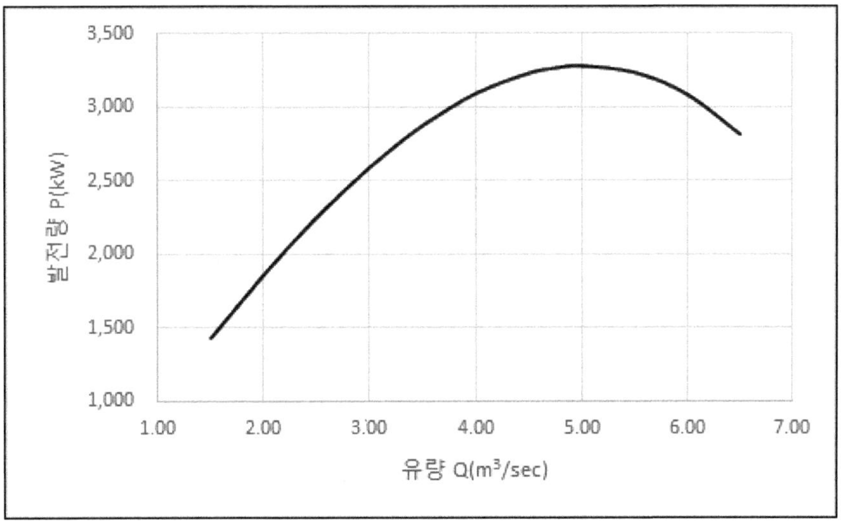

그림 1 유량-발전량의 관계

7.2 펌프 또는 수차 댓수의 최적화

7.1절에서 최적의 수두와 유량이 결정되면 설치할 수차 또는 펌프의 댓수를 결정하여 각 펌프 또는 수차의 유량을 결정하여야 한다. 펌프를 예를 들어 설명하면 다음과 같다. 어느 도시의 수요량을 만족시키기 위한 급수시스템의 전체 유량과 수두가 결정되면 이제는 전체 유량을 만족시키기 위해 운영할 펌프의 댓수를 결정하여 각 펌프의 유량을 결정하여야 한다. 펌프 댓수 결정시 고려하여야 할 사항은 안정적인 펌프운영 측면에서 예비펌프 댓수 그리고 에너지 측면에서 펌프의 비속도를 고려하여 전력원단위를 최소화하여야 한다.

수도사업장에서 사용하는 펌프 중 90% 정도가 양흡입원심볼류트펌프(이후 원심펌프)이므로 본서에서는 이 형식의 펌프로 제한하여 기술한다. 식 7.12로 정의되는 비속도는 그림 7.1과 같이 $N_S = 250rpm \cdot m^3/min \cdot m$에서 펌프의 최대효율이 가장 높아 약 90%가 되며, 이 최대효율은 그림 7.2와 같이 펌프의 크기에 따라 변화하고 크기가 클수록 최대효율은 증가한다. 이는 비속도가 같더라도 펌프 크기가 크면 각종 마찰손실이 작아서 효율이 증가하기 때문이다. 원심펌프를 사용할 경우 7.1절에 따라 총수두가 결정되면 비속도 수치

$N_S = 250$에 가깝도록 펌프 유량을 결정하여야 한다.

$$N_S = \frac{N\sqrt{Q}}{H_D^{3/4}} rpm \cdot m^3/min \cdot m \tag{7.12}$$

여기서 N : 펌프 회전수(rpm)

Q : 펌프 설계유량(m^3/min)으로서 양흡입의 경우 $Q = Q/2$

H_D : 펌핑 설계수두(m)으로서 n단일 경우 $H_D = H_D/n$

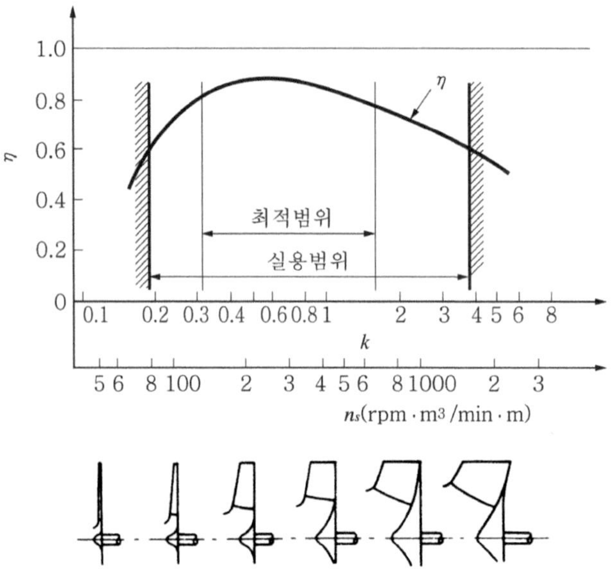

그림 7.1 양흡입원심볼류트펌프의 비속도에 따른 최대효율

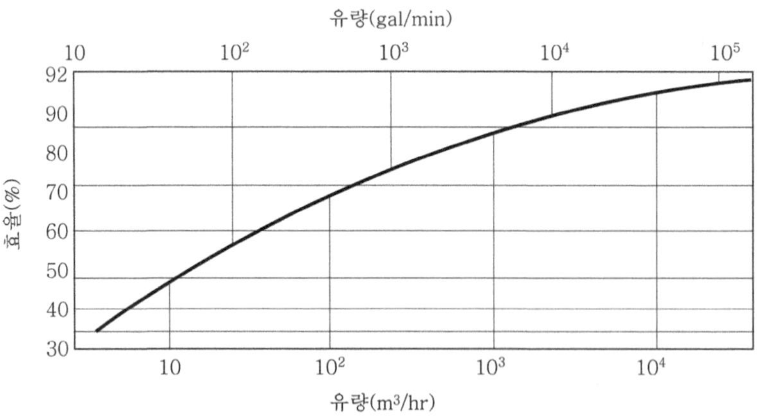

그림 7.2 양흡입 원심 볼류트 펌프의 용량에 따른 최대효율 변화

식 7.12에서 N은 펌프의 분당 회전수로서 펌프에 연결되는 전동기의 극수에 의해 다음과 같이 결정된다.

$$N = \frac{120f}{p} rpm \tag{7.13}$$

여기서 f : 국가별 상용주파수로서(한국 $f = 60Hz$)

p : 전동기의 극수

전동기 극수 p와 펌프의 회전수 N은 반비례하며 통상적으로 수도사업장에서는 $p = 2 \sim 6$극을 사용한다. 다음 식의 펌프 상사법칙에 의해 p에 따라 펌프의 규격이 결정된다.

$$Q \approx ND^3, \quad H \approx N^2D^2, \quad P \approx N^3D^5 \tag{7.14}$$

예를 들어 펌프의 유량과 수두가 결정된 조건에서 2극($p = 2$)의 전동기를 사용하면 회전수($N = 3600rpm$)가 커지므로 직경 D가 작은 펌프를 사용하여도 필요한 Q와 H를 만족시킬 수 있지만 6극의 전동기를 사용하면 회전수($N = 1200rpm$)가 작아 직경 D가 큰 펌프를 사용하여야만 펌프의 유량과 수두를 만족시킬 수 있다. 따라서 전동기의 극수가 작으면 전동기의 크기는 물론 펌프의 크기도 감소하지만 반대로 전동기의 극수가 크면 전동기와 펌프의 크기가 증가한다.

예제 7.2 최적의 펌프규격 결정

어느 도시의 하루 물 사용량 $Q_D = 100,000m^3$이다. 이 물량을 공급하기 위해 필요한 전체수두가 $H_D = 50m$(정수장과 배수지의 고도차인 실수두 $H_A = 30m$, 관로를 통해 발생하는 손실수두 $H_L = 20m$)인 급수시스템 펌프장의 펌프 댓수를 결정하라. 단, 예비펌프는 최소 1대 이상을 고려하고 펌프 형식은 양흡입원심볼류트펌프, 회전수 $N = 1750rpm$으로 가정한다.

해답

식 7.12로부터 비속도 $N_S = 250rpm \cdot m^3/min \cdot m$가 되기 위한 각 펌프의 유량을 구하면 다음과 같다.

$$Q_{opt} = 2\left(\frac{N_S H_D^{3/4}}{N}\right)^2 = 2\left(\frac{250 \times 50^{0.75}}{1750}\right)^2 = 14.43m^3/min$$

상기 펌프의 1일 펌핑유량과 펌프댓수는 다음과 같다. 여기서 펌프를 5대로 조정하기 위해 펌프 1대 토출유량을 $Q_D = 13.9m^3/min$ 으로 결정하고 급수시스템의 설계유량을 송수하기 위해 필요한 펌프 댓수는 5대 그리고 1대를 예비로 추가하여 총 6대의 펌프를 설치하여야 한다.

$$Q = 14.43 \times 60 \times 24 = 20{,}779 m^3/day$$

$$n = \frac{100{,}000}{20{,}779} \fallingdotseq 4.8$$

$$Q_D = 20{,}000 m^3/day = 13.9 m^3/min$$

$$n = \frac{100{,}000}{20{,}000} = 5$$

7.3 펌프의 운전점과 전력원단위

펌프운전점과 전력원단위를 구하기 위해서는 펌프의 $Q-H$ 곡선과 관로의 $Q-H$ 곡선의 교차점을 찾아야 한다. 펌프 $Q-H$ 곡선은 펌프제작사가 공장에서 시험· 작성하여 제출하는 펌프 특성곡선에 포함되며 관로 $Q-H$ 곡선은 신규 건설시에는 하젠-윌리엄식 또는 달시-바하식을 이용하여 그리고 운영 중인 관로에 대해서는 현장에서 관로 조도를 시험하여 작성할 수 있다.

7.3.1 펌프특성곡선

펌프특성곡선이란 부록 D에 수록된 그림과 같이 펌핑 유량에 따른 수두와의 관계를 나타내는 $Q-H$곡선, 효율과의 관계를 나타내는 $Q-\eta$곡선, 동력과의 관계를 나타내는 $Q-P$곡선 그리고 마지막으로 공동화현상 발생여부를 판단하기 위한 $NPSH_{re}$곡선으로 구성된다.

펌프의 특성곡선은 비속도의 수치에 따라 형상이 다르게 나타난다. 원심펌프와 같이 비속도 N_S가 낮으면 펌프 $Q-H$ 곡선은 완만하며 특히, 비속도 N_S가 100(단위 $rpm \cdot m^3/min \cdot m$) 보다 작으면 펌프 $Q-H$ 곡선은 산형모양이 되며 이 펌프로 구성된 관로에서는 서징현상이 발생할 수 있다. 비속도가 100 이상이 되면 펌프의 $Q-H$ 곡선은 완만한 우하향 곡선이 되고, $Q-P$ 곡선은 유량이 증가하면서 동력이 증가하는 경향을 갖는다.

펌프의 특성곡선 중 효율곡선은 동일한 전동기와 펌프를 사용하여 즉, 펌프의 회전수가 동일한 조건에서 펌프 임펠러 직경을 달리할 경우의 효율을 나타내기 위해 등고선으로 작성된다. 이와 같이 임펠러 직경을 다르게 제작하는 것은 식 7.14의 상사법칙에 따라 급수시스템 준공 초기년도부터 목표연도에 이르기까지 변화하는 수요량에 대응하기 위한 것이다. 즉, 초기년도에는 직경이 작은 임펠러를 사용하고 수요량이 증가하면 직경이 큰 임펠러를 사용하여 수요량과 수두를 만족시킬 수 있다.

펌프 특성곡선 중 우측 상단에 작성된 $NPSH_{re}$ 곡선은 펌프가 설계유량을 초과하여 송수하면 $NPSH_{re}$ 수치가 급격하게 증가하여 공동화현상이 쉽게 발생할 수 있다는 것을 보여준다.

펌프 제작사는 펌프의 설계점(예제 7.2의 경우 $Q_D = 13.9m^3/min$, $H_D = 50m$)에서 효율이 최대가 되도록 펌프를 설계하여야 한다. 동일한 비속도의 펌프라 할지라도 펌프의 크기가 크면 펌프에서 발생하는 기계적 마찰과 유체의 마찰 등이 감소하므로 최대효율이 증가하지만 반대로 크기가 작으면 마찰이 증가하여 최대효율이 감소하며 그림 7.2로부터 예제 7.2 펌프의 최대효율은 약 88% 정도로 예상할 수 있다.

예제 7.3 펌프특성곡선 작성

예제 7.2와 관련된 대표적인 펌프특성자료가 다음 표와 같을 때 이 자료와 엑셀기능을 이용하여 펌프의 $Q-H$, $Q-\eta$, $Q-P$ 곡선을 작성하고 이 곡선들에 대한 추세식을 유도하라.

표 1 펌프특성자료

Q		$H(m)$	$\eta(\%)$	$P(kW)$
m^3/min	m^3/day			
0.0	-	68	0	90
3.5	5,000	66	36	104
6.9	10,000	62	65	108
10.4	15,000	57	83	117
13.9	20,000	50	88	129
17.4	25,000	39	78	142

해답

표 1의 펌프자료와 엑셀의 기능을 이용하여 작성한 펌프특성곡선과 추세식은 그림 1과 같다. 이 그림에서 급수시스템에서 필요한 펌핑유량 $13.9m^3/min$에서 펌핑수두는 약 50m가 되고, 이 유량에서 펌프의 효율이 최대이므로 펌프는 올바르게 설계된 것으로 판단할 수 있으며 상세한 계산과정은 엑셀파일 Exam 7_3~7_5를 참조한다.

$$Q-H \text{ 식 } H=-0.0844Q^2-0.1635Q+67.75 \quad (1)$$

$$Q-\eta \text{ 식 } \eta=-0.4829Q^2+13.024Q-1.3571 \quad (2)$$

$$Q-P \text{ 식 } P=0.1124Q^2+0.4534Q+100.25 \quad (3)$$

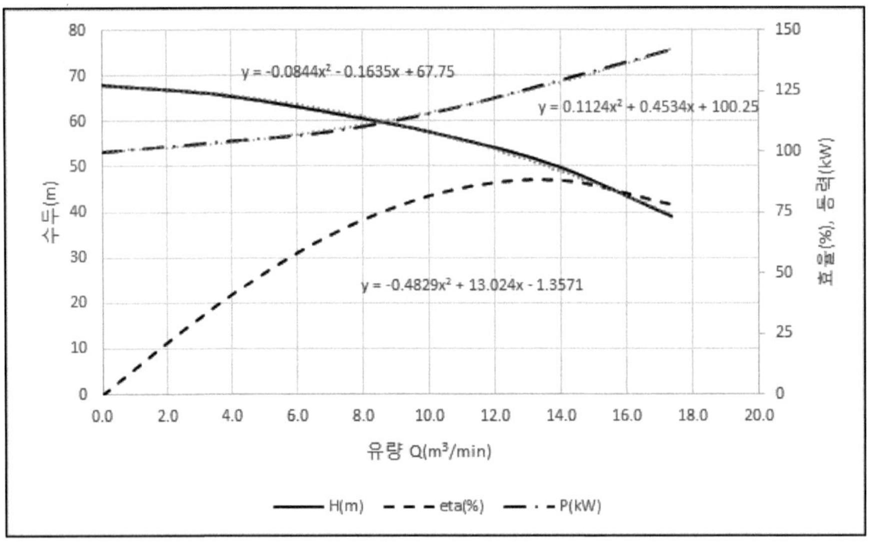

그림 1 표 1의 펌프특성자료를 이용하여 작성한 펌프특성곡선과 추세식

7.3.2 펌프 운전점과 전력원단위

펌프 운전점이란 펌프 $Q-H$ 곡선과 관로 $Q-H$ 곡선이 교차하는 점이다. 펌프의 경우 이 점에서의 유량, 수두, 효율, 동력이 결정되므로 경제적인 펌프운영지표인 전력원단위가 결정된다.

펌프 $Q-H$ 곡선은 펌프의 병렬조합 또는 직렬조합 그리고 운전되는 펌프의 댓수에 따라 다르게 작성된다. 즉, 펌프 단독 $Q-H$ 자료를 이용하여 병렬조합의 경우 특정한 수두에서의 유량을 기준으로 운전되는 펌프 댓수에 따라 유량이 비례하여 증가하는 반면 직렬조합의 경우에는 특정한 유량에서의 수두를 기준으로 운전되는 펌프 댓수에 따라 수두가 비례하여 증가하도록 $Q-H$ 곡선이 작성된다. 그러나 관로의 $Q-H$ 곡선인 H_{pipe}는 식 7.15와 같고, 하젠-윌리엄식을 사용할 경우 식 7.16의 손실수두 H_L은 유량 단독 변수 Q에 의해 결정되므로 상대적으로 쉽게 작성할 수 있다.

$$H_{pipe} = H_A + H_L \tag{7.15}$$

$$H_L = L\left(\frac{1.178Q}{C_{HW}AR^{0.63}}\right)^{1.85} \tag{7.16}$$

여기서 Q : 유량(m^3/s)

H_A : 취수원과 배수지의 수위 차이인 실수두(m)

A : 단면적(m^2)

R : 접수길이로서 배관이 완전히 충수된 경우 $R = D/4(m)$

펌프의 전력원단위란 펌프를 이용하여 물 $1m^3$를 송수하기 위해 소요되는 전력량으로서 모터의 효율을 98%로 가정하면 다음 식으로 표현되며 여기서 η_p는 펌프효율이다("펌프장 설계", 박한영).

$$P_S \approx 0.002778\frac{H_T}{\eta_p}kwh/m^3 \tag{7.17}$$

예제 7.4 펌프운전점과 전력원단위 구하기

예제 7.2 급수시스템의 관로의 조도가 $C_{HW}=100$인 경우 펌프를 1~5대 병렬조합운전시 펌프와 관로의 $Q-H$ 곡선을 작성하고 전력원단위를 구하라.

해답

병렬조합운전시 펌프 댓수에 따른 펌프의 $Q-H$곡선 작성법은 동일한 펌프수두에서 펌프 댓수만큼의 펌프유량을 더하는 것이다. 즉, 펌프 2대가 운전되면 특정 수두에서 한 펌프의 유량을 2배한 유량수치를 이용하여 펌프의 $Q-H$곡선을 작성한다. 펌프 3, 4, 5대 병렬운전시에도 동일한 원리를 적용할 수 있으며 펌프조합운전에 따른 펌프 $Q-H$곡선을 작성하기 위한 자료는 표 1과 같다.

표 1 $C_{HW}=100$일 때 펌프 병렬조합운전시 펌프 댓수에 따른 특성 자료

$H(m)$	$Q_1(m^3/min)$	$Q_2(m^3/min)$	$Q_3(m^3/min)$	$Q_4(m^3/min)$	$Q_5(m^3/min)$
68.0	0.0	0.0	0.0	0.0	0.0
66.0	3.5	6.9	10.4	13.9	17.4
62.0	6.9	13.9	20.8	27.8	34.7
57.0	10.4	20.8	31.3	41.7	52.1
50.0	13.9	27.8	41.7	55.6	69.4
39.0	17.4	34.7	52.1	69.4	86.8

상기 표의 자료와 엑셀의 추세선 기능을 이용하여 구한 조합운전시 펌프의 $Q-H$ 곡선을 나타내는 식을 다음과 같이 유도할 수 있다.

$$1\text{대} : H_{pump1} = -0.0844Q^2 - 0.1635Q + 67.75 \quad (1)$$

$$2\text{대} : H_{pump2} = -0.0211Q^2 - 0.0818Q + 67.75 \quad (2)$$

$$3\text{대} : H_{pump3} = -0.0094Q^2 - 0.0545Q + 67.75 \quad (3)$$

$$4\text{대} : H_{pump4} = -0.0053Q^2 - 0.0409Q + 67.75 \quad (4)$$

$$5\text{대} : H_{pump5} = -0.0034Q^2 - 0.0327Q + 67.75 \quad (5)$$

펌프 $Q-\eta$ 추세식은 예제 7.3의 식 (2)와 같다.

$$\eta = -0.4829Q^2 + 13.024Q - 1.3571 \quad (6)$$

다음은 유량 Q를 변수로 하는 식 7.15와 7.16을 사용하여 관로의 $Q-H$ 곡선을 작성할 수 있으며 엑셀기능을 이용하여 다음의 추세식을 유도할 수 있다.

$$H_{pipe100} = 0.0035Q^2 + 0.0391Q + 29.859 \quad (7)$$

이제 펌프의 조합운전시 $Q-H$ 곡선과 관로의 $Q-H$ 곡선을 하나의 그래프로 표현하기 위해서 표 2의 유량과 식 (1)~(5)을 사용하여 펌프병렬운전 댓수별 $Q-H$ 곡선인 $H_{pump1} \sim H_{pump5}$, 식 7.15와 7.16을 이용한 관로 $Q-H$곡선인 $H_{pipe100}$을 작성할 수 있으며 그 결과는 표 2 및 그림 1과 같다.

표 2 $C_{HW}=100$일 때 펌프 병렬조합운전시 펌프와 관로 $Q-H$ 곡선

유량 Q		H_{pump1}	H_{pump2}	H_{pump3}	H_{pump4}	H_{pump5}	$H_{Pipe100}$
m^3/min	m^3/day						
0	-	67.8	67.8	67.8	67.8	67.8	29.9
10	14,400	57.7	64.8	66.3	66.8	67.1	30.6
20	28,800	30.7	57.7	62.9	64.8	65.7	32.0
22	31,680	23.3	55.7	62.0	64.3	65.4	32.4
32	46,080		43.5	56.4	61.0	63.2	34.7
42	60,480		27.1	48.9	56.7	60.4	37.7
52	74,880			39.5	51.3	56.9	41.4
62	89,280			28.2	44.8	52.7	45.7
72	103,680				37.3	47.8	50.8
82	118,080				28.8	42.2	56.6
92	132,480					36.0	
102	146,880					29.0	

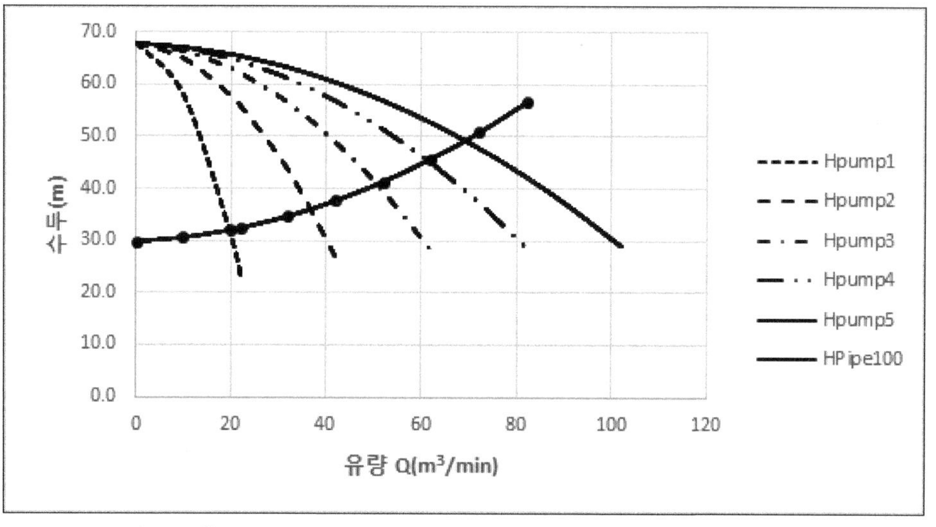

그림 1 $C_{HW}=100$일 때 펌프병렬조합운전시 펌프와 관로 $Q-H$ 곡선

표 2와 그림 1로부터 펌프의 운전점은 $C_{HW}=100$일 때 관로의 유량과 수두의 관계를 나타내는 $H_{pipe100}$ 곡선 그리고 펌프의 유량과 수두의 관계를 나타내는 $H_{pump1} \sim H_{pump5}$ 곡선이 교차하는 점이 된다. 상기 그림으로부터 펌프 5대가 병렬운전할 때 형성되는 수두 $H_T=49.4m$이고, 유량은 $Q=100,000m^3/day$이 되므로 급수시스템은 제대로 설계된 것을 알 수 있다.

펌프 1대 운전시 전력원단위

펌프 1대가 운전될 때 운전점은 $H_{pipe100}$과 H_{pump1}이 교차하는 점으로서 엑셀의 해찾기 기능을 이용하여 $H_{pipe100}$과 H_{pump1}의 수두 차이가 0이 되는 다음 식의 해를 구하여 유량 Q_1을 결정할 수 있다.

$$H_{pump1} - H_{Pipe100} = 0$$

$$-0.0844Q_1^2 - 0.1635Q_1 + 67.75 - (0.0035Q_1^2 + 0.0391Q_1 + 29.859) = 0$$

$$\therefore Q_1 = 19.64m^3/min$$

H_{pump1} 식 (1) 또는 $H_{pipe100}$ 식 (7)에 상기 Q_1을 대입하여 수두 H_1를 결정할 수 있다.

$$H_1 = 0.0035Q_1^2 + 0.0391Q_1 + 29.859 = 31.98m$$

펌프의 $Q-\eta$식 (6)에 상기 Q_1을 대입하여 효율 η_1을 결정할 수 있다.

$$\eta_1 = -0.4829Q_1^2 + 13.024Q_1 - 1.3571 = 68.2\%$$

식 7.17로부터 다음과 같이 전력원단위를 결정할 수 있다.

$$P_{S1} = 0.002778\frac{31.98}{0.682} = 0.1303kWh/m^3$$

펌프 2대 병렬운전시 전력원단위

펌프 2대가 운전될 때 운전점은 식 (7)의 $H_{pipe100}$과 식 (2)의 H_{pump2}이 교차하는 점으로서 엑셀을 이용하여 $H_{pipe100}$과 H_{pump2}의 수두 차이가 0이 되는 다음 식의 해를 구하여 유량 Q_2을 결정할 수 있다.

$$H_{pump2} - H_{Pipe\ 100} = 0$$

$$-0.0211Q_2^2 - 0.0818Q_2 + 67.75 - (0.0035Q_2^2 + 0.0391Q_2 + 29.859) = 0$$

$$\therefore Q_2 = 36.87m^3/min$$

상기 유량 Q_2는 펌프 2대가 병렬운전시 유량이므로 각 펌프가 토출하는 유량은 이 유량의 절반이 된다.

$$Q_{21} = Q_2/2 = 36.87/2 = 18.43m^3/min$$

유량 Q_{21}를 식 (1)에 또는 Q_2를 식 (7)에 대입하여 다음과 같이 H_2를 구할 수 있다.

$$H_2 = 0.0035Q_{21}^2 + 0.0391Q_{21} + 29.859 = 36.06m$$

펌프의 $Q-\eta$식 (6)에 상기 Q_{21}을 대입하여 효율 η_2을 결정할 수 있다.

$$\eta_2 = -0.4829Q_1^2 + 13.024Q_1 - 1.3571 = 74.6\%$$

식 7.17로부터 다음과 같이 전력원단위를 결정할 수 있다.

$$P_{S2} = 0.002778\frac{36.06}{0.746} = 0.1342kWh/m^3$$

상기와 유사한 방법으로 펌프 3대, 4대, 5대 병렬운전시 유량, 수두, 효율 및 전력원단위는 다음 표와 같다.

표 3 $C_{HW}=100$일 때 펌프조합운전에 따른 전력원단위

구분	병렬운전 펌프 댓수				
	1대	2대	3대	4대	5대
전체유량 $Q_n(m^3/min)$	19.6	36.9	50.7	61.2	69.1
펌프 1대 유량 $Q_{n1}(m^3/min)$	19.6	18.4	16.9	15.3	13.8
펌핑수두 $H_n(m)$	32.0	36.1	40.9	45.5	49.4
펌프효율 $\eta_n(\%)$	68.2	74.6	80.8	84.9	86.4
전력원단위 $P_{Sn}(kWh/m^3)$	0.1303	0.1342	0.1405	0.1489	0.1588

표 3의 전력원단위는 병렬운전 펌프 댓수가 증가하면서 효율이 증가하는 것보다 관로를 통한 손실수두의 증가가 더욱 크기 때문에 전력원단위는 오히려 증가하며 상세한 계산과정은 엑셀파일 Exam 7_3~7_5를 참조한다.

7.3.3 관로의 경년변화에 따른 운전점 변화

새로운 급수시스템을 설계할 때 통상적으로 물수요예측을 통해 향후 50년 후에 사용할 물량을 목표로 모든 시설용량을 결정한다. 통상적으로 이 계획 기간 동안 아파트단지, 공단시설, 근린생활시설, 상업시설 등이 입주하면서 물은 50년 동안 꾸준히 증가하는 경향을 갖는다. 그러나 이러한 시설들이 계획대로 건설되지 않으면 계획년도에 도달하여도 물의 공급량은 시설용량에 도달하지 못하는 경우도 빈번하게 발생한다.

관로는 대부분 지하에 매설되기 때문에 건설의 편의성을 위해 통상적으로 목표연도의 물

량을 공급할 수 있는 용량으로 관의 직경을 결정하여 건설하고 배관의 수명은 50년 이상 지속된다. 국내 용역사의 토목부서는 관로 설계시 상하수도시설기준 "향후 50년 후에도 관로의 하젠-윌리엄계수 $C_{HW} = 100$ 이상을 유지하여야한다"에 따라 대형 배관에는 $C_{HW} = 100$, 소형 배관에는 $C_{HW} = 90$으로 설계하여 손실수두를 결정하고, 펌프를 설계하는 기계부서로 이 손실수두를 통보하고, 기계부서는 이 손실수두에 여유수두 $H = 3 \sim 4m$를 추가하며, 전동기를 설계하는 부서에서는 여유용량 5%를 추가하여 설계하는 것이 일반적이다. 이와 같이 과도하게 설계하여 건설된 펌프장의 초기 운영시 펌프는 설계유량보다 과도하게 큰 유량을 송수하며, 필요한 수요량을 만족시키기 위해 펌프 토출측에 설치된 유량조절밸브를 교축하여 불필요한 수두손실을 유발시키고 있는 것이 현실이다.

펌프의 수명은 10~15년이고, 전술한 것과 같이 펌핑하여야 할 유량은 급수구역 내 입주하는 각종 시설물의 물 수요량에 따라 변화하고, 또한 직경 $0.8m$ 이상인 대형 관로 특히, 시멘트 라이닝으로 코딩된 관로의 경우 50년이 경과하여도 거의 신관상태를 유지하여 $C_{HW} > 130$을 유지하는 것을 현장에서 빈번하게 목격할 수 있다. 따라서 펌프 수두를 결정할 때는 펌프의 수명을 고려하여 향후 10~15년 이후 물 수요량과 관로의 적정한 조도 C_{HW}를 고려하여 불필요하게 과도한 수두로 결정하지 않도록 하여야 한다.

예제 7.5

예제 7.2의 관로는 시멘트라이닝으로 코팅된 신관으로서 $C_{HW} = 130$인 조건에서 유량 $Q = 100{,}000m^3/day$을 송수할 때 각 펌프조합운전시 펌핑유량, 펌핑수두, 펌프효율, 전력원단위를 계산하고 예제 7.4의 결과와 비교하라.

해답

식 7.15와 7.16 그리고 엑셀을 이용하여 $C_{HW} = 130$일 때의 관로의 $Q-H$ 추세식을 다음과 같이 유도할 수 있다.

$$H_{pipe130} = 0.0022Q^2 + 0.0241Q + 29.913 \quad (1)$$

이제 식 (1)과 예제 7.4의 펌프의 $Q-H$ 곡선 추세식을 사용하여 예제 7.4와 동일한 절차를 통해 계산한 결과는 표 1 및 그림 1과 같다.

표 1 $C_{HW}=130$일 때 펌프조합운전에 전력원단위

구분	병렬운전 펌프 댓수				
	1대	2대	3대	4대	5대
전체유량 $Q_n(m^3/min)$	19.8	38.1	53.8	66.8	77.3
펌프 1대 유량$Q_{n1}(m^3/min)$	19.8	19.0	17.9	16.7	15.5
펌핑수두 $H_n(m)$	31.3	34.0	37.6	41.5	45.1
펌프효율 $\eta_n(\%)$	66.9	71.5	76.9	81.4	84.6
전력원단위 $P_{Sn}(kWh/m^3)$	0.1298	0.1321	0.1361	0.1414	0.1480

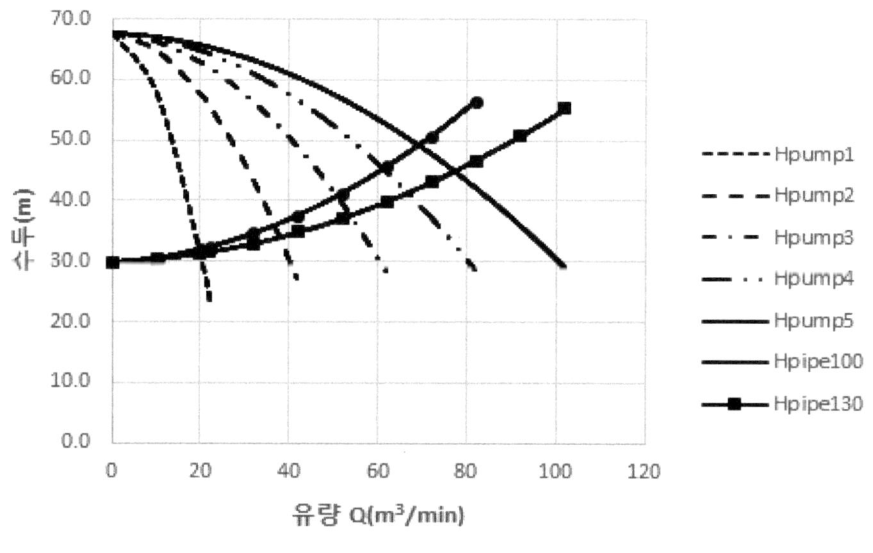

그림 1 펌프 병렬조합운전시 펌프와 관로 $Q-H$ 곡선($C_{HW}=100, C_{HW}=130$)

표 1과 그림 1로부터 펌프조합댓수가 적으면 펌핑수두의 차이가 크지 않지만 조합댓수가 증가할수록 송수유량이 증가하여 관로 내 마찰손실의 증가로 펌핑수두의 차이가 크게 발생한다. 즉, 펌프 5대 조합운전시 예제 7.4의 표 3과 본 예제의 표 1로부터 관로 $H_{pipe100}$과 $H_{pipe130}$에서의 수두차는 49.4−45.1=4.3m가 되며 상세한 계산과정은 엑셀파일 Exam 7_3~7_5를 참조한다. $C_{HW}=130$인 경우 펌프는 당초 설계 운전점이 아닌 점에서 운전되어 효율이 감소하지만 관로 내 손실수두가 효율보다 더욱 크게 감소하여 전력원단위가 감소하는 결과로 이어지므로 사용전력량 측면에서는 유리하지만 과도한 유량의 유입으로 펌프에서 공동화현상이 발생할 수 있으므로 주의하여야 하며 이에 대해서는 7.6절에서 기술한다.

7.3.4 흡입 수위변화에 따른 펌핑수두의 변화

통상적으로 취수장은 고도가 낮은 수원인 댐 또는 하천에서 물을 취수하여 고도가 높은 산에 위치한 정수장으로 물을 송수하며 정수장에서 정수처리된 물은 중력을 이용한 자연유하로 수요자에게 물을 공급하는 것으로 급수시스템이 설계된다. 그러나 댐이나 하천을 취수원으로 할 경우 홍수기와 갈수기에 따라 취수원의 수위가 변화하며 이로 인해 취수펌프의 실수두가 변화하고 따라서 펌프의 운전점이 설계 운전점에서 벗어나게 되어 댐수위가 높으면 전력원단위가 감소하고 반대로 수위가 낮으면 증가할 수 있다. 또한 댐수위가 펌프의 중심선보다 낮으면 프라이밍 장치가 필요하며 때에 따라서는 공동화현상이 발생할 수 있다. 이와 같은 문제점들에 대응하기 위해 펌프 토출측 유량조절밸브를 교축하거나 또는 상사법칙을 이용하여 펌프의 $Q-H$ 곡선을 펌프의 설계 운전점으로 이동시킨다.

취수원의 수위가 변화하여도 펌프의 $Q-H$ 곡선은 변화하지 않는다. 그러나 관로 $Q-H$ 곡선은 취수원의 수위가 설계수위보다 낮으면 관로의 실수두가 증가하고 반대로 높으면 실수두가 감소하게 되어 펌프 운전점이 변화하게 된다. 예를 들어 예제 7.5의 조건에서 댐의 수위가 당초보다 +10m, 0m, -10m인 경우 펌프 운전점은 그림 7.3과 같이 변화한다.

지금까지는 관로의 실수두가 30m인 조건에서 기술하였지만 댐 수위가 10m 상승하거나 하강하여 실수두가 20m, 30m, 40m로 변화할 때 관로 $Q-H$ 곡선은 그림 7.3과 같이 H_{pipe20}, H_{pipe30}, H_{pipe40}으로 나타나며 이 곡선들은 펌프 1대 운전할 때 펌프의 $Q-H$인 H_{pump}곡선과 교차하게 되며 바로 이 점들이 펌프의 운전점이 된다.

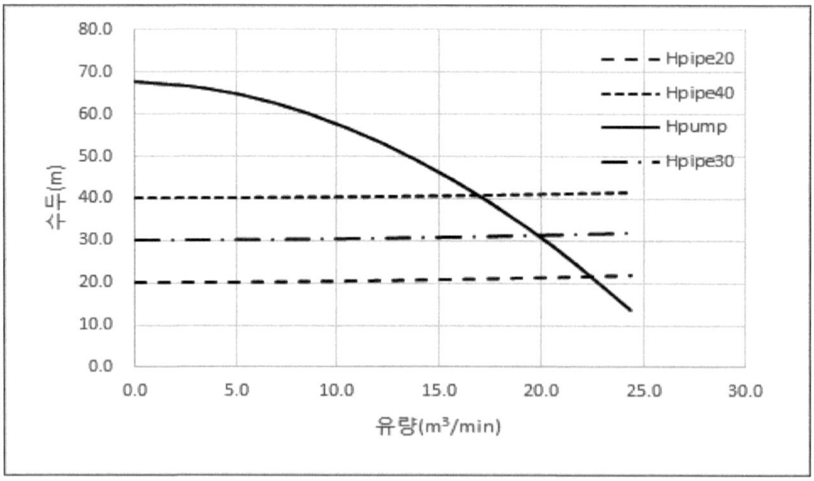

그림 7.3 취수원 수위 변화에 따른 펌프운전점 변화($C_{HW}=130$)

그림 7.3에서 댐 수위가 10m 낮아져도 펌프 1대 운전시 설계유량 $13.9m^3/min$보다 많은 $17.0m^3/min$이 토출되고, 댐 수위가 10m 높아지면 유량은 $22.5m^3/min$가 송수되기 때문에 펌프 토출측 제어밸브를 교축하여야 설계유량으로 조정할 수 있다. 예제 7.4에서 펌프 5대 병렬운전시 펌프 1대의 설계유량 $13.9m^3/min$에서 펌프설계수두는 49.4m가 된다. 그러나 그림 7.3으로부터 펌프 1대 운전시 송수관로에서는 수두 $H_{pipe20} = 40.9m$와 $H_{pipe40} = 21.5m$가 형성되므로 밸브를 교축하여 불필요한 손실수두인 펌프설계수두와의 차 8.3m와 27.7m를를 발생시켜야 하며, 이와 같은 과도한 밸브 교축으로 인해 밸브에서 공동화현상이 발생할 수 있기 때문에 주의하여야 한다.

예제 7.6

예제 7.5의 관로조건에서 펌프 1대 운전시 취수원의 수위가 10m 상승 및 하강할 때 펌프 토출측 밸브를 완전 개방한 상태에서의 전력원단위를 구하라. 단 $C_{HW}=130$이다.

해답

$C_{HW}=130$일 때 취수원 수위가 10m 상승 또는 하강하여 실수두가 20m, 40m, 30m일 때 유도한 관로의 $Q-H$식인 H_{pipe20}, H_{pipe40}, H_{pipe30}은 다음과 같다.

$$H_{pipe20} = 0.0026Q^2 + 0.0082Q + 19.99 \tag{1}$$

$$H_{pipe40} = 0.0026Q^2 + 0.0082Q + 39.99 \tag{2}$$

$$H_{pipe30} = 0.0026Q^2 + 0.0082Q + 29.99 \tag{3}$$

펌프 1대 운전시 $Q-H$곡선식인 H_{pump}는 예제 7.3의 식 (1)로부터 다음과 같다.

$$H_{pump} = -0.0844Q^2 - 0.1635Q + 67.75 \tag{4}$$

식 (1)과 (2)를 식 (4)와 등치시키고 엑셀의 해 찾기 기능을 이용하여 펌프유량을 결정하면 $Q_{20} = 22.46m^3/min$과 $Q_{40} = 16.90m^3/min$이 된다.

$$-0.0844Q^2 - 0.1635Q + 67.75 - (0.026Q^2 + 0.0082Q + 19.993) = 0$$

$$-0.0844Q^2 - 0.1635Q + 67.75 - (0.026Q^2 + 0.0082Q + 39.993) = 0$$

예제 7.3의 식 (2)에 상기 유량을 대입하여 펌프 효율을 구하면 다음과 같고,

$$\eta_{20} = 47.5\%, \ \eta_{40} = 80.8\%$$

상기 수치들을 식 7.17에 대입하면 전력원단위는 다음과 같으며 상세한 계산과정은 엑셀파일 Exam 7_6을 참조한다.

$$P_{S20} = 0.1259 kWh/m^3, \ P_{S40} = 0.1405 kWh/m^3$$

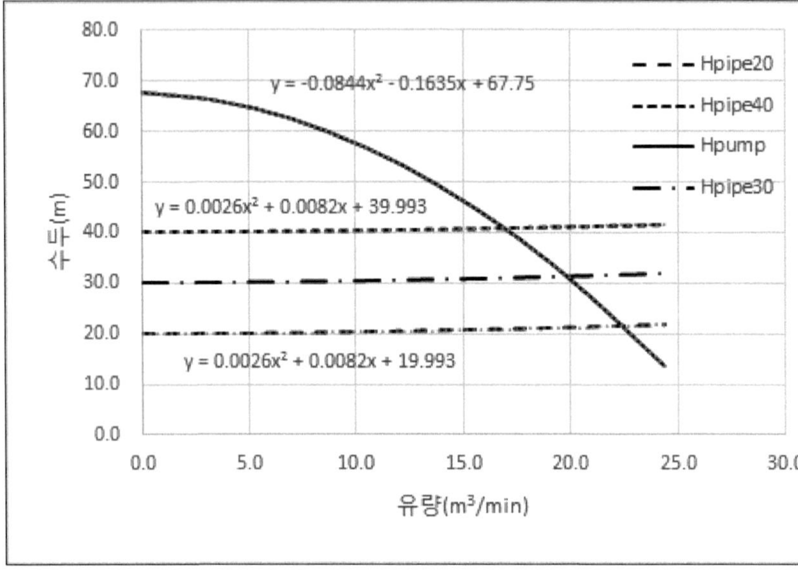

그림 1 취수원 수위변화시 펌프와 관로의 $Q-H$곡선

7.3.5 배수지 위치에 따른 운전점 변화

지금까지는 취수장 펌프가 관로의 말단부에 설치된 하나의 배수지로 또는 정수장으로 물을 전량 송수하고 중간에 물이 유출되지 않는 것으로 가정하였다. 그러나 2개 이상의 지자체에 물을 공급하는 광역상수도의 관로의 경우 길이가 100㎞를 초과하는 것이 빈번하고 관로 중간에서 고도가 다른 여러 지자체 배수지로 물이 유출된다.

만일 지자체 배수지의 고도가 크게 다르지 않고 관로가 길지 않은 경우에는 동일한 규격의 펌프로 구성된 펌프장을 운영하는 것이 합리적이지만 배수지의 고도가 크게 다르고 관로가 길어 손실수두가 큰 경우에는 수두차가 크므로 낮은 수두와 높은 수두를 형성할 수 있는 규격이 다른 펌프와 계통이 다른 관로로 펌프장을 운영하는 것이 합리적이다.

통상적으로 펌프 규격결정시 취수지점과 최종 배수지와의 고도차이인 실수두 $H_{A-final}$에 설계유량 송수시 관로에서 발생하는 총손실 $H_{L-pipe\ total}$을 더하여 펌프수두 H_{pump}를 결정한다.

$$H_{pump} = H_{A-final} + H_{L-pipe\ total} \tag{7.18}$$

우리나라와 같은 국토의 70%가 산림으로 둘러쌓인 지형에서는 관로의 굴곡이 심하여 중간 배수지가 가장 높은 고도에 위치하면 반드시 이 고도까지의 실수두 $H_{A-highest}$와 관로의 손실수두 H_{L-pipe}를 더하여 H_{pump}를 결정하고, 이 배수지의 위치수두를 이용하여 후단 배수지로 물 공급이 가능하면 식 7.19을 사용하지만 불가능할 경우에는 펌프수두를 증가시켜야 한다.

$$H_{pump} = H_{A-highest} + H_{L-pipe} \tag{7.19}$$

예를 들어 그림 7.4와 같이 펌프장 고도 EL. 0m, 펌프장으로부터 거리 10㎞ 떨어진 중간 배수지의 수위가 30m이고 관로손실수두가 10m, 이 배수지로부터 10㎞ 떨어진 최종 배수지의 수위가 10m이고 관로손실수두가 10m인 경우 식 7.18을 적용하면 펌프수두는 $H_{pump} = 10 + 20 = 30m$가 되고, 이 펌프는 최종 배수지로 물을 공급할 수 있지만 중간 배수지로는 물을 공급할 수 없다.

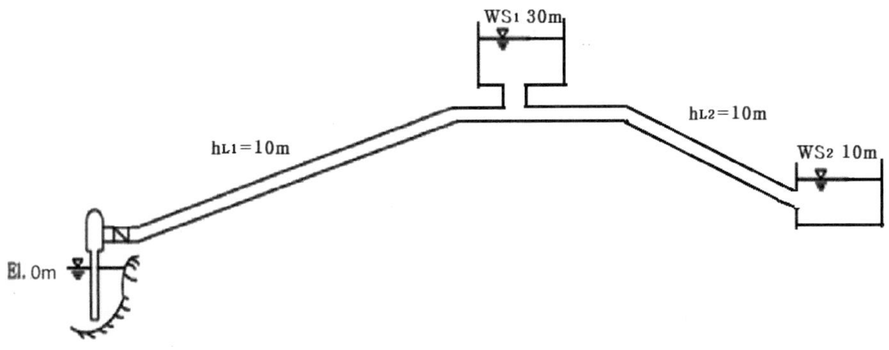

그림 7.4 관로 중간에 고도가 높은 배수지가 있는 관로

이 경우 펌프가 고도가 가장 높은 중간 배수지의 고도로 물을 송수하기 위한 실수두 30m와 중간 배수지까지의 관로에서 발생하는 손실수두 10m를 고려하여 식 7.19를 적용하면 펌프수두는 $H_{pump} = 30 + 10 = 40m$가 된다.

상기와 같은 펌핑시스템에 대한 HGL를 작성하면 중간 배수지에는 여유수두가 없지만 최종 배수지에는 여유수두 10m가 작용하므로 모든 배수지로 송수 가능하므로 중간 배수지 이후 관로의 손실수두를 고려하여 펌프수두를 결정할 필요가 없다. 만일 최종 배수지에 여유수두가 없어 송수가 불가능하면 펌프수두를 증가시켜야 한다.

그림 7.5의 조건에서 관로 중간에 고도 EL 10m인 배수지가 위치하고 고도 EL 30m인 가장 높은 배수지가 관로 말단부에 위치할 경우 식 7.18과 7.19를 적용하여도 펌프수두는 $H_{pump} = 50m$로 동일하다.

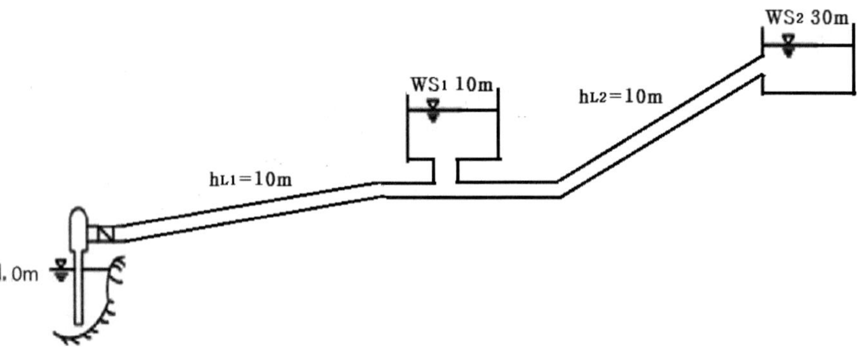

그림 7.5 관로 말단부에 고도가 높은 배수지가 있는 관로

상기와 같은 펌핑시스템에 대한 HGL를 작성하면 중간 배수지에는 여유수두 30m가 작용하고, 최종 배수지에는 여유수두 0m가 작용하므로 송수가 가능하다. 상기 두 사례로부터 고도가 높은 배수지의 위치가 펌프장으로부터 멀어질수록 펌프수두가 증가하는 것을 알 수 있고, 이와 같이 배수지에 작용하는 여유수두를 회수하기 위해 최근에는 소수력수차를 설치하는 경우가 있다.

7.3.6 배수지 유출량에 따른 운전점 변화

취수장 또는 가압장으로부터 연결된 긴 관로에서 분지되어 고도가 다른 각 배수지로 물이 유출된다. 이때 배수지의 고도차가 작으면 동일한 수두를 형성하는 한 규격의 펌프를 선택할 수 있지만 고도차가 크면 수두가 다른 펌프 또는 동일한 수두의 펌프를 설치할 것인지 고민에 빠지게 된다. 또한, 각 배수지의 유입량이 시간마다 다를 경우에는 이와 같은 고민은 더욱 깊어지게 된다.

배수지의 고도차가 클 경우 통상적으로 배수지의 고도를 고려하여 수두에 따라 2개의 계통(예를 들어 낮은 수두의 펌프와 높은 수두의 펌프)으로 펌프를 구성하고 저수두계통과 고수두계통 펌프로 구별한다. 펌프장에 설치되는 펌프는 이와 같은 계통으로 구분하여 설치하는 것이 가능하지만 이 계통의 펌프와 연결되는 관로는 별도의 관로 즉, 저수두계통 관로와 고수두계통 관로로 구성하는 것이 좋지만 지중에 매설되는 관로공사에 소요되는 초기투자비가 크기 때문에 선호되지 않는다. 이러한 경우 통상적으로 미래 수요의 불확실성과 시설의 안정성을 고려하여 각 배수지의 계획된 용수배분계획을 만족시킬 수 있도록 한 계통의 관로로 보수적으로 설계한다. 본절에서는 예제를 통해 이와 같은 사례에서 펌프수두와 전력원단위가 어떻게 결정되는지를 기술한다.

예제 7.7 배수지 고도차가 큰 경우 펌프수두 결정

그림 7.4와 같은 펌핑시스템에서 중간 배수지와 최종 배수지의 공급량은 각각 $Q = 50{,}000m^3/day$ 이고 배수지의 용량은 상수도시설기준에 따라 설계유량을 12시간 동안 공급할 수 있는 규모이다. 다음 경우에 대해 펌프수두를 결정하고 1일 사용 동력량과 전력원단위를 구하라. 단, 계산을 단순화하기 위해 각 관로에서의 손실수두구배는 1/1000이 되도록 관로의 직경을 결정하고, 펌프효율 $\eta_{pump} = 85\%$ 모터효율 $\eta_{motor} = 98\%$, 마찰계수는 $f = 0.015$로 가정하고, 첫 번째 배수지까지 관로 길이는 $L_1 = 10㎞$, 첫 번째와 두 번째 배수지 사이 관로 길이는 $L_2 = 10㎞$이다.

(1) 동일한 관로를 사용하여 두 배수지로 설계유량을 1일 24시간 균등하게 공급할 때
(2) 동일한 관로를 사용하되 펌프만을 저수두와 고수두로 계통을 분리하고, 배수지 유입밸브를 개방 및 폐쇄하여 한 배수지를 6시간 충수하고 이 배수지를 이용하여 수요자에게 12시간 공급하는 조건으로 1일 2회 펌핑할 때
(3) 관로와 펌프를 저수두와 고수두로 계통을 분리하여 운영할 때

풀이 사례 1

달시바하식 7.5로부터 다음과 같이 관로 길이 1000m 마다 손실수두가 1m가 발생하는 각 관로의 직경을 구할 수 있다.

$$D_1 = \left[f\frac{L_1}{H_{L1}}\frac{1}{2g}\left(\frac{4Q_1}{\pi}\right)^2\right]^{1/5} = \left[0.015\frac{10{,}000}{10}\frac{1}{2\times 9.8}\left(\frac{4\times 1.16}{3.14}\right)^2\right]^{1/5} = 1.1m$$

$$D_2 = \left[f\frac{L_2}{H_{L2}}\frac{1}{2g}\left(\frac{4Q_2}{\pi}\right)^2\right]^{1/5} = \left[0.015\frac{10{,}000}{10}\frac{1}{2\times 9.8}\left(\frac{4\times 0.58}{3.14}\right)^2\right]^{1/5} = 0.8m$$

$$A_1 = 3.14\times 1.1^2/4 = 0.962m^2$$

$$A_2 = 3.14 \times 0.8^2/4 = 0.553m^2$$

$$H_{L1} = H_{L2} = 10m$$

식 7.2로부터 1시간 전기사용량은

$$P = \frac{9.8 \times 1.16 \times 40}{0.85 \times 0.98} = 545kWh$$

1일 전기사용량과 전력원단위는 다음과 같다.

$$P_{24} = 454 \times 24 = 13{,}080kW$$

$$P_S = 0.002778\frac{40}{0.85} = 0.1307\frac{kWh}{m^3}$$

풀이 사례 2

본 사례에서는 관로는 풀이 사례 1과 동일하지만 각 계통의 펌프를 6시간 운전하여 각 배수지에 12시간 사용할 물량을 1일 2회 송수하여야 한다. 한 계통의 펌프를 운전할 때는 계통이 다른 배수지의 유입밸브를 폐쇄하여야 한다. 예를 들어 저수두계통의 펌프를 운전할 때는 고수두 배수지의 유입밸브를 폐쇄하여 송수되는 물이 전량 저수두 배수지로 유입되게 하여야 한다. 본 사례를 해결할 때는 사례 1과 동일한 관로를 사용하기 때문에 계통별 펌프운전마다 관로의 손실수두가 달라진다는 점에 유의하여야 한다.

저수두계통의 유동조건은 사례 1과 동일하므로

$$P = 545kWh, ,$$

$$P_{12} = 545 \times 6hr \times 2\text{회}/\text{일} = 6{,}536kW$$

$$P_S = 0.1307\frac{kWh}{m^3}$$

고수두계통 펌프 운전시 사례 1에서는 $Q = 50{,}000m^3/day$으로 균등하게 송수되었지만 여기에서는 펌프 운영시간이 1/2로 감소되어 두 배의 유량 $Q = 100{,}000m^3/day$을 송수하여야하기 때문에 고수두배수지 이후 관로에서 손실수두가 증가한다.

$$V_2 = \frac{Q_1}{A_1} = \frac{1.16}{0.553} = 2.09m/s,$$

$$h_L = hL_1 + h_{L2} = 10 + 0.015\frac{10000}{0.8}\frac{2.09^2}{2 \times 9.8} = 50m$$

$$H_{pump} = H_A + h_L = 10 + 50 = 60m$$

$$P = \frac{9.8 \times 1.16 \times 60}{0.85 \times 0.98} = 817kWh$$

$$P_{12} = 817 \times 6hr \times 2회/일 = 9{,}804kW$$

$$P_S = 0.002778\frac{60}{0.85} = 0.1961\frac{kWh}{m^3}$$

전체 1일 사용전기량은 다음과 같으며 사례 1의 125%가 된다.

$$P_{24} = 6{,}536 + 9{,}804 = 16{,}340kW$$

풀이 사례 3

본 사례에서는 펌프와 관로의 계통을 분리하고, 관로 길이 1,000m 마다 손실수두1m가 발생하는 조건으로 관로직경을 결정하므로 계산이 매우 단순하다.

고수두 계통

$$P = \frac{9.8 \times 0.58 \times 40}{0.85 \times 0.98} = 272kWh$$

$$P_{24} = 272 \times 24 = 6{,}536kW$$

$$P_S = 0.002778\frac{40}{0.85} = 0.1307\frac{kWh}{m^3}$$

저수두 계통

$$P = \frac{9.8 \times 0.58 \times 30}{0.85 \times 0.98} = 204kWh$$

$$P_{24} = 204 \times 24 = 4{,}902kW$$

$$P_S = 0.002778\frac{30}{0.85} = 0.0980\frac{kWh}{m^3}$$

전체 1일 사용전기량은 다음과 같으며 사례 1의 87%가 된다.

$$P_{24} = 6{,}536 + 4{,}902 = 11{,}438kW$$

상기 세 사례 계산에서 각 사례에 맞게 펌프의 수두와 유량을 설계하면 펌프효율이 달라져 계산 결과가 다르게 나타날 수 있으므로 유의하여야 한다. 그러나 동일한 관로를 사용하고 펌프만 계통을 달리할 때는 최종 배수지까지의 관로에서 발생하는 손실수두가 클수록 전기사용량이 증가하는 것을 알 수 있으며, 상세한 계산과정은 엑셀파일 Exam 7_7을 참조한다.

7.4 밸브유량계수

펌프 토출유량이 과도해져 발생하는 공동화현상을 방지하거나 또는 관로에 연결된 수용가들의 유량을 조정하는 등의 목적으로 빈번하게 밸브 개도를 교축하여 유량을 조정한다. 이때 사용하는 밸브를 유량제어밸브라 부르며 다양한 형식의 밸브를 사용하고 있다. 또한 현장에서 유량을 조정할 때 밸브의 유량제어범위를 벗어나면 밸브에서도 공동화현상이 발생한다. 그러나 현장에서는 유량제어 용도에 적합한 밸브의 형식과 공동화현상 발생여부에 대해서는 기술적인 검토 없이 거의 직관적으로 판단하여 설치·운영하고 있는 것이 현실이다.

본절에서는 밸브 형식별 고유유량계수와 유효유량계수에 대해 기술하고 특정 유량조건에서 밸브에서의 공동화현상 발생 여부에 대해 검토하고 마지막으로 펌프 토출측에 설치된 제어밸브로 펌프유량을 조정할 때 전력원단위를 검토하는 방법에 대해 기술한다.

7.4.1 밸브 고유유량계수

밸브의 유량계수에 대해 논의하기 전에 밸브의 개도별 손실계수에 대해 기술한다. 밸브의 손실계수는 밸브 형식마다 다르며 대표적인 밸브 형식별 손실계수는 표 7.1과 같다.

표 7.1 밸브 형식별 대표적인 손실계수

개도(%)	K_v(B/F)	K_v(Gate)	K_v(Ball)	K_v(Globe)
100	0.17	0.30	0.10	0.10
90	0.30	0.33	0.13	0.12
80	0.64	0.37	0.17	0.16
70	1.80	0.46	0.25	0.20

60	4.20	0.59	0.36	0.28
50	10.90	0.81	0.57	0.40
40	29.00	1.22	1.07	0.63
30	101.00	2.12	2.42	1.11
20	724.00	4.69	7.75	2.50
10	13549.00	18.57	54.08	10.00
0	5.E+08	5.E+08	5.E+08	5.E+08

표 7.1과 같은 밸브의 손실계수는 실험을 통해 얻을 수 있는 수치로서 국내에서는 K-water 연구원과 일부 밸브 제작사를 제외하곤 상기 결과를 얻을 수 있는 대규모 실험장치가 없기 때문에 통상적으로 외국 학회지나 밸브회사의 문헌의 수치를 인용한다. 예를 들어 버터플라이밸브 전개시 밸브를 통과하면서 발생하는 손실수두를 10m로 유지하기 위해서 필요한 유속은 다음과 같으며

$$V = \sqrt{\frac{2gH}{K_v}} = \sqrt{\frac{2 \times 9.8 \times 10}{0.17}} = 34m/s$$

이와 같은 밸브실험장치의 배관 및 수조 등에서 발생하는 손실계수를 최소화하여 $K_L = 2.0$으로 가정하여도 이 유속을 유지하기 위해 필요한 수조의 높이는 다음과 같다. 최근에는 펌프의 정밀제어로 이와 같은 높은 수조를 대체하기도 한다. 국내 밸브회사의 현실을 고려할 때 밸브의 손실계수를 구하기 위해 이와 같이 높은 수조로 구성된 실험설비를 구성하는 것은 거의 불가능하기 때문에 외국 문헌을 주로 인용하고 있다.

$$H = (K_v + K_L)\frac{V^2}{2g} = 2.18\frac{34^2}{2 \times 9.8} = 128m$$

밸브 개도와 유량과의 관계를 표시한 것을 밸브의 유량특성이라 하며 다음 두 방법으로 나타낸다. 첫째는 밸브 상·하류의 압력차 또는 손실수두를 10m로 일정하게 유지한 상태에서 밸브 개도별 밸브를 통과하는 시간 당 유량과의 관계를 나타낸 것을 고유유량계수라 한다.

$$C_{vi} = 3600A\sqrt{\frac{2gH}{K_v}}\ m^3/hr \tag{7.20}$$

여기서 A : 밸브 상류측 배관 단면적(m^2)

H : 밸브에 작용하는 수두차($H = 10m$)

K_v : 밸브 손실계수

g : 중력가속도

직경 0.4m 배관에 설치된 표 7.1의 밸브 형식과 밸브 개도별 K_v 수치를 식 7.20에 대입하여 구한 고유유량계수 수치는 표 7.2와 같고 이 수치들을 각 밸브 형식별 최대수치를 기준으로 정규화(normalizing)하여 그래프로 나타내면 그림 7.6과 같다.

표 7.2 $D = 0.4m$인 관로의 밸브 형식별 고유유량계수 C_{vi}

개도 (%)	$C_{vi}(m^3/hr)$				정규화된 $C_{vi}(\%)$			
	버터플라이	게이트	볼	글로브	버터플라이	게이트	볼	글로브
100	15,353	11,557	20,018	20,018	100	100	100	100
90	11,557	11,020	17,557	18,006	75	95	88	90
80	7,913	10,407	15,176	16,002	52	90	76	80
70	4,718	9,333	12,660	14,005	31	81	63	70
60	3,089	8,241	10,550	12,006	20	71	53	60
50	1,917	7,034	8,385	10,009	12	61	42	50
40	1,175	5,731	6,120	8,007	8	50	31	40
30	630	4,348	4,069	6,008	4	38	20	30
20	235	2,923	2,274	4,004	2	25	11	20
10	54	1,469	861	2,002	0	13	4	10
0	0	0	0	0	0	0	0	0

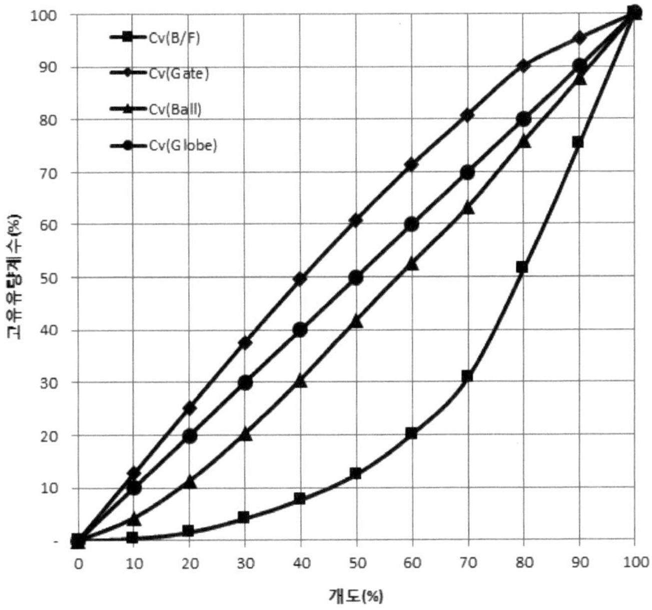

그림 7.6 밸브 형식별 고유유량계수

고유유량계수는 밸브 구조에 따라서 개도와 유량과의 관계가 등간격눈금 도표상에서 직선이 되는 선형특성, 로그 도표상에서 직선이 되는 등비특성, 유량이 개도의 제곱근의 형태로 나타나는 제곱근 특성 그리고 밸브 개도에 따른 유량이 제곱근 특성보다 더욱 큰 급속 개방특성이 있다.

- 선형특성 : 개도와 유량이 비례하는 특성이며 글로브밸브가 이 특성을 갖는다.
- 등비특성 : 이 특성은 개도 동일 증가분에 대하여 유량증가비율, 즉 유량계수의 변화율이 같게 되어 적은 개도에서는 유량변화가 비교적 작고 큰 개도에서는 유량변화가 크다. 유량의 광범위한 제어에 적합하며 버터플라이밸브 및 볼밸브가 여기에 해당된다.
- 급속 개방특성 : 이 특성은 전폐로부터 중간 개도부분까지는 개도의 변화량에 대하여 유량변화의 비율이 제곱근 특성보다 크고 그 이상의 개도부분에서는 유량변화비율이 매우 작게 되며 니들밸브가 여기에 해당된다.

7.4.2 밸브 유효유량계수

고유유량계수는 밸브의 각 개도에 있어서 전후의 수두차를 10m로 일정하게 유지하면서 얻은 것이다. 그러나 실제 관로에서는 밸브에 작용하는 수두차가 10m가 아닌 경우가 일반적이고 또한 관로손실수두가 존재하기 때문에 밸브의 개도가 같아도 그 밸브의 고유유량계수와 일치하지 않는다. 이와 같은 조건을 고려하여 밸브 개도별 밸브를 통과하는 시간 당 유량과의 관계를 나타낸 것을 유효유량계수라 하며 다음 식으로 나타낼 수 있다.

$$C_{ve} = 3600A\sqrt{\frac{2gH}{K_L + K_v}}\, m^3/hr \tag{7.21}$$

여기서 H : 밸브에 작용하는 수두차($H \neq 10m$)

K_v : 밸브 손실계수

K_L : 관로 손실계수 $[K_L = (K_i + f)L/D]$

직경 0.4m 배관에 설치된 표 7.1의 밸브 형식과 $H = 10m$, 관로손실계수 $K_L = 45$로 가정하고, 밸브 개도별 K_v 수치를 식 7.21에 대입하여 구한 유효유량계수의 수치는 표 7.3과 같고 각 밸브 형식별 최대수치를 기준으로 정규화(normalizing)하여 그래프로 나타내면 그림 7.7과 같다.

표 7.3 $D = 0.4m$, $H = 10m$, $K_L = 45$인 관로의 밸브 형식별 유효유량계수 C_{ve}

개도 (%)	$C_{vi}(m^3/hr)$				정규화된 $C_{vi}(\%)$			
	버터 플라이	게이트	볼	글로브	버터 플라이	게이트	볼	글로브
100	942	941	943	943	100	100	100	100
90	941	940	942	942	100	100	100	100
80	937	940	942	942	99	100	100	100
70	925	939	941	942	98	100	100	100
60	902	938	940	941	96	100	100	100
50	847	935	938	939	90	99	99	100
40	736	931	933	937	78	99	99	99
30	524	922	919	932	56	98	98	99
20	228	898	872	918	24	95	92	97
10	54	794	636	854	6	84	67	91
0	0	0	0	0	0	0	0	0

표 7.3에서 볼 수 있듯이 관로에서 발생하는 손실계수 K_L을 고려하면 밸브를 통과하는 표 7.3의 유량은 밸브의 손실계수 K_v만을 고려할 때 통과하는 표 7.2의 유량보다는 상당히 적게 통과한다. 또한, 이 유량은 밸브의 교축으로 인한 K_v의 영향보다는 관로 K_L에 의해 영향을 많이 받으며 이는 관로가 길수록 밸브 교축으로 조정할 수 있는 유량범위가 그림의 좌측 상단으로 좁아지는 사실을 그림 7.7로부터 알 수 있으며 유량제어용 밸브로 가장 적합한 밸브는 버터플라이밸브이다.

그림 7.7로부터 관로길이가 1000m인 경우 유량제어범위는 버터플라이밸브는 0~60% 개도이고 기타 형식의 밸브는 0~20% 개도가 된다. 그러나 광역관로와 같이 관로길이가 수백 ㎞가 되는 경우 버터플라이 밸브라할지라도 유량조정범위는 5% 내외가 되며 기타 형식의 밸브의 유량조정범위는 이 보다 작다. 이와 같은 경우 밸브로 유량을 조정하게 되면 매우 좁은 개도구간에서 빈번하게 밸브가 동작하게 되어 기어가 급속하게 마모되어 동작이 불가능하게 되므로 주의하여야 한다.

또한 관로가 긴 경우 밸브의 최종 개도 5%에서 유량(유속)변화가 발생하여 밸브의 급폐쇄로 인한 수충격현상이 발생하므로 이에 대한 대책도 강구되어야 하며 수충격현상에 대해서는 다른 문헌을 참조한다("관망 부정류해석설계", 박한영).

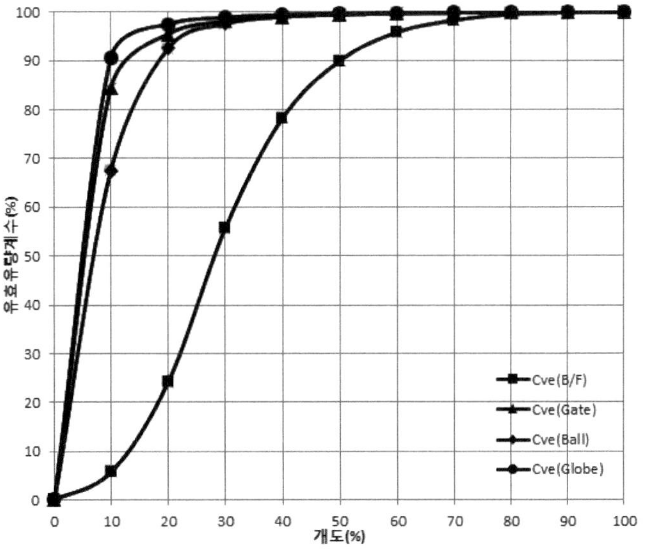

그림 7.7 밸브 형식별 유효유량계수

예제 7.8 설계유량을 송수하기 위한 밸브 개도 결정

예제 7.5에서 펌프 토출측에 표 7.1의 버터플라이밸브를 설치하기로 한다. 관로의 $C_{HW}=130$인 조건에서 펌프 1대의 토출유량을 $Q=20{,}000m^3/day$로 조정하기 위한 밸브의 개도를 결정하고 이때의 전력원단위를 검토하라.

해답

$Q=20{,}000m^3/day$을 송수하기 위한 펌프의 수두를 결정하기 위해 예제 7.3의 식 (1)에 $Q=13.9m^3/min$를 대입하면

$$H_{pump}=-0.0844\times 13.9^2-0.1635\times 13.9+67.75=49.2m$$

예제 7.5의 식 (1)에 $Q=13.9m^3/min$를 대입하면

$$H_{pipe130}=0.0022\times 13.9^2+0.0241\times 13.9+29.913=30.6m$$

이제 밸브를 교축하여 상기 수치의 차이인 $dH=18.6m$의 손실수두를 발생시켜야 한다. 이때 버터플라이밸브는 완전 개방된 상태이므로 $K_v=0.17$를 고려하여야 하지만 완전 개방된 상태에서 발생하는 손실수두는 매우 작기 때문에 무시하여도 된다. 수두손실 $dH=18.6m$가 발생하는 밸브의 손실계수를 구하기 위해 선형보간법을 사용하며 $Q=13.9m^3/min$ 송수시 유속은 다음과 같다.

$$V=\frac{Q}{A}=\frac{13.9}{0.1963\times 60}=1.18m^3/sec$$

손실수두 $dH=18.2m$를 발생시키기 위한 밸브 개도를 구하기 위해서는 다음과 같이 밸브손실계수 K_v를 먼저 결정하여야 한다.

$$H_L=K_v\frac{V^2}{2g} \quad\Rightarrow\quad K_v=\frac{2gH_L}{V^2} \tag{1}$$

상기 식에 수치를 대입하면 K_v는 다음과 같다.

$$K_v=\frac{2\times 9.8\times 18.6}{1.18^2}=261$$

표 7.1로부터 $K_v=261$이 되는 개도는 다음 선형보간법으로 구할 수 있다.

$$Degree=\frac{K_v-K_{vS}}{\dfrac{K_{vL}-K_{vS}}{Open_L-Open_S}} \tag{2}$$

여기서 K_{vS} : 밸브 개도 구간에서 K_v 보다 작은 개도에서의 K_v

K_{vL} : 밸브 개도 구간에서 K_v 보다 큰 개도에서의 K_v

$Open_L$: K_{vS}에서의 개도

$Open_S$: K_{vL}에서의 개도

본 예제에서는 개도 $Open_L = 30°$ 에서 $K_{vS} = 101$, $Open_S = 20°$ 에서 $K_{vL} = 724$이므로 이 수치를 식 (2)에 대입하면 다음과 같다.

$$Degree = \frac{K_v - K_{vS}}{\dfrac{K_{vL} - K_{vS}}{Open_L - Open_S}} = \frac{261 - 101}{\dfrac{724 - 101}{30 - 20}} = 2.6°$$

따라서 $K_v = 261$가 되기 위한 밸브 개도는 다음과 같다.

$$Opening = 30 - 2.6 = 27.4°$$

만일 펌프 토출측에 버터플라이밸브 대신 게이트밸브가 설치되었다면 표 7.1로부터 밸브 개도는 10°보다 약간 작은 개도가 된다. 따라서 $Q = 20{,}000m^3/day$보다 작은 펌프유량을 조정하기 위한 밸브의 제어범위는 버터플라이밸브는 27.4°범위를 갖지만 게이트밸브는 상대적으로 적은 10°이하의 범위를 갖기 때문에 게이트밸브는 유량조절용으로 부적합한 것을 알 수 있다.

전력원단위

앞에서 $Q = 13.9m^3/min$일 때 $H_{pump} = 49.2m$를 이미 구하였으므로 이 유량을 예제 7.3의 식 (2)에 대입하여 효율을 구한 후 이 수치를 식 7.18에 대입하여 전력원단위를 다음과 같이 구할 수 있으며 상세한 계산과정은 엑셀파일 Exam 7_8을 참조한다.

$$\eta = -0.4829 \times 13.9^2 + 13.024 \times 13.9 - 1.3571 = 86.4\%$$

$$P_S = 0.002778 \frac{49.2}{0.86} = 0.1581 kWh/m^3$$

7.5 펌프 상사법칙

흡입 수위 변화에 따른 펌프 유량을 제어하는 방법에는 상기와 같이 펌프토출측에 설치된 밸브를 교축하여 인위적으로 손실수두를 발생시키는 비효율적인 방법, 식 7.14의 펌프 상사법칙을 이용하여 관로의 필요한 유량과 수두를 만족시키도록 직경이 다른 임펠러를 사용하는 방법 그리고 인버터 또는 유체커플링과 같은 장치를 이용하여 펌프의 회전수를 제어하는 방법이 있다.

상기 방법 이외 현장에서 빈번하게 사용하는 또 다른 방법은 임펠러 외경을 커팅하는 것이다. 그러나 외경을 커팅하게 되면 펌프 임펠러 형상이 달라지기 때문에 펌프 임펠러 형상과 펌프의 운전조건 즉, 임펠러에서 속도성분이 상사하게 유지되어야 하는 상사법칙을 위반하게 되어 정확하게 상사법칙을 만족시키지는 못한다. 직경의 10% 이상 과도한 임펠러 커팅은 상사법칙을 벗어나고 효율저하, 전력 절감효과가 없거나 미미하고 또한 이상소음 발생 등이 발생할 수 있으므로 이때는 커팅보다는 임펠러를 교체하는 것이 좋으며 임펠러 커팅시 상사법칙은 다음과 같다.

- 유량 : 임펠러 커팅시 적용되는 식 7·14의 상사법칙을 이용할 수 있다. 그러나 같은 임펠러의 바깥지름을 커팅하여 축소 가공하게 되면 직경은 변화하나 임펠러 출구폭은 변화 없이 일정하므로 상수로서 생략하면 유량에 대한 상사법칙은 식 7.22와 같이 된다.
- 수두 : 임펠러 커팅시 수두 변화는 상사법칙 식 7·14를 이용할 수 있다.
- 동력 : 임펠러 커팅시 동력의 변화는 앞의 두 식을 이용하여 구할 수 있으므로 7.22와 같이 된다.

$$Q \approx ND^2, \quad H \approx N^2D^2, \quad P \approx N^3D^4 \qquad (7.22)$$

전기설비인 인버터 또는 기계설비인 유체커플링을 사용하여 펌프의 회전수를 조정할 수 있으며, 회전수 조정시 유량, 수두, 동력, 효율은 식 7.14에 따라 변화한다. 그러나 회전수 조정시마다 상사법칙을 이용하여 매번 효율곡선을 작성하는 것 보다는 원래의 효율곡선에서 상사점을 찾아 효율을 구하는 것이 더욱 효율적이다.

예제 7.3 문제에서 주어진 펌프의 특성자료를 예를 들어 펌프 임펠러 직경이 동일하고, 회전수 1750rpm에서 1400rpm으로 조정시 식 7.14에 따라 펌프의 첫 번째 운전점인 $Q_{1750} = 0m^3/min$와 $H_{pump1750} = 68m$에 상사법칙을 적용하여 계산한 결과는 다음과 같고, 나머지 운전점에 대한 결과는 표 7.4 및 그림 7.8과 같다.

$$Q_{1400} = Q_{1750}\frac{N_1}{N_1} = 0\frac{1400}{1750} = 0$$

$$H_{1400} = H_{1750}\left(\frac{N_1}{N_0}\right)^2 = 68\left(\frac{1400}{1750}\right)^2 = 44m$$

$$\eta_{1400} = \eta_{1750} = 0\%$$

표 7.4 펌프 회전수 조정시 상사법칙 적용 결과

No	Q_{1750} (m^3/min)	$H_{pump1750}$ (m)	η_{1750} $(\%)$	Q_{1400} (m^3/min)	$H_{pump1400}$ (m)	η_{1400} $(\%)$
1	0.0	68	0	0.0	44	0
2	3.5	66	36	2.8	42	36
3	6.9	62	65	5.6	40	65
4	10.4	57	83	8.3	36	83
5	13.9	50	88	11.1	32	88
6	17.4	39	78	13.9	25	78

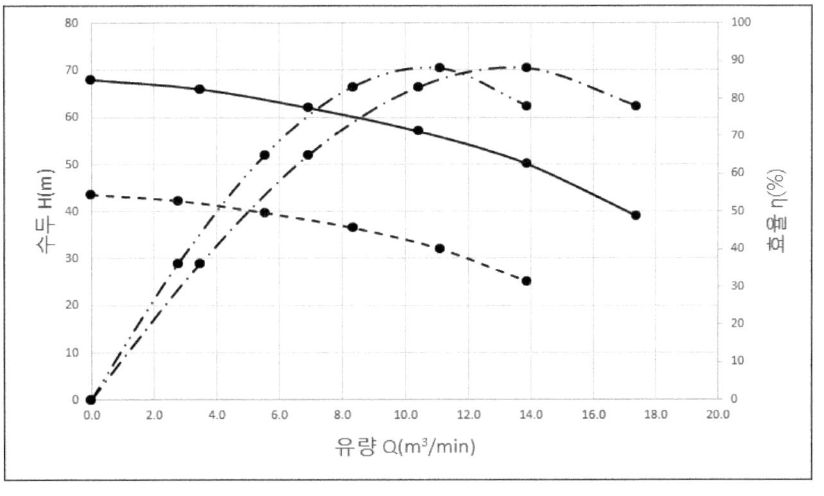

그림 7.8 펌프 회전수 조정시 상사법칙를 적용한 펌프특성곡선

그림 7.8과 같이 회전수를 조정할 때마다 효율곡선을 작성하는 것 보다는 펌프 운전점의 상사점을 찾아 선형 보간으로 효율을 구하는 것이 더욱 편리하며 이에 대해서는 다음 예제에서 다룬다.

예제 7.9 회전속도 변화시 운전점

예제 7.8에서 관로의 수두곡선 H_{pipe30}일 때 펌프 1대 운전시 펌프의 회전수를 조정하여 펌프유량 $Q=13.9m^3/min$을 송수하기 위한 회전수와 전력원단위를 구하라.

해답

$Q=13.9m^3/min$을 송수할 때의 H_{pipe30}과 회전수를 조정한 펌프의 $Q-H$ 곡선인 H_{pumpN}이 교차하는 점이 운전점이 되지만 이 운전점을 한 번에 찾을 수는 없고 회전수를 변경하여 H_{pumpN}와 H_{pipe30} 곡선이 $Q=13.9m^3/min$에서 교차할 때까지 반복하여야 하며 본 예제의 경우 $N=1485rpm$이 되며 이 회전수에서 상사법칙을 적용한 결과는 표 1 및 그림 1과 같다.

표 1 회전수 조정시 펌프특성표

No	Q_{1750} (m^3/min)	$H_{pump1750}$ (m)	η_{1750} $(\%)$	Q_{1485} (m^3/min)	$H_{pump1485}$ (m)	$H_{pipe30}(m)$
1	0.0	68	0	0.0	49	30.0
2	3.5	66	36	2.9	48	30.0
3	6.9	62	65	5.9	45	30.2
4	10.4	57	83	8.8	41	30.4
5	13.9	50	88	11.8	36	30.6
6	17.4	39	78	14.7	28	30.9

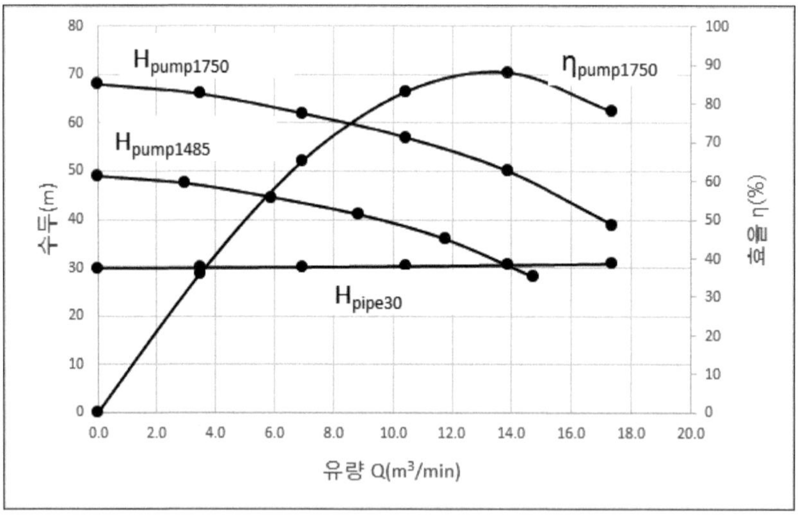

그림 1. 회전수 조정시 펌프특성곡선

그림 1로부터 $H_{pump1485}$는 H_{pipe30}과 유량 $Q=13.9m^3/min$에서 교차하므로 정확한 운전점이 되는 것을 확인할 수 있으며 H_{pipe30}식에 $Q=13.9m^3/min$을 대입하여 펌프수두를 구하면 다음과 같다.

$$H_{pipe30}=0.0026\times 13.9^2+0.0082\times 13.9+29.99=30.8m$$

이제는 전력원단위를 계산하기 위해서 상사법칙을 적용하여 회전수 조정시 운전점에서의 펌프 효율을 구하여야 한다. 그림 1에서 펌프 운전점은 $H_{pump1485}$의 5번째와 6번째 점 사이에서 H_{pipe30}와 교차하므로 $H_{pump1750}$의 5번째와 6번째 점 사이에서 보간하여 유량을 구한 후 이 유량을 당초 효율식인 η_{1750}에 대입하여 효율을 구한다.

$$dQ=\frac{13.9-11.8}{14.7-11.8}=0.714$$

$$Q=13.9+0.714(17.4-13.9)=16.4m^3/min$$

$$\eta_{1750}=-0.4829\times 16.4^2+13.024\times 16.4-1.3571=82.4\%$$

상기 수치를 식 7.17에 대입하여 전력원단위를 구하면 다음과 같으며 이는 예제 7.8에서 밸브를 교축할 때의 전력원단위 $P_S=0.1581kWh/m^3$와 비교하면 회전수 조정하는 방법이 더욱 경제적인 것을 알 수 있다. 그러나 인버터 자체 효율을 고려하면 전력원단위는 다소 증가할 수 있으며 상세한 계산과정은 엑셀파일 Exam 7_9를 참조한다.

$$P_S=0.002778\frac{30.8}{82.5}\times 100=0.1031kWh/m^3$$

예제 7.10 직경이 다른 임펠러로 교체시

예제 7.8에서 임펠러의 직경이 $D=0.4m$이었을 때 이 보다 작은 직경의 임펠러를 사용하여 유량 $Q=13.9m^3/min$을 송수하기 위해 필요한 임펠러의 직경과 전력원단위를 결정하라.

해답

임펠러 직경이 $D=0.4m$인 펌프의 첫 번째 운전점인 $Q_{1750}=0m^3/min$와 $H_{pump1750}=68m$에 임펠러 직경 $D=0.367m$으로 교체하였을 때 식 7.14의 상사법칙을 적용하여 계산한 결과는 다음과 같고, 나머지 운전점에 대한 결과는 표 1 및 그림 1과 같다.

$$Q_{367} = Q_{400}\left(\frac{D_1}{D_0}\right)^3 = 0\left(\frac{367}{400}\right)^3 = 0\ \ m^3/min$$

$$H_{367} = H_{400}\left(\frac{D_1}{D_0}\right)^2 = 68\left(\frac{367}{400}\right)^2 = 57m$$

표 1 직경이 작은 임펠러로 교체시 펌프특성표

No	Q_{400} (m^3/min)	$H_{pump400}$ (m)	Q_{367} (m^3/min)	$H_{pump367}$ (m)	H_{pipe30} (m)
1	0.0	68	0.0	57	30.0
2	3.5	66	2.7	56	30.0
3	6.9	62	5.4	52	30.2
4	10.4	57	8.0	48	30.4
5	13.9	50	10.7	42	30.6
6	17.4	39	13.4	33	30.9
7	20.9	25	16.1	21	31.3

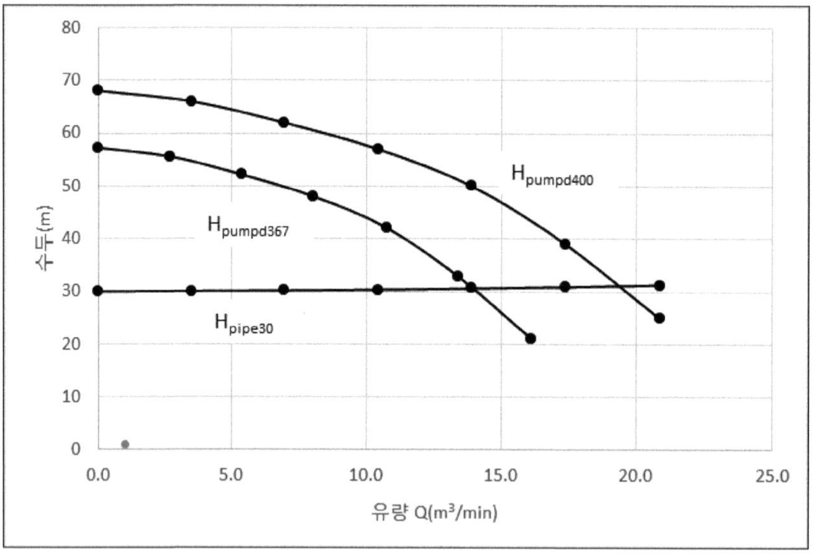

그림 1 직경이 작은 임펠러로 교체시 펌프특성곡선

원점에서의 유량을 구하면 다음과 같다.

$$Q = 17.4 + (13.9 - 13.4)\frac{20.9 - 17.4}{16.1 - 13.4} = 18.0m^3/min$$

상기 $Q \equiv 18.0m^3/min$을 예제 7.3의 식 (2)와 예제 7.6의 식 (3)에 대입하여 펌프효율과 수두를 구할 수 있다.

$$\eta = -0.4829 \times 18^2 + 13.024 \times 18 - 1.3571 = 76.6\%$$

$$H_{pipe30} = 0.0025 \times 18^2 + 0.0082 \times 18 + 29.99 = 30.6m$$

상기 수치를 식 7.17에 대입하여 다음과 같이 전력원단위를 구할 수 있으며 상세한 계산과정은 엑셀파일 Exam 7_10을 참조한다.

$$P_S = 0.002778 \frac{30.6}{0.766} = 0.1110 kWh/m^3$$

예제 7.11 임펠러 커팅시

예제 7.8에서 직경이 $D=0.4m$인 임펠러를 커팅하여 유량 $Q=13.9m^3/min$을 송수하기 위해 필요한 임펠러의 직경과 전력원단위를 결정하라.

해답

임펠러 직경이 $D=0.4m$인 펌프의 첫 번째 운전점인 $Q_{1750}=0m^3/min$와 $H_{pump1750}=68m$에 임펠러 직경 $D=0.367m$으로 교체하였을 때 식 7.14의 상사법칙을 적용하여 계산한 결과는 다음과 같고, 나머지 운전점에 대한 결과는 표 1 및 그림 1과 같다.

표 1 임펠러 커팅시 펌프특성표

No	Q_{400} (m^3/min)	$H_{pump400}(m)$	Q_{356} (m^3/min)	$H_{pump356}(m)$	$H_{pipe30}(m)$
1	0.0	68	0.0	54	30.0
2	3.5	66	2.8	52	30.0
3	6.9	62	5.5	49	30.2
4	10.4	57	8.3	45	30.4
5	13.9	50	11.0	40	30.6
6	17.4	39	13.8	31	30.9
7	20.9	25	16.5	20	31.3

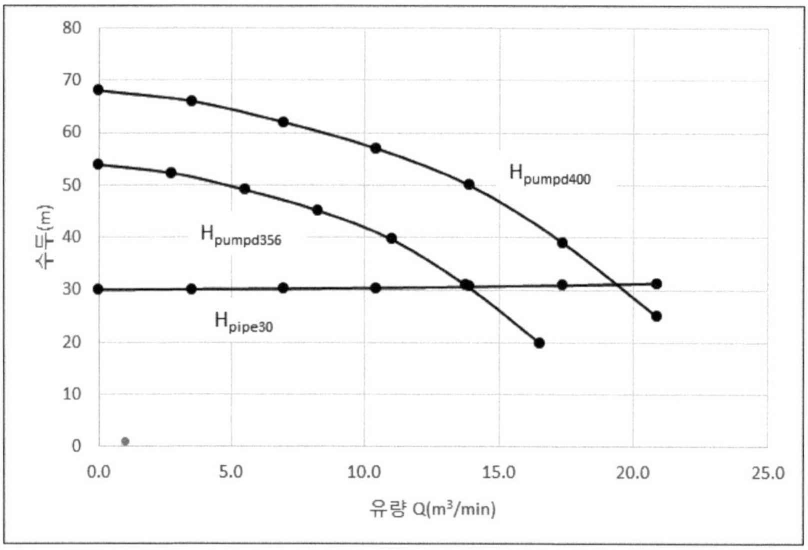

그림 1 임펠러 커팅시 펌프특성곡선

전력원단위는 운전점에서의 상사점은 원점 $Q_{400}=17.4m^3/min$에서 유래된 것이므로 이 유량을 예제 7.3의 식 (2)에 대입하여 효율을 구할 수 있다.

$$\eta=-0.4829\times17.4^2+13.024\times17.4-1.3571=79.2\%$$

상기 수치를 식 7.17에 대입하여 전력원단위를 구할 수 있으며 이 전력원단위는 직경이 다른 임펠러를 사용할 때 보다 약간 높으며, 상세한 계산과정은 엑셀파일 Exam 7_11을 참조한다.

$$P_S=0.002778\frac{30.6}{79.2}\times100=0.1073kWh/m^3$$

7.6 펌핑시스템에서 발생하는 이상현상

7.6.1 펌프에서의 공동화현상

전동기의 극수를 작게 하여 전동기와 펌프의 크기를 작게 하면 설치공간이 축소되는 이점이 있지만 베르누이식에 의해 대기압을 받는 조건에서 흡입되는 물은 유동 단면적이 가장 작은 펌프 임펠러 아이(eye)를 통과하면서 유속이 더욱 증가하여 아이에서 부분 압력이 물의 포화증기압 이하로 감소하여 공동화현상이 발생할 가능성이 더욱 증가하므로 전동기 극수 선정 시 주의를 기울여야 한다.

$$\frac{p_1}{\gamma}+\frac{V_1^2}{2g}+z_1=\frac{p_2}{\gamma}+\frac{V_2^2}{2g}+z_2+H_L=H_{atm}\approx 10m \tag{7.23}$$

상기 식에서 아래첨자 1은 펌프 흡입배관의 임의 지점이고, 아래첨자 2는 펌프 임펠러 아이 지점이다. 물이 임펠러에 들어가기 전까지는 대기압을 받는 상태이므로 상기 식의 전체 수두는 약 10m가 된다. 상기 식에서 펌프 흡입측의 배관은 수평상태이므로 위치수두는 동일하므로 $z_1=z_2$ 이를 생략할 수 있다. 이제 상기 식에서 남는 것은 오직 압력수두와 속도수두이다. 예를 들어 흡입배관의 유속 $V_1=1.0m/s$이고 아이에서의 유속 $V_2=10.0m/s$라고 가정하면 지점 1과 2에서의 압력수두는 다음과 같다.

$$\frac{p_1}{\gamma}=10-\frac{1^2}{2\times 9.8}=9.95m$$

$$\frac{p_2}{\gamma}=10-\frac{10^2}{2\times 9.8}=4.9m$$

만일 펌프 흡입측 배관에서 발생하는 손실수두 H_L을 고려하면 p_2는 더욱 감소할 수 있다. 예를 들어 $H_L=4.7m$이면 $p_2/\gamma=0.2m$가 되며 이를 압력으로 환산하면 다음과 같으며 이 압력은 20℃ 물의 포화증기압 $p_v=0.024kg/cm^2$보다 작으므로 임펠러 아이에서 공동화현상이 발생한다.

$$p_2=\frac{0.2\times 1000kg/m^3}{10,000cm^3/m^3}=0.02kg/cm^2$$

펌프에서 공동화현상 발생유무를 확인하는 식은 다음과 같다.

$$NPSH_{avail}\geq 1.3NPSH_{re} \tag{7.24}$$

여기서 $NPSH_{avail}$: 유효흡입수두(m)

$NPSH_{re}$: 필요흡입수두(m)

상기 식에서 $NPSH_{re}$는 펌프특성곡선에서 주어진다. $NPSH_{re}$는 물이 펌프 임펠러 흡입구(eye)를 통과하면서 속도수두가 증가하면서 공동화현상이 발생하는 않기 위해 요구되는 최소 압력을 수두로 변환시킨 것으로 펌프 제작사가 공장에서 실험을 통해 결정된다. $NPSH_{avail}$는 펌프와 연결되어 설치되는 관로에 의해 결정되며 다음 식으로 계산할 수 있다.

$$NPSH_{avail} = H_{atm} \pm H_S - H_{vap} - H_{fs} - \sum H_m - H_{vol} - FS \tag{7.25}$$

여기서 H_{atm} : 지표고도에 따른 대기압

H_S : 임펠러 흡입구 중심과 흡입 수면과의 정수두로서 수위가 임펠러 흡입구보다 높으면 (+), 낮으면 (-)가 된다.

H_{vap} : 물의 포화증기압

H_{fs} : 흡수면에서 펌프 흡입구 배관까지 발생하는 마찰손실

$\sum H_m$: 부차적 손실의 합(흡입구, 곡관, 축소관, 밸브 등)

H_{vol} : 수중에 용존된 가스(통상 생략됨) 또는 수중의 휘발성 유기물의 분압으로 통상적으로 약 0.6m로 추정

FS : 수력계산의 불확실성 및 흡입구에서의 와류 또는 불평형 유속의 가능성에 대비한 안전계수(통상적으로 1.5m)

예제 7.12 펌프에서의 공동화현상

예제 7.5의 급수시스템의 건설 후 향후 10년 동안 급수구역의 물 사용량이 $Q=20,000m^3/day$일 때 펌프 토출측 밸브가 완전 개방된 상태에서 펌프 1대를 운전할 때 펌프의 토출유량과 공동화현상 발생여부를 검토하라. 단, 흡입 수면은 펌프 흡입구보다 3m 낮고, 펌프 흡입측에는 직경 $D=0.5m$, 길이 $L=10m$의 배관, 완전 개방된 게이트밸브 1개$(K_1=0.3)$, 90°곡관 1개$(K_2=0.8)$, 급축소부 1개소$(K_3=1.0)$가 설치되었고, 펌프의 $NPSH_{re}=4.5m$이다. 또한 이 펌프장은 해수면과 동일한 해발 0m 고도에 위치하며 수온은 20℃, 달시-바하식의 관마찰계수 $f=0.015$으로 가정한다.

해답

예제 7.7에서 펌프 1대의 설계유량은 $Q=20,000m^3/day$으로 되었으므로 펌프 1대를 운영하면 될 것으로 쉽게 생각할 수 있지만 이는 $C_{HW}=100$ 조건에서 펌프 5대가 모두 운전되어 관로에서 $Q=100,000m^3/day$을 송수할 때 펌프 1대의 유량이다.

급수시스템 건설 직후의 조건이므로 $C_{HW}=130$이 되고 이 관로 조도에서 펌프 1대만이 운전될 때 토출 유량은 예제 7.5의 표 1로부터 $Q=19.8m^3/min$인 것을 알 수 있다.

흡입 배관 내 유속

$$V = \frac{Q}{A} = \frac{4 \times 19.8}{3.14 \times 0.5^2 \times 60} = 1.69m/s$$

흡입 배관에서 발생하는 마찰손실수두

$$H_{fs} = f\frac{L}{D}\frac{V^2}{2g} = 0.015\frac{10}{0.5}\frac{1.69^2}{2 \times 9.8} = 0.043m$$

부차적 손실수두

$$\sum H_m = (K_1 + K_2 + K_3)\frac{V^2}{2g}$$

$$= (0.3 + 0.8 + 1.0)\frac{1.69^2}{2 \times 9.8}$$

$$= 0.3m$$

각종 물리특성표로부터 해발 0m에서의 표준대기압 $H_{atm} = 10.13m$, 20℃ 수온에서 물의 포화증기압 $H_{vap} = 0.24m$, $FS = 1.5m$, 수중 휘발성 유기물의 분압 $H_{vol} = 0.6m$ 수치를 식 7.25에 대입하면 다음과 같다.

$$NPSH_{avail} \equiv H_{atm} \pm H_S - H_{vap} - H_{fs} - \sum H_m - H_{vol} - FS$$

$$= 10.13 - 3 - 0.24 - 0.043 - 0.3 - 0.6 - 1.5$$

$$= 4.45m$$

문제에서 $NPSH_{re} = 4.5m$가 주어졌으므로 식 7.24의 $NPSH_{avail} \geq 1.3NPSH_{re}$ 조건을 만족시키지 못하므로 공동화현상이 발생한다. 그러나 펌프 5대가 병렬운전하면 예제 7.5의 표 1로부터 각 펌프의 토출유량은 $Q_{51} = 15.5m^3/min$이다. 펌프특성도로부터 이 유량에서 $NPSH_{re} = 3.5m$로 주어지면 식 7.24를 만족시키므로 공동화현상이 발생하지 않으며 상세한 계산과정은 엑셀파일 Exam 7_12를 참조한다.

$$NPSH_{avail} \equiv H_{atm} \pm H_S - H_{vap} - H_{fs} - \sum H_m - H_{vol} - FS$$

$$= 10.13 - 3 - 0.24 - 0.026 - 0.18 - 0.6 - 1.5$$

$$= 4.58m$$

7.6.2 밸브에서의 공동화현상

물이 부분적으로 폐쇄된 밸브를 통과하면서 유속이 증가하면 압력은 저하되어 유체의 증기압에 도달할 수 있으며 낮은 압력 영역 유체에서는 기포로 충만된 공동이 발생하기 시작한다. 이 공동은 아주 미소한 가스 기포 및 유체에 유입된 불순물 둘레에서 성장한다. 유체가 다시 높은 압력영역에 도달하면 증기 기포(vapor bubbles)는 급속히 붕괴되거나 파열하며 이러한 과정을 공동화현상이라 한다.

붕괴하는 증기 기포의 공간을 채우기 위해 주변 유체 분자가 돌입하게 되면 짧은 시간 동안 부분적으로 높은 압력이 발생한다. 이러한 유체입자의 돌입이 밸브 몸체 또는 배관 벽 근방에서 발생하면 기포 파열 압력강도가 밸브나 배관 재료의 인장강도에 도달할 수 있다. 기계 표면에서 급속한 응력의 반전과 압력 충격(pressure shock)으로 인해 경계층 표면의 세공(pore)에서 부분 피로 파괴가 발생하여 경계층 표면이 거칠게 되고 최종적으로 상당히 큰 구멍이 형성된다.

일반적으로 공동화현상 발생의 유무를 나타내는 지표로서 공동화계수 σ가 사용되며 다음 두 식으로 σ를 계산한다.

$$\sigma = \frac{H_d - H_v}{H_u - H_d} \tag{7.26}$$

$$\sigma = \frac{H_d - H_v}{H_u - H_d + \dfrac{V^2}{2g}} \tag{7.27}$$

여기서 H_v : 물의 포화증기압수두(-10m)

H_u : 밸브상류측 압력수두(m)

H_d : 밸브하류측 압력수두(m)

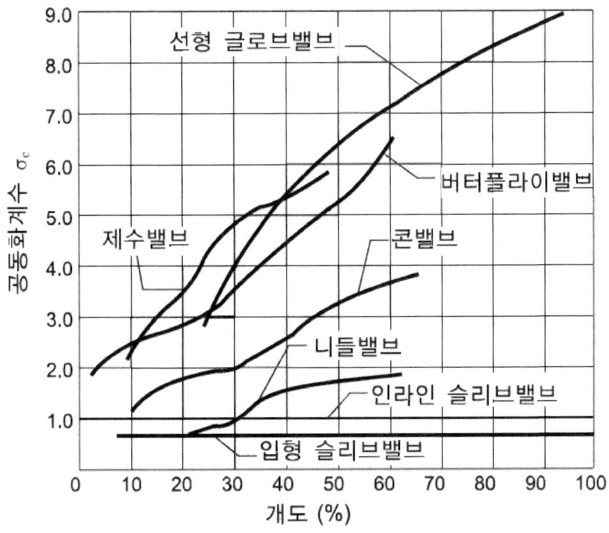

그림 7.9 밸브 형식과 개도별 공동화계수

통상적으로 식 7.26을 사용하지만 평균유속이 큰 경우 또는 밸브설치장소의 고도가 높은 경우에는 속도수두 값이 σ에 큰 영향을 미치므로 식 7.27을 사용하는 것이 더욱 안전하다. 이 식으로부터 밸브 선후의 압력차가 크고 하류측 압력이 낮으면 공동화계수가 작은 것을 알 수 있다. 따라서 이와 같은 장소, 즉 송수관로의 말단에 있는 배수지의 유입밸브용으로 설치하는 밸브는 공동화현상에 대한 조건이 엄격해진다. 그러므로 관로 조건을 미리 알고 있으면 계획단계에서부터 공동화현상에 대한 검토가 가능하며 적정한 고유 공동화계수를 갖는 밸브를 선정하는 것이 가능하다.

밸브의 구조, 형상 등에 따라 밸브 형식별 고유의 공동화 특성이 나타난다. 이 때문에 실험으로 구하는 공동화계수를 밸브의 고유 공동화계수라 부르고 일반적으로 σ_c로 표시하며 앞의 설치조건으로부터 계산으로 구한 계수 σ와는 구별하고 있다. 공동화현상이 발생하지 않도록 밸브를 선정 또는 설치하기 위해서는 다음과 같은 조건을 만족시킬 필요가 있다.

$$\sigma > \sigma_c \tag{7.28}$$

예를 들면 콘밸브의 개도가 20%, 밸브의 상류측 압력수두 $H_u = 20m$, 밸브의 하류측 압력수두 $H_d = 10m$일 때 공동화계수 σ를 구하면 다음과 같다.

$$\sigma = \frac{10-(-10)}{20-10} = 2.0$$

그림 7.9에서 콘밸브의 개도가 20%일 때 공동화계수 $\sigma_c = 1.8$이므로 식 7.28을 만족시키므로 이 조건에서 공동화현상은 발생하지 않는다. 이와 같이 밸브에 의한 공동화현상 발생을 방지하기 위해서는 고유 공동화계수 σ_c가 작은 밸브를 선정하든지 밸브설치위치를 변경할 수가 있다면 σ값을 크게 하기 위해 상류측으로 설치장소를 이동시키는 방법을 고려하여야한다. 보통 전자의 방법이 많이 적용되고 있다. 한편 σ_c는 공동화현상의 초기상태를 나타내지만 이외에 유해한 공동화 상태를 표시하는 실용치로서 σ_1을 적용하는 사례도 있으므로 이런 경우에는 제작사에 확인해야 한다.

초기 공동화현상 단계에서는 큰 소음이나 진동 등이 발생하지 않으므로 괴식에 대한 염려는 없다. 그러므로 σ_c값을 초기값으로 사용하여 식 7.28이 성립하면 공동화현상은 전혀 발생하지 않으나 밸브조작의 과도적 단계(전폐 부근)로 단시간 내에 공동화현상이 종료되는 경우 등과 같이 사용상황에 따라서는 경제적으로 불합리할 때가 있다. 이런 경우에는 식 7.28의 σ_c 대신에 실용치 σ_1을 적용하는 것이 바람직하다.

밸브 공동화현상을 나타내는 또 다른 식들 중 하나는 USBR이 주로 사용하는 다음 식이다.

$$C = \frac{H_d - H_v}{H_u - H_d} \tag{7.29}$$

여기서 C : 공동화지수

H_v : 물의 포화증기압 수두

H_u : 밸브 시트부터 3D 상류측 배관 내 압력수두

H_d : 밸브 시트로부터 12D 하류측 배관 내 압력수두

그림 7.10은 물을 매체로 한 버터플라이, 게이트, 글로브 및 볼밸브의 초기 공동화현상 특성을 나타낸다. 이 특성들은 시드니 광역시 상하수도국(Sydney Metropolitan Water Sewerage and Drainage Board)의 실험 결과와 여러 문헌에 기록된 자료들을 편집한 것이다. 온도, 동반된 공기, 불순물, 모델 오차, 그리고 관측자의 판단 등이 실험 결과에 영향을 미칠 수 있으므로 그림 7.10은 오직 참고자료로만 사용하여야 한다. 압력저하가 여러 단계에 걸쳐 발생하도록 하여 공동화의 성장을 최소화할 수 있다. 또한 밸브 직하류에 압축공기를 주입

하여 이 근처의 압력을 상승시켜 증기 기포 형성을 최소화할 수 있으나 동반된 공기는 하류측에 설치된 측정설비 기능을 방해할 수 있으므로 주의하여야 한다.

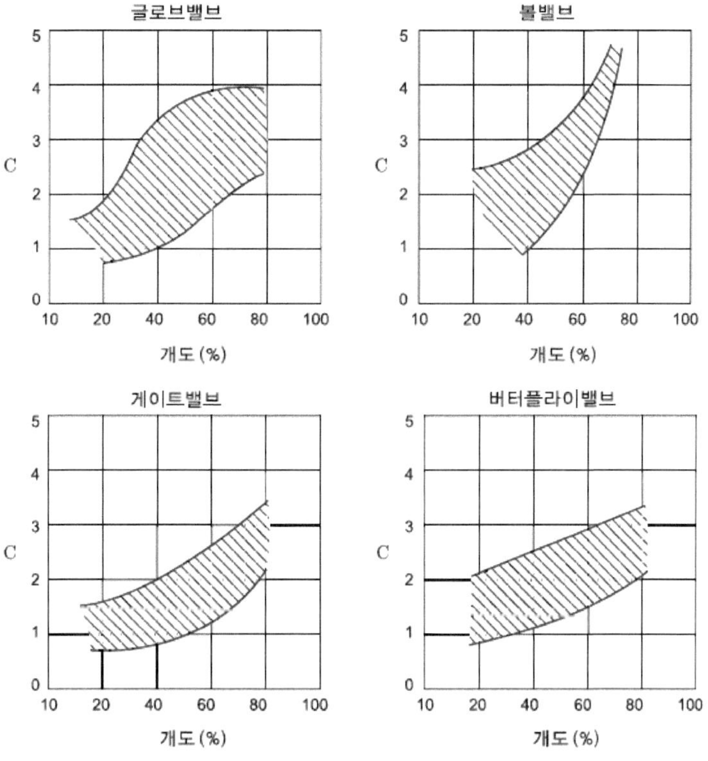

그림 7.10 관로에 설치된 밸브의 초기 공동화지수

밸브 시트 하류측의 유로가 급격하게 확대되면 공동화현상으로 인해 밸브 몸체의 경계층과 배관이 손상되는 것을 보호할 수 있다. 관망에 설치된 니들밸브에 직경은 배관 직경의 1.5배, 길이는 직경과 8배 되는 출구 테이퍼를 갖춘 챔버를 설치하면 매우 만족스런 결과를 얻을 수 있는 것으로 증명되었다. 제어용 밸브의 선정은 아래에 나타낸 순서에 따라서 실시한다.

① 밸브가 제어하는 최대유량과 직경을 산정하고 유속을 구한다.

② 유속이 사용하기로 한 밸브의 한계유속(밸브에 따라 정해지는 값으로 버터플라이밸브에서는 6m/s 이하인지를 확인한다.

③ 최대유량과 최소유량에서 밸브 상하류의 각종 손실수두, 최고 및 최저압력을 계산한다.

④ 요구되는 밸브의 최대 및 최소유량계수를 계산하고 밸브의 유량특성도로부터 최대 개도

와 최소개도를 읽어 이 개도가 제어 가능한 범위에 포함되는지를 확인한다.

⑤ 공동화현상 발생 유무를 검토한다.

⑥ 상기 계산과정에서 ②, ④, ⑤의 조건이 만족되지 않을 경우에는 밸브의 직경 또는 종류를 변경하고 계산을 다시 수행하여 상기 조건이 만족되는 밸브의 종류와 직경을 선정한다.

예제 7.13 밸브에서의 공동화현상

예제 7.8과 같이 실수두가 20m와 40m인 경우 펌프 1대 운영시 토출측 밸브를 교축하여 설계유량 $Q=13.9m^3/min$을 송수시 밸브에서 공동화현상 발생여부를 결정하라.

해답

예제 7.7에서 펌프 1대의 설계유량은 $Q=20,000m^3/day$으로 되었으므로 펌프 1대를 운영하면 될 것으로 쉽게 생각할 수 있지만 이는 $C_{HW}=100$ 조건에서 펌프 5대가 모두 운전되어 관로에서 $Q=100,000m^3/day$을 송수할 때 펌프 1대의 유량이다.

급수시스템 건설 직후의 조건이므로 $C_{HW}=130$이 되고 이 관로 조도에서 펌프 1대만이 운전될 때 토출 유량은 예제 7.5의 표 1로부터 $Q=19.8m^3/min$인 것을 알 수 있다.

펌프 1대 운전시 설계유량 $Q=13.9m^3/min$를 송수하기 위한 펌프 토출측 밸브를 교축하여 발생시켜야 할 손실수두는 다음과 같다.

$$H_{L20}=H_{pump}-H_{pipe20}=49.2-20.6=28.6m$$

$$H_{L40}=H_{pump}-H_{pipe40}=49.2-40.6=\ 8.6m$$

밸브 상류측 배관 내 유속은 다음과 같고,

$$V=\frac{Q}{A}=\frac{4\times 13.9}{3.14\times 0.5^2\times 60}=1.18m/s$$

예제 7.8의 식 (1)로부터 상기 손실수두를 발생시키기 위한 밸브의 손실계수를 다음과 같이 구할 수 있다.

$$K_{v20}=\frac{2\times 9.8\times 28.6}{1.18^2}=403$$

$$K_{v40}=\frac{2\times 9.8\times 8.6}{1.18^2}=121$$

상기 K 수치는 표 7.1로부터 개도 $Open_L = 30^\circ$ 에서 $K_{vS} = 101$, $Open_S = 20^\circ$ 에서 $K_{vL} = 724$ 이므로 이 수치를 예제 7.8의 식 (2)에 대입하면 다음과 같다.

$$Degree_{20} = \frac{403-101}{\frac{724-101}{30-20}} = 4.83^\circ$$

$$Degree_{40} = \frac{121-101}{\frac{724-101}{30-20}} = 0.32^\circ$$

따라서 $K_v = 390$과 $K_v = 117$이 되기 위한 밸브 개도는 다음과 같다.

$$Opening_{20} = 30 - 4.83 = 25.17^\circ$$

$$Opening_{20} = 30 - 0.32 = 29.68^\circ$$

이와 같이 교축된 밸브 직상류측 관로에 작용하는 수두는 실수두와 관계없이 펌프유량 $Q = 13.9m^3/min$에서의 수두로서 $H_{pump} = 49.2m$로 동일하고 이 밸브까지의 펌프 토출관로가 길지 않아 손실수두를 무시할 수 있으면 $H_{pump} = H_u$가 된다. 반면 직하류측 관로에 작용하는 수두는 관로의 H_{pipe20}와 H_{pipe40}곡선식인 예제 7.6의 식 (1)과 (2)에 유량 $Q = 13.9m^3/min$을 대입하여 구할 수 있으며 이 수두는 밸브 직하류 수두 $H_{pipe} = H_d$가 된다.

$$H_{pipe20} = H_{d20} = 0.0026 \times 13.9^2 + 0.0082 \times 13.9 + 19.99 = 20.6m$$

$$H_{pipe40} = H_{d40} = 0.0026 \times 13.9^2 + 0.0082 \times 13.9 + 39.99 = 40.6m$$

이제 공동화현상 발생 여부를 확인하기 위해 상기 수치들을 식 7.26에 대입한다.

$$\sigma_{20} = \frac{20.6-(-10)}{49.2-20.6} = 1.07$$

$$\sigma_{40} = \frac{40.6-(-10)}{49.2-40.6} = 5.89$$

그림 7.9로부터 버터플라이밸브 개도 $Opening_{20} = 25.2^\circ$ 와 $Opening_{20} = 29.7^\circ$ 에서의 공동화 계수는 $\sigma_{c20} = 3.1$과 $\sigma_{c40} = 3.5$가 된다. 따라서 식 7.28로부터 실수두가 40m일 때는 $\sigma_{40} = 5.89 > \sigma_{c40} = 3.5$가 되어 공동화현상이 발생하지 않지만 실수두가 20m일 때는 과도한 밸브 교축으로 $\sigma_{20} = 1.07 < \sigma_{c20} = 3.1$가 되어 공동화현상이 발생하므로 조치가 필요하며 상세한 계산과정은 엑셀파일 Exam 7_13을 참조한다.

7.6.3 서징현상

서징이란 펌프, 송풍기 등이 운전 중에 한숨을 쉬는 것과 같은 상태가 되어, 펌프의 경우 입구와 출구의 진공계와 압력계의 바늘이 흔들리고 동시에 송출유량이 변화하는 현상, 즉 송출압력과 송출유량의 주기적인 변동이 일어나는 현상을 말한다.

펌프의 $Q-H$ 특성곡선이 우하향(右下向) 곡선 부근에서는 유량을 감소시키면 수두가 상승하는 안전한 운전상태가 되는 데 반해 우상향(右上向) 곡선 부근에서는 유량을 감소시키면 수두가 감소하는 불안정한 상태가 된다. 즉, 원심펌프의 경우 비속도가 $N_S = 100 rpm \cdot m^3/min \cdot m$ 보다 작을 때 $Q-H$ 곡선은 그림 7.11 및 7.12와 같은 산형(山形) 모양이 되고 이보다 비속도가 클수록 급격한 우하향 곡선이 된다. 우하향 곡선에서는 유량과 수두가 유일점이 되지만 산형곡선에서는 동일한 수두에서 두 개의 다른 유량이 형성될 수 있다.

비속도가 작은 펌프는 공급하는 유량에 비해 수두가 크다는 것을 의미한다. 다시 말해 수요량은 상대적으로 작은 반면 실수두가 매우 크거나(예를 들어 정수장 탈수기의 여포세정수를 공급하는 펌프는 압력이 높은 반면 유량이 작다) 또는 관의 직경이 작아 손실수두가 커서 전체수두가 큰 관로에 사용되는 펌프의 비속도는 통상적으로 작다.

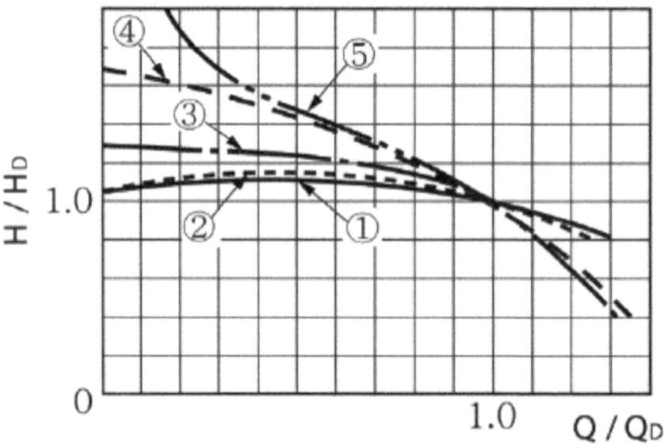

그림 7.11 비속도에 따른 $Q-H$곡선 기울기

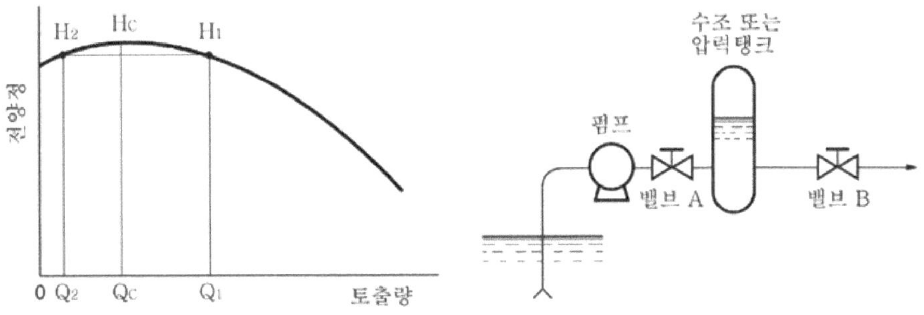

그림 7.12 서징현상 발생조건

그림 7.12에서 유량이 Q_1인 경우에는 펌프의 송수에 문제가 없지만 송수량을 Q_C이하로 감소시키기 위해 펌프 토출측에 설치된 밸브를 교축하는 동안 이 밸브에서 발생하는 공동화 현상으로 에어가 생성되거나, 주 송수관로에 설치된 에어챔버 이후 밸브 교축시 챔버 내 에어가 관로로 유입되거나, 또는 관로상에 설치된 공기밸브의 오동작으로 에어가 유입될 경우 에어포켓이 생성되어 크기가 증가 한다. 이와 같이 에어포켓의 크기가 증가하면 관로에서의 손실수두가 증가하여 유량은 Q_C 보다 적은 임의 유량 Q_2로 감소하게 되면 이 유량을 송수하기 위해 필요한 펌프수두는 증가하여야 한다. 그러나 비속도가 $N_S = 100rpm \cdot m^3/min \cdot m$ 보다 작을 때는 오히려 펌프수두가 감소하기 때문에 펌프는 물을 송수하지 못하고 오히려 역류하여 펌프로 유입되고 펌프는 체절운전점에서 공회전을 하게 된다. 이때 펌프 효율은 0%가 되고, 펌프에 들어간 전력은 펌프 내에서 수온을 상승시킨다. 시간이 경과되면서 압력에 의해 기포크기가 축소되거나 소멸되면 손실수두가 감소하여 펌프는 에어포켓이 발생하기 전의 유량 Q_1을 송수한다. 따라서 서징현상이 발생하면 펌프는 Q_1 보다 적은 유량 범위에서 토출→정지→토출하는 과정을 반복하면서 수온이 상승한다. 서징은 다음의 조건이 동시에 갖추어졌을 때에 한하여 발생한다.

- 펌프의 $Q-H$곡선이 산형 구배 특성일 때 즉, 비속도가 $N_S = 100rpm \cdot m^3/min \cdot m$이하인 원심펌프에서 산형 구배 특성이 나타난다.
- 펌프의 토출관로가 길고, 배관 중간에 수조 또는 기체상태의 부분(공기가 모여 있는 부분)이 존재한다.
- 기체상태가 존재하는 부분의 하류측 밸브 B에서 토출량을 조절한다.
- 펌프의 운전점이 우상향 곡선일 때

서징 방지법

- 펌프의 $Q-H$곡선이 우하향 특성을 갖는 펌프를 사용한다.
- 유량조절 밸브를 기체상태가 존재하는 부분의 상류측에 위치한다(밸브 A로 조정한다).
- 배관 중에 수조 또는 기체 상태인 부분이 존재하지 않도록 배관한다.

펌핑 시스템에서 발생하는 서징은 펌프와 관로의 특성곡선과 관련되며 예를 들어 설명하기로 한다. 관로 관련 자료는 직경 $D=0.5m$, 길이 $L=7000m$, 실수두 $H_A=48m$, 관 마찰계수 $f=0.015$이다. 펌프 관련 자료로서 설계유량은 $Q=12m^3/min$, 설계수두는 $H_{pump}=71m$, 정격회전속도 $N=1750rpm$인 경우 이 펌프의 비속도는 $N_S=175>100$가 되어 그림 7.13에서 H_{pump2}이 된다. 그러나 비속도가 $N_S<100rpm\cdot m^3/min\cdot m$인 펌프 H_{pump1}이 관로에 설치되면 서징현상이 발생할 수 있다.

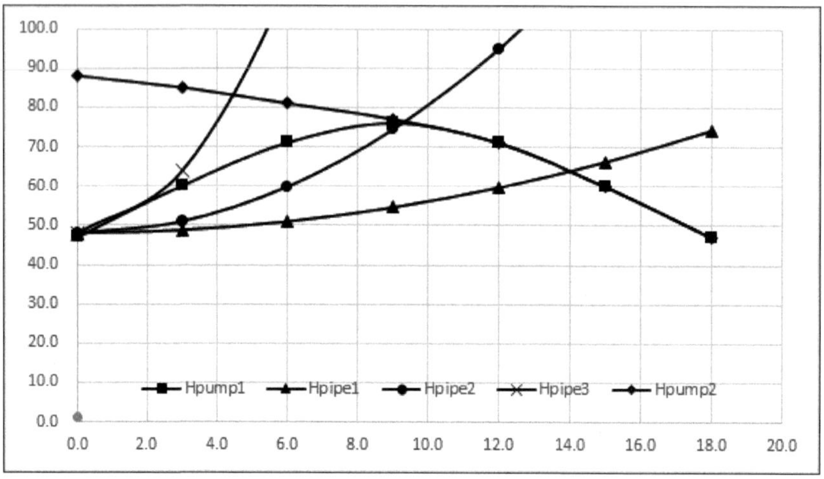

그림 7.13 서징현상이 발생하는 펌프와 관로의 $Q-H$ 곡선

상기 각 두 펌프의 토출측 관로에 유량 조절용 버터플라이밸브가 설치되어 있고, 밸브의 초기 개도 50%인 경우 관로의 $Q-H$ 곡선은 H_{pipe1}이다. 이 경우 각 펌프는 유량 $Q=14m^3/min$을 송수한다.

유량을 조절하기 위해 밸브의 개도를 축소하는 도중 관로 내 에어포켓이 형성되어 증가하고, 이 증가된 에어포켓은 유동을 방해하는 일종의 손실계수로서의 역할을 한다. 예를 들어 에어포켓의 크기가 밸브의 개도 23%에서의 손실계수 $K_v=679$에 해당되는 정도로 성장하면 관로 $Q-H$ 곡선은 H_{pipe2}로서 아직까지 각 펌프는 $Q=9m^3/min$를 송수할 수 있다.

이제 관로 내 에어포켓의 크기가 밸브의 개도 17%에서의 손실계수 $K_v=4,572$에 해당되는 정도로 더욱 크게 성장하면 관로 $Q-H$ 곡선은 H_{pipe3}인 된다. 이 경우 H_{pump2}는 H_{pipe3}보다 위에 있어 유량 $Q=4.5m^3/min$을 송수할 수 있지만 H_{pump1}는 H_{pipe3} 보다 아래에 있어 펌프 운전점이 형성되지 않아 펌프가 체절점에서 운전하게 되어 유량을 송수할 수 없게 되고 효율은 0이 되어 펌프에 입력된 에너지는 펌프 내 물의 온도를 상승시키기 된다. 어떠한 이유로든 관로 내 에어포켓이 제거되어 손실수두가 감소하게 되면 펌프는 다시 특정 유량을 송수하게 되고, 다시 관로 내 에어포켓이 형성되면 상기 과정을 반복하게 되며 이러한 현상을 서징이라 한다.

7.6.4 관로 내 공기고착(Air binding)

혹자는 서징현상과 관로 내 공기고착으로 인해 펌핑이 불가능한 현상과 혼돈하는 경우가 있다. 후자는 펌프의 비속도가 $N_S>100$인 조건에서 펌프를 가동하여도 송수가 불가능한 상태가 된다. 즉, 현장에서 펌프장 또는 관로에서 보수작업을 위해 일시적으로 관을 비운 상태에서 작업한 후 펌프를 기동할 때 관로 내 에어포켓을 제거하지 않아 수주가 분리되면 송수가 불가능하다.

관로 내 공기 포켓이 존재하면 통수능력이 저하되며 펌프수두가 충분하여도 공기고착(air binding)이 발생하면 유동을 완전 정지시킬 수 있으며 그림 7.14는 공기고착으로 인해 펌프가 체절수두 105m로 운전되어도 송수할 수 없는 경우를 보여준다. 이 그림에서 공기고착에 따른 가압수두는 다음과 같으며 이 경우 펌프의 설계수두 $H_{pump}=90m$에서 펌핑은 불가능하게 된다.

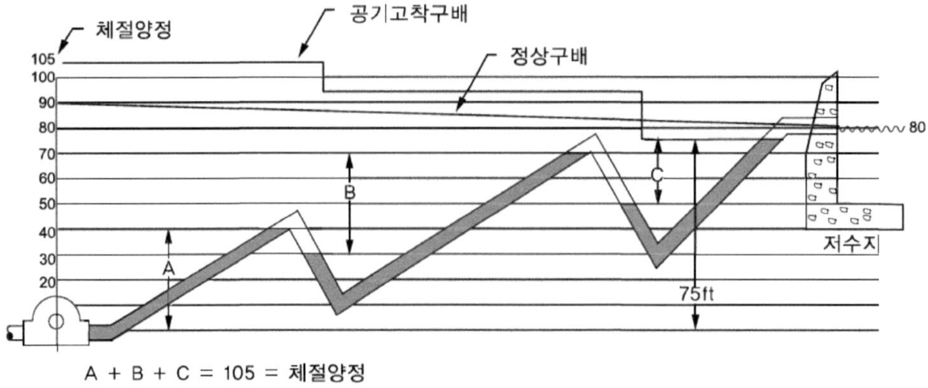

그림 7.14 공기고착으로 인한 송수 불능 상태

$$H_A = A + B + C = 40 + 40 + 25 = 105m$$

서징현상과 공기고착과의 차이는 관로 내 정점에서 에어 포켓이 형성되어 수주가 분리되면 공기고착현상이 발생하고, 에어 포켓이 형성되지만 수주가 분리되지 않고 에어 포켓의 형성과 소멸과정이 반복되면 서징현상이 발생한다.

7.7 펌프 기동 · 정지시 고려사항

7.7.1 펌프 기동 · 정지방법

펌프 기동시 고려하여야 할 점은 펌프를 회전시키기 위해 전동기를 기동하면 정격전류의 3~5배 정도로 큰 초기기동전류가 소요되는 전기적인 측면 그리고 펌프 비속도에 따라 펌프 토출측 밸브를 완전폐쇄되거나 개방된 상태에서 운전할 것인지 결정하여야 할 기계적인 측면을 고려하여야 한다.

통상적으로 전동기 용량 결정시 이와 같은 기동전류를 고려하기 때문에 큰 문제는 없으며 이에 대해서는 추후 기술한다. 그러나 그림 7.15와 같이 펌프의 비속도가 상대적으로 작은 원심펌프의 경우 유량이 0인 상태에서 동력이 가장 적고 유량이 증가하면서 거의 선형적으로 증가한다. 반대로 비속도가 큰 사류 또는 축류펌프의 경우 유량이 0일 때 동력이 상당히 크고 유량이 증가하면서 감소하는 특성을 갖는다. 따라서 원심펌프를 기동할 때는 펌프 토출측 밸브를 완전 폐쇄한 상태에서 기동하여 펌프가 정격회전수에 도달하면 밸브를 서서히 개방하여 유량을 증가시켜 펌프 운전점을 정격점 또는 설계점으로 이동시켜야 한다. 반대로 사류 또는 축류펌프를 기동할 때는 펌프 토출측 밸브를 완전 개방한 상태에서 기동하여 펌프가 정격회전수에 도달하면 밸브를 서서히 교축하여 유량을 감소시켜 펌프 운전점을 정격점 또는 설계점으로 이동시켜야 한다.

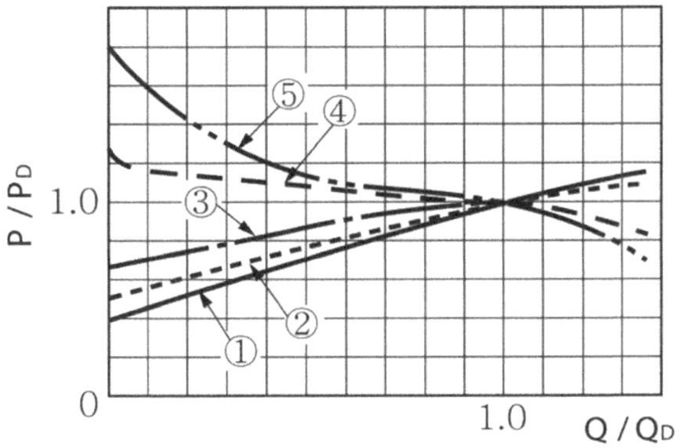

그림 7.15 비속도에 따른 유량-동력곡선

현장에서는 펌프 기동시 상기와 같은 점들을 고려하여 펌프와 밸브를 연동 운전하도록 시퀀스를 구성한다. 원심펌프의 경우 펌프 토출밸브가 폐쇄된 상태에서 펌프 기동 명령이 떨어지면 펌프가 먼저 기동되고 수초 후 펌프가 정격회전수에 도달한 것을 확인한 후 토출 밸브가 개방되도록 구성된다. 반대로 펌프 정지시에는 펌프 비속도와 관계없이 수충격현상을 최소화하기 위해서 펌프가 정지되기 전에 토출 밸브를 폐쇄하기 시작하여 최종 개도 5~10%까지 폐쇄된 후 펌프가 정지되도록 하여 유동변화에 따른 수충격현상과 관로 내 역류로 인한 펌프 토출측에 설치된 역지밸브가 급격하게 폐쇄되면서 발생하는 슬래밍현상으로 인한 과도한 압력상승을 방지하도록 시퀀스가 구성된다. 이와 같은 슬래밍현상을 초래하는 역지밸브를 설치하는 이유는 펌프장 정전시 전동 토출밸브가 폐쇄되지 않아 관로 내 역류로 펌프가 역회전하여 펌프가 손상되는 것을 방지하기 위한 것이다. 본절에서는 펌프장 정전에 따른 수충격해석시 반드시 알아야 하는 경계조건이 되는 펌프 기동 후 정격회전수 도달에 소요되는 시간, 이 시간에 따른 회전수 변화, 펌프 정지시 역지밸브가 폐쇄되는 시간을 계산하는 방법에 대해서 기술한다.

7.7.2 정격회전속도 도달 시간

펌프장 정전시 펌프의 급격한 회전속도변화를 감소시키기 위해 플라이휠을 추가하면 식 7.30의 펌프· 전동기의 회전관성모멘트 I가 증가하여 식 7.31에 따라 정전시 펌프의 회전속도가 완만하게 감소하고, 따라서 유량(유속)변화 ΔV 도 완만하게 감소하여 수격현상발생시 자이코프스키식의 수두변화 $\Delta H = \pm a \Delta V / g$가 감소하여 수격현상을 상당히 완화시킬 수 있다. 플라이휠은 실질적으로 유지관리가 필요 없는 장점을 갖지만 증가된 토크로 인한 기동시 전동기의 안정성을 반드시 검토하여야 한다.

전형적으로 전동기는 전체 펌핑시스템 I의 75~90%를 차지한다. Parmakian(1953)은 플라이휠을 부착하여 I를 100% 증가시키려면 전동기 비용이 20% 증가되고 플라이휠 해결책은 극히 제한적인 경우에서만 경제적인 것으로 주장하였다.

관성모멘트란 회전축을 중심으로 회전하는 물체가 계속해서 회전을 지속하려고 하는 성질의 크기를 나타낸 것으로 통상적으로 다음 식으로 표현된다.

$$I = \frac{GD^2}{4} = \frac{WR^2}{g} \tag{7.30}$$

정상유동 상태에서 전동기의 기동토크는 펌프 임펠러에 있는 물에 의해 발생되는 저항 토크에 의해 평형을 이룬다. 정전이 되면 기동토크가 소멸되고 저항 토크에 의해 펌프의 회전속도가 감소되며 다음 식으로 이와 같은 회전속도의 변화를 표현할 수 있다.

$$T = I\alpha = I\frac{d\omega}{dt} = \frac{2\pi}{60} I \frac{dN}{dt} \tag{7.31}$$

여기서 T : 토크$(kg \cdot m)$

α : 가속도$(m \cdot s^2)$

ω : 각속도(rad/s)

N : 회전속도(rpm)

I : 관성모멘트$(kg \cdot m^2)$

dt 동안 발생하는 회전속도 변화를 구하기 위해 상기 식을 적분하면 다음과 같다.

$$\int dN = \frac{60}{2\pi I}\int Tdt$$

T의 함수 관계를 알지 못하므로 dt를 작게 유지하면 dt 이전 시간 단계에서 알고 있는 T를 상수로 유지할 수 있으며 통상적으로 토크는 토출 유량 전 범위에서 크게 변화하지 않으므로 이러한 방법은 유효하다. 따라서 다음과 같이 정전 발생 후 dt 시간에서 새로운 회전속도를 계산할 수 있다.

$$N_1 = N_0 - \frac{60}{2\pi I}T(t)dt \tag{7.32}$$

상기 식에서 회전체의 관성모멘트 I가 클수록 펌프의 회전속도 변화가 적게 되고, 임펠러 직경이 동일한 경우 다음 식의 펌프 상사법칙에 따라 토출유량의 변화 $\Delta Q = Q_0 - Q_1$ 또는 유속변화 $\Delta V = V_0 - V_1$가 감소하고, 자이코프스키식의 수두변화 ΔH가 적어지게 되어 수격현상을 완화시킬 수 있으며 여기서 Q_1, H_1, P_1 은 회전수 N_1에서의 토출유량, 수두, 동력이며 Q_0, H_0, P_0 은 회전수 N_0에서의 토출유량, 수두, 동력이다.

$$Q_1 = Q_0\left(\frac{N_1}{N_0}\right), \quad H_1 = H_0\left(\frac{N_1}{N_0}\right)^2, \quad P_1 = P_0\left(\frac{N_1}{N_0}\right)^3 \tag{7.33}$$

펌프장 설계시 펌프와 전동기의 관성모멘트는 제조회사로부터 직접 얻어야 하나 이를 구할 수 없는 경우에는 다음과 같은 Thorley의 경험식을 사용하여 추정할 수 있다.

$$I_P = 0.03768\left[\frac{P_B}{\left(\frac{N}{1000}\right)^3}\right]^{0.9556} kg \cdot m^2 \tag{7.34}$$

여기서 I_P : 펌프의 관성모멘트$(kg \cdot m^2)$

P_B : 펌프의 정격점에서 축동력(kW)

$$I_M = 0.0043\left[\frac{P_B}{\left(\frac{N}{1000}\right)}\right]^{1.48} kg \cdot m^2 \tag{7.35}$$

여기서 I_M : 전동기의 관성모멘트$(kg \cdot m^2)$

7.7.3 펌핑시스템 토크

식 7.32에서 토크는 펌프의 기동 및 정지시 회전속도에 영향을 미친다. 정지된 펌프를 정격 회전속도로 증가시켜 설계점에서 지속적으로 운전하기 위해서 필요한 토크는 그림 7.16과 같이 가속운동기간과 등속운동기간에서 다르다.

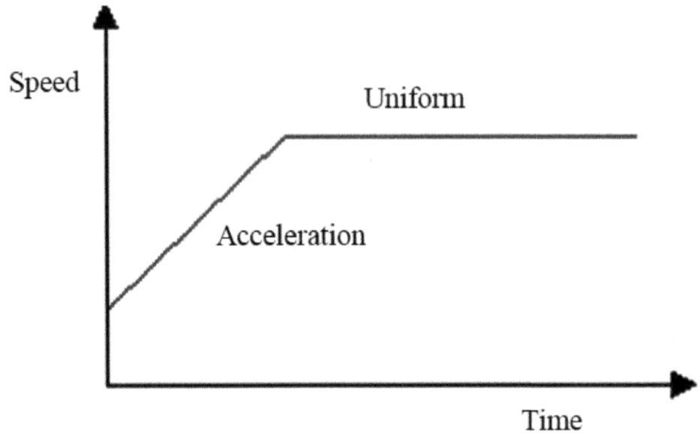

그림 7.16 펌프 기동 및 운전시 토크

- 가속토크(accelerating torque) T_α : 식 7.31의 가속토크 T_α는 정지된 펌프를 정격회전속도로 가속하기 위해 필요한 토크로서 그림 7.17과 같이 전동기토크 T_M과 부하토크 T_L과의 차이로 표현할 수 있다. 식 7.32로부터 전동기가 정격 회전속도에 도달하기 위한 가속시간 t_α는 다음과 같다.

$$t_\alpha = \frac{I \times N}{9.55\,T_\alpha} = \frac{WR^2 \times N}{93.9\,T_\alpha} \tag{7.36}$$

여기서 WR^2 : 전동기 및 부하의 관성모멘트$(kg \cdot m^2)$

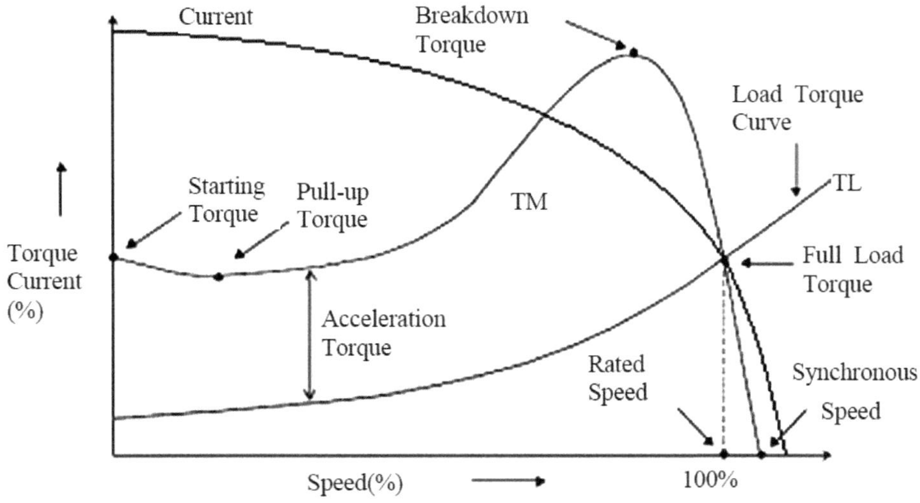

그림 7.17 전동기토크-부하토크곡선

• 등속토크(uniform speed torque) T_U : 식 7.37의 등속토크 T_U는 펌프에 부하가 작용하지 않고 단순히 펌프 및 전동기의 회전체가 베어링 등과 같은 접촉부에서 발생하는 마찰력을 극복하여 등속을 유지하기 위해 필요한 토크이다. 볼 베어링의 마찰계수 $\mu = 0.001$을 고려할 때 등속토크 T_U는 매우 미소하게 되므로 전동기 설계시 여유율에 포함시킬 수 있다.

$$T_U = \sum \frac{\mu WR}{n} \tag{7.37}$$

여기서 μ : 회전체와 고정체 접촉부 마찰계수

W : 펌프와 전동기 중량(kg_f)

R : 펌프와 전동기 회전반경(m)

n : 지지점 수

• 부하토크(load torque) T_L : 부하토크 T_L은 펌핑하고자 하는 유체의 비중량, 유량, 수두 및 펌프 효율을 고려한 축동력 P_B와 관련된 토크를 말하며 축동력, 토크, 회전수의 관계를 다음과 같이 나타낼 수 있다.

$$T_L = 974.5\frac{P_B}{N}, \quad P_B = \frac{P_W}{\eta_p}, \quad P_W = \gamma Q_D H_D \tag{7.38}$$

여기서 P_W : 수동력(kW)

γ : 송수 유체의 비중량으로서 물의 경우 $9.8kN/m^3$

Q_D : 설계유량(m^3/s)

H_D : 설계수두(m)

η_p : 펌프 효율(%)

- 풀업토크(Pull-up torque) : 유도전동기가 정상 작동 조건에서 부하를 가속할 수 있도록 하는 토크. 즉, 명목상의 조건으로 가속될 수 있는 최대하중으로 토크곡선에서 가장 낮은 지점이다.
- 브레이크다운 토크(Breakdown torque) : 유도전동기에서 1차 권선이 전원에 접속되어 정격주파수의 정격전압이 주어졌을 때 규정의 동작온도에서 생기는 최대의 축 출력 토크

이제 식 7.33과 7.38로부터 다음과 같은 펌프 토크-회전속도 관계식을 유도할 수 있다.

$$T_{L2} = T_{L1}\left(\frac{N_2}{N_1}\right)^2 \tag{7.39}$$

지금까지 고찰한 결과를 요약하면 정지된 펌프를 정격 회전속도로 증가시키기 위해 가속토크 T_α와 등속토크 T_U가 필요하며, 정격 회전속도로 운전 중일 때는 회전체를 등속으로 유지하기 위해 등속토크 T_U와 부하토크 T_L이 필요하다.

통상적으로 상기 3개 토크의 크기는 $T_L > T_\alpha > T_U$이다. 따라서 등속기간 동안 필요한 T_L과 T_U를 고려하여 전동기 용량을 결정하여야 하나 통상적으로 T_U는 T_L에 비해 미소하므로 다음 식과 같이 전동기 여유율에 포함시킬 수 있다. 그러나 플라이휠을 추가하여 관성모멘트가 상당히 커지면 이 플라이휠을 등속으로 유지하기 위한 T_U가 증가하므로 이를 전동기 용량에 반영시켜야 한다.

$$P_M = \frac{P_B}{\eta_m}(1+\beta) \tag{7.40}$$

여기서 P_M : 전동기 용량(kW)

η_m : 전동기 효율(%)

β: 전동기 여유율(5 ~ 10%)

7.7.4 전동기 가속시간

펌프장 정전시 펌프토출관로 내에서 하강서지로 인해 부압이 형성되는 수격현상을 완화시키기 위해 펌핑 설비에 플라이휠을 부착하여 관성모멘트 I를 증가시키면 식 7.36의 펌프의 정격회전 속도에 도달하는 가속시간 t_α가 지연된다. 유도전동기의 경우 그림 7.7과 같이 펌프 기동시에는 정상 운영시 필요한 전류의 5~6배의 기동전류가 흘러 전동기를 소손시킬 수 있으므로 플라이휠 효과를 이용하여 펌프로의 역류시간을 지연시켜 수격현상을 완화시킬 때는 반드시 정격 회전속도에 도달하는 가속시간을 검토하여 전동기의 소손을 방지하여야 한다.

전동기 가속시간 t_α를 구하기 위한 식은 식 7.36과 같으며 가속시간을 계산하기 위해 부하의 회전속도-토크곡선 그리고 전동기의 회전속도-토크곡선을 전동기 회전속도의 최소 10% 증분 ΔN으로 나누고, 각 증분 ΔN 중심에서의 토크 T_α를 사용한다.

유도전동기의 기동시 출력토크는 NEMA 설계 코드에 따라 다르게 나타난다. 통상적으로 펌프에 사용되는 유도전동기는 NEMA 설계 B 코드를 사용하며 기동시 부하토크와 전동기 출력토크는 그림 7.17과 같으며 전동기 출력토크 곡선 T_M과 부하토크 곡선 T_L이 만나는 점이 전동기 운전점이 된다.

7.7.5 플라이휠 효과

플라이휠 효과를 이용하여 역류시간을 지연시켜 수격현상을 완화시키는 경우 식 7.37에서 플라이휠 중량 W가 증가하지만 μ가 작아 T_U가 차지하는 비중은 크지 않기 때문에 플라이휠의 회전에 소요되는 동력을 식 7.40의 전동기 여유율 β에 포함시킬 수 있다. 관성모멘트 I를 x배로 증가시키면 식 7.32의 회전속도는 이에 비례하여 감소하여 펌프로의 역류시간을 연장시킬 수 있다.

펌프와 전동기의 관성모멘트 I를 x배 증가시키는 방법은 다음 식과 같이 단순히 질량(또는 중량)을 x배 증가시키는 방법과 회전반경을 제급근에 비례하여 증가시킬 수 있다.

$$xI = (x+m)R^2 = \left(x + \frac{W}{g}\right)R^2 \tag{7.41}$$

또는

$$xI = m(\sqrt{x}\,R)^2 = \frac{W}{g}(\sqrt{x}\,R)^2 \tag{7.42}$$

상기 식에 따라 관성모멘트는 동일하게 변화하지만 T_U는 중량 W와 회전반경 R에 비례하므로 다음과 같이 달라진다.

질량을 x배 할 경우

$$T_U = \frac{\mu x\, WR}{n} \tag{7.43}$$

회전반경을 x배 할 경우

$$T_U = \frac{\mu\sqrt{x}\, WR}{n} \tag{7.44}$$

따라서 중량을 x배로 하는 것보다 회전반경을 $\sqrt{x}$ 배로 증가시키면 고정체와 회전체 사이 마찰을 극복하기 위해 필요한 토크(동력) T_U를 감소시킬 수 있다.

7.7.6 전동기 안정성을 위한 전류-온도 특성곡선

통상적으로 펌프에 사용되는 전동기의 형식은 농형 유도전동기로서 전동기 기동시 그림 7.17 및 7.18과 같이 전 부하 전류(full load current)의 400~500%가 되는 기동전류가 유입되고, 기동토크는 전 부하 토크의 120~300% 정도가 되는 특성을 가진다.

돌입전류란 전원스위치를 처음 켰을 때 순간적으로 많은 전류가 흐르는 현상을 말한다. 전구나 전열기구 같은 경우 필라멘트나 전열선이 식어 있는 경우는 저항이 낮기 때문에 순간적으로 많은 전류가 흐르게 된다. 또한 콘덴서 입력형 전원회로(SMPS-PC 전원 또는 앰프)의 경우 처음에 전원을 넣으면 콘덴서를 충전하기 위해 순간적으로 많은 전류가 흐르며 이러한 전류를 돌입전류라 한다.

일반적으로 IEEE standard 242에서는 200마력 이하인 전동기의 돌입전류와 관련하여 순시 설정을 전동기 전부하 전류의 10~11배를 추천하고 있으며 대체적으로 유도전동기의 최대 돌입전류는 기동 전류의 2배 이하로 간주하고 있다. 전동기의 지속적인 과부하는 고정자(stator) 절연 종류에 따라 허용 온도를 초과하는 온도 상승을 가져온다. 전동기 열용량은 대단히 크기 때문에 단시간의 과부하는 전동기에 큰 손상을 주지 않으나 계속되는 과부하는 문제가 된다.

그림 7.18의 전동기 전류-온도 특성곡선(thermal limit curve)은 최고허용온도까지 상승하는데 소요되는 시간과 전류와의 관계를 나타내는 곡선이며 전동기 보호계전기의 동작곡선은 이 곡선 밑에 있어야 전동기를 안전하게 보호할 수 있다. 이 곡선은 전동기 제작사가 제시하여야 하며 전동기가 주위 온도와 같을 때의 cold curve와 운전 중일 때의 hot curve 2개 곡선으로 구성된다. 이 곡선에서 전류 값이 정격 전류의 3배 전후의 전류를 기준으로 그 이하는 전동기의 과부하 영역, 그 이상에서는 최대 토크가 걸려 전동기가 정지되는 전동기의 stall 상태라고 한다.

그림 7.18에서 C점을 냉간 허용구속시간(또는 Safe stall time at cold condition), H점을 열간허용구속시간(또는 Safe stall time at hot condition)이라 한다. 이 시간은 전동기에 구속전류(또는 기동전류)가 흐를 수 있는 최대 허용시간이 된다. 따라서 전동기의 과부하 보호곡선은 이 전류-온도 특성곡선과 기동시간 내부에 들어오도록 설정한다.

그림 7.18에서 직입(100% 전압으로)기동하는 경우를 나타내는 곡선 ⑥은 기동 초기에는 정격전류의 약 560%의 전류가 흐르나 시간이 경과하여 약 13초 후에는 정격회전속도에 도달하면서 정격전류가 흐른다. 이 경우 전류-온도 특성곡선 아래 있기 때문에 전동기는 안전한 것으로 판단할 수 있다. 그러나 식 7.36에 따라 관성모멘트를 2배로 할 경우 가속시간 t_α가 2배가 되면 약 26초에 정격회전속도에 도달하게 되므로 전류-온도 특성곡선 위에 위치하여 전동기가 손상될 수 있다.

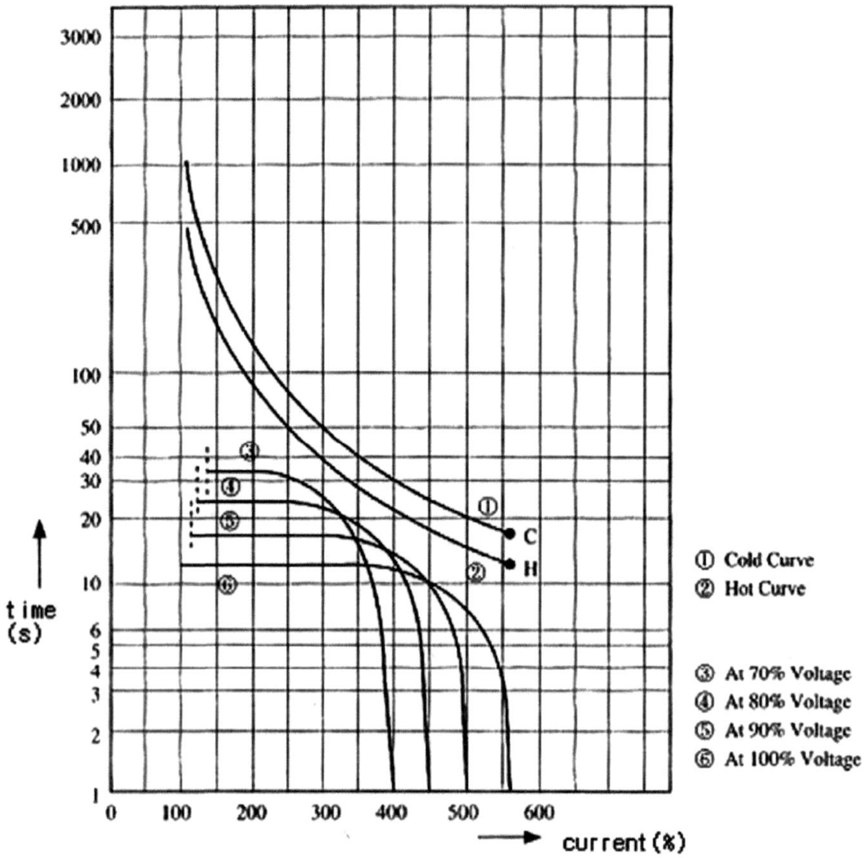

그림 7.18 전동기의 전류-온도 특성곡선

펌프 부하와 관련된 자료는 통상적으로 펌프 제작사가 제시하는 펌프 및 전동기 특성곡선으로부터 얻을 수 있다. 예를 들어 동기회전속도 $N_0 = 1,800rpm$, 정격회전속도 $N_R = 1,770rpm$, 축동력 $P_M = 150kW$, 정격동력 $P_R = 145kW$인 경우 식 7.38을 이용하여 다음과 같이 회전속도에 따른 부하토크 T_L를 계산할 수 있다.

$$T_{L10} = 974.5\frac{P_M}{N_0} = 974.5\frac{150}{1800} = 81.2kg \cdot m$$

이제 회전속도의 증분 $\triangle N = 180rpm$으로 설정하고, 펌프 토크 상사법칙 식 7.39를 이용하여 다음과 같이 회전속도에 따른 펌프의 부하 토크곡선을 작성할 수 있다.

$$T_{L1} = T_0\left(\frac{N_1}{N_0}\right)^2 = 81.2\left(\frac{180}{1800}\right) = 0.80kg \cdot m$$

$$T_{L2} = T_0\left(\frac{N_2}{N_0}\right)^2 = 81.2\left(\frac{360}{1800}\right) = 3.20kg \cdot m$$

$$\vdots$$

$$T_{L10} = T_0\left(\frac{N_{10}}{N_0}\right)^2 = 81.2\left(\frac{1800}{1800}\right) = 81.20kg \cdot m$$

회전자를 구속시키고 다이너모미터를 이용하여 그림 7.19의 구속토크(locked rotor torque) 또는 기동토크(starting torque)를 측정할 수 있다. 그러나 다이너모미터를 사용하여 회전수 변화에 따라 토크를 측정하는 것이 불가능하다. 따라서 통상적으로 전동기 제작사는 저항, 누설 리액턴스, 전압, 극수, 슬립 등을 인자로 하는 식을 이용하여 토크를 이론적으로 계산하여 제공한다. 또한 KS 규정 또는 NEMA 코드에 따라 전동기 형식이 결정되면 회전속도-토크 특성이 결정된다.

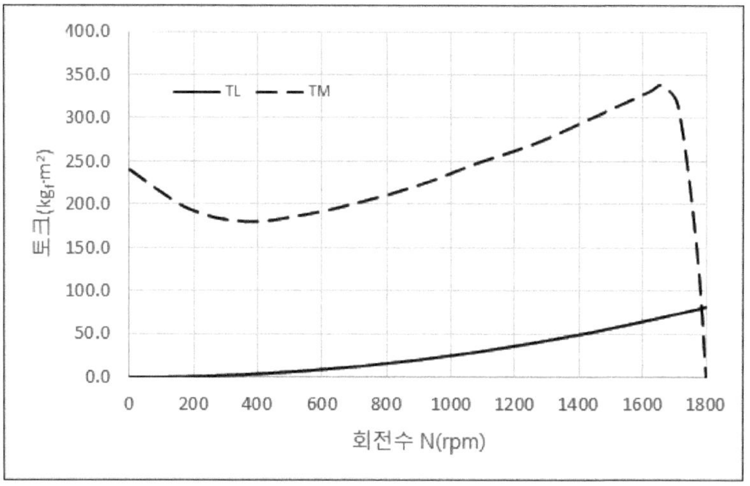

그림 7.19 전동기 기동시 전동기토크 T_M과 부하토크 T_L

여기에서는 전동기 제작사가 제공한 회전속도-토크자료를 사용하여 전동기토크 T_M을 구하였으며 부하토크 T_L과 합성하여 작성한 결과는 그림 7.19와 같으며 정격회전속도는 $N_R = 1{,}770rpm$, 정격부하토크 $T_L = 78.6kg \cdot m$이다. 여기에서 사용된 펌프는 정격전압을 그대로 사용하는 직입기동방식이다. 이 경우 식 7.36을 사용하여 펌프 기동 후 정격회전속도에 도달하는 시간인 가속시간 t_α을 구할 수 있다. 이 가속시간 t_α을 구하기 위해 관성모멘트 $I = 3.95 kg \cdot m$와 정격 회전속도를 10 등분한 증분 $\Delta N = 180 rpm$을 사용하였으며 계산 결과는 표 7.5와 같으며 상세한 계산과정은 엑셀파일 Fig7_19를 참조한다.

표 7.5 전동기관련 각종 토크 및 가속시간

NO	$N(rpm)$	$T_L(kg_f \cdot m)$	$T_M(kg_f \cdot m)$	$T_\alpha(kg_f \cdot m)$	$t_\alpha(s)$
0	0	0.0	240	240.0	0.00
1	180	0.8	195	194.2	0.30
2	360	3.2	180	176.8	0.37
3	540	7.3	188	180.2	0.41
4	720	13.0	203	189.5	0.40
5	900	20.3	222	201.7	0.38
6	1080	29.2	248	218.3	0.36
7	1260	39.8	270	230.2	0.33
8	1440	52.0	300	248.0	0.31
9	1620	65.8	330	264.2	0.29
9.2	1656	68.7	338	268.8	0.05
9.5	1710	73.3	315	241.7	0.08
9.835	1770	78.6	150	71.4	0.10
10	1800	81.2	0	-81.2	0.00
합계					3.39

그림 7.20은 본 예제에서 사용한 펌프설비의 기동시 측정한 전동기의 정격전류 240A, 정격전압 380V, 정격회전속도 1,770rpm을 정규화하여 보여준다. 기동시 전류는 정격전류의 4.7배까지 상승하지만 약 1.3초 경과하면서 정격전류가 흐른다. 또한 전압과 회전속도는 약 1.3초가 경과하면서 정격수치에 도달하므로 가속시간 $t_\alpha = 1.3s$로 결정할 수 있다. 이론적으로 계산한 전동기 기동시간 $T_\alpha = 1.4s$이고 실험결과 기동시간 $T_\alpha = 1.3s$로 나타나 약 7%의 오차가 발생하였지만 이는 관성모멘트 I의 오차, 측정장치의 특성 등을 감안할 때 수용할 수 있는 수치이다.

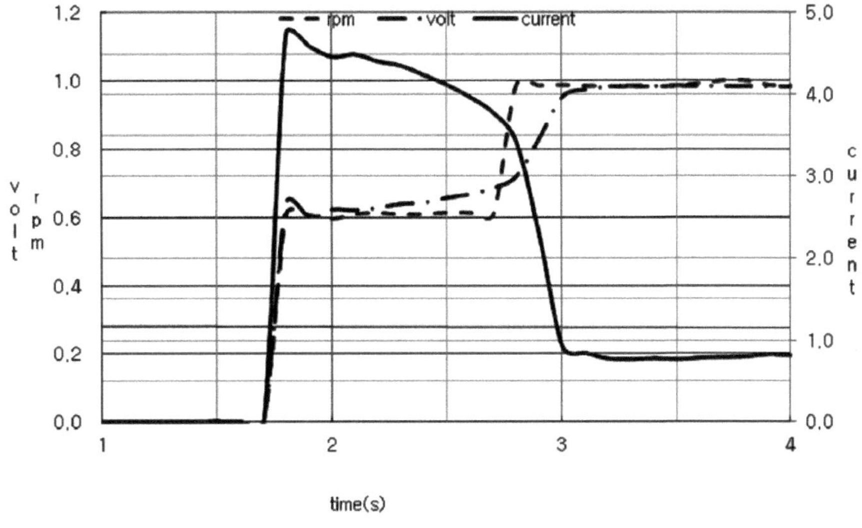

그림 7.20 전동기 기동 특성

7.7.7 관성모멘트 증가시 전동기 용량 변화 여부

펌프장 정전시 관로의 부압 또는 수주분리를 방지하기 위해 회전 관성력을 증가시킬 수 있다. 전술한 펌핑 기동시간 $t_\alpha = 1.3s$는 그림 7.18의 허용기동시간 13초보다 상당히 적으므로 전동기는 안전하다. 그러나 정전시 부정류에 따른 저압이 문제가 될 경우 기동시 과전류로부터 안정성을 고려하여 관성모멘트 I를 최대 10(1.3→13)배까지 증가시킬 수 있다. 그러나 보호계전기의 동작시간 및 신뢰성 등을 고려하여 관성모멘트를 2배로 증가시킬 경우 이에 따른 전동기의 용량 변화여부를 검토한다. 본 사례에서 펌프·전동기 $I = 3.95kg \cdot m^2$을 WR^2으로 환산하면 다음과 같다.

$$WR^2 = gI = 9.8 \times 3.95 = 38.7kg \cdot m^2$$

펌프 제작사가 제공한 자료 펌프 · 전동기 중량 $W = 610kg$과 상기 식을 이용하여 다음과 같이 펌프 · 전동기의 회전반경 R과 WR을 결정할 수 있다.

$$R = \sqrt{\frac{WR^2}{W}} = \sqrt{\frac{38.7}{610}} = 0.25m$$

$$WR = 610 \times 0.25 = 152kg \cdot m$$

식 7.41에 따라 단순히 중량을 배로 하거나 또는 식 7.42에 따라 회전반경을 $R=\sqrt{2}$ 배로 증가시켜 관성모멘트를 2배로 증가시킬 수 있다.

$$(2W)R^2 = 2 \times 610 \times 0.25^2 = 76kg \cdot m^2$$

또는

$$W(\sqrt{2}R)^2 = 610(\sqrt{2} \times 0.25)^2 = 76kg \cdot m^2$$

이 경우 WR은 동일하게 2배가 되지만 등속토크 T_U에 영향을 미치는 WR은 다음과 같이 다르게 된다.

- 중량을 2배로 할 경우 $2WR = 2 \times 610 \times 0.25 = 305kg \cdot m$
- 회전반경을 $\sqrt{2}$ 배로 할 경우 $2WR = \sqrt{2} \times 610 \times 0.25 = 216kg \cdot m$

본 예제의 경우 회전반경을 $\sqrt{2}$ 배로 증가시켜 관성모멘트를 2배로 증가시킬 경우 식 7.43에 따라 등속토크 T_U 변화 및 이에 따른 동력변화는 전동기 용량 150kW에 비해 0.08%에 불과하므로 식 7.40의 전동기 여유율에 충분히 포함시킬 수 있으므로 같은 전동기를 사용할 수 있다.

7.8 펌프장 정전시 펌프 역류시간

펌프장에서 정전이 발생하면 식 7.32에 따라 회전속도 N이 감소하고, 상사법칙 식 7.33에 따라 유량, 수두 및 동력이 변화하며 특정 펌핑시스템에서 이 관계식을 그래프로 나타내면 그림 7.21과 같다.

그림 7.21에서 펌프가 정상적으로 운영 중일 때는 펌프의 최상단 $Q-H$곡선과 관로 $Q-H$곡선이 교차하는 점이 펌프의 운전점이 되며, 이 운전점에서의 유량과 수두가 설계유량 Q_R과 설계수두 H_D로 결정된다. 정전시 축동력의 소실로 인해 회전속도가 감소하여 펌프의 운전점은 아래로 이동한 후 펌프 $Q-H$곡선이 관로 $Q-H$곡선 이하로 이동하면 펌프로의 역류가 시작된다.

그림 7.21에서 펌프 $Q-H$곡선 기울기인 h_{pump}와 관로 $Q-H$곡선 기울기인 h_{pipe}가 급격하여 H_R이 커질수록 펌프로의 역류가 발생하는 시간이 길어지는 것을 알 수 있다. h_{pump}는 펌프 토출밸브가 완전 폐쇄된 상태에서 펌프를 가동하여 유량이 "0"인 지점에서 형성되는 체절수두 H_S와 설계유량에서 형성되는 수두 H_D의 비율로서 다음과 같이 정의할 수 있다.

$$h_{pump} = \frac{H_S}{H_D} \tag{7.45}$$

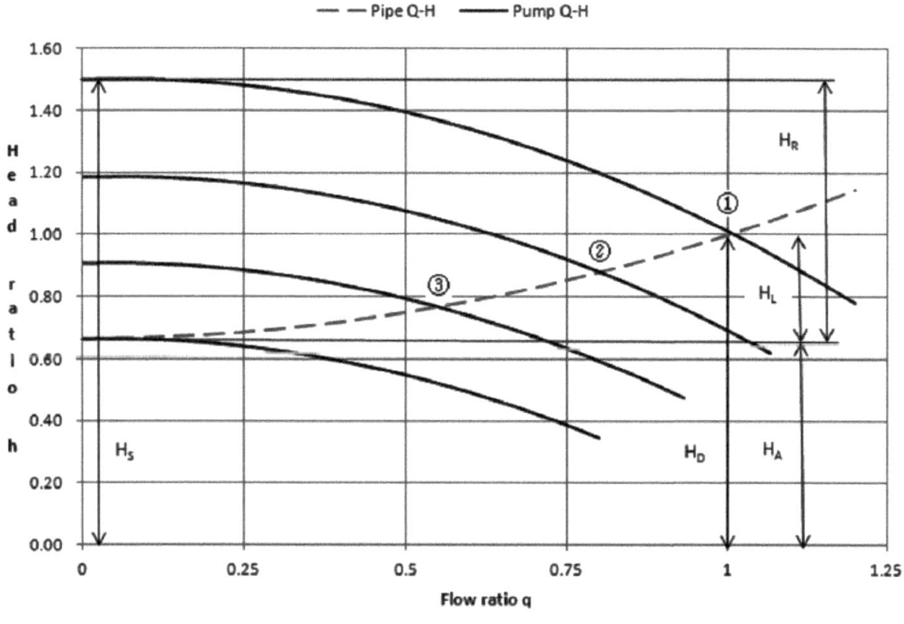

그림 7.21 회전속도 변화에 따른 펌프 $Q-H$곡선

지금까지 문헌상에 펌프 비속도가 증가하면 h_{pump}가 증가하는 것으로 기술되었지만 정확하게 계량화하여 제시되지는 않았다. 국내 펌프 제작사에서 제시한 양흡입 원심펌프 비속도에 따른 h_{pump}를 조사한 결과를 그래프로 표현하면 그림 7.22와 같이 나타나며 펌프의 비속도와 h_{pump}의 관계식을 다음과 같이 유도할 수 있으며 N_S의 단위는 $rpm \cdot m^{3/}min \cdot m$이다.

$$h_{pump} = 0.0014N_S + 0.9666 \tag{7.46}$$

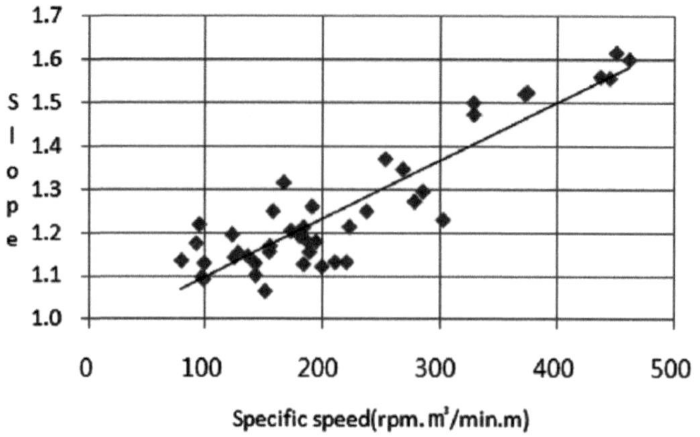

그림 7.22 펌프 비속도와 h_{pump}의 관계

동일한 h_{pump}에서도 설계수두 H_D 수치에 따라 체절수두 H_S가 다르게 되며 설계수두 H_D가 클수록 펌프로의 역류발생시간이 늦어지는 것을 알 수 있다. 관로 $Q-H$곡선은 펌프 $Q-H$곡선과 함께 펌프장 정전시 역류시간에 직접적으로 영향을 미친다.

관로 $Q-H$곡선은 실수두 H_A와 관로손실수두 H_L의 합인 H_T로 표현할 수 있다. h_{pipe}는 관로의 실수두 H_A와 설계수두 H_T 의 비로 정의되며 손실수두 H_L과 실수두 H_A 의 비율에 따라 역류에 미치는 영향이 다르게 나타난다. 통상적으로 관로의 설계수두 H_T와 펌프의 설계수두 H_D를 동일하게 설계하므로 다음과 같이 h_{pipe}를 표현할 수 있다.

$$h_{pipe} = \frac{H_T}{H_A} = \frac{H_D}{H_A} \tag{7.47}$$

h_{pipe}가 클수록, 즉 실수두 H_A가 작고, 손실수두 H_L이 클수록 H_R이 커져 펌프로의 역류시간이 늦게 발생한다. 그림 7.21은 $h_{pump} = 1.5$, $h_{pipe} = 1.5$인 펌핑시스템의 $Q-H$곡선을 보여준다.

펌프장 정전시 다음과 같이 펌프의 체절수두 H_S가 관로의 실수두 H_A보다 적어지면 즉, $H_R < 0$의 조건에서 펌프로의 역류가 발생하며 식 7.45와 7.47을 이 조건에 대입하여 이 조건의 식을 얻을 수 있다.

$$H_R = H_S - H_A = \left(h_{pump} \times H_D - \frac{H_D}{h_{pipe}} \right) < 0 \tag{7.48}$$

결론적으로 그림 7.21로부터 펌프의 비속도가 클수록 h_{pump}가 커져 체절수두 H_S가 커지고, 관로의 실수두보다 손실수두가 클수록 h_{pipe}가 커져 H_D가 커지므로 펌프로의 역류가 발생하기 위한 수두 H_R이 커져 펌프로의 역류가 발생하는 시간이 길어지는 것을 알 수 있다.

지금까지 토론한 이론을 바탕으로 펌프장 정전시 펌프로의 역류시간을 계산하는 절차를 기술한다. 본 예제에서 사용한 펌핑설비의 상세한 규격 그리고 펌프의 유량에 따른 펌프수두 및 관로수두 자료는 표 7.6과 같고, 전동기의 정격동력은 150㎾, 펌프의 정격회전속도는 $N_R = 1800rpm$이다.

표 7.6 펌프특성자료

No	$Q(m^3/min)$	$H_{pump}(m)$	η(%)	$P_B(kW)$	$H_{pipe}(m)$	$T_B(kg_f \cdot m)$
1	0.0	68.0	0	98	35.0	53.9
2	3.5	66.0	36	104	36.3	57.2
3	6.9	62.0	65	108	40.0	59.5
4	10.4	57.0	83	117	46.1	64.3
5	13.9	50.0	88	129	54.6	70.9
6	17.4	39.0	78	142	65.6	78.0

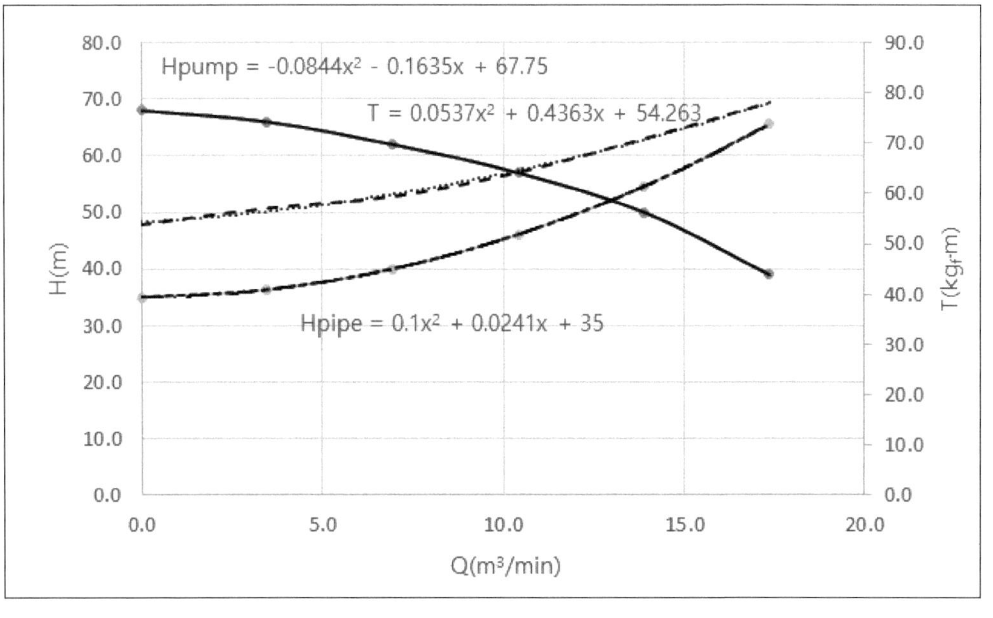

그림 7.23 펌핑시스템 특성곡선

표 7.6에서 H_{pump}는 펌프수두, H_{pipe}는 관로수두, η는 펌프 효율, P_B는 제동력, T_B는 식 7.38을 사용하여 P_B를 토크로 변환한 수치다. 펌핑시스템을 시험한 결과인 표 7.6을 사용하여 그래프로 나타내면 그림 7.23과 같다.

통상적으로 제작사가 펌프 및 전동기의 관성모멘트를 제공하지만 국내 제작사 기술수준을 고려하면 정확한 자료를 얻을 수 없으므로 식 7.34와 7.35를 사용하여 구한다.

$$I_P = 0.03768\left[\frac{150}{\left(\frac{1800}{1000}\right)^3}\right]^{0.9556} = 0.84kg \cdot m^2$$

$$I_M = 0.0043\left[\frac{150}{\left(\frac{1800}{1000}\right)^3}\right]^{1.48} = 2.99kg \cdot m^2$$

펌프가 정상적으로 운영될 때 펌프 운전점은 표 7.6과 그림 7.23으로부터 펌프수두 H_{pump}와 관로수두 H_{pipe}가 교차되는 점으로써 유량 $Q_0 = 12.8m^3/min$, 수두 $H_0 = 51.8m$인 것을 알 수 있다. $Q_0 = 12.8m^3/min$을 토크 회귀곡선식에 대입하면 다음과 같다.

$$T_0 = 0.0537 \times 12.8^2 + 0.4363 \times 12.8 + 54.26 = 68.70kg_f \cdot m$$

이제 식 7.32를 사용하여 다음과 같이 정전 후 $t = 0.5s$ 시점에서 펌프의 회전속도를 계산할 수 있다.

$$N_1 = 1770 - \frac{60 \times 68.7 \times 0.5}{2 \times 3.14 \times 3.83} = 1684rpm$$

상사법칙 식 7.14을 이용하여 정전 후 $t = 0.5s$ 시점에서 펌프 유량 Q_1과 수두 H_1을 다음과 같이 계산할 수 있으며 그 결과는 표 7.7 및 그림 7.24와 같다. 아래 식에서 아래첨자 $i(i = 0\ \ at\ \ dt = 0,\ \ i = 1\ \ at\ \ dt = 0.5s \cdot \cdot \cdot)$는 시간단계, $j(j = 1 \sim 6)$은 표 7.7의 각 유량점의 번호를 나타낸다.

$$Q_{i,j} = Q_{i-1,j}\left(\frac{N_i}{N_{i-1}}\right)$$

$$Q_{1,1} = Q_{0,1}\left(\frac{N_1}{N_0}\right) = 0\left(\frac{1684}{1770}\right) = 0$$

$$\vdots$$

$$Q_{1,6} = Q_{0,6}\left(\frac{N_1}{N_0}\right) = 17.4\left(\frac{1684}{1770}\right) = 16.5m^3/min$$

$$H_{i,j} = H_{i-1,j}\left(\frac{N_i}{N_{i-1}}\right)^2$$

$$H_{1,1} = H_{0,1}\left(\frac{N_1}{N_0}\right)^2 = 68\left(\frac{1684}{1770}\right)^2 = 61.6m$$

$$\vdots$$

$$H_{1,6} = H_{0,6}\left(\frac{N_1}{N_0}\right)^2 = 39\left(\frac{1684}{1770}\right)^2 = 35.3m$$

표 7.7 $N_1 = 1684rpm$ 회전속도에서 펌프특성자료

No	$Q(m^3/min)$	$H_{pump}(m)$	$H_{pipe}(m)$
1	0.0	61.6	35.0
2	3.3	59.8	36.2
3	6.6	56.1	39.5
4	9.9	51.6	45.1
5	13.2	45.3	52.8
6	16.5	35.3	62.7

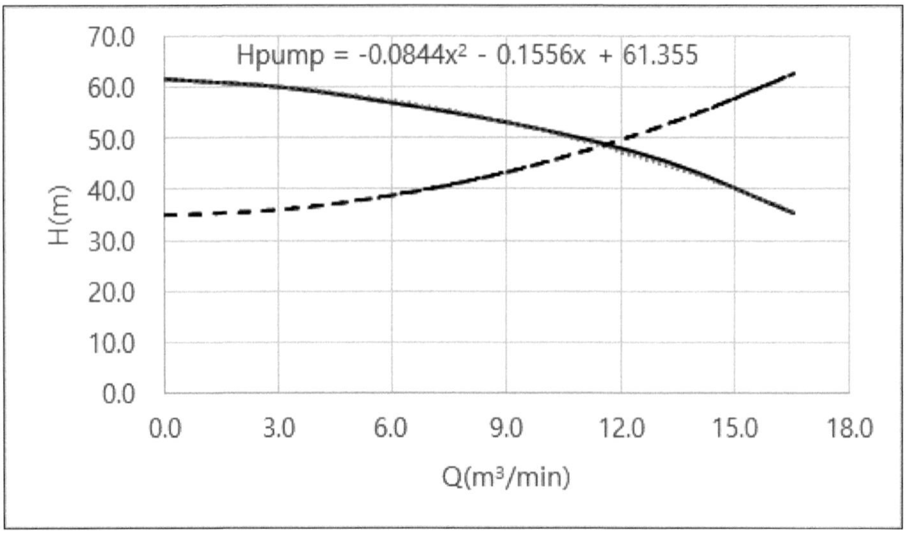

그림 7.24 $N_1 = 1684rpm$ 회전속도에서 펌핑시스템 특성곡선

그림 7.24로부터 펌프수두곡선과 관로수두곡선이 교차하는 펌프 운전점에서 토출유량은 $Q_1 = 11.48m^3/min$이지만 이 상사점의 원점에서의 유량을 구하면 다음과 같다.

$$Q_1 = 10.4 + (11.48 - 9.9)\frac{13.9 - 10.4}{13.2 - 9.9} = 12.06m^3/min$$

그림 7.23의 토크 회귀식에 $Q_1 = 12.06m^3/min$을 대입하여 토크를 구하면 다음과 같다.

$$T_0 = 0.0537 \times 12.06^2 + 0.4363 \times 12.06 + 54.26 = 67.34kg_f \cdot m$$

앞에서는 $T_0 = 68.70$이었지만 이제는 상사점의 원점에서의 토크 $T_0 = 67.34kg_f \cdot m$를 사용하여 회전속도를 구하면 다음과 같다.

$$N_1 = 1770 - \frac{60 \times 67.34 \times 0.5}{2 \times 3.14 \times 3.83} = 1686rpm$$

이와 같은 방법으로 정전 후 $t = 3.5s$까지 반복 계산한 결과를 그래프로 나타내면 그림 7.25와 같으며 정전 후 $t = 3.0s$ 이후 펌프 $Q-H$곡선은 관로 $Q-H$곡선보다 아래에 위치하여 펌프로의 역류가 발생하는 것을 알 수 있으며 상세한 계산과정은 엑셀파일 Fig7_23을 참조한다.

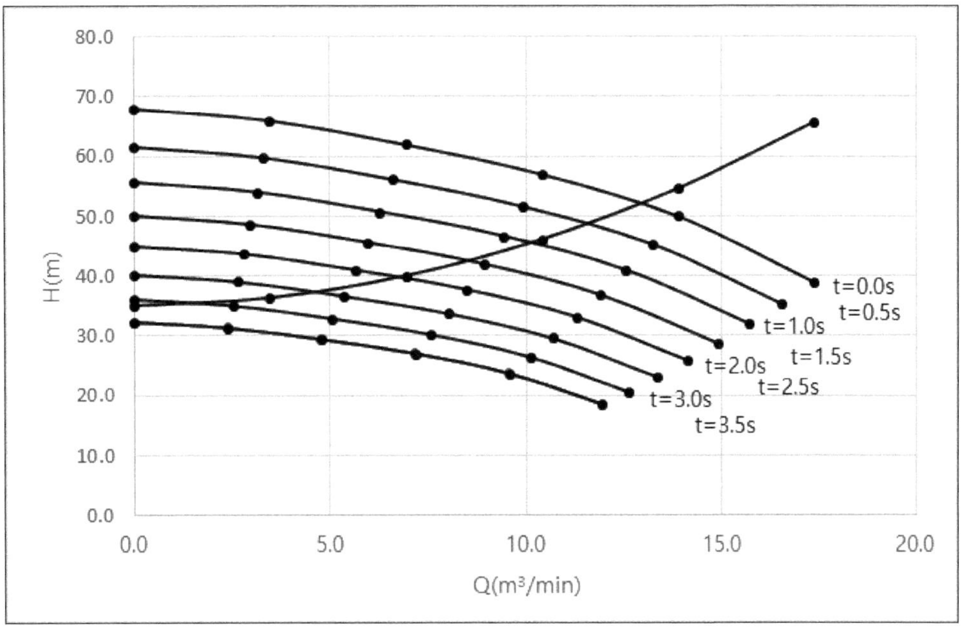

그림 7.25 정전시 시간 경과에 따른 펌핑시스템 특성곡선

APPENDIX

A 수치해석

펌프에 의해 가압되는 수두는 주어진 여러 쌍의 유량-수두 자료를 이용하여 유량을 함수로 하는 다항식으로 정의할 수 있다. 실제로 펌프는 제한된 유량 범위 내 즉, 정상적인 펌프 운전 범위에서 운전되기 때문에 다항식으로 유량-수두관계를 충분히 표현할 수 있다.

관망해석시 비선형 달시-바하식과 Colebrook-White식을 해결하여 미지수 마찰계수 f와 유량 Q, 관망설계시 마찰계수 f와 직경 D를 구하기 위해서 뉴튼법을 사용하여야 한다. 여기에서는 본서에서 사용되는 선형식을 해결하기 위한 선형 대수학, 비선형식을 해결하기 위한 뉴튼법, 비선형식의 보간을 위한 다항식 보간법을 수행하기 위한 수치해석이론에 대해 기술한다.

A.1 선형 대수학

선형 연립식을 푸는 가장 단순한 방법은 직접법(Gauss 소거법, LU법)과 간접법(Gauss-Seidel 반복법)이 있으며 LU법을 Doolittle법이라고도 하며 가우스 소거법의 기본 이론은 다음과 같다.

가우스 소거법이란 다음과 같은 연립식이 있을 경우

$$a_{11}x_1 + \cdot\cdot\cdot + a_{1n}x_n = b_1$$

$$a_{21}x_1 + \cdot\cdot\cdot + a_{2n}x_n = b_2$$

$$\cdot\ \cdot\ \cdot\ \cdot\ \cdot$$

$$a_{n1}x_1 + \cdot\cdot\cdot + a_{nn}x_n = b_n$$

상기 연립식을 풀기 위해서 행렬을 이용한다.

$$Ax = b$$

여기서

$$A = \begin{bmatrix} a_{11} & \cdot & \cdot & \cdot & a_{1n} \\ a_{21} & \cdot & \cdot & \cdot & a_{2n} \\ \cdot & & \cdot & & \cdot \\ a_{n1} & \cdot & \cdot & \cdot & a_{nn} \\ & & & & \end{bmatrix} \qquad x = \begin{bmatrix} x_1 \\ x_2 \\ \cdot \\ \cdot \\ \cdot \\ x_n \end{bmatrix} \qquad b = \begin{bmatrix} b_1 \\ b_2 \\ \cdot \\ \cdot \\ \cdot \\ b_n \end{bmatrix}$$

첫 번째 식을 기준식으로 선택하고 다음과 같이 이 기준식의 계수를 변형시켜서 두 번째 이후 식으로부터 x_1을 소거하면

$$a_{21}x_1 + a_{22}x_2 + \cdot\cdot\cdot\cdot + a_{2n}x_n = b_2$$

$$-\frac{a_{21}}{a_{11}}(a_{11}x_1 + a_{12}x_2 + \cdot\cdot\cdot\cdot + a_{1n}x_n = b_1)$$

$$\left(a_{22} - \frac{a_{21}}{a_{11}} \cdot a_{12}\right)x_2 + \cdot\cdot\cdot + \left(a_{2n} - \frac{a_{21}}{a_{11}}a_{1n}\right)x_n = b_2 - \frac{a_{21}}{a_{11}}b_1$$

$$a_{31}x_1 + a_{32}x_2 + \cdot\cdot\cdot\cdot + a_{3n}x_n = b_3$$

$$-\frac{a_{31}}{a_{11}}(a_{11}x_1 + a_{12}x_2 + \cdot\cdot\cdot\cdot + a_{1n}x_n = b_1)$$

$$\left(a_{32} - \frac{a_{31}}{a_{11}} \cdot a_{12}\right)x_2 + \cdot\cdot\cdot + \left(a_{3n} - \frac{a_{31}}{a_{11}}a_{1n}\right)x_n = b_3 - \frac{a_{31}}{a_{11}}b_1$$

$$\cdot$$

$$\cdot$$

$$a_{n1}x_1 + a_{n2}x_2 + \cdot\cdot\cdot\cdot + a_{nn}x_n = b_n$$

$$-\frac{a_{n1}}{a_{11}}(a_{11}x_1 + a_{12}x_2 + \cdot\cdot\cdot\cdot + a_{1n}x_n = b_1)$$

$$\left(a_{n2} - \frac{a_{n1}}{a_{11}} \cdot a_{12}\right)x_2 + \cdot\cdot\cdot + \left(a_{nn} - \frac{a_{n1}}{a_{11}}a_{1n}\right)x_n = b_n - \frac{a_{n1}}{a_{11}}b_1$$

다음과 같이 두 번째 이후 식에서는 x_1이 소거된 식을 얻는다.

$$a_{11}x_1 + a_{12}x_2 + \cdot\cdot\cdot + a_{1n}b_n = b_1$$

$$\left(a_{22} - \frac{a_{21}}{a_{11}}a_{12}\right)x_2 + \cdot\cdot\cdot + \left(a_{2n} - \frac{a_{21}}{a_{11}}a_{1n}\right)x_n = b_2 - \frac{a_{21}}{a_{11}}b_1$$

$$\left(a_{32} - \frac{a_{31}}{a_{11}}a_{12}\right)x_2 + \cdot\cdot\cdot + \left(a_{3n} - \frac{a_{31}}{a_{11}}a_{1n}\right)x_n = b_3 - \frac{a_{31}}{a_{11}}b_1$$

$$\vdots$$

$$\left(a_{n2} - \frac{a_{n1}}{a_{11}}a_{12}\right)x_2 + \cdot\cdot\cdot + \left(a_{nn} - \frac{a_{n1}}{a_{11}}a_{1n}\right)x_n = b_n - \frac{a_{n1}}{a_{11}}b_1$$

그 다음엔 두 번째 식을 기준식으로 하여 세 번째 이후 식에서 x_2를 소거한다. 이러한 과정을 반복하면 맨 마지막 식에는 x_n만이 남게 된다.

$$a_{11}x_1 + a_{12}x_2 + \cdot\cdot\cdot + a_{1n}x_n = b_1$$

$$\left(a_{22} - \frac{a_{21}}{a_{11}}a_{12}\right)x_2 + \cdot\cdot\cdot + \left(a_{2n} - \frac{a_{21}}{a_{11}}a_{1n}\right)x_n = b_2 - \frac{u_{21}}{a_{11}}b_2$$

$$\cdot\cdot\cdot\cdot\cdot\cdot$$
$$\cdot\cdot\cdot\cdot\cdot$$
$$\cdot\cdot\cdot\cdot$$
$$\cdot\cdot\cdot$$

$$x_n = \square$$

다시 말해 계수행렬 A가 삼각행렬이 될 때까지 소거해 나간다.

$$A = \begin{bmatrix} a_{11} & \cdot & \cdot & \cdot & a_{1n} \\ 0 & \cdot & \cdot & \cdot & a_{2n} \\ 0 & 0 & \cdot & \cdot & a_{3n} \\ \cdot & \cdot & \cdot & \cdot & a_{4n} \\ 0 & 0 & 0 & \cdot & a_{nn} \end{bmatrix}$$

최종적으로, 맨 마지막 식으로부터 x_n을 구하고, x_n을 마지막에서 두 번째 식에 대입하여 x_{n-1}을 구하는 방법으로 $x_{n-2}, \cdot\cdot\cdot, x_1$을 순차적으로 구하는 법을 가우스 소거법이라고 한다.

A.2 Gauss-Seidel법

Gauss-Seidel법이란 단순한 반복법으로서 다음 두 선형식을 예를 들어 설명한다.

$$2x_1 + x_2 = 4 \tag{A.1}$$

$$x_1 + 2x_2 = 5 \tag{A.2}$$

상기 음해식을 양해식으로 변환시키면 다음과 같다.

$$x_1 = \frac{4 - x_2}{2} \tag{A.3}$$

$$x_2 = \frac{5 - x_1}{2} \tag{A.4}$$

$x_1 = x_2 = 0$으로 추정하여 상기 A.1 식에 대입하여 x_1을 구한다.

$$x_1 = \frac{4-0}{2} = 2.0 \tag{A.5}$$

$x_1 = 2.0$을 식 A.4에 대입하여 x_2을 구한다.

$$x_2 = \frac{5-2}{2} = 1.5 \tag{A.6}$$

상기 과정을 12회 반복하면 엄밀해 $x_1 = 1.0$, $x_2 = 2.0$을 얻을 수 있다.

반복	1	2	3	4	9	10	11	12
x_1	2.0	1.25	1.0625	1.015625	1.000015	1.000004	1.000001	1.000000
x_2	1.5	1.875	1.96875	1.992188	1.999992	1.999998	2.000000	2.000000

A.3 뉴튼법

A.3.1 미분식을 이용한 뉴튼법

뉴튼법은 $f(x) = 0$ 과 같은 방정식의 해는 x 축과 만나는 점을 이용하여 해를 구한다(그림

A.1참조). 뉴튼 반복법을 그림으로 설명하면 임의 값 x_0에서 시작해서 차례로 x_1, x_2, · · · 를 구해서 최종값인 x 절편에 도달하는 방법이다.

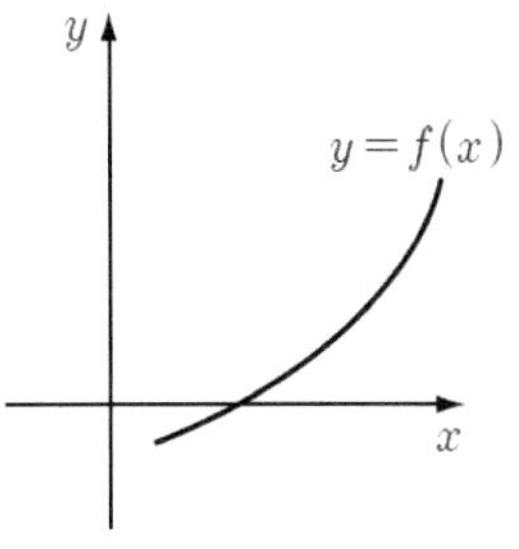

• 그림 A.1 •

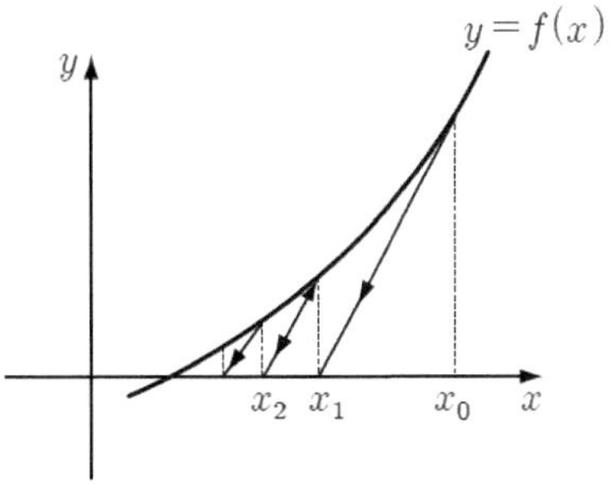

• 그림 A.2 •

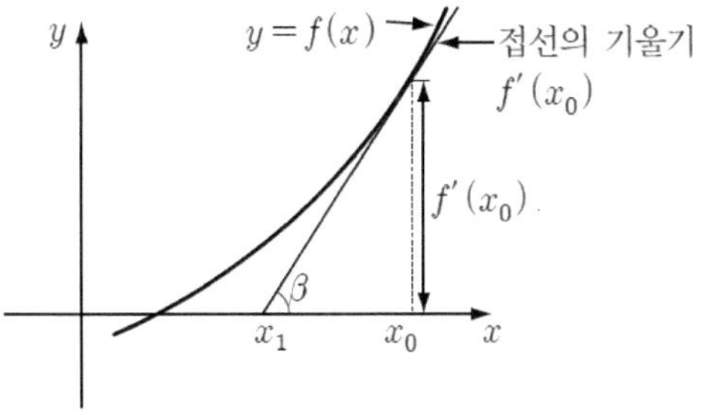

• 그림 A.3 •

구체적으로 그림 A.1에서 $\tan\beta$는 x_0에서의 접선의 기울기 즉, $f'(x_0)$와 같고 또, $\tan\beta$는 직각삼각형의 높이/밑면과 동일하여 $f(x_0)/(x_0 - x_1)$와 같으므로 다음과 같이 나타낼 수 있다.

$$\tan\beta = f'(x_0) = \frac{f(x_0)}{x_0 - x_1}$$

상기 식으로부터 다음과 같이 x_1를 구할 수 있다.

$$x_1 = x_0 - \frac{f(x_0)}{f'(x_0)}$$

유사한 방법으로 x_2를 구할 수 있다.

$$x_2 = x_1 - \frac{f(x_1)}{f'(x_1)}$$

상기 과정을 반복하면 원하는 x 절편 즉, 방정식의 해를 구할 수 있으며 뉴튼의 반복법에 사용되는 점화식은 다음과 같다.

$$x_{n+1} = x_n - \frac{f(x_n)}{f'(x_n)} \tag{A.7}$$

뉴튼법을 사용하여 펌프 특성이 다음과 같을 때 $H = 90m$가 되는 유량 Q를 구하는 과정을 살펴본다.

$Q(m^3/s)$	0.0	1.0	2.0	3.0
$H(m)$	100	94	80	60

상기 펌프특성자료를 이용하여 펌프특성을 그래프로 나타내어 추세식을 유도하면 그림 A.4와 같다.

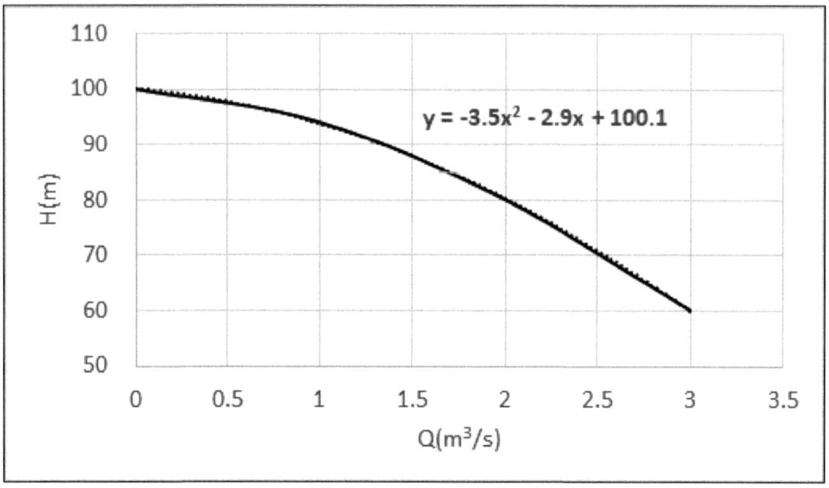

그림 A.4 펌프특성곡선

문제에서 주어진 조건을 만족시키기 위한 식은 다음과 같다.

$$F = -3.5Q^2 - 2.9Q + 100.1 - 100 = 0 \tag{A.8}$$

상기 식을 Q에 관해 미분하면 다음과 같다.

$$\frac{\partial F}{\partial Q} = -2 \times 3.5Q - 2.9 \tag{A.9}$$

유량 $Q = 1.5m^3/s$로 추정하여 상기 두 식에 대입하면

$$F = -3.5 \times 1.5^2 - 2.9 \times 1.5 + 100.1 - 100 = -2.125 \tag{A.10}$$

$$\frac{\partial F}{\partial Q} = -7 \times 1.5 - 2.9 = -13.4 \tag{A.11}$$

식 A.11의 $f(x_n)/f'(x_n) = z$는 다음과 같다.

$$z = \frac{F}{\partial F/\partial Q} = \frac{-2.125}{-13.4} = 0.158582 \tag{A.12}$$

식 A.7로부터 새로운 유량 Q'는 다음과 같다.

$$Q' = Q - z = 1.5 - 0.158582 = 1.341418 \tag{A.13}$$

이제 식 A.8에 $Q = 1.5m^3/s$ 대신 $Q' = 1.341418$을 대입하여 상기 과정을 5회 반복하면 다음과 같이 엄밀해 $Q = 1.334241$을 구할 수 있다.

Q	1.500000	1.341418	1.334256	1.334241	1.334241
F	-2.125	-0.088019	-0.00018	-7.53E-10	0.000000
$\partial F/\partial Q$	-13.4	-12.28993	-12.23979	-12.23969	-12.239690
z	0.1585821	0.007162	1.47E-05	6.15E-11	0.000000

상기 과정을 수치미분으로 수행하기 위해 Q_1를 증가시키거나 감소시킬 수 있지만 결과는 동일하다. 예를 들어 $Q_1' = 1.005Q_1$로 증가시키면

$$F = -3.5 \times 1.5^2 - 2.9 \times 1.5 + 100.1 - 100 = -2.125 \tag{A.14}$$

$$F' = -3.5 \times 1.5075^2 - 2.9 \times 1.5075 + 100.1 - 100 = -2.225697 \tag{A.15}$$

$$\frac{\Delta F}{\Delta Q} = \frac{F' - F}{Q' - Q} = \frac{-2.225697 - (-2.125)}{1.5075 - 1.5} = -13.42625 \tag{A.16}$$

$$z = \frac{F'}{\Delta F/\Delta Q} = \frac{-2.225697}{-13.42625} = 0.165772 \tag{A.17}$$

새로운 유량 Q''는 다음과 같다.

$$Q'' = Q' - z = 1.5075 - 0.165772 = 1.341728$$

이제 식 A.15의 F'을 식 A.14의 $F = -2.225697$로 대체하고, 상기 $Q'' = 1.341728$을 식 A.15의 F' 식에 대입한다.

$$F' = -3.5 \times 1.341728^2 - 2.9 \times 1.341728 + 100.1 - 100 = -0.09183$$

$$\frac{\triangle F}{\triangle Q} = \frac{F' - F}{Q'' - Q'} = \frac{-0.09183 - 2.225697}{1.341728 - 1.5075} = -12.8723$$

$$z = \frac{F'}{\triangle F / \triangle Q} = \frac{-0.09183}{-12.8723} = 0.007134$$

상기 과정을 6회 반복하면 다음 표와 같이 엄밀해 $Q = 1.344241 m^3/s$을 얻을 수 있다.

Q	1.500000	1.507500	1.341728	1.334594	1.334242	1.334241
F	-2.125	-2.225697	-0.09183	-0.004317	-9.221E-06	-9.299E-10
$\triangle F/\triangle Q$		-13.42625	-12.8723	-12.26713	-12.240927	-12.239692
z		0.165772	0.007134	0.000352	7.5328E-07	7.5971E-11

A.3.2 수치미분을 이용한 뉴튼법

간혹 뉴튼법의 식 A.7 $Q' = Q - z$에서 z 항 앞의 부호를 (-) 대신 (+)를 사용하는 경우가 있어 이와 같은 혼돈을 방지하기 위한 방법에 대해 기술한다. 문제에서 $H = 90m$가 되는 유량 Q를 구하기 위해 초기에 점화수치로서 대략적인 Q를 추정하여야 한다. 그림 A.5로부터 $H = 90m$가 되는 유량 Q는 $Q = 1.0m^3/s$와 $Q = 1.5m^3/s$ 사이에 위치하는 것을 알 수 있다.

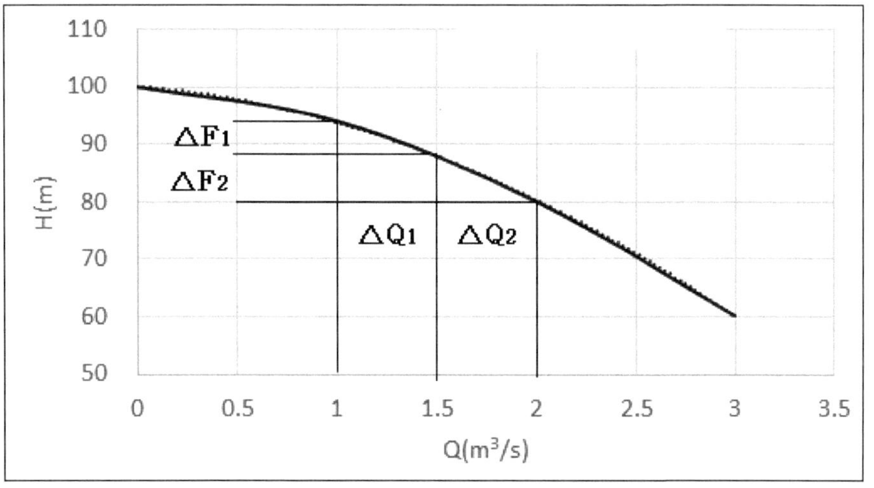

그림 A.5 뉴튼법을 설명하기 위한 펌프특성곡선

점화수치를 엄밀해 수치보다 작은 $Q=1.0m^3/s$로 선정하면 이 유량점에서 기울기를 나타내는 미분식 A.9로부터 $\partial F/\partial Q$은 항상 (-)가 되고, F식에 이 수치를 대입하면 (+)가 되므로 식 A.12의 $z=(+)/(-)=(-)$가 되어 새로운 유량은 식 A.7에서 $Q^{'}=Q-(-z)=Q+z$가 되어 유량이 증가된다. 반대로 엄밀해 수치보다 큰 $Q=1.5m^3/s$을 선정하면 이 유량점에서 $\partial F/\partial Q$은 (-)가 되고 F는 (-)가 되므로 $z=(-)/(-)=(+)$가 되어 새로운 유량은 $Q^{'}=Q-(+z)=Q-z$가 되어 유량이 감소한다. 상기 두 경우 모두 상기 과정을 반복하면 엄밀해로 수렴되는 것을 알 수 있으므로 항상 z 항 앞의 (-) 부호를 준수하여야 한다.

미분식을 사용하지 않고 수치미분을 사용할 경우 식 A.18을 준수하면 뉴튼법의 식 A.7을 적용할 수 있으며 여기서 Q는 초기 추정유량, $Q^{'}$은 Q을 미소하게 증가 또는 감소시킨 유량, F는 Q를 대입한 결과 수치, $F^{'}$은 $Q^{'}$를 대입한 결과 수치이다.

$$\frac{\triangle F}{\triangle Q}=\frac{F^{'}-F}{Q^{'}-Q} \tag{A.18}$$

초기 추정치를 $Q=1.5$로 하고, $Q^{'}=1.0$인 경우 △

$$\triangle Q_1=1.0-1.5=-0.5,$$

$$F=-3.5\times1.5^2-2.9\times1.5+100.1-100=-2.125$$

$$F^{'} = -3.5 \times 1.0^2 - 2.9 \times 1.0 + 100.1 - 100 = 3.7$$

$$\triangle F_1 = 3.7 - (2.125) = -5.825$$

$$\frac{\triangle F_1}{\triangle Q_1} = \frac{5.825}{-0.5} = -11.65,$$

$$z = \frac{F^{'}}{(\triangle F_1 / \triangle Q_1)} = \frac{3.7}{-11.65} = -0.317597$$

새로운 유량은 다음과 같이 증가되고 이 과정을 반복하면 엄밀해로 수렴한다.

$$Q^{''} = Q^{'} - z = 1.0 - (-0.317597) = 1.317597$$

초기 추정치를 $Q = 1.5$로 하고, $Q^{'} = 2$인 경우

$$\triangle Q_2 = 2.0 - 1.5 = 0.5,$$

$$F = -3.5 \times 1.5^2 - 2.9 \times 1.5 + 100.1 - 100 = -2.125$$

$$F^{'} = -3.5 \times 2.0^2 - 2.9 \times 2.0 + 100.1 - 100 = -9.7$$

$$\triangle F_2 = -9.7 - (2.125) = -7.575 \text{가 되어}$$

$$\frac{\triangle F_1}{\triangle Q_2} = \frac{-7.575}{0.5} - 15.15,$$

$$z = \frac{F^{'}}{(\triangle F_2 / \triangle Q_2)} = \frac{-9.7}{-15.15} = 0.640264$$

새로운 유량은 다음과 같이 감소되고 이 과정을 반복하면 엄밀해로 수렴한다.

$$Q = Q^{'} - z = 2.0 - (0.640264) = 1.359736$$

식 A.14에서 분모와 분자의 순서가 모두 변경되어도 동일한 결과를 얻을 수 있다. 당초 F 식이 다음과 같이 변경되어도 F 식과 $\partial F / \partial Q$ 식의 부호가 동시에 변경되므로 동일한 결과를 얻을 수 있다.

$$F = 3.5Q^2 + 2.9Q - 100.1 + 100 = 0 \qquad \text{(A.18)}$$

$$\frac{\partial F}{\partial Q} = 2 \times 3.5Q + 2.9 \qquad \text{(A.19)}$$

그러나 다음 식과 같이 분모와 분자 중 하나만 순서가 변경되면 z 항 앞의 부호는 (+)가 되므로 주의하여야 한다.

$$\frac{\Delta F}{\Delta Q} = \frac{F - F'}{Q' - Q} \quad \text{또는} \quad \frac{\Delta F}{\Delta Q} = \frac{F' - F}{Q - Q'} \tag{A.20}$$

APPENDIX

B 엑셀사용법

본 부록에서는 포트란 프로그램을 이용한 관망해석·설계시 사용된 전산 언어의 주요 기능을 대체할 수 있는 엑셀 사용법에 대해 기술한다.

B.1 해 찾기

Colebrook-White식과 같이 비선형식에서 미지수가 1개 일 경우 이 미지수를 구하기 위해 엑셀의 해 찾기 도구를 사용하면 쉽게 해를 구할 수 있으며 여기에서는 예제 2.1의 배관 직경 $D=0.5m, e=0.26㎜, \nu=1.13\times10^{-6}m^2/s$, 유량 $Q=0.3m^3/s$일 때 마찰계수 f를 구하는 방법에 대해 기술한다.

1. 엑셀의 메뉴바에서 데이터를 클릭하고 해 찾기 버튼을 클릭하면 그림 B.1의 팝업창이 뜬다.
2. 이 팝업창의 "목표설정"칸에는 다음의 Colebrook-White식을 입력한 셀 B14를 지정한다.

$$F=\frac{1}{\sqrt{f}}-1.14+2\log_{10}\left(\frac{e}{D}+\frac{7.3434728\nu D}{Q\sqrt{f}}\right)$$

3. "대상" 칸에는 지정값을 선택한 후 0을 입력한다.
4. "변수 셀 변경" 칸에는 임의 f 값(여기에서는 $f=0.01$)을 입력한 셀 B8을 지정한다.
5. "제한 조건에 종속" 칸에는 예상되는 f 값의 초기 수치를 입력한 셀 B8의 수치를 셀 B11과 B12에 복사하고, 최대수치 1과 최소수치 0.0001를 입력한 셀 D11과 D12를 지정하여 최대치와 최소치를 입력한다.

6. 이 칸 밑에 있는 "제한되지 않은 변수를 음이 아닌 수로 설정" 박스를 클릭한다.

7. 마지막으로 "해법 선택" 칸에서는 Colebrook-White식이 비선형이므로 GRG 비선형을 선택한 후 해 찾기 버튼을 클릭하면 그림 D.2의 팝업창이 뜨고, 확인 버튼을 클릭하면 $f = 0.017547$을 구 할 수 있다.

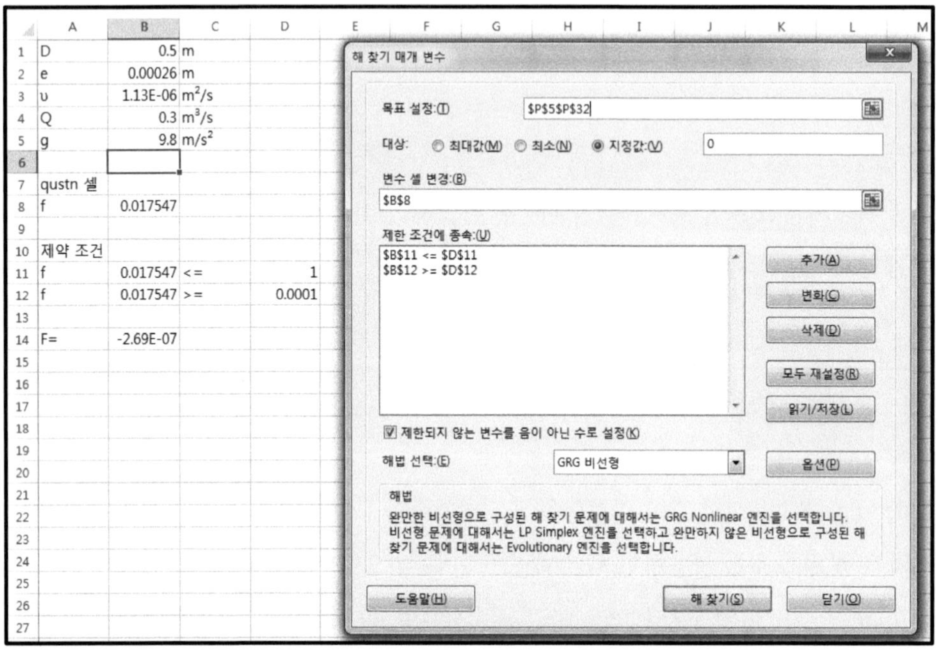

그림 B.1 엑셀의 해 찾기 기능 사용법 1

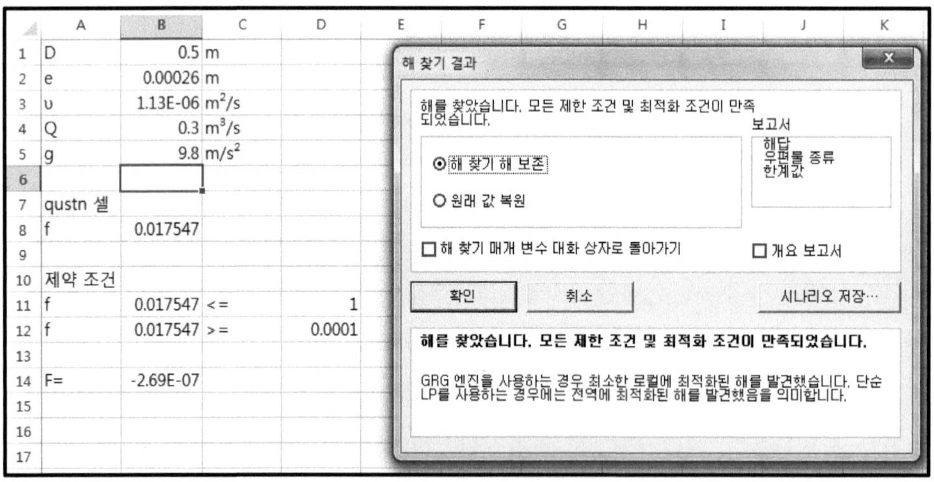

그림 B.2 엑셀의 해 찾기 기능 사용법 2

B.2 펌프 특성식

펌프의 3쌍의 $Q-H$ 자료가 주어지면 엑셀의 그래프 기능을 이용하여 예제 2.5의 문제를 해결한다.

1. 그림 B.3과 같이 펌프의 $Q-H$ 자료가 주어진 셀 A2~B5까지 마우스 드래그하고, 메뉴 바에서 삽입을 클릭한 후 분산형 차트를 선택한다.

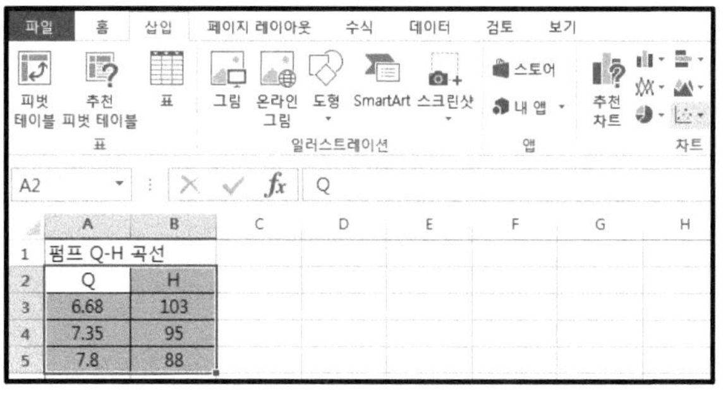

그림 B.3 펌프 특성식 해결 과정 1단계

2. 곡선 및 표식이 있는 분산형을 선택하면 그림 B.4와 같이 그래프가 나타난다.

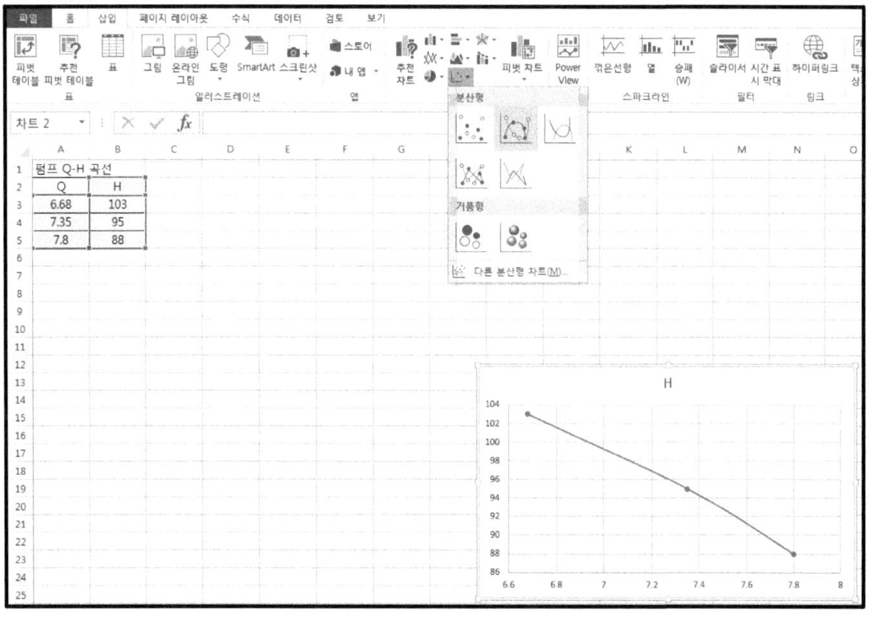

그림 B.4 펌프 특성식 해결 과정 2단계

3. 그림 B.5와 같이 나타난 그래프의 선을 클릭하고 마우스 오른쪽을 클릭하면 세부 메뉴 팝업창이 뜬다.

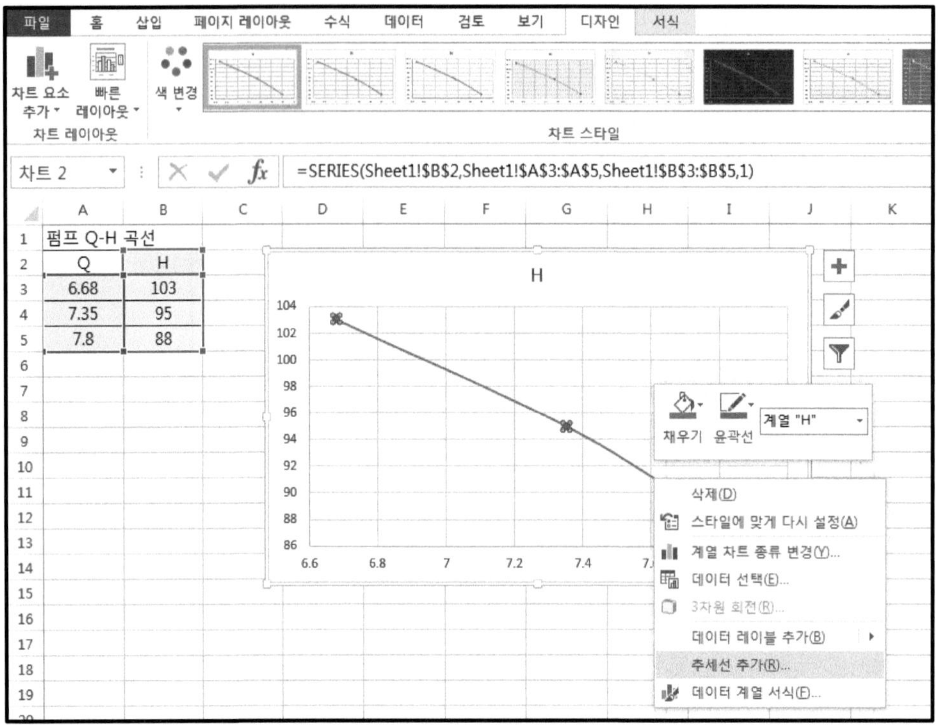

그림 B.5 펌프 특성식 해결 과정 3단계

4. 그림 B.5의 팝업창에서 추세선 추가(R)를 클릭하면 엑셀 화면의 오른 쪽에 추세식 서식 팝업창이 뜬다. 이 팝업창에서 추세선 옵션을 다항을 선택하고 펌프 특성식을 2차식으로 나타내기 위해 차수를 2로 지정한다. 추세식을 그래프에 나타내기 위해 예측 아래 수식을 차트에 표시 박스를 선택하면 그래프에 다음과 같은 2차식이 나타나며 이 식에서 $x = Q$, $y = H$이다.

$$y = -3.2279x^2 + 33.347x + 24.277$$

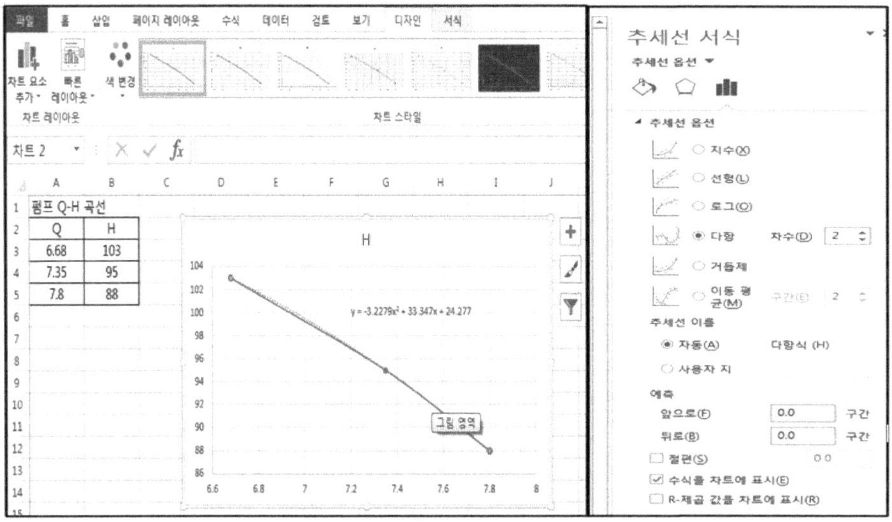

그림 B.6 펌프 특성식 해결 과정 4단계

B.3 행렬식

뉴튼법 사용시 반드시 가우스소거법을 사용하여 행렬을 해결하여야 한다. 행렬의 크기가 단순하게 3×3일 때도 많은 시간과 노력이 요구된다. 그러나 배관이 9개로 구성된 단순한 관망에서도 행렬의 크기가 21×21가 되어 이를 수계산으로 해결하는 것이 불가능하다. 그러나 엑셀에서는 이러한 행렬식을 해결하는 기능을 제공하므로 이 사용법을 숙지하면 많은 도움이 된다. 엑셀의 행렬식 해를 구하는 방법을 사용하여 예제 4.1의 문제를 해결한다.

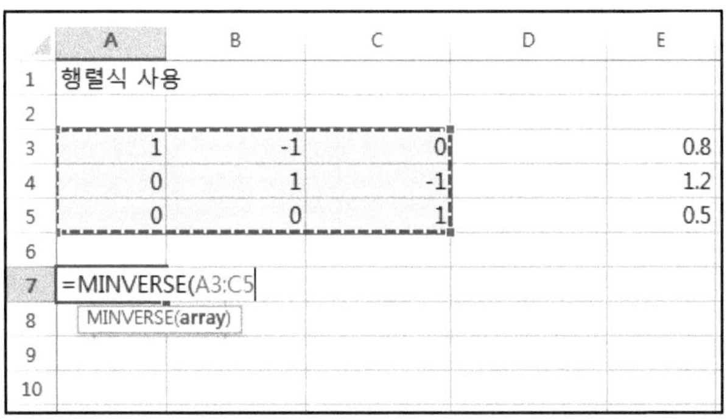

그림 B.7 행렬식 해결 과정 1

1. 그림 B.7과 같이 엑셀의 A3~C5 셀과 E3~E5 셀에 계수행렬식의 숫자를 입력한다.
2. A7셀에서 MINVERSE을 입력하거나 함수를 호출하고 범위를 A3~C5 셀을 드래그하여 지정한다.
3. 마지막으로 자판의 Ctrl과 Shift 키를 누른 상태에서 Ender 키를 치면 그림 B.8과 같이 A7 셀에 수치가 자동으로 입력된다.

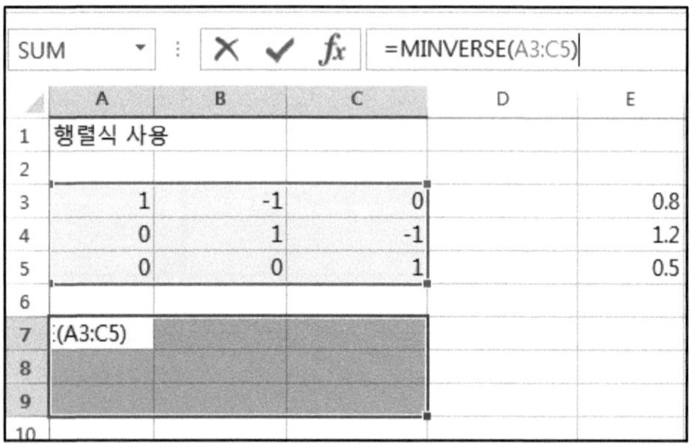

그림 B.8 행렬식 해결 과정 2

5. 마우스를 드래그하여 A7∼C9까지 범위를 지정한 후 상단에 있는 수식 입력창에 마우스를 클릭한 후 자판의 Ctrl과 Shift 키를 누른 상태에서 Ender 키를 치면 그림 B.9와 같이 A7∼C9 셀에 수치가 자동으로 입력된다.

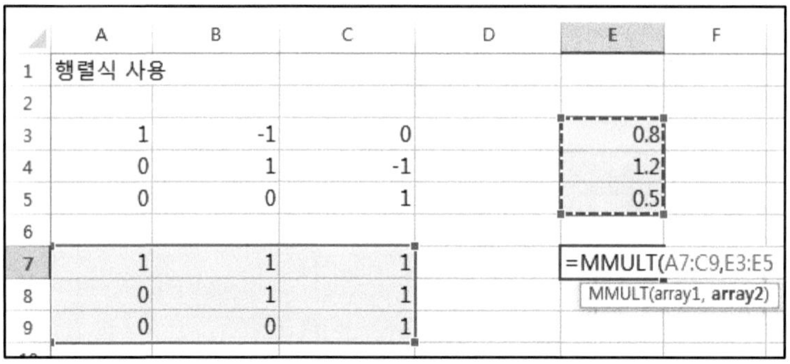

그림 B.9 행렬식 해결 과정 3

6. E7 셀에서 MMULT 기능을 호출한 후 마우스로 A7∼C9 셀을 드래그한 후 자판으로 콤마(,)를 입력하고 마우스로 E3∼E5 셀을 드래그한 후 자판의 Ctrl과 Shift 키를 누른 상태에서 Ender 키를 치면 그림 B.10과 같이 E7 셀에 수치가 자동으로 입력된다.

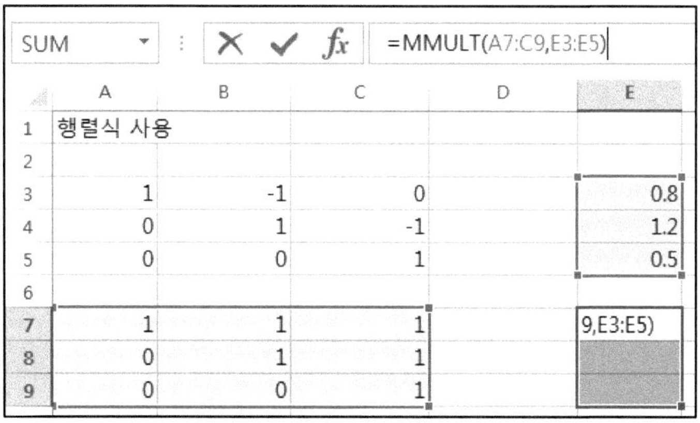

그림 B.10 행렬식 해결 과정 4

7. 마우스를 드래그하여 E7～E9까지 범위를 지정한 후 상단에 있는 수식 입력창에 마우스를 클릭한 후 자판의 Ctrl과 Shift 키를 누른 상태에서 Ender 키를 치면 그림 B.11과 같이 E7～E9 셀에 수치가 자동으로 입력되면서 해가 출력된다.

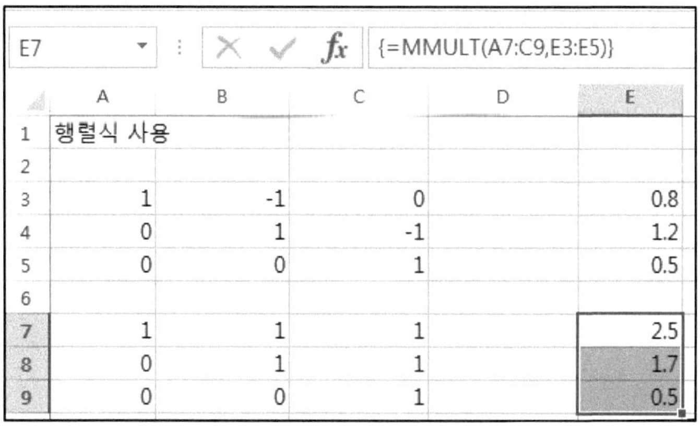

그림 B.11 행렬식 해결 과정 5

APPENDIX C

손실계수

C.1 배관 손실계수

표 C.1 관리상태가 양호하고 부식성이 없는 물이 관로에 만수하여 흐를 경우의 배관설계시 예상되는 배관 마찰계수

주석 : 모든 가능한 조도수치를 포함하는 광범위한 관로 손실수두 곡선을 갖는 최대 및 최소 수치를 얻기 위해 표에 기재된 모든 수치는 수정하여야 한다(1.2절 참조).

재질	하젠 - 윌리엄 C	매닝 n[c]	무디 선도 ϵ mm	무디 선도 ϵ in.
예상되는 계수의 범위				
플라스틱, FRP, & 에폭시[a]				
≤400 mm(16 in.)	140~130	0.010~0.010	Smooth−0.20	Smooth−0.008
=600 mm(24 in.)	145~135	0.009~0.010	Smooth−0.20	Smooth−0.008
≥900 mm(36 in.)	150~140	0.009~0.010	Smooth−0.20	Smooth−0.008
시멘트 모르타르 라이닝[a]				
Centrifugally spun				
≤400 mm(16 in.)	135~125	0.010~0.011	0.13~0.33	0.005~0.013
=600 mm(24 in.)	140~130	0.010~0.010	0.13~0.33	0.005~0.013
≥900 mm(36 in.)	145~135	0.009~0.010	0.13~0.33	0.005~0.013
Trowled in placea				
≤400 mm(16 in.)	130~120	0.010~0.011	0.20~0.50	0.008~0.020
=600 mm(24 in.)	135~125	0.010~0.011	0.20~0.50	0.008~0.020
≥900 mm(36 in.)	140~130	0.010~0.010	0.20~0.50	0.008~0.020
다음 수치는 일반적인 문헌에서 발췌한 것임.[b]				
Ten-State 기준[1]				
시멘트 모르타르 또는 플라스틱	120	0.011	0.41	0.016
라이닝이 없는 강관 또는 주철관	100	0.013	1.5	0.060
구관 또는 라이닝한 관을 부식성이 없는 물에서 20년 이상 사용한 경우[b]				
Smooth glass or plastic	135	0.010	0.13	0.005
시멘트 모르타르				

centrifugally spun	130	0.010	0.19	0.0075
troweled	125	0.011	0.28	0.011
석면 시멘트	125	0.011	0.28	0.011
Centrifugally cast CPP	130	0.010	0.19	0.0075
Wood stave	110	0.012	0.89	0.035
Riveted steel	80	0.016	5.6	0.22
콘크리트, formed	80	0.016	5.6	0.22
Clay, not pressurized	100	0.013	1.5	0.060
Wrought iron	100	0.013	1.5	0.060
Galvanized iron	90	0.014	3.0	0.12

[a] 실제 내경을 사용.

[b] 하젠-윌리엄 공식의 C는 배관의 공칭 직경을 사용한다. 하젠-윌리엄 공식을 사용하여 예측한 손실수두는 유속이 느리거나 직경이 작은 배관의 경우보다 훨씬 작다.

[c] 매닝 공식은 관이 만수가 아닐 경우에는 부정확하다(그림 B.5 참조).

C.2 피팅 손실계수

표 C.2 플랜지 접속 피팅의 추천되는 에너지 손실계수 K

피팅		K	피팅		K
Entrance			Forged or cast 피팅		
Bellmouth		0.05	Return bend, $r=1.4D$		0.40
Rounded		0.25	Tee, line flow		0.30
Sharp-edged		0.5	Tee, branch flow		0.75
Projecting		0.8	Cross. line flow		0.50
Exits All of the above		1.0	Cross, branch flow		0.75
Bends, mitered			Wye, 45°		0.50
$\theta=15°$		0.05			
$\theta=22.5°$		0.075	Increase		
$\theta=30°$		0.10			
$\theta=45°$		0.20	Conical		$h=K\left[1-\left(\frac{D_1}{D_0}\right)^2\right]v_2^2/2g$ $K=3.5(\tan\theta)^{1.22}$
$\theta=60°$		0.35			
$\theta=90°$		0.80	Conical (approximate)		$h=0.25(v_1^2-v_2^2)/2g$
90° bend 3×30°=90° 4×22.5°=90°		0.30			
Forged or cast fittings			Sudden Reducers		$v^2_{-v_{2g}^2 1}$ $h=\frac{-\left[\left(\frac{A_2}{A_1}\right)^2-1\right]\frac{v_2^2}{2g}}{}$
90° elbow, standard		0.25			
90° elbow long radius		0.18	Conical		$h=Kv_2^2/2g$ $K=0.03\pm0.01$
45° elbow		0.18	Sudden		$h=\frac{1}{2}\left[1-\left(\frac{D_2}{D_1}\right)^2\right]\frac{v_2^2}{2g}$

[a] $h=Kv^2/2g$, 여기서 v는 각주가 아닌 피팅에서 최대 유속이다. 직경이 300 mm(12 in.) 이하인 경우 직경 25 mm(1 in.) 감소마다 K값을 5% 증가시킨다. K값은 −20%에서 +30% 또는 그 이상 차이가 발생할 수 있다.

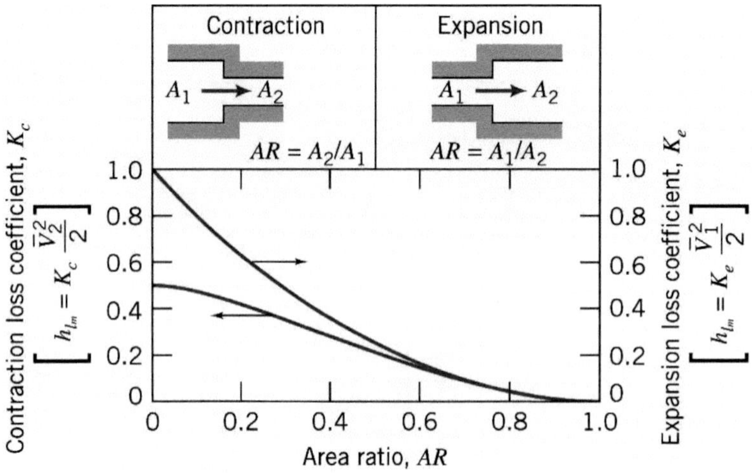

그림 C.1 확대부와 축소부 손실계수

• 확대부 곡선식 : $K_E = -0.5828AR^4 + 0.9499AR^3 + 0.528AR^2 - 1.9002AR + 1.0015$

• 축소부 곡선식 : $K_C = -0.9907AR^4 + 2.6437AR^3 - 2.1358AR^2 + 0.021AR + 0.5005$

표 C.3 점진적 축소부 손실계수

		Included Angle, θ, Degrees						
	A_2/A_1	10	15–40	50–60	90	120	150	180
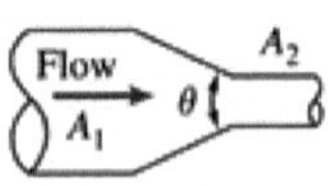	0.50	0.05	0.05	0.06	0.12	0.18	0.24	0.26
	0.25	0.05	0.04	0.07	0.17	0.27	0.35	0.41
	0.10	0.05	0.05	0.08	0.19	0.29	0.37	0.43

Note: Coefficients are based on $h_{l_m} = K(\bar{V}_2^2/2)$.
Source: Data from ASHRAE [12].

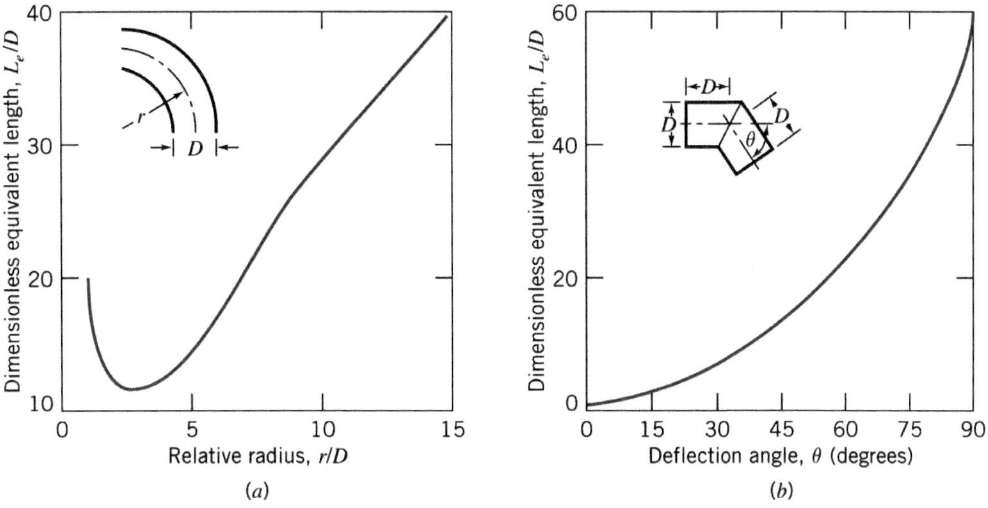

그림 C.2 (a) 90도 곡관, (b) Miter 곡관

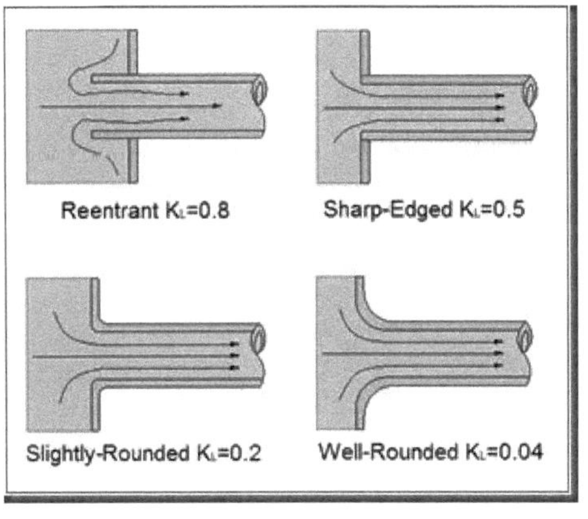

그림 C.3(a) 유입부 손실계수

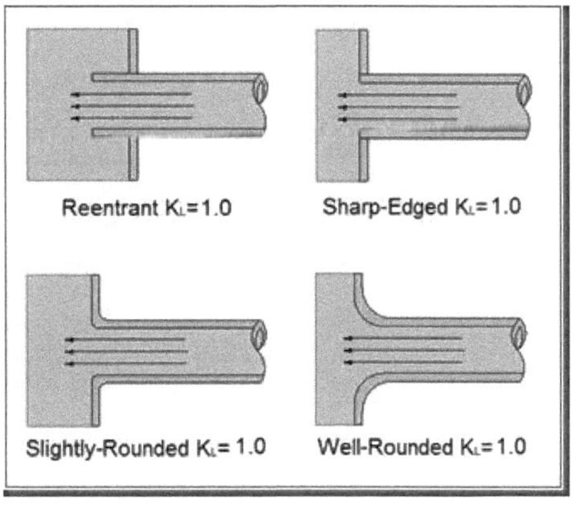

그림 C.3(b) 유출부 손실계수

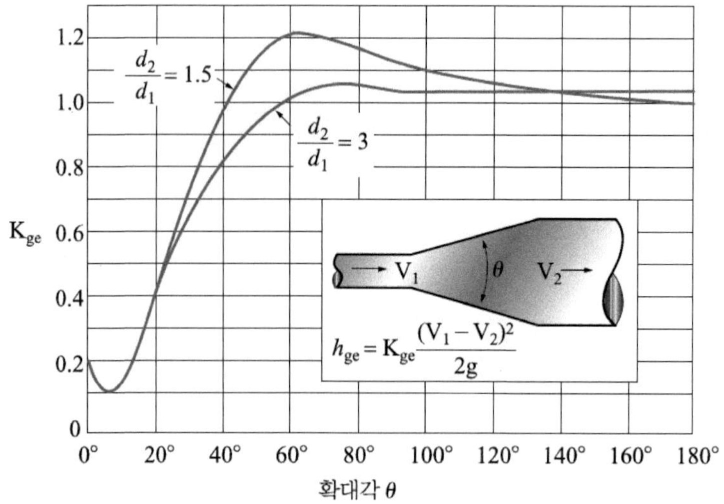

그림 C.4 점확대관 손실계수

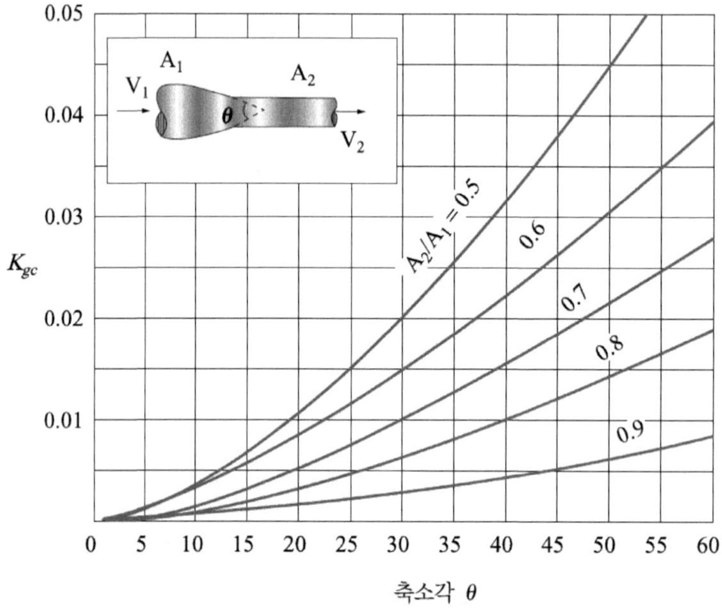

그림 C.5 점축소관 손실계수

Weisbach는 실험결과를 종합하여 단면 점축소 손실계수를 다음과 같이 제안함

$$h_{gc} = K_{gc}\frac{V_2^2}{2g}, \qquad K_{gc} = \frac{0.025}{8sin\ \dfrac{\theta}{2}}\left[1-\left(\frac{A_2}{A_1}\right)^2\right]$$

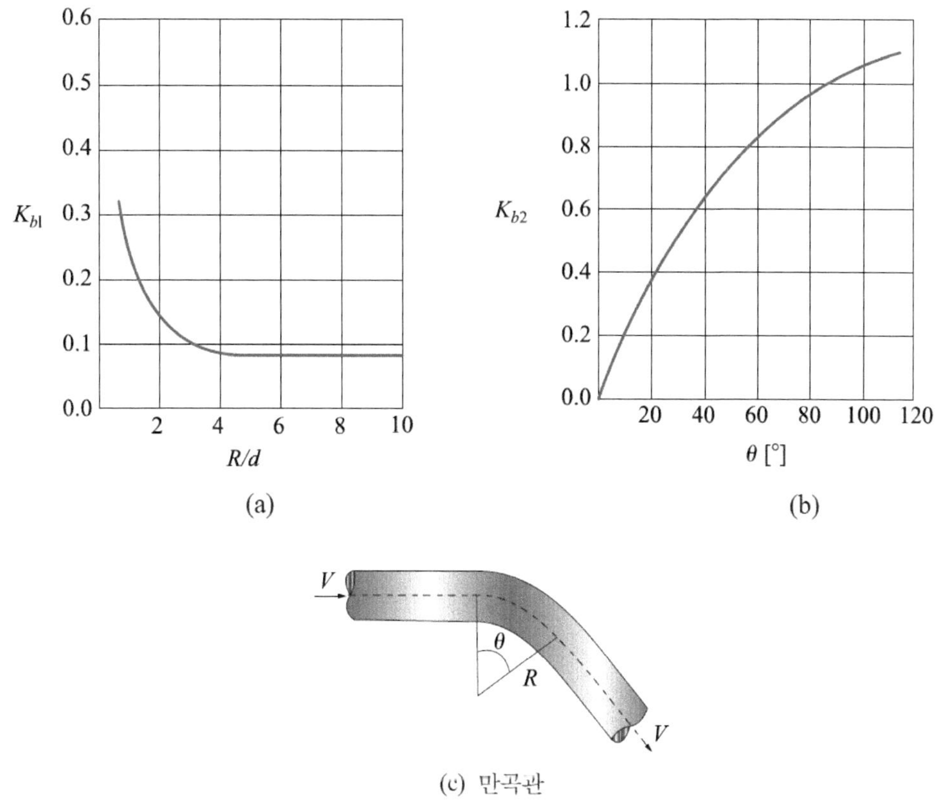

그림 C.6 만곡관 손실계수

만곡관의 경우 2차 흐름에 의해서 수두 손실이 발생하며 만관관에 의한 손실수두 h_b는 Anderson과 Straub에 의하면 다음과 같다.

$$h_b = K_{b1} K_{b2} \frac{V^2}{2g}$$

- K_{b1} : 만곡관의 중심각이 90°인 경우에 곡률반경 R과 직경 d의 비에 의해 결정되는 손실계수
- K_{b2} : 만곡관의 중심각이 임의각 θ인 경우의 손실과 중심각이 90°인 경우의 손실의 비로서 결정되는 손실계수

표 C.4 굴절에 의한 손실계수

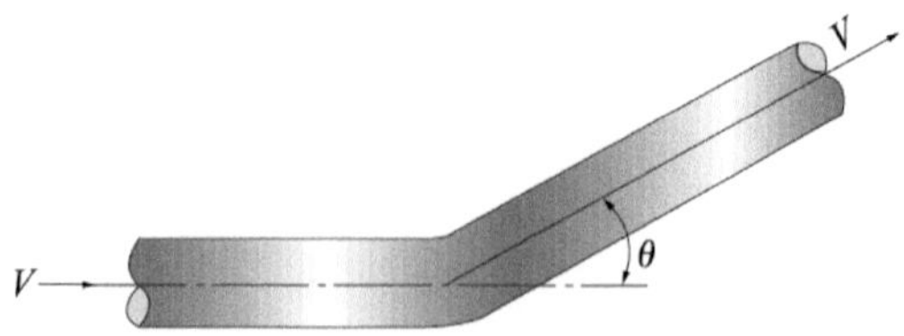

$\theta°$	15	30	45	60	90	120
K_d	0.022	0.073	0.183	0.365	0.99	1.86

표 C.5 밸브 개도별 손실계수

제수밸브		나비형 밸브		원형밸브(spherical valve)	
개방정도 (s/d)	K_v	개방정도(θ)	K_v	개방정도(θ)	K_v
0	∞	90	∞	80	∞
1/8	97.8	80	∞	65	486
2/8	17.0	70	750	60	206
3/8	5.52	60	118	50	52.6
4/8	2.06	50	32.6	40	17.3
5/8	0.81	40	10.8	30	5.47
6/8	0.26	30	3.91	20	1.56
7/8	0.01	20	1.54	10	0.20
8/8	0	10	0.52	0	0
		0	t/d		

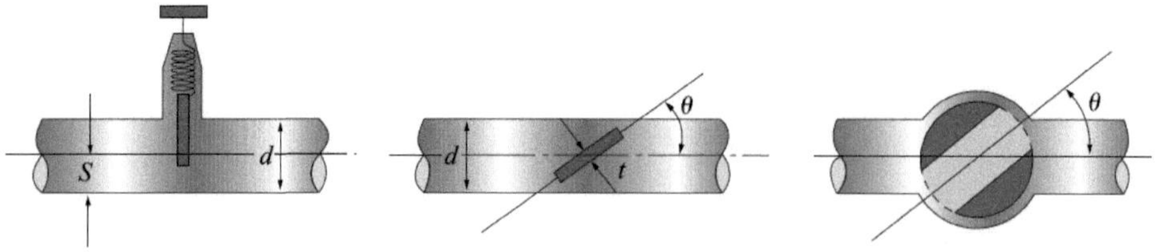

(a) 제수벨브 (b) 나비형벨브 (c) 원형벨브

표 C.7 피팅 손실계수

a. Elbows	
Regular 90°, flanged	0.3
Regular 90°, threaded	1.5
Long radius 90°, flanged	0.2
Long radius 90°, threaded	0.7
Long radius 45°, flanged	0.2
Regular 45°, threaded	0.4
b. 180° return bends	
180° return bend, flanged	0.2
180° return bend, threaded	1.5
c. Tees	
Line flow, flanged	0.2
Line flow, threaded	0.9
Branch flow, flanged	1.0
Branch flow, threaded	2.0
d. Union, threaded	0.08
***e. Valves**	
Globe, fully open	10
Angle, fully open	2
Gate, fully open	0.15
Gate, $\frac{1}{4}$ closed	0.26
Gate, $\frac{1}{2}$ closed	2.1
Gate, $\frac{3}{4}$ closed	17
Swing check, forward flow	2
Swing check, backward flow	∞
Ball valve, fully open	0.05
Ball valve, $\frac{1}{3}$ closed	5.5
Ball valve, $\frac{2}{3}$ closed	210

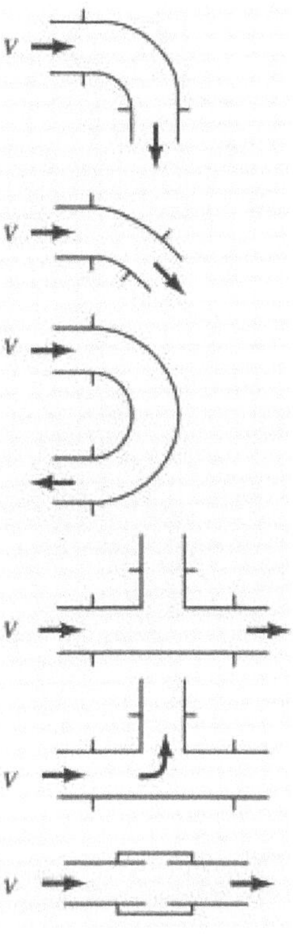

*See Fig. 8.36 for typical valve geometry

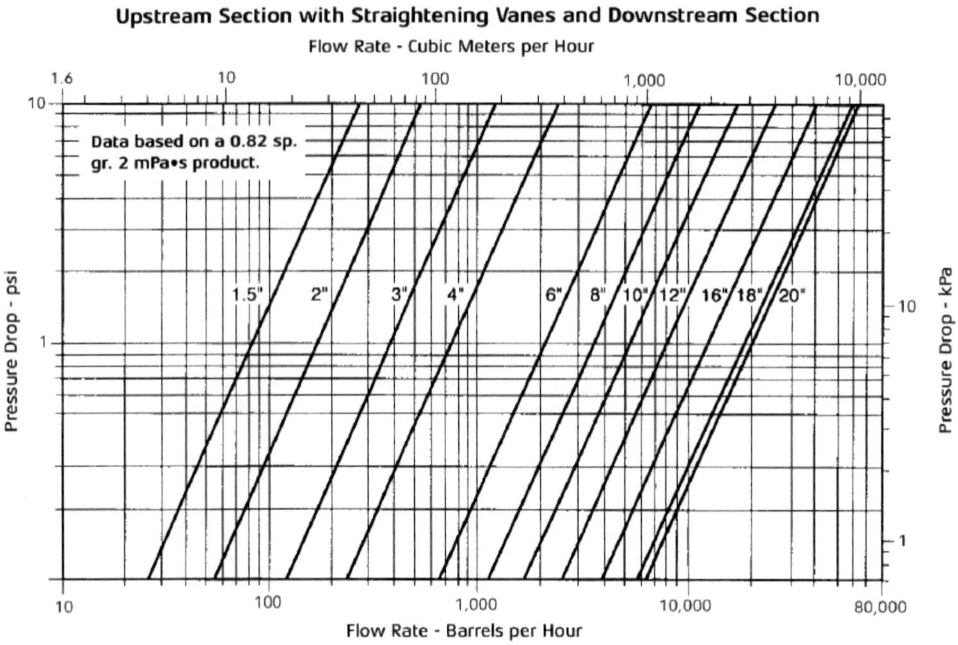

그림 C.7 정류관(straightener) 압력저하

표 C.8 밸브와 피팅의 등가배관길이

Fitting Type	Equivalent Length,[a] L_e/D
Valves (fully open)	
Gate valve	8
Globe valve	340
Angle valve	150
Ball valve	3
Lift check valve: globe lift	600
angle lift	55
Foot valve with strainer: poppet disk	420
hinged disk	75
Standard elbow: 90°	30
45°	16
Return bend, close pattern	50
Standard tee: flow through run	20
flow through branch	60

[a]Based on $h_{l_m} = f(L_e/D)(\overline{V}^2/2)$.

C.3 밸브 손실계수

C.3.1 밸브 손실계수 요약

표 C.9 밸브 완전 개방시 에너지 손실계수

밸브 형식	K
앵글	1.8~2.9
볼	0.04
버터플라이	
25-lb Class	0.16
75-lb Class	0.27
150-lb Class	0.35
역지변	
Ball	0.9~1.7 특정한 크기 및 유량에서는 Mfr's 자료 참조할 것.
Center-guided globe style	2.6
Double door	
8 in. or smaller	2.5
10 to 16 in.	1.2
Foot	
Hinged disc	1~1.4
Poppet	5~14
Rubber flapper	
v>6 ft/s	2.0
v<6 ft/s	1.1
Slanting discd	0.25~2.0
Swingd	0.6~2.2 그림 B-2 and 그림 B-3 참조
Cone	0.04
Diaphragm or pinch	0.2~0.75
게이트	
Double disc	0.1~0.2
Resilient seat	0.3
글로브	4.0~6.0
나이프 게이트	
Metal seat	0.2
Resilient seat	0.3

완전개방시 글로브밸브와 앵글밸브의 유량계수 C_V와 손실계수 K_L는 다음과 같다. 이 자료는 CLA-VAL, Newport Beach, CA의 협찬으로 Cla-Val Automatic Control Valve Data Catalog로부터 발췌 한 것이다.

표 C.10 글로브밸브와 앵글밸브의 유량계수

크기(인치)		4	6	8	10	12	14	16
C_V	글로브	200	460	770	1245	1725	2300	2940
	앵 글	240	541	990	1575	2500*	3060*	4200*
K_L	글로브	5.8	5.7	6.1	5.8	6.1	5.0	5.2
	앵 글	4.1	4.1	3.7	3.6	2.9	2.8	2.6

*:추정치

유량계수 C_V는 밸브 전후에서의 압력차가 $1lb/in^2$일 때 분당 통과하는 유량((gal/min)으로 이 때의 수온은 60°F 이다. C_V와 관련된 공식은 유량 Q 그리고 압력 저하 $\triangle p$ 와 함께 다음과 같이 표현된다.

$$C_V = \frac{Q}{\sqrt{\triangle p}} \qquad Q = C_V\sqrt{\triangle p} \qquad \triangle p = \left(\frac{Q}{C_V}\right)^2 \tag{C.1}$$

밸브의 저항 계수 K_L의 수치는 다음 식으로 구할 수 있다.

$$h = K_L\frac{V^2}{2g} \tag{C.2}$$

여기서 h는 손실수두, V는 평균 유속으로 단위는 ft/s, 그리고 $g = 32.2ft/s^2$이다. C_V와 K_L의 관계는 다음과 같으며 여기서 D는 배관 직경으로 단위는 인치이다.

$$K_L = 890\frac{D^4}{C_V^{@}} \tag{C.3}$$

GA Industries에서 제작한 글로브밸브와 앵글밸브의 완전개방시 유량 계수 C_V는 다음 표와 같으며 C_V계수는 식 C.1에서 정의되었다.

표 C.11 글로브밸브와 앵글밸브의 유량계수

크기(인치)	6	8	10	12	14	16	18
글로브	447	831	1175	1750	2500	3260	4130
앵 글	600	1060	1800	2385	3245	4240	5365

그림 C.18은 밸브 행정과 유량 계수가 어떻게 다른지를 보여준다. 그림은 글로브밸브와 앵글밸브 모두에 적용된다.

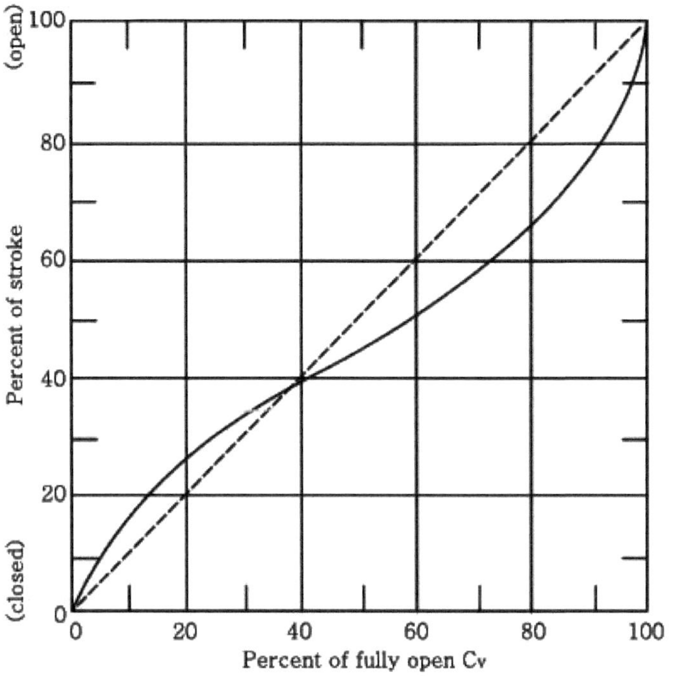

그림 C.8 행정의 퍼센트의 함수로서 유량 계수 C_V

상기 그래프와 표는 GA Industries, Inc., Cranberry township, P.A.의 협찬으로 제공 되었음.

C.3.2 버터플라이밸브

식 C.2에 따른 버터플라이밸브의 개방 퍼센트의 함수로서의 손실계수는 다음 표와 같다.

표 C.12 버터플라이 밸브 손실계수 K_L

개방 도(°)	3인치부터 8인치 밸브 K_L	10인치부터 20인치 밸브 K_L
5	15625	15625
10	3860	3860
15	935	935
20	337	337
25	145	145
30	71.8	71.8
35	39.6	39.6
40	21.6	21.6
45	12.7	12.7
50	6.61	7.42
55	4.00	4.41
60	2.62	2.64
65	1.79	1.59
70	1.25	0.952
75	0.948	0.620
80	0.800	0.496
85	0.718	0.460
90	0.689	0.447

C.3.3 볼밸브

식 C.1에 따른 볼밸브에 대한 ①완전개방시 C_V수치 ②개방 각도(°)의 함수로서 C_V의 퍼센트와 C_V 계수는 다음과 같다.

표 C.13 볼밸브 유량계수

밸브 크기 인치	C_V
6	5250
8	9330
10	14600
12	21000
14	28600
16	37300
18	47300
20	58300
24	84000
30	131300
36	189000
42	257300
48	336000
54	425300
60	525100

개방 각도 °	완전개방 C_V의 퍼센트
5	0.16
10	0.88
15	1.40
20	1.80
25	2.40
30	3.10
35	3.70
40	4.70
45	5.90
50	7.20
55	9.00
60	11.2
65	14.10
70	18.00
75	24.50
80	41.50
85	73.00
90	100.00

표 B.12와 B.13에 있는 자료는 Henry Pratt Co., Aurora, IL.사의 협찬으로 제공되었음.

APPENDIX D

펌프특성곡선

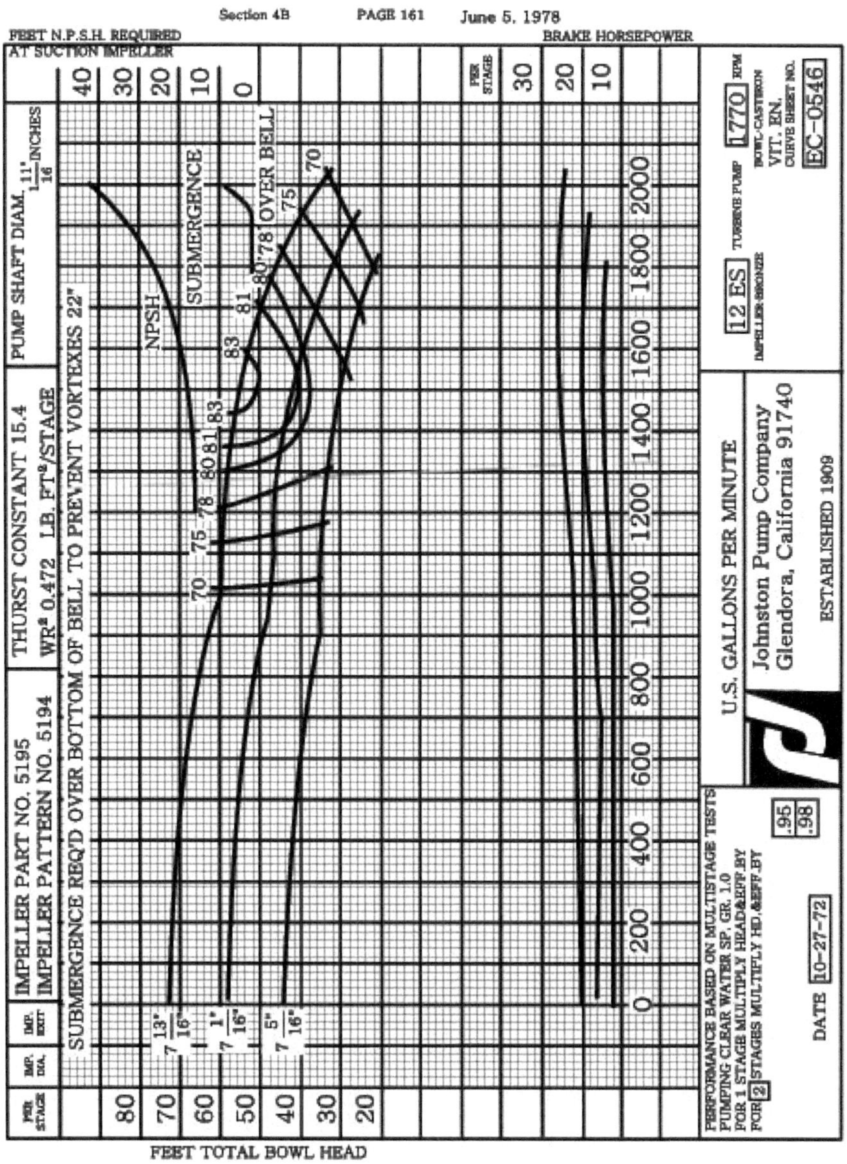

(Courtesy of Johnston Pump Co.)

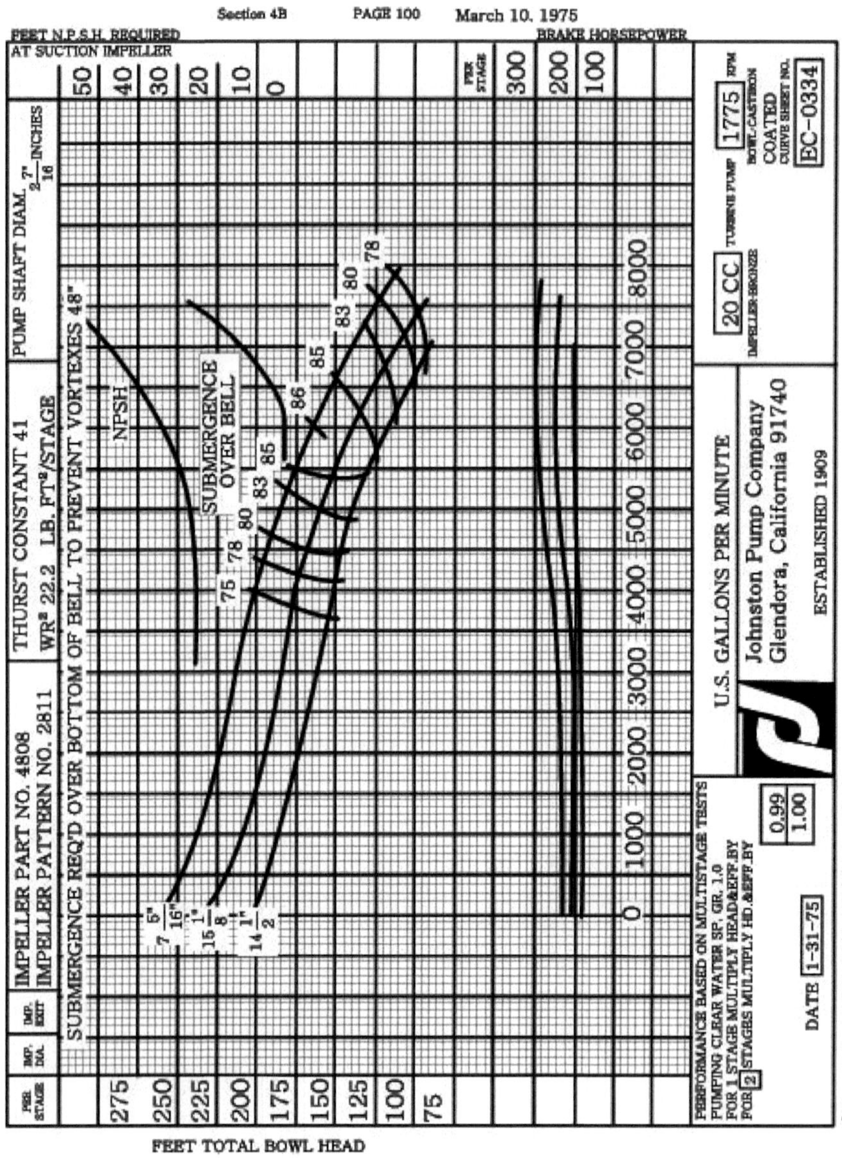

(Courtesy of Johnston Pump Co.)

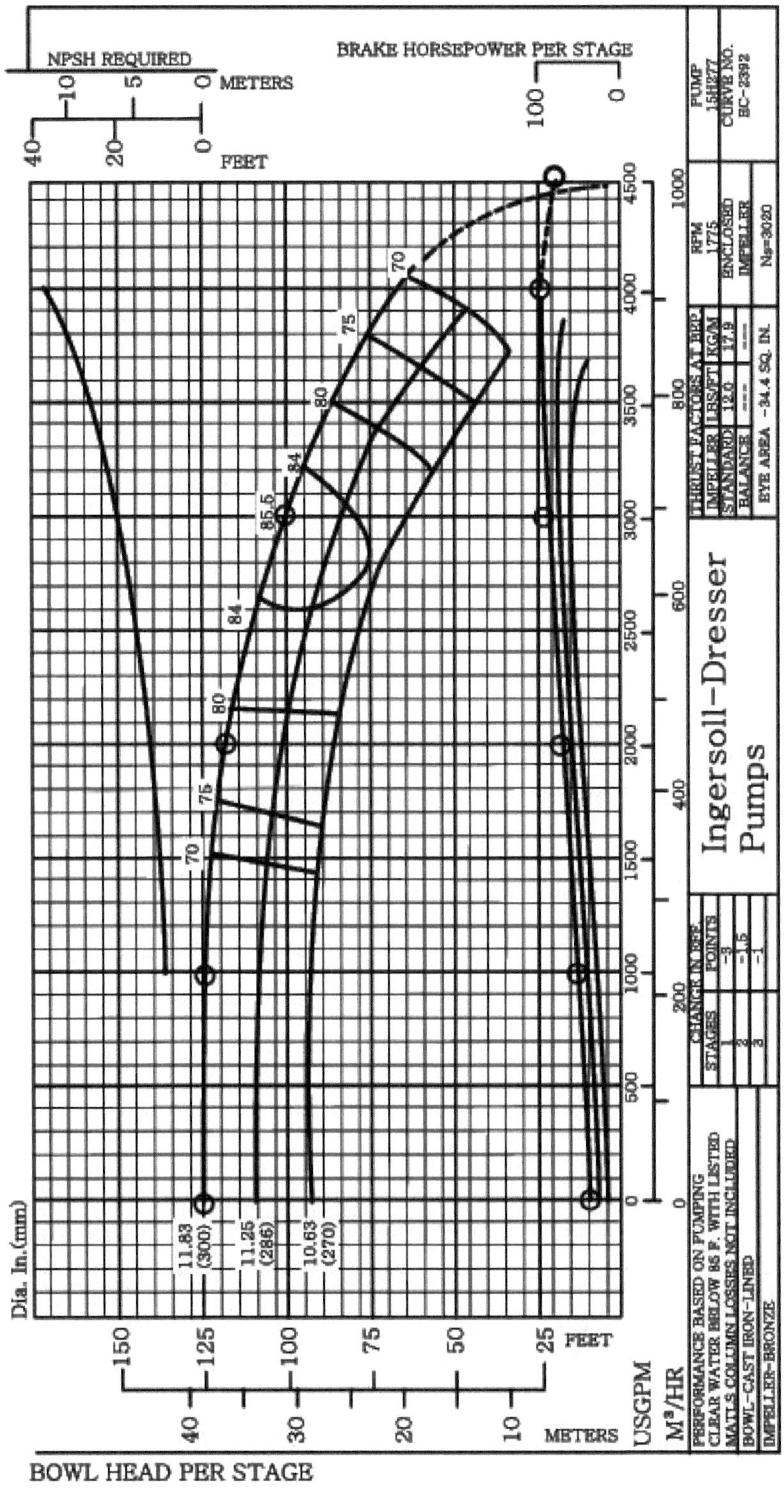
NPSH REQUIRED
METERS
FEET
BRAKE HORSEPOWER PER STAGE
BOWL HEAD PER STAGE
Dia. In.(mm)
11.83 (300)
11.25 (286)
10.63 (270)
USGPM
M³/HR
PERFORMANCE BASED ON PUMPING CLEAR WATER BELOW 85 F. WITH LISTED MAT'LS COLUMN LOSSES NOT INCLUDED
BOWL-CAST IRON-LINED
IMPELLER-BRONZE
CHANGE IN EFF.
STAGES
POINTS
Ingersoll-Dresser Pumps
THRUST FACTORS AT BEP
IMPELLER
LBS/FT
KG/M
STANDARD
12.0
17.9
BALANCE
EYE AREA -34.4 SQ. IN.
RPM
1775
ENCLOSED IMPELLER
Ns=3020
PUMP
15HX77
CURVE NO.
EC-2392

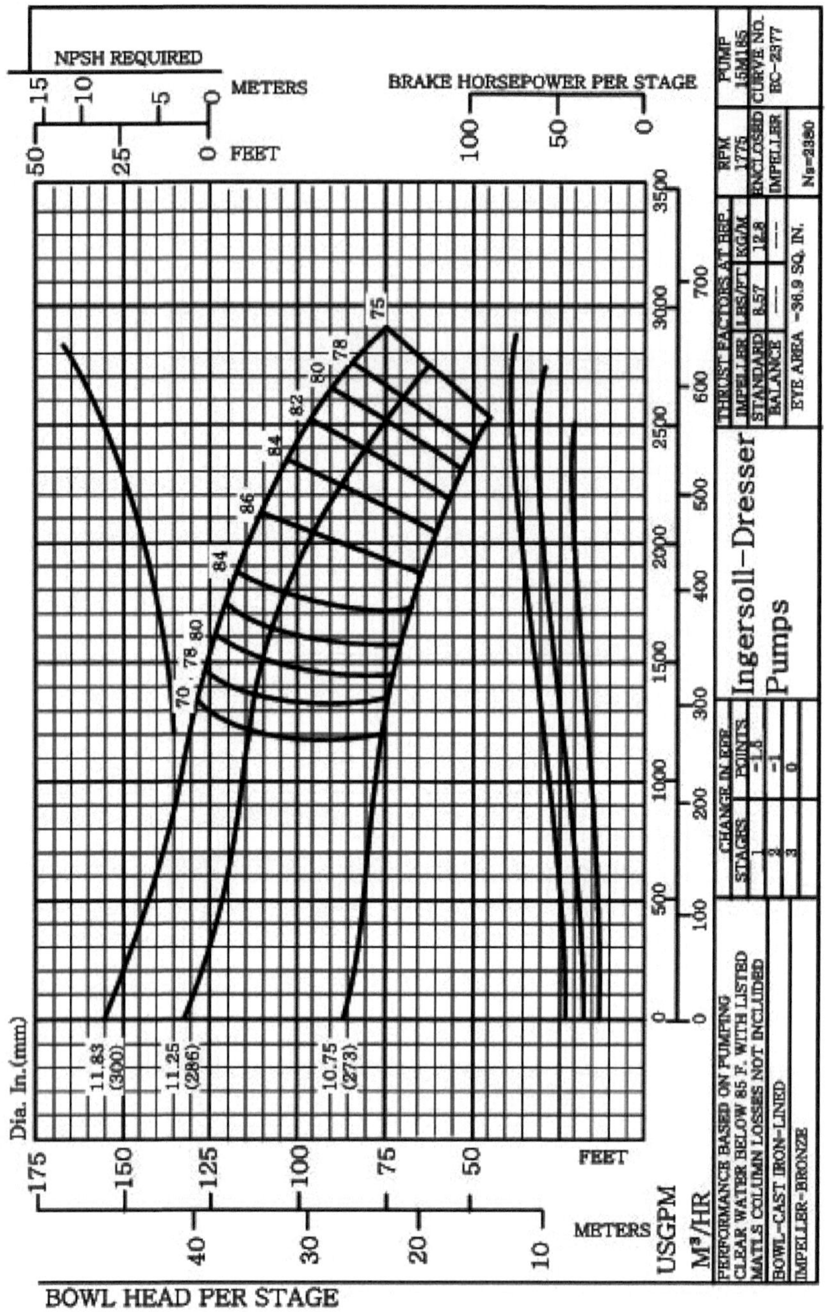
NPSH REQUIRED
METERS
FEET
BRAKE HORSEPOWER PER STAGE
BOWL HEAD PER STAGE
Dia. In.(mm)
11.83 (300)
11.25 (286)
10.75 (273)
USGPM
M³/HR
PUMP 15M185
CURVE NO. EC-2377
RPM 1775
ENCLOSED IMPELLER
Ns=2380
THRUST FACTORS AT BEP
IMPELLER LBS/FT KG/M
STANDARD 8.57 12.8
BALANCE --- ---
EYE AREA -36.9 SQ. IN.
Ingersoll-Dresser Pumps
CHANGE IN EFF.
STAGES POINTS
1 -1.5
2 -1
3 0
PERFORMANCE BASED ON PUMPING CLEAR WATER BELOW 85 F. WITH LISTED MATLS COLUMN LOSSES NOT INCLUDED
BOWL-CAST IRON-LINED
IMPELLER-BRONZE

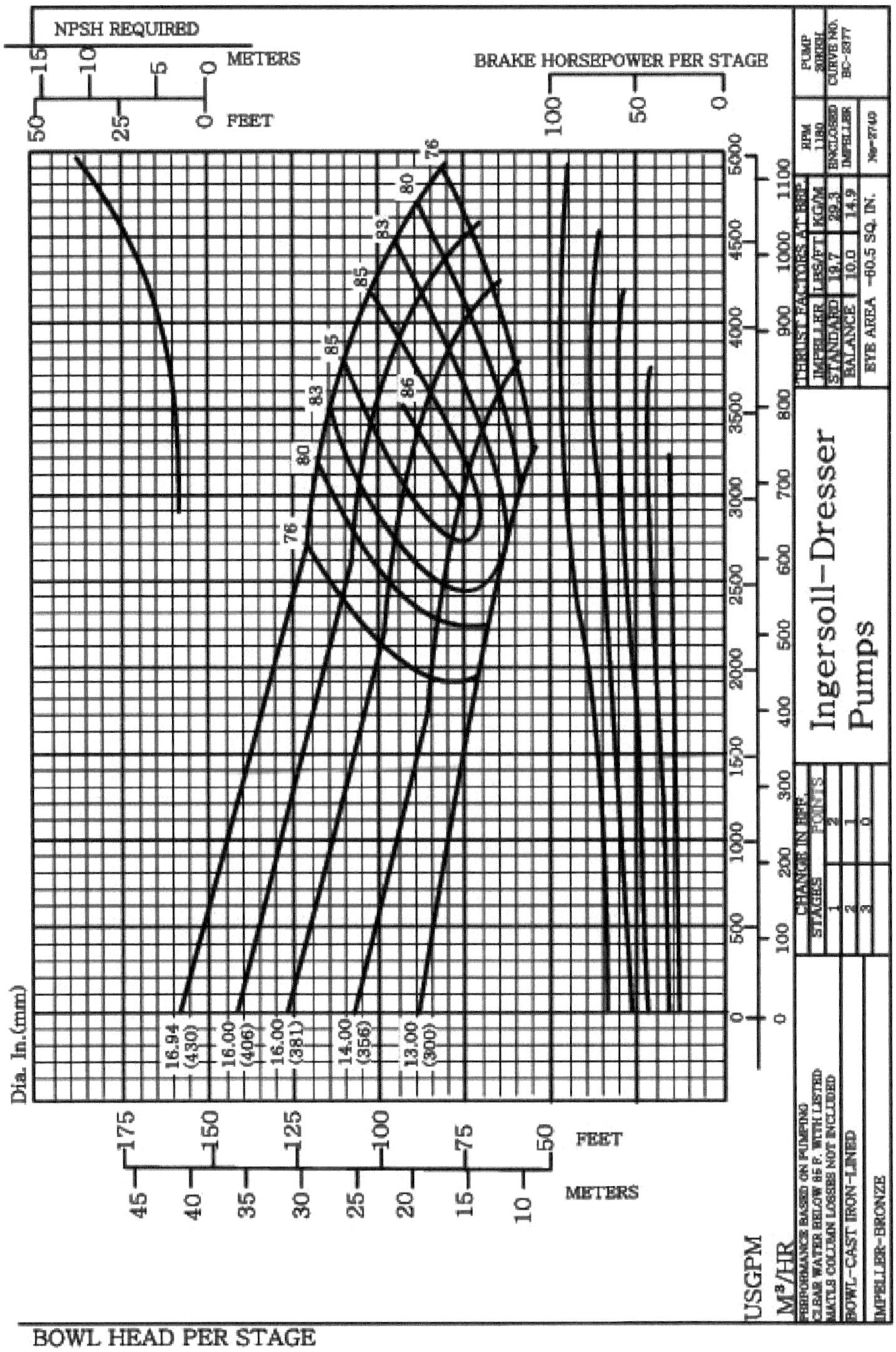
NPSH REQUIRED
METERS
FEET
BRAKE HORSEPOWER PER STAGE
Dia. In.(mm)
BOWL HEAD PER STAGE
USGPM
Ingersoll-Dresser
Pumps

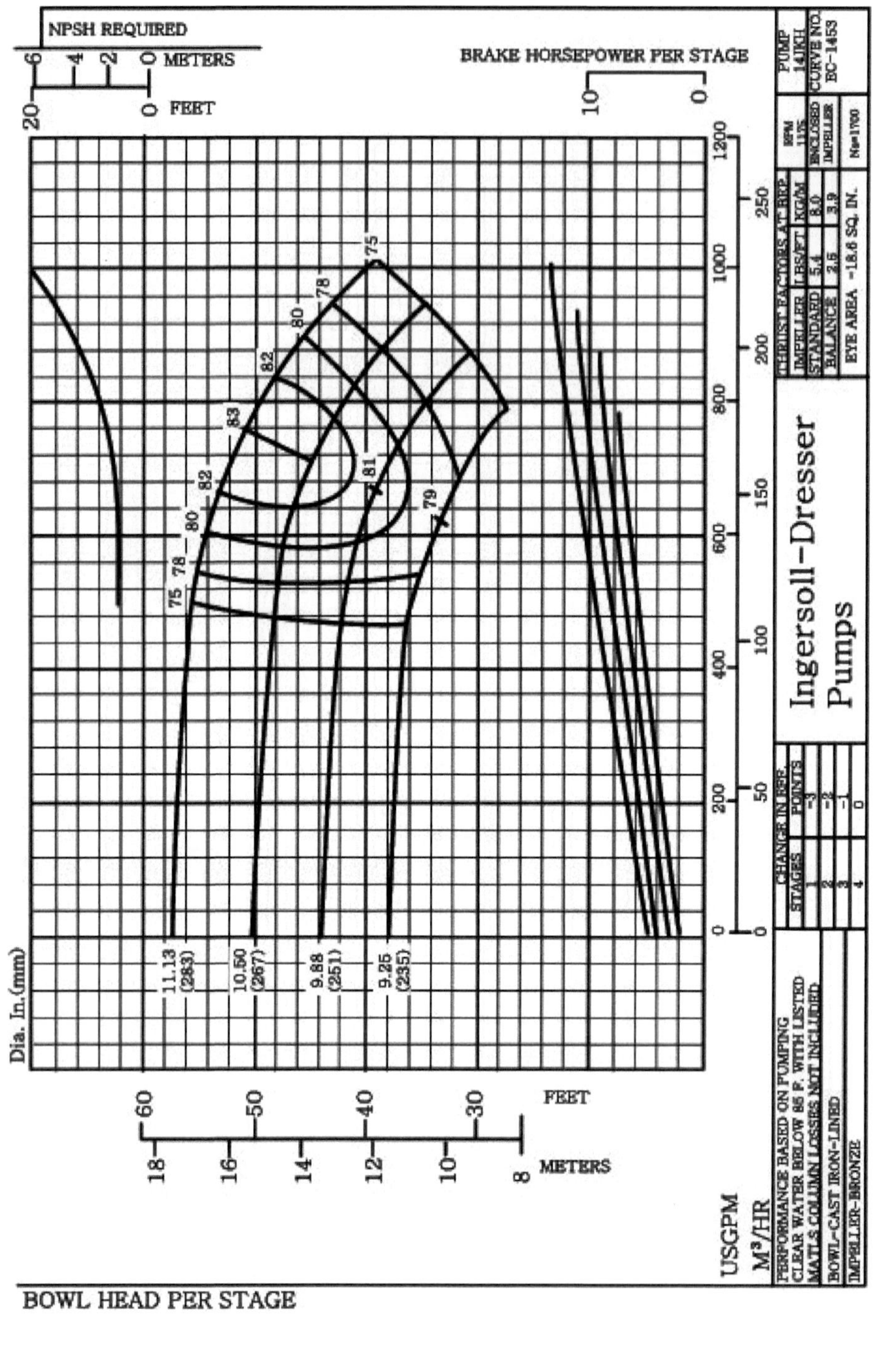
NPSH REQUIRED
METERS
FEET
BRAKE HORSEPOWER PER STAGE
Dia. In.(mm)
USGPM
M³/HR
BOWL HEAD PER STAGE
Ingersoll-Dresser
Pumps

찾아보기

저자 **박한영**

- 공학박사/기술사/겸임교수/저자/부산시, 대전시, 경주시 기술심의위원
- Texas Tech University at Lubbok 기계공학석사(1993년)
- University of Wisconsin at Madison 방문연구원(2003년)
- KYPIPE 프로그램 교육자격인증서 취득(Dr. D.J. Wood, University of Kentucky)
- 현재 한국수자원공사 기술계획처 기술위원

저술활동(총 25권)

• 상하수도 설비 관련

- 펌프핸드북(2002년)
- 밸브핸드북(2005년)
- 펌프장설계(2007년)
- 정수설비핸드북(2009년)
- 배관핸드북(2010년)
- 밸브, 작동기 A to Z(2013년)
- 최신펌프핸드북(2018년)
- 밸브포켓북(2020년)

• 수충격해석 관련

- 그림으로 푸는 수충격해석(2004년)
- 전산기로 푸는 수충격해석 입문(2005년)
- 전산기로 푸는 수충격해석 완성(2005년)
- Pipe2008을 이용한 관망해석 · 설계(2008년)
- Pipe2010을 이용한 관망해석 · 설계(2010년)
- 엑셀로 푸는 부정류해석(2018년)
- 부정류일반(2020년)

• 유체역학 관련

- 전산유체 따라잡기(2010년)
- 유체기계에서의 공동화현상(2015년)

• 최적화 및 수요예측 관련

- 최적화 이론 및 실제(2011년)
- 물수요예측(2011년)

• 관망해석 및 운영 관련

- 상하수도 관망해석 · 설계(2007년)
- 배. 급수시스템 핸드북(2011년)
- 배. 급수시스템 최적 설계 · 운영(2013년)
- 물손실제어(2014년)
- 엑셀로 푸는 관망해석 · 설계(2017년)
- 관망시스템 내의 정상류 해석 · 설계 · 운영(2020년)

저자 **이현동**

- 한국건설기술연구원(KICT) 선임연구위원(상하수도기술사/공학박사)
- UST(건설환경공학과)정교수(역임)
- (사)한국SWG학회/부회장(현)
- (사)융복합지식학회/부회장(현)
- 수산대(환경공)/한양대(도시공)/경도대학(위생공)/ The University of Iowa(토목환경공)
- 서울특별시 건설기술심의위원회/위원(현), 수돗물평가위원회/위원장(현)
- 국토부 중앙건설기술심의위원회/위원(역임) 및(서울/부산/대전 등) 지방국토관리청 기술자문위원(현)
- 경기도/인천광역시/대구광역시 등(지방)건설기술심의위원회/위원(역임)
- (사)대한상하수도학회 공로이사(현)
- (사)KSWW 상수도관로연구회 회장(2008-1999년 12년간 역임)

저술활동(주요 20권)

- 環境(水質管理)技術士(1992년)
- 上水道의 生物-寫眞과 解說(1996년)
- 環境影響評價(1996년)
- 最新 環境科學, (社)大韓環境工學會編(1996년)
- 上水道工學의 理論과 適用, (社)韓國水資源學會 上下水道分科委員會編(1998년)
- 물위기의 시대 우리나라 수자원정책, 환경정의시민연대엮음(2000년)
- 일본은 하수도정비에 어떻게 힘써 왔는가-일본하수도사, (사)KSWW 하수도연구회(2000년)
- 통합영향평가론(2002년) 및 환경영향평가(2003년)
- 고도상수처리-원리 및 응용(2003년)
- 합류식 하수도 개선대책 가이드라인과 해설(2004년)
- 수질오염개론(2007년)
- 위생공학-고도처리시스템(2007년)
- (최신)상수도공학(2008년)
- 상수도의 누수방지 및 저감을 위한 교체공법 및 갱생기술 편람(2008년)
- 실무자를 위한 소독공정의 해석과 설계(2009년)
- 사람과 자연이 바라는 지속가능한 물관리, KICT 브랜드 총서3(2011년)
- 건설문화를 말하다(2013년)
- 지진의 환경영향 및 대응방향, KEI정책보고서(2017.01.KEI)
- 상수도설계기준, 상수도공사 표준시방서, 유지관리지침 등 개정에 다수 참여해서 집필위원 및 연구책임자 역임(1990-현재)
- 하수도설계기준, 하수도공사 표준시방서, 유지관리지침 등 개정에 다수 참여해서 집필위원 및 연구책임자 역임(1990-현재)

관망시스템 내의 정상류 해석, 설계, 운영

2020년 11월 23일 1판 인쇄
2020년 11월 30일 1판 발행

지은이 • 박한영, 이현동
발행자 • 이영애
발행처 • 공감북스
주　소 • 02011 서울시 중랑구 중랑천로 256
전　화 • 02-971-9683
팩　스 • 02-972-9683
등　록 • 제 25100-2015-18호
등록일 • 2015년 7월 15일
e-mail • sympathybook@naver.com

ISBN 979-11-86898-58-1 (93550)
정　가 40,000원